河南省水资源

——第三次水资源调查评价

河南省水资源编纂委员会　编著

黄河水利出版社

·郑州·

图书在版编目(CIP)数据

河南省水资源:第三次水资源调查评价/河南省水
资源编纂委员会编著.—郑州:黄河水利出版社,
2021.12

　　ISBN 978-7-5509-3205-0

　　Ⅰ.①河…　Ⅱ.①河…　Ⅲ.①水资源-资源调查-河
南②水资源-资源评价-河南　Ⅳ.①TV211.1

中国版本图书馆 CIP 数据核字(2021)第 272074 号

责任编辑	景泽龙	责任校对	杨秀英
封面设计	黄瑞宁	责任监制	常红昕

出版发行　黄河水利出版社
　　　　　地址:河南省郑州市顺河路 49 号　邮政编码:450003
　　　　　网址:www.yrcp.com　E-mail:hhslcbs@126.com
　　　　　发行部电话:0371-66020550
承印单位　河南瑞之光印刷股份有限公司
开　　本　787 mm×1 092 mm　1/16
印　　张　24.75
字　　数　570 千字
版次印次　2021 年 12 月第 1 版　　2021 年 12 月第 1 次印刷

定　　价　200.00 元

河南省水利厅第三次全国水资源调查评价工作领导小组

河南省水利厅第三次全国水资源调查评价工作领导小组办公室

《河南省水资源——第三次水资源调查评价》

编 审 人 员

审 定	申季维	李建顺	任汝成	
审 核	王鸿杰	沈兴厚		
技术负责	崔新华	付铭韬	杨明华	禹万清
编 写	张红卫	李永丽	李 洋	陈 莉	吴 奕
	田 华	吴湘婷	蔡慧慧	王 威	张贵芳
	贺旭东	魏 楠	赵珑迪	饶元根	王 闯
	李贺丽	常肖杰	刘守东	徐 菲	祝孔卓
	任柯颖	杨万婷	杨沈丽	赵文举	张玉龙

参加人员

郭德勇	沈 畅	张素霞	许 凯	韩 枫	肖 航
魏 磊	燕 青	张佩峰	崔 晨	何 洋	苗红雄
穆小玲	宋 磊	陈 峰	顾长宽	李 洋	赵 峰
高 源	朱学涵	李娟芳	朱晓璞	梁 良	郑 艺
李春正	蔡长明	彭 博	左慧玲	邹可可	闫寿松
赵嵩林	万贵生	王国涛	张青艳	张少伟	赵清虎
白盈盈	王小国	冯 卫	王 宇	张彦波	刘 晶
刘 磊	郝 捷	王 帅	张东霞	李向鹏	李 爽
刘晓娜	游巍亭	黄素琴	谢芳芳	杨凌茜	靳永强
谷彦彬	韦红敏	李莎莎	孟 丽	韩 震	郑仕强
赵 伟	郝亚楠	平利昆	包文亭	刘立博	张晓红
孙 霞	高东格	祝康山	郑华忠	李 博	余玉敏
张文龙	王苏玉	李 璐	邵全忠	李怡文	孙园园
孙金玺	金 玲	焦二虎	徐明立	王丙申	王 宁
申方凡	杨顺喜				

（分局之间不分先后）

前　言

　　水资源调查评价是国家重大资源环境和国情国力调查评价的重要组成部分。按照水利部的工作部署,河南省分别于 20 世纪 80 年代初、21 世纪初系统地开展了两次水资源调查评价,相关成果在科学制定水资源规划、实施重大工程建设、加强水资源调度与管理、优化经济结构和产业布局等方面发挥了重要的基础性作用。

　　近年来,受气候变化和人类活动等影响,我国水资源情势发生了变化,水资源演变规律呈现新特点,水资源管理工作面临新形势和新要求,保障国家水安全面临新的挑战和机遇。开展新一轮全国水资源调查评价工作,是贯彻落实中央兴水惠民决策部署、科学评价近年来水资源情势变化、全面分析水资源开发利用总体状况、强化水资源科学管控的迫切需要。

　　为贯彻落实 2017 年中央一号文件关于"实施第三次全国水资源调查评价"工作的部署,水利部、国家发展改革委印发《关于开展第三次全国水资源调查评价工作的通知》(水规计〔2017〕139 号)。2017 年 4 月,第三次全国水资源调查评价工作全面启动。2017 年 11 月,河南省水利厅与省发展改革委联合印发《关于开展河南省第三次全国水资源调查评价工作的通知》(豫水计〔2017〕68 号),全面启动河南省第三次水资源调查评价工作。

　　作为河南省第三次全国水资源调查评价技术支撑单位,河南省水文水资源局在《全国水资源调查评价技术细则》(以下简称《技术细则》)的基础上制定了《河南省第三次全国水资源调查评价工作大纲》(以下简称《工作大纲》),组织全省 18 个水文水资源勘测局收集、整理了全省及周边省份、相关流域机构基本资料,对单站降水量、蒸发量、径流量、地下水相关参数、水资源开发利用、地表水资源质量、地下水资源质量、主要污染物入河量等资料进行了复核和完善,完成了各水资源分区以及县级以上行政区的降水量、地表水资源量、地下水资源量、水资源总量、水资源开发利用评价、地表水和地下水水质评价、主要污染物入河量核算、水生态调查评价等成果。参加了海委、黄委、淮委、长江委等流域机构的四轮汇总,提交了大纲要求的全部成果,并针对各流域机构提出的意见,进行修改,完成了成果合理性检查。评价成果经过省水利厅相关领导及专家多次审查,并征求各省辖市、直管县水利局及厅际联席会议制度成员单位的意见和建议。经复核、修改、完善,最终于2021 年底形成河南省第三次水资源调查评价成果报告。

　　河南省第三次水资源调查评价成果在前两次水资源调查评价、第一次全国水利普查等已有成果基础上,进一步丰富了评价内容,改进了评价方法,较前两次水资源调查评价资料收集更广泛,计算站网密度更大,计算分区更细致;增加了污染物入河量和水生态调查评价内容,并针对地下水资源评价参数、平原区地下水动态及超采区状况、黄河水侧渗补给、主要污染物入河量、河流湿地水生态、生态流量及生态环境需水量开展了专题研究。评价方法的完善和专题研究的技术支撑使本次评价内容更加全面,结果更趋合理。

　　本次调查评价全面摸清了河南省 60 余年来水资源状况变化,重点分析了 2001 年以来水资源及其开发利用的新情势、新变化和演变规律,得出了全面、真实、准确、系统的评价成果,为满足新时代水资源管理、健全水安全保障体系、促进经济社会高质量发展和生态文明建设奠定了基础。

　　本次水资源调查评价工作历时近 3 年,基础资料海量,涉及部门众多,分析评价技术性强,工作量大。在资料收集过程中得到了省自然资源厅、生态环境厅、气象局、林业局、统计局等省直单位、相邻省份水利部门以及相关流域机构的大力协助,在工作开展过程中得到了省发展改革委、财政厅、住房和城乡建设厅、工业和信息化厅、交通运输厅、农业农村厅的大力支持,在此表示诚挚的谢意!

河南省第三次水资源调查评价领导小组办公室
2021 年 12 月

目　录

第 1 章　概　况

1.1　自然地理

1.1.1　地理位置

河南省地处中原,位于北纬 31°23′~36°22′,东经 110°21′~116°39′,东接安徽、山东,北接河北、山西,西接陕西,南临湖北,呈望北向南、承东启西之势。下辖 17 个省辖市和济源示范区,国土面积 16.7 万 km²,居全国第 17 位,约占全国总面积的 1.74%。全省耕地面积 1.21 亿亩,是国家粮食核心产区。处于沿海开放地区与中西部地区的接合部,是全国经济由东向西推进梯次发展的中间地带。是全国重要的铁路、公路大通道和通信枢纽。正在打造扩建的郑州航空港、郑欧班列和河南自贸实验区,成为连接世界各地的重要纽带。

1.1.2　地形地貌

河南省地势西高东低,北、西、南三面环山,太行山、伏牛山、桐柏山、大别山呈半环形分布,间有断陷盆地,东部为宽阔的平原。境内平原和盆地、山地、丘陵分别占总面积的55.7%、26.6%、17.7%。全省地貌大致由豫北、豫西、豫南山地和黄淮海平原、南阳盆地 5 个分区组成,处在全国第二级地貌台阶和第三级地貌台阶的过渡地带。西部的太行山、崤山、熊耳山、嵩山、外方山及伏牛山等属于第二级地貌台阶,东部的平原、南阳盆地及其以东的山地丘陵为第三级地貌台阶。从成因划分,全省山地可划分为褶皱山地、断块山地、褶皱断块山地、侵入体山地等;平原有冲积平原、洪积平原、冲洪积平原、剥蚀平原等。东部平原中部分布有较广泛的风沙地貌类型,西部地区分布有面积较广的黄土地貌类型;在石灰岩出露地区,尤其是淅川一带,流水长期溶蚀作用形成奇特的喀斯特地貌景观。

1.1.3　土壤植被

河南省由于气候、地貌、水文自然条件的影响,加以农业开发较早,因而形成复杂多样的土壤类型,主要分为黄棕壤、棕壤、褐土、紫色土、红黏土、新积土、风砂土、石质土、粗骨土、沼泽土、潮土、砂姜黑土、碱土、盐土、水稻土、山地草甸土、火山灰土等 17 大类。南北土壤类型的分布大致以秦岭—淮河线界有明显不同,在线界以南的山地上部分布着地带性的黄棕壤,而在线界以北的广大地区,伏牛山和太行山的上部分布着暖温带典型的棕壤土,低山、丘陵阶地和缓岗部位上则广泛分布着褐土。耕地集中分布在黄淮海平原、南阳盆地及豫西黄土区,其中水田集中分布在水热条件优越的淮河以南和用水条件较好的黄河两岸地带。

全省因南北气候不同,东西地势悬殊,土壤类型繁多,因而植物兼有南北种类,资源丰富。植被的垂直分布大致可以分为 5 个带:海拔 600 m 以下多以平原绿化、行道树、"四旁"绿化造林树种与各种农作物栽培植被为主;600~1 000 m 多为浅山丘陵、台地造林树种,间有农作物栽培植被或自然植被;1 000~1 400 m 主要是山地造林树种与自然植被;1 400~1 800 m 主要是高山造林树种与自然植被;1 800 m 以上主要是高山树种与灌丛草甸。

1.2　水文气象

1.2.1　气候特征

河南省属于暖温带—亚热带、湿润—半湿润季风气候,具有明显的过渡性气候特征。伏牛山主脉南麓海拔 500~700 m 到沙颍河一线以南为北亚热带地区,约占全省面积的29.9%;伏牛山主脉南麓沿海拔约 600 m 等高线到沙颍河一线以北为暖温带地区,约占全省面积的 70.1%。由于受季风气候的影响,南北气候差异较大。南部呈湿润、半湿润特征,北部呈半湿润、半干旱特征。全省气候冬季寒冷而少雨雪,春季干旱而多风沙,夏季炎热而易涝,秋季晴朗而日照长。全省年平均气温一般在 12~16 ℃,1 月平均气温-3~3℃,7 月平均气温 24~29 ℃,极端最低气温-23.6 ℃,极端最高气温 44.2 ℃。全年无霜期从北往南为 189~240 d。全省实际日照时数 2 000~2 600 h,日照率 45%~55%。

因受强烈季风影响,降水量随地域分布差异较大,时空分布不均,年际变化大,易产生大暴雨,且具有南部大于北部、山地大于平原的特征。受地势影响,形成南部大别山,西部桐柏山、伏牛山,北部太行山三大暴雨中心。全省全年降水 60%以上集中在夏季,冬春少雨,旱情多发。

1.2.2　河流水系

河南省地跨海河、黄河、淮河、长江四大流域。其中,海河流域 1.53 万 km²,占全省总面积的 9.1%,主要分布在焦作、鹤壁、新乡、安阳、濮阳 5 个市;黄河流域 3.62 万 km²,占全省总面积的 21.7%,主要分布在洛阳、三门峡、焦作、济源、新乡、郑州、安阳、濮阳 8 个市;淮河流域 8.83 万 km²,占全省总面积的 52.9%,主要分布在信阳、驻马店、周口、许昌、郑州、平顶山、漯河、开封、商丘、洛阳、南阳 11 个市;长江流域 2.72 万 km²,占全省总面积的 16.3%,主要分布在南阳、驻马店、洛阳、信阳、三门峡 5 个市。

全省境内有大小河流 1 500 多条。流域面积 50 km² 以上的河流 1 030 条,其中海河流域河流条数占全省的 10.5%,黄河流域占 20.7%,淮河流域占 51.2%,长江流域占17.6%。流域面积 100 km² 以上的河流 560 条。流域面积 5 000~10 000 km² 的 8 条,分别为黄河流域的伊河、金堤河,淮河流域的史河、北汝河、颍河、贾鲁河、泉河,长江流域的唐河。流域面积 10 000 km² 以上的河流 11 条,分别为黄河流域的黄河、洛河、沁河,淮河流域的淮河、沙颍河、洪汝河、涡河,海河流域的卫河、漳河,长江流域的唐白河、丹江。全省河流基本情况见表 1.2-1。

表 1.2-1 河南省河流基本情况

流域	河流数量/条		河流名称及数量	
	50 km² 以上	100 km² 以上	5 000~10 000 km²	10 000 km² 以上
海河	108	63		卫河、漳河
黄河	213	106	伊河、金堤河	黄河、洛河、沁河
淮河	527	294	史河、北汝河、颍河、贾鲁河、泉河	淮河、沙颍河、洪汝河、涡河
长江	182	97	唐河	唐白河、丹江
全省	1 030	560	8	11

1.3 行政区划与社会经济

1.3.1 行政区划

河南省第三次全国水资源调查评价(以下简称"本次评价")所采用的行政区划及其编码为 2016 年 12 月 31 日我国行政区划及相应编码。全省共有 17 个省辖市、1 个示范区(注:2017 年 3 月 31 日济源产城融合示范区成立,按照《技术细则》所列行政区名录,本次评价中简称 18 个行政区),涉及 52 个区、106 个县(市),共 158 个县域单元。计算面积 165 536 万 km²,见表 1.3-1。

表 1.3-1 河南省行政区划及编码

编码	省辖市	编码	县(市、区)	计算面积/km²
410100	郑州市	410102	中原区	196
		410103	二七区	154
		410104	管城回族区	197
		410105	金水区	240
		410106	上街区	61
		410108	惠济区	227
		410122	中牟县	1 397
		410181	巩义市	1 050
		410182	荥阳市	912
		410183	新密市	998
		410184	新郑市	887
		410185	登封市	1 214

续表 1.3-1

编码	省辖市	编码	县(市、区)	计算面积/km²
410200	开封市	410202	龙亭区	370
		410203	顺河回族区	72
		410204	鼓楼区	62
		410205	禹王台区	60
		410212	祥符区	1 264
		410221	杞县	1 258
		410222	通许县	768
		410223	尉氏县	1 299
		410225	兰考县	1 108
410300	洛阳市	410302	老城区	58
		410303	西工区	48
		410304	瀍河回族区	25
		410305	涧西区	82
		410306	吉利区	77
		410311	洛龙区	271
		410322	孟津县	733
		410323	新安县	1 155
		410324	栾川县	2 478
		410325	嵩县	3 007
		410326	汝阳县	1 333
		410327	宜阳县	1 650
		410328	洛宁县	2 306
		410329	伊川县	1 059
		410381	偃师市	947
410400	平顶山市	410402	新华区	131
		410403	卫东区	106
		410404	石龙区	35
		410411	湛河区	185
		410421	宝丰县	731
		410422	叶县	1 389
		410423	鲁山县	2 406

续表 1.3-1

编码	省辖市	编码	县(市、区)	计算面积/km²
410400	平顶山市	410425	郏县	724
		410481	舞钢市	630
		410482	汝州市	1 572
410500	安阳市	410502	文峰区	179
		410503	北关区	51
		410505	殷都区	68
		410506	龙安区	236
		410522	安阳县	1 195
		410523	汤阴县	636
		410526	滑县	1 784
		410527	内黄县	1 146
		410581	林州市	2 059
410600	鹤壁市	410602	鹤山区	130
		410603	山城区	135
		410611	淇滨区	275
		410621	浚县	1 024
		410622	淇县	573
410700	新乡市	410702	红旗区	154
		410703	卫滨区	64
		410704	凤泉区	113
		410711	牧野区	99
		410721	新乡县	356
		410724	获嘉县	470
		410725	原阳县	1 319
		410726	延津县	886
		410727	封丘县	1 190
		410728	长垣县	1 051
		410781	卫辉市	865
		410782	辉县市	1 682

续表 1.3-1

编码	省辖市	编码	县(市、区)	计算面积/km²
410800	焦作市	410802	解放区	62
		410803	中站区	124
		410804	马村区	118
		410811	山阳区	109
		410821	修武县	668
		410822	博爱县	483
		410823	武陟县	859
		410825	温县	473
		410882	沁阳市	595
		410883	孟州市	510
410900	濮阳市	410902	华龙区	312
		410922	清丰县	831
		410923	南乐县	620
		410926	范县	590
		410927	台前县	393
		410928	濮阳县	1 442
411000	许昌市	411002	魏都区	90
		411003	建安区	998
		411024	鄢陵县	869
		411025	襄城县	917
		411081	禹州市	1 469
		411082	长葛市	636
411100	漯河市	411102	源汇区	231
		411103	郾城区	452
		411104	召陵区	434
		411121	舞阳县	775
		411122	临颍县	802
411200	三门峡市	411202	湖滨区	205
		411203	陕州区	1 610
		411221	渑池县	1 362

续表 1.3-1

编码	省辖市	编码	县(市、区)	计算面积/km²
411200	三门峡市	411224	卢氏县	3 666
		411281	义马市	100
		411282	灵宝市	2 994
411300	南阳市	411302	宛城区	970
		411303	卧龙区	1 018
		411321	南召县	2 933
		411322	方城县	2 543
		411323	西峡县	3 447
		411324	镇平县	1 490
		411325	内乡县	2 301
		411326	淅川县	2 818
		411327	社旗县	1 152
		411328	唐河县	2 497
		411329	新野县	1 056
		411330	桐柏县	1 915
		411381	邓州市	2 369
411400	商丘市	411402	梁园区	692
		411403	睢阳区	961
		411421	民权县	1 240
		411422	睢县	921
		411423	宁陵县	797
		411424	柘城县	1 041
		411425	虞城县	1 542
		411426	夏邑县	1 486
		411481	永城市	2 020
411500	信阳市	411502	浉河区	1 783
		411503	平桥区	1 883
		411521	罗山县	2 074
		411522	光山县	1 829
		411523	新县	1 554

续表 1.3-1

编码	省辖市	编码	县(市、区)	计算面积/km²
411500	信阳市	411524	商城县	2 111
		411525	固始县	2 941
		411526	潢川县	1 638
		411527	淮滨县	1 207
		411528	息县	1 888
411600	周口市	411602	川汇区	252
		411621	扶沟县	1 163
		411622	西华县	1 208
		411623	商水县	1 270
		411624	沈丘县	1 081
		411625	郸城县	1 490
		411626	淮阳县	1 407
		411627	太康县	1 761
		411628	鹿邑县	1 248
		411681	项城市	1 079
411700	驻马店市	411702	驿城区	1 225
		411721	西平县	1 090
		411722	上蔡县	1 529
		411723	平舆县	1 281
		411724	正阳县	1 889
		411725	确山县	1 701
		411726	泌阳县	2 354
		411727	汝南县	1 502
		411728	遂平县	1 071
		411729	新蔡县	1 453
419001	济源市	419001	济源市	1 894

1.3.2 社会经济

截至 2016 年末,全省总人口 10 788 万人,人口密度 646 人/km²,常住人口 9 533 万人,其中城镇常住人口 4 652 万人,城镇化率 49%。全年生产总值(当年价)40 732 亿元,继续保持全国第 5 位、中西部省份首位。三产结构为 10.7:47.4:41.9,服务业占比不断提高,对 GDP 增长贡献率达 49.3%,同比提高 11.4 个百分点,已成为经济增长的主要拉动力量。人均生产总值 4.273 万元。全年地方财政总收入 4 707 亿元。耕地面积 12 167 万亩,人均耕地面积 1.276 亩;有效灌溉面积 8 039 万亩,粮食产量 5 947 万 t。全省经济社会保持总体平稳、稳中有进的发展态势。

1.4 水利工程与水文站网

1.4.1 水利工程

1.4.1.1 蓄水工程

截至 2016 年末,全省已建成大、中、小型水库 2 650 座(大型 25 座,中型 123 座,小型 2 502 座),总库容 420.2 亿 m³;建成橡胶坝 153 座,塘、堰、坝 16.02 万座,窖池 27.82 万座。其中,海河流域已建成小南海、盘石头两座大型水库,中型水库 18 座,小型水库 231 座;黄河流域已建成的大型水库有 6 座,分别为小浪底、三门峡、故县、西霞院、陆浑、窄口水库,中型水库 20 座,小型水库 376 座;淮河流域已建成的大型水库有 14 座,分别为石漫滩、白沙、白龟山、燕山、薄山、南湾、宿鸭湖、昭平台、孤石滩、泼河、鲇鱼山、板桥、石山口、五岳水库,中型水库 58 座,小型水库 1 456 座;长江流域已建成的大型水库有 3 座,分别为鸭河口、宋家场、赵湾水库,中型水库 27 座,小型水库 439 座。

1.4.1.2 引提水及机电井工程

全省已建成大中型水闸 365 座,小(1)型水闸 1 056 座,小(2)型水闸 4 205 座。各类泵站 2 303 座,其中河湖取水泵站 1 709 座,水库取水泵站 370 座。规模以上机电井 122.4 万眼,灌溉面积 5 212 万亩;固定提灌站 1 223 处,设计流量 591.7 m³/s,装机功率 18.32 万 kW。

1.4.1.3 灌区

全省已建成大型灌区 40 处,设计灌溉面积 3 559 万亩,有效灌溉面积 2 221 万亩;中型灌区 295 处,小型灌区 36.8 万处;各类灌溉工程有效灌溉面积达 8 039 万亩。全省节水灌溉面积 2 508 万亩,占有效灌溉面积的 32%。

1.4.1.4 其他水利工程

全省建成大中型水电站 6 座,总装机容量 375 万 kW;农村水电站 530 座,总装机容量 49.3 万 kW;初步建成 23 个水电初级电气化县。560 条流域面积 100 km² 以上的河道全部进行了不同程度的治理,修建堤防 1.95 万 km,其中 5 级以上堤防 1.56 万 km;建成蓄滞洪区 14 处,涉及滞洪总量 37.55 亿 m³。建成城镇自来水厂 278 座,农村集中供水工程 28 194 处,供水人口 8 270 万人。完成了南水北调中线工程河南境内的 731 km 干线和配套工程建设。主要水利工程情况见表 1.4-1、表 1.4-2。

表 1.4-1 河南省水库及灌区基本情况

类型	水库		灌区		
	数量/座	总库容/亿 m³	数量/处	设计灌溉面积/万亩	有效灌溉面积/万亩
大型	25	364	40	3 559	2 221
中型	123	35	295	1 512	981
小型	2 502	21	36.8 万	2 416	—

表 1.4-2 河南省机电井及城乡集中供水工程情况

规模以上机电井/眼		城乡集中供水工程		
浅层	深层	城镇自来水厂/座	农村集中式供水工程/处	覆盖人口/万人
1 164 479	59 512	278	28 194	8 270

1.4.2 水文站网

水文站网包括水文站、雨量站、蒸发站、地下水观测井、水质监测站和水情报汛站等。河南省水文系统共有各类水文监测站网 9 387 处,其中基本水文站 126 处,水文巡测站 241 处,水文中心站 66 处,水位站 168 处(人工值守水位站 32 处,遥测水位站 136 处),遥测站点 4 093 处,墒情站点 636 处(自动墒情站 106 处、移动墒情站 530 处),水质监测站点 1 382 个(地表水水功能区水质监测断面 497 个,地下水水质监测井 227 眼,重点入河排污口监测点 585 个,大型灌区监测点 48 个,重要水源地监测点 25 个),地下水监测井 2 599 眼(人工监测井 1 777 眼,自动监测井 110 眼,国家自动监测井 712 眼),生态流量监测站 76 个。各类监测站个数见表 1.4-3。

表 1.4-3 河南省水文站网情况

站网	水文站	水位站	遥测站	墒情站	水质监测站	地下水监测井	生态流量监测站
个数	367	168	4 093	636	1 382	2 599	76

1.5 评价原则及技术路线

1.5.1 评价原则

(1)真实性。充分利用已有资料,进行认真分析核实,确保资料的真实性和准确性,所采用的各项基础资料调查、统计的口径保持一致。

(2)客观性。对监测、调查数据进行分析评价并得出结论时,认真研究、充分比对,既尊重已有评价结果,又充分体现近几十年来的下垫面变化,客观真实地反映人类社会活动的足迹和产生的影响。

(3)系统性。注重各评价内容之间的内在关联与相互转化,地表水和地下水评价相互结合,水资源数量评价和水资源质量评价相互结合,水资源质量评价和污染物评价相互结合,开发利用评价和水生态环境评价相互结合。

(4)合理性。评价中注重与已有成果的协调,包括第一次、第二次水资源调查评价,近年来已完成的综合规划、专项规划、水利普查,各年水资源公报等已有成果;注重水资源分区和行政分区、江河流域不同单元之间的成果协调。

(5)规范性。评价中所引用的概念、原理、定义和论证等内容叙述清楚、确切,成果中采用的图表、数据、公式、符号、单位、专业术语和参考文献等准确,前后一致。

1.5.2 评价范围及基准年

本次评价的范围为全省 18 个行政区,涉及 158 个县域单元,总评价计算面积 16.55 万 km²。为满足以河流流域为单元的水资源开发利用、保护、管理与治理的需要,本次评价较第二次水资源调查评价增加了重点流域水资源评价的内容。

本次评价基准年为 2016 年。

1.5.3 评价内容及技术路线

1.5.3.1 评价内容

(1)水资源数量评价。分别按照 1956—2016 年和 1980—2016 年两个系列资料开展降水、蒸发、径流、地表水资源量等评价;按照 2001—2016 年系列资料开展地下水资源量评价;分析地表水、地下水转换关系,开展水资源总量和水资源可利用量评价。

(2)水资源质量评价。以 2016 年为现状代表年,2000—2016 年的监测数据为主要依据,按照地表水水质类别、湖泊(水库)富营养化程度、水功能区水质及其达标状况等内容开展地表水资源质量评价,分析评价水功能区水污染负荷变化趋势;以地下水水质类别为主开展地下水质量评价;开展集中式饮用水水源地水质及其合格状况评价。

(3)水资源开发利用状况调查评价。统计 2010—2016 年开发利用基础数据,开展各主要供水水源供水量评价,各行业用水量与耗损量分析评价。

(4)污染物入河量调查分析。本次调查包括点污染源和面污染源入河量,其中点污染源按照排入水功能区与无水功能区水域两种情况统计核算,重点是排入水功能区的城镇生活、工业及混合入河排污口,调查统计以 2016 年实测废污水及污染物入河量数据为准,不足部分采用 2017 年实测或进行补充监测,依据调查数据分析计算主要点源污染物入河量;选择有代表性的区域及河流水系测算面源污染物入河量。

(5)水生态状况调查评价。通过分析河道径流变化、河流断流、湖库水位水量变化、湿地萎缩、河湖连通状况、河湖空间侵占等情况,评价河流、湿地水生态变化;在全省地下水超采区评价成果基础上,根据近年来地下水开发利用以及地下水水位等资料,对地下水超采区的范围、面积、超采量等进行复核;分析水生态状况变化成因。

(6)水资源综合分析评价。总结流域和区域气候与下垫面变化,分析水文循环特点和水资源时空变化态势,评价水资源演变情势;总结流域和区域近期水资源开发利用历程,分析用水水平和用水效率,评价经济社会发展对水资源系统的压力;总结流域和区域水环境状况变化态势,分析水环境损害情况、水环境负荷;总结流域和区域水生态状况及其变化,分析水生态挤占程度,评价水生态总体演变态势。

各评价内容的评价要素、系列及分区见表 1.5-1。

表 1.5-1 本次评价内容、系列及分区

评价内容	评价要素	评价系列及评价分区
水资源数量	降水	1956—2016 年(61 年)系列水资源四级区套地级行政区和县级行政区、重点流域成果; 1956—2016 年(61 年)、1980—2016 年(37 年)两个系列多年平均降水量、降水量变差系数 C_v 值等值线图
	蒸发	1980—2016 年(37 年)系列多年平均蒸发量、干旱指数等值线图
	地表水资源量	1956—2016 年(61 年)系列水资源四级区套地级行政区和县级行政区、重点流域成果; 1956—2016 年(61 年)、1980—2016 年(37 年)两个系列多年平均径流深等值线图; 1956—2016 年(61 年)水资源二级区套省级行政区、重点流域出入境、入界河水量
	地下水资源量	2001—2016 年(16 年)多年平均水资源三级区套地级行政区和县级行政区、重点流域成果
	水资源总量	1956—2016 年(61 年)系列水资源三级区套地级行政区和县级行政区、重点流域成果
	水资源可利用量	1956—2016 年(61 年)多年平均及重点流域成果,其中地下水可开采量采用 2001—2016 年多年平均值
水资源质量	地表水水质	2016 年分别按水资源三级区、县级行政区和重点流域统计的河流、湖泊、水库水质类别评价成果; 2016 年分别按水资源三级区、县级行政区统计水功能区水质评价成果(分全国重要水功能区、省(自治区、直辖市)批复水功能区); 2016 年分别按水资源三级区、县级行政区统计的地表水水源地水质评价成果; 2000—2016 年单个水功能区、水资源三级区、县级行政区和重点流域的水质变化趋势分析
	地下水水质	2016 年单井、水资源三级区、县级行政区水质评价成果; 2016 年单个重要地下水饮用水源地水质评价成果; 2000—2016 年单井、水资源三级区、县级行政区水质变化趋势分析
	主要污染物入河量	2016 年水资源三级区、县级行政区、重点流域成果
水资源开发利用	经济社会指标	2010—2016 年水资源三级区套地级行政区和重点流域主要经济社会指标
	供用水量	2010—2016 年水资源三级区套地级行政区和县级行政区、重点流域供水量、用水量、用水消耗量
水生态	水生态	1956—2016 年(61 年)系列逐年主要控制断面及重点流域天然径流量、实测径流量(全年、汛期、非汛期)
	地下水超采	2001—2016 年平原区(浅层和深层)地下水超采区面积、年均超采量等

1.5.3.2 技术路线

本次评价主要包括基础资料收集整理,数据补充监测,资料复核、分析、检验、检查,单项评价,协调平衡与结果修正,方法与机制研究,综合评价,信息技术平台支撑等环节。各环节既相互独立,又必然联系,环节与环节之间相互影响和反馈,形成完整的技术流程。

基础数据的收集整理,充分利用第一次、第二次河南省水资源调查评价成果和现有规划、公报等统计结果,原则上以整合历史及现有数据为主,对于现状数据不足、确因系列连续性和一致性有要求的,适当开展补充监测。在计算时进行资料的分析与预处理、合理性分析等,包括对观测系列资料进行插补、延长、还原、修正等,并对不同口径调查统计资料进行分析与整合,形成完整的资料基础。

各单项评价充分利用已有工作基础,以复核、延伸、综合分析为主,围绕核心内容开展工作。水资源数量评价重点进行水资源系列的还原与现状下垫面的一致性修正,以及水资源可利用量的分析确定;水资源质量评价重点集中在近几年总体水质现状和变化趋势分析;开发利用评价重点为近年来供用水特点和变化态势,损耗量尤其是非用水消耗量的分析确定;污水及污染物分析重点在采用科学合理的方法估算入河量,同时具有一定程度的覆盖面;水生态评价重点分析生态演变态势与经济社会发展用水引发的生态环境问题。

汇总协调平衡根据各评价项目和具体要素之间的内在关联,重点是地表水和地下水、还原量与损耗量、"供、用、耗、排"、污水与污染物运移、开发利用与生态挤占等因素之间的平衡关系,进行水量平衡分析,对各项评价结果提供合理性分析。审核各层次单元之间、行政分区与流域分区之间的协调关系。

综合评价重点针对水循环特点、资源禀赋条件、水资源与水生态情势的整体演变、经济社会发展对水资源系统的总体荷载强度与变化等问题,有机耦合各要素评价结果,形成兼具系统性、规律性、趋势性和展望性的综合评价结论。本次水资源调查评价的技术路线见图 1.5-1。

1.5.4 计算单元与汇总单元

本次评价分区按照全国统一的分区要求,保持行政区域和流域分区的统分性、组合性与完整性,并充分考虑水资源管理需求,全省水资源分区划分为一级区、二级区、三级区、四级区,行政分区分为省级、地级和县级行政区。

为兼顾各项评价特点,各专项评价在水资源分区和行政分区范围内进一步细化,划分若干计算单元。各计算单元评价结果汇总至汇总单元。

本次评价成果及分析中"水资源分区"指流域的水资源一级区、二级区和三级区,"行政分区"指各省辖市及济源示范区。

1.5.5 水资源分区

河南省地跨海河、黄河、淮河和长江四大流域。按水资源分区划分,共涉及 10 个水资源二级区、20 个水资源三级区,其中海河流域 2 个水资源二级区、3 个水资源三级区,黄河流域 3 个水资源二级区、7 个水资源三级区,淮河流域 3 个水资源二级区、6 个水资源三级区,长江流域 2 个水资源二级区、4 个水资源三级区。水资源分区见表 1.5-2。

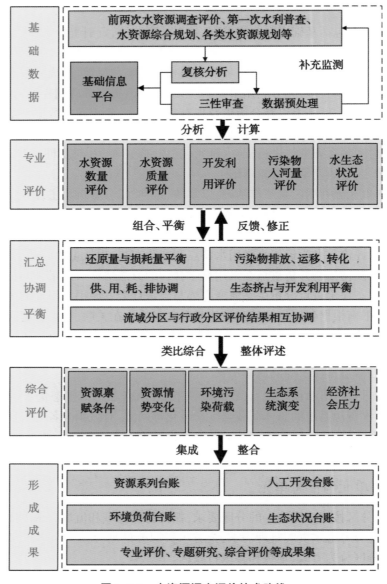

图 1.5-1　水资源调查评价技术路线

1.5.6　重点流域

　　为满足水资源开发利用、保护、管理与治理的需要,《技术细则》要求对重点流域进行调查评价,重点流域主要包括跨界重要河流、生态环境脆弱敏感水域、水事矛盾突出水域、水资源开发利用需求较大的重点河流水系等。结合河南省实际,本次评价确定的河南省重点流域见表1.5-3。

表 1.5-2 河南省水资源分区

一级区	二级区	三级区	四级区	计算面积/km²
海河	海河南系	漳卫河山区	漳卫河山区	6 042
		漳卫河平原	漳卫河平原	7 589
	徒骇马颊河	徒骇马颊河	徒骇马颊河	1 705
黄河	龙门至三门峡	龙门至三门峡干流区间	龙门至三门峡干流区间	4 207
	三门峡至花园口	三门峡至小浪底区间	三门峡至小浪底区间	2 364
		沁丹河	沁丹河	1 377
		伊洛河	伊河	5 318
			洛河	10 495
		小浪底至花园口干流区间	小浪底至花园口干流区间	3 415
	花园口以下	金堤河和天然文岩渠	金堤河天然文岩渠	7 309
		花园口以下干流区间	花园口以下干流区间	1 679
淮河	淮河上游（王家坝以上）	王家坝以上北岸	洪汝河山区	3 434
			洪汝河平原	8 669
			淮洪区间	3 510
		王家坝以上南岸	王家坝以上南岸	13 205
	淮河中游（王家坝至洪泽湖出口）	王蚌区间北岸	沙颍河山区	15 493
			沙颍河平原	19 315
			涡河	11 669
		王蚌区间南岸	王蚌区间南岸	4 243
		蚌洪区间北岸	蚌洪区间北岸	5 155
	沂沭泗河	南四湖区	南四湖区	1 734
长江	汉江	丹江口以上	丹江口以上	7 238
		唐白河	唐河	7 397
			白河	12 029
		丹江口以下干流	丹江口以下干流	525
	宜昌至湖口	武汉至湖口左岸	武汉至湖口左岸	420
全省				165 536

表 1.5-3　河南省重点流域名录

水资源一级区	水系	重点流域	重点流域计算面积/km²
海河	海河南系	卫河	13 007
	徒骇马颊河	徒骇马颊河	1 705
黄河	黄河中游水系 （河口镇至花园口）	伊洛河	15 813
		沁河	1 377
淮河	淮河水系（洪泽湖以上）	洪汝河	12 103
		史灌河	4 243
		沙颍河	34 808
		涡河	11 669
		新汴河	3 032
		包浍河	2 123
长江	长江中游（宜昌至湖口）	丹江	7 763
		唐白河	19 426

第 2 章　降水量

在太阳辐射热作用下,海洋表面水获得能量,克服地心引力作用,逸入大气,并通过大气环流飘逸到陆地上空,在一定条件下凝结,以降水形式降落到地面。在一定的时段内,从大气降落到地面的降水物在地平面上所积聚的水层厚度,称为降水量,用深度表示,以毫米(mm)计。河南省范围内降水以雨水为主,雪量较少,故降水主要为降雨。降落到地面的水,一部分以地表径流形式汇入江河湖泊,形成地表水资源。另一部分渗入地下,其中滞留在包气带中的水称为土壤水,进入饱水带的水称为地下水。

2.1　评价基础

降水量评价按照《技术细则》和《评价大纲》要求的系列年限,参考第一次、第二次水资源评价雨量代表站选用情况,统一采用 1956—2016 年(61 年)同步期系列资料,实测资料不足 61 年的进行插补延长。

2.1.1　资料来源

降水资料主要来源于全省水文系统的雨量站,河南省气象局、黄河水利委员会、长江水利委员会及相邻省份雨量站作为补充。省内具有 45 年以上但不足 61 年系列的代表性站点,进行插补延长后作为评价站点使用。

2.1.2　选用雨量站的确定

2.1.2.1　选站原则

根据河南省地形、地貌特点及雨量站分布情况,选站原则如下:

(1)尽可能选用河南省第一次、第二次水资源调查评价所选用的雨量站点。

(2)具有 45 年以上,质量可靠、系列完整的站点。

(3)所选站点面上分布均匀,在空间变化梯度大的山丘区适当加密。

(4)有蒸发观测项目的站点优先选用。

(5)加强省界站点收集使用,方便等值线邻界衔接。

2.1.2.2　选站数量

根据上述原则,本次评价共选用雨量站 627 个,其中 558 个为河南省第一次、第二次评价选用雨量站,69 个为本次评价插补延长站。本次评价全省平均站网密度 264.0 km²/站,较第二次评价提高了 10.8%。

按站点来源分类,河南省水文系统站点 472 个,省气象局站点 23 个,流域机构及邻省站点 132 个。

按流域分布统计,海河流域 76 个站点,较第二次评价增加 6 个;黄河流域 133 个站

点,较第二次评价增加 2 个;淮河流域 335 个站点,较第二次评价增加 53 个;长江流域 83
个站点,较第二次评价增加 3 个。

系列长度在 80 年以上的作为长系列代表站,本次评价与第二次评价选用站点及个数
一致,共计 14 个,其中海河流域 2 个,为安阳站和汲县站;黄河流域 2 个,为三门峡站和洛
阳(气象)站;淮河流域 8 个,分别为开封站、项城站、汝州站、漯河站、驻马店站、新蔡站、
桐柏站和平桥站;长江流域 2 个,为南阳站和唐河站。汲县站系列最长,为 110 年,洛阳
(气象)站系列长度最短,为 83 年。河南省选用站点情况见表 2.1-1。

表 2.1-1　河南省水资源三级区选用雨量站统计

水资源分区		雨量站(含长系列站)			长系列站			蒸发站		
		三评站数	二评站数	三评与二评站数变化	三评站数	二评站数	三评与二评站数变化	三评站数	二评站数	三评与二评站数变化
海河	漳卫河山区	41	40	1						
	漳卫河平原	26	25	1						
	徒骇马颊河	9	5	4						
	合计	76	70	6	2	2	0	21	20	1
黄河	龙门至三门峡干流区间	18	21	−3						
	三门峡至小浪底间	11	9	2						
	沁丹河	4	5	−1						
	伊洛河	69	73	−4						
	小浪底至花园口干流区间	12	7	5						
	金堤河天然文岩渠	18	16	2						
	花园口以下干流区间	1		1						
	合计	133	131	2	2	2	0	32	34	−2
淮河	王家坝以上北岸	72	61	11						
	王家坝以上南岸	44	49	−5						
	王蚌区间北岸	174	141	33						
	王蚌区间南岸	20	12	8						
	蚌洪区间北岸	22	16	6						
	南四湖区	3	3	0						
	合计	335	282	53	8	8	0	81	78	3
长江	丹江口以上	18	16	2						
	唐白河	63	60	3						
	丹江口以下干流区	2	1	1						
	武汉至湖口左岸	0		0						
	合计	83	77	6	2	2	0	17	14	3
全省		627	560	67	14	14	0	151	146	5

注:二评指第二次评价,三评指第三次评价即本次评价,下同。

2.2　统计参数分析确定

降水量统计参数包括多年平均年降水量、变差系数 C_v 和偏态系数 C_s。按照本次评价要求,对选用的 627 个雨量站分别统计了 1956—2016 年、1956—2000 年、1980—2016 年三个系列多年平均年降水量及年降水量变差系数 C_v 值。

其中,多年平均年降水量采用算术平均法计算, C_v 值采用矩法计算,频率曲线采用 P-Ⅲ型线型。 C_s/C_v 值一般采用 2.0,个别站点采用 2.5 或 3.0。

2.3　系列代表性分析

系列代表性分析就是通过对所选用单站长系列资料采用多种方法的综合分析,研究该样本系列的统计参数对总体统计规律的代表程度。

选取汲县站(110 年)、南阳站(86 年)、开封站(94 年)、洛阳(气象)站(83 年)、平桥站(95 年)5 个雨量代表站,作为长系列分析样点,与第二次评价长系列样点选站一致,长系列截止年份为 2016 年。

通过同一站点长、短系列统计参数对比,分析 1956—2016 年降水量系列的丰枯程度、代表性及参数稳定性。

为了与第一次、第二次评价成果进行比较,本次评价除计算 1956—2016 年系列年降水量参数统计外,增加了对 1956—2000 年、1980—2016 年、1956—1979 年、2001—2016 年系列的参数统计。

2.3.1　统计参数稳定性分析

统计参数的稳定性分析是基于长系列统计参数更接近于总体这一基本假定,以长系列参数为标准来检验短系列的代表性。

以长系列末端 2016 年为起点,以年降水量逐年向前计算累积平均值为逐年值,分别绘制上述 5 站年降水量逆时序逐年累积过程线,分析 1956—2016 年同步期年降水量的偏丰、偏枯程度和年降水量统计参数的稳定性,研究多年系列丰枯周期变化情况,以综合评判 1956—2016 年系列降水量的代表性,如图 2.3-1~图 2.3-5 所示。

从图 2.3-1~图 2.3-5 上可看出,降水量均值逆时序逐年累积平均过程线随年序变化,其变幅愈来愈小,点据趋于稳定的时间约为 40 年。本次评价选用 61 年和 45 年样本系列,认为其资料系列长度对总体样本具有代表性。

2.3.2　长短系列统计参数对比分析

分别计算上述 5 个长系列站 1956—2016 年、1956—2000 年、1980—2016 年、1956—1979 年、2001—2016 年 5 个样本系列与连续长系列的均值和 C_v 值,并将长、短系列统计参数进行对比,计算代表性模数。计算公式如下:

$$K_{\bar{x}} = \overline{X}_n / \overline{X}_N$$

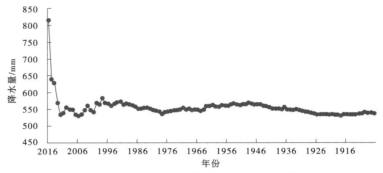

图 2.3-1　汲县站年降水量逆时序逐年累积平均过程线

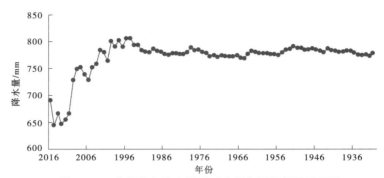

图 2.3-2　南阳站年降水量逆时序逐年累积平均过程线

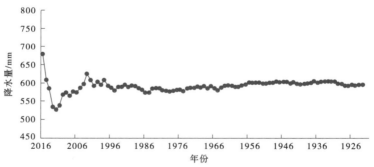

图 2.3-3　开封站年降水量逆时序逐年累积平均过程线

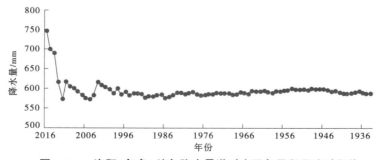

图 2.3-4　洛阳(气象)站年降水量逆时序逐年累积平均过程线

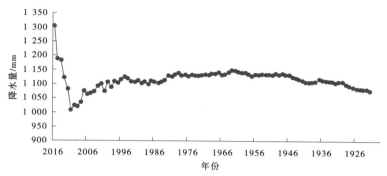

图 2.3-5　平桥站年降水量逆时序逐年累积平均过程线

$$K_{C_{vn}} = C_{vn}/C_{vN}$$

式中　$\overline{X}_N$ 和 $\overline{X}_n$——长、短系列年降水量均值；

　　　C_{vN} 和 C_{vn}——长、短系列的 C_v 值。

计算结果见表 2.3-1。

表 2.3-1　选用站长短系列统计参数分析

站名	年数	系列	系列均值/mm	K_x	均值距平/%	C_v	K_{C_v}	C_v 值距平/%
汲县	110	1907—2016 年	536.5			0.32		
	61	1956—2016 年	560.6	1.04	4.49	0.29	0.91	−0.09
	45	1956—2000 年	567.2	1.06	5.72	0.31	0.97	−0.03
	37	1980—2016 年	545.9	1.02	1.75	0.28	0.88	−0.13
	24	1956—1979 年	583.1	1.09	8.69	0.31	0.97	−0.03
	16	2001—2016 年	541.8	1.01	0.99	0.24	0.75	−0.25
南阳	86	1931—2016 年	781.6			0.25		
	61	1956—2016 年	776.2	0.99	−0.69	0.22	0.88	−0.12
	45	1956—2000 年	780.4	1.00	−0.15	0.23	0.92	−0.08
	37	1980—2016 年	779.1	1.00	−0.32	0.23	0.92	−0.08
	24	1956—1979 年	771.9	0.99	−1.24	0.23	0.92	−0.08
	16	2001—2016 年	764.5	0.98	−2.19	0.22	0.88	−0.12
开封	94	1923—2016 年	593.3			0.29		
	61	1956—2016 年	599.5	1.01	1.05	0.29	1.00	0
	45	1956—2000 年	602.0	1.01	1.47	0.30	1.03	0.03
	37	1980—2016 年	577.5	0.97	−2.66	0.28	0.97	−0.03
	24	1956—1979 年	633.5	1.07	6.78	0.32	1.10	0.10
	16	2001—2016 年	592.5	1.00	−0.13	0.27	0.93	−0.07

续表 2.3-1

站名	年数	系列	系列均值/mm	K_x	均值距平/%	C_v	K_{C_v}	C_v 值距平/%
洛阳(气象)	83	1934—2016 年	586.2			0.27		
	61	1956—2016 年	596.7	1.02	1.79	0.25	0.93	−0.07
	45	1956—2000 年	594.6	1.01	1.43	0.25	0.93	−0.07
	37	1980—2016 年	589.1	1.00	0.49	0.26	0.96	−0.04
	24	1956—1979 年	606.3	1.03	3.43	0.25	0.93	−0.07
	16	2001—2016 年	602.4	1.03	2.76	0.28	1.04	0.04
平桥	95	1922—2016 年	1 077.0			0.26		
	61	1956—2016 年	1 136.0	1.05	5.48	0.22	0.85	−0.15
	45	1956—2000 年	1 157.6	1.07	7.48	0.23	0.88	−0.12
	37	1980—2016 年	1 132.5	1.05	5.15	0.23	0.88	−0.12
	24	1956—1979 年	1 141.2	1.06	5.96	0.23	0.88	−0.12
	16	2001—2016 年	1 075.1	1.00	−0.18	0.21	0.81	−0.19

由表 2.3-1 可以看出,1956—2016 年系列多年平均降水量除南阳站接近长系列均值外,其余 4 站均偏多,偏多幅度最大的是平桥站,偏多 5.48%,汲县偏多 4.49%,洛阳偏多 1.79%,偏多幅度最小的是开封站,偏多 1.05%。

其余系列接近多年均值的有:汲县站 2001—2016 年系列,南阳站 1956—2000 年系列和 1980—2016 年系列,开封站 2001—2016 年系列,洛阳(气象)站 1980—2016 年系列,平桥站 2001—2016 年系列。另外也可看出,除南阳站外,其余 4 站 1956—1979 年、1956—2000 年、1956—2016 年系列均值均较长系列均值偏多。

对于 5 个长系列代表站的变差系数 C_v 进行分析,1956—2016 年系列,开封站与长系列相比变差系数没有变化,其余四站均偏小,其中平桥站偏小最多为 0.15%,其次南阳站偏小 0.12%,汲县站偏小 0.09%,洛阳(气象)站偏小 0.07%。另外也可看出,除开封站外,其余四站 1956—2016 年、1956—2000 年、1980—2016 年、1956—1979 年和 2001—2016 年 5 个系列年的 C_v 值,均小于相对应的长系列 C_v 值,说明长系列年降水量的年际变化大于其他系列年降水量的年际变化。

2.3.3　长短系列频次分析

对不同系列进行适线,以长系列的频率曲线适线成果为基准,将频率小于 12.5%、12.5%~37.5%、37.5%~62.5%、62.5%~87.5% 和大于 87.5% 的年降水量分别划分为丰水年、偏丰年、平水年、偏枯年和枯水年 5 种年型,统计不同系列出现的频次,分析短系列频率曲线经验点据分布的代表性。若短系列 5 种年型出现的频次接近于长系列的频次分布,则认为短系列的代表性较好。计算结果见表 2.3-2。

从表 2.3-2 中可以看出,1956—2016 年系列开封站、汲县站代表性最好,其次为南阳站、平桥站、洛阳(气象)站;1956—2000 年系列除汲县站外,其余 4 站代表性都较好;1980—2016 年系列除平桥站和汲县站稍差外,其余 3 站代表性都较好;1956—1979 年系列南阳站、平桥站、开封站代表性较好;2001—2016 年系列仅有平桥站代表性相对较好。

表 2.3-2　河南省选用站长短系列频次分析统计

站名	年数	系列	丰水年		偏丰水年		平水年		偏枯水年		枯水年	
			年数	频次	年数	频次	年数	频次	年数	频次	年数	频次
汲县	110	1907—2016 年	13	11.8	29	26.4	27	24.5	30	27.3	11	10
	61	1956—2016 年	7	11.5	18	29.5	11	18.0	19	31.1	6	9.8
	45	1956—2000 年	5	11.1	14	31.1	8	17.8	14	31.1	4	8.9
	37	1980—2016 年	3	8.1	9	24.3	10	27.0	9	24.3	6	16.2
	24	1956—1979 年	2	8.3	6	25.0	7	29.2	5	20.8	4	16.7
	16	2001—2016 年	3	18.8	3	18.8	3	18.8	5	31.3	2	12.5
南阳	86	1931—2016 年	11	12.8	14	16.3	26	30.2	28	32.6	7	8.1
	61	1956—2016 年	10	16.4	8	13.1	19	31.1	17	27.9	7	11.5
	45	1956—2000 年	6	13.3	7	15.6	15	33.3	12	26.7	5	11.1
	37	1980—2016 年	6	16.2	5	13.5	12	32.4	11	29.7	3	8.1
	24	1956—1979 年	3	12.5	4	16.7	7	29.2	7	29.2	3	12.5
	16	2001—2016 年	3	18.8	2	12.5	4	25.0	6	37.5	1	6.3
开封	94	1923—2016 年	11	11.7	24	25.5	27	28.7	19	20.2	13	13.8
	61	1956—2016 年	8	13.1	16	26.2	14	23.0	14	23.0	9	14.8
	45	1956—2000 年	5	11.1	12	26.7	10	22.2	12	26.7	6	13.3
	37	1980—2016 年	4	10.8	8	21.6	10	27.0	9	24.3	6	16.2
	24	1956—1979 年	3	12.5	7	29.2	5	20.8	6	25.0	3	12.5
	16	2001—2016 年	1	6.3	5	31.3	5	31.3	2	12.5	3	18.8
洛阳(气象)	83	1934—2016 年	11	13.3	17	20.5	27	32.5	17	20.5	11	13.3
	61	1956—2016 年	12	19.7	7	11.5	18	29.5	17	27.9	7	11.5
	45	1956—2000 年	6	13.3	7	15.6	17	37.8	10	22.2	5	11.1
	37	1980—2016 年	5	13.5	8	21.6	10	27	9	24.3	5	13.5
	24	1956—1979 年	3	12.5	3	12.5	10	41.7	6	25.0	2	8.3
	16	2001—2016 年	2	12.5	4	25.0	2	12.5	6	37.5	2	12.5
平桥	95	1922—2016 年	11	11.6	27	28.4	23	24.2	19	20.0	15	15.8
	61	1956—2016 年	8	13.1	16	26.2	11	18.0	19	31.1	7	11.5
	45	1956—2000 年	7	15.6	12	26.7	8	17.8	12	26.7	6	13.3
	37	1980—2016 年	5	13.5	9	24.3	8	21.6	12	32.4	3	8.1
	24	1956—1979 年	3	12.5	6	25.0	7	29.2	5	20.8	3	12.5
	16	2001—2016 年	2	12.5	5	31.3	3	18.8	4	25.0	2	12.5

2.3.4　连丰、连枯年统计分析

将偏丰年和丰水年作为连丰年份进行分析,相应频率 $P<37.5\%$;连枯分析一般采用

偏枯年和枯水年,相应频率 $P>62.5\%$。选择持续时间 2 年及以上的年份作为连丰年或连枯年。

从分析成果看(见表 2.3-3),年降水量连丰年出现次数 5~9 次,其中南阳站、洛阳(气象)站各出现 5 次,平桥站出现最多,为 9 次;5 个选用站中汲县站连丰达 7 年(1971—1977 年)。5 个长系列站连枯年出现 5~9 次,其中平桥站出现次数最少,为 5 次,南阳站和开封站分别出现 8 次,汲县站和洛阳(气象)站出现次数最多,为 9 次;平桥站连枯年份最长达 9 年(1922—1930 年),汲县站次之,为 7 年(1925—1931 年)。除平桥站外,其余 4 站连续枯水年数明显多于连续丰水年数。

表 2.3-3 河南省连丰、连枯年统计分析

站名	长系列连丰、连枯统计				1956—2016 年连丰、连枯统计			
	连丰年次数	最长持续时间/年	连枯年次数	最长持续时间/年	连丰年次数	最长持续时间/年	连枯年次数	最长持续时间/年
汲县	7	7	9	7	4	7	8	2
南阳	5	4	8	3	4	3	7	3
开封	6	4	8	4	4	3	6	4
洛阳(气象)	5	3	9	4	3	3	6	4
平桥	9	3	5	9	4	3	5	3

在 1956—2016 年系列中,汲县站连丰年出现 4 次,最长持续 7 年,连枯年出现 8 次,最长持续 2 年;南阳站连丰年出现 4 次,最长持续 3 年,连枯年出现 7 次,最长持续 3 年;开封站连丰年出现 4 次,最长持续 3 年,连枯年出现 6 次,最长持续 4 年;洛阳(气象)站连丰年出现 3 次,最长持续 3 年,连枯年出现 6 次,最长持续 4 年;平桥站连丰年出现 4 次,最长持续 3 年,连枯年出现 5 次,最长持续 3 年。连续枯水年数多于连续丰水年数。

经分析,其余 9 个长系列代表站也具有类似的特点。

综上,1956—2016 年(61 年)系列在年降水量均值水平、丰枯出现频次及分析时段内枯水期持续时间较长等特征上,都与长系列比较接近,因而相对其他统计时段具有较好的代表性。

2.4 代表站分析

在全省范围内,结合山丘区、平原区地形分布挑选满足质量精度和系列长度要求的雨量站点作为本次评价分析的代表站。

按照每一行政分区单元内至少选有一个代表站的原则,共选择 46 个代表站。为了保持资料系列的一致性、连续性,其中 42 个站与第二次评价相同,另外新增加了新村、通许、黑石关、泌阳 4 个站点。46 个代表站 1956—2016 年降水量年内分配情况见表 2.4-1,降水量特征值、极值比与极差见表 2.4-2。

表 2.4-1　主要代表站 1956—2016 年系列平均降水量年内分配

站名	行政分区	多年平均降水量/mm	3—5月		6—9月		10月至翌年2月		最大月		最小月		最大月与最小月比值
			降水量/mm	占年降水量/%	降水量/mm	占年降水量/%	降水量/mm	占年降水量/%	降水量/mm	占年降水量/%	降水量/mm	占年降水量/%	
焦作	焦作市	570.6	95.9	16.8	391.2	68.6	83.5	14.6	149.7	26.2	6.5	1.1	23.0
林县	安阳市	652.1	93.0	14.3	489.0	75.0	70.1	10.7	195.5	30.0	4.6	0.7	42.2
南寨	安阳市	749.1	105.5	14.1	566.5	75.6	77.1	10.3	244.9	32.7	5.1	0.7	47.6
修武	焦作市	574.1	94.8	16.5	407.2	70.9	72.1	12.6	157.3	27.4	5.3	0.9	29.6
汲县	新乡市	560.6	85.3	15.2	416.1	74.2	59.2	10.6	165.9	29.6	3.1	0.5	54.2
安阳	安阳市	559.0	84.0	15.0	412.1	73.7	62.9	11.3	176.8	31.6	3.8	0.7	47.1
新村	鹤壁市	638.2	96.5	15.1	469.6	73.6	71.9	11.3	184.6	28.9	4.0	0.6	46.3
濮阳	濮阳市	581.3	93.8	16.1	410.7	70.7	76.8	13.2	164.0	28.2	6.0	1.0	27.3
濮城	濮阳市	559.7	89.7	16.0	398.2	71.1	71.8	12.8	153.8	27.5	5.0	0.9	30.7
朱付村	新乡市	590.3	102.3	17.3	414.9	70.3	73.1	12.4	167.9	28.4	5.0	0.8	33.8
大宾	新乡市	559.6	97.7	17.5	387.7	69.3	74.2	13.3	147.6	26.4	5.9	1.1	24.9
济源	济源市	624.4	106.9	17.1	420.7	67.4	96.8	15.5	166.3	26.6	7.7	1.2	21.7
小浪底	洛阳市	629.8	118.6	18.8	409.1	65.0	102.1	16.2	153.9	24.4	7.6	1.2	20.2
三门峡（混）	三门峡市	562.1	117.6	20.9	354.3	63.0	90.2	16.0	114.9	20.4	4.6	0.8	24.7
卢氏	三门峡市	722.0	147.9	20.5	452.9	62.7	121.1	16.8	135.4	18.8	5.9	0.8	22.8
陆浑	洛阳市	671.2	142.8	21.3	414.1	61.7	114.3	17.0	145.6	21.7	8.8	1.3	16.6
犁牛河	三门峡市	685.0	139.7	20.4	431.2	62.9	114.1	16.7	142.5	20.8	7.5	1.1	19.0
虢镇	三门峡市	590.1	128.9	21.8	361.6	61.3	99.6	16.9	121.2	20.5	6.2	1.1	19.5
郭陆滩	信阳市	1 062.5	263.8	24.8	575.7	54.2	223.0	21.0	150.7	14.2	26.2	2.5	5.8
大坡岭	信阳市	978.9	225.2	23.0	585.7	59.8	168.0	17.2	184.4	18.8	19.0	1.9	9.7
潢川	信阳市	1 006.9	256.3	25.5	549.1	54.5	201.5	20.0	201.0	20.0	22.2	2.2	9.0
石山口	信阳市	1 119.8	295.4	26.4	596.9	53.3	227.5	20.3	203.9	18.2	25.1	2.2	8.1
板桥	驻马店市	944.0	188.7	20.0	606.3	64.2	149.1	15.8	201.8	21.4	14.9	1.6	13.5
桂庄	驻马店市	862.3	184.5	21.4	525.2	60.9	152.6	17.7	167.0	19.4	16.3	1.9	10.2
正阳	驻马店市	945.5	229.2	24.2	538.7	57.0	177.6	18.8	175.1	18.5	20.2	2.1	8.6
两河口	平顶山市	702.9	141.6	20.1	458.9	65.3	102.4	14.6	162.6	23.1	7.3	1.0	22.3
汝州	平顶山市	633.8	133.9	21.1	395.7	62.4	104.2	16.4	134.0	21.1	9.1	1.4	14.7
宝丰	平顶山市	735.8	158.5	21.5	457.9	62.2	119.4	16.2	169.8	23.1	10.6	1.4	16.0
临颍	漯河市	727.0	157.3	21.6	453.8	62.4	115.9	15.9	168.1	23.1	11.2	1.5	15.0
通许	开封市	655.4	124.4	19.0	435.0	66.4	96.1	14.7	172.5	26.3	9.2	1.4	18.8
淮阳	周口市	751.5	151.6	20.2	473.2	63.0	126.7	16.9	183.7	24.4	14.1	1.9	13.0
新郑	郑州市	677.6	127.5	18.8	442.8	65.3	107.3	15.8	157.0	23.2	10.0	1.5	15.8
黑石关	郑州市	566.1	110.3	19.5	374.6	66.2	81.2	14.3	131.6	23.2	5.8	1.0	22.7
睢县	商丘市	703.2	130.7	18.6	475.2	67.6	97.3	13.8	185.2	26.3	9.5	1.4	19.5
夏邑	商丘市	779.6	142.0	18.2	521.2	66.9	116.4	14.9	207.2	26.6	13.7	1.8	15.1
民权	商丘市	669.1	127.1	19.0	453.1	67.7	88.9	13.3	174.2	26.0	9.0	1.3	19.4

续表 2.4-1

站名	行政分区	多年平均降水量/mm	3—5月		6—9月		10月至翌年2月		最大月		最小月		最大月与最小月比值
			降水量/mm	占年降水量/%	降水量/mm	占年降水量/%	降水量/mm	占年降水量/%	降水量/mm	占年降水量/%	降水量/mm	占年降水量/%	
荆紫关	南阳市	806.7	180.8	22.4	492.9	61.1	133.0	16.5	163.0	20.2	10.7	1.3	15.2
西峡	南阳市	830.0	178.6	21.5	517.3	62.3	134.1	16.2	178.0	21.4	11.3	1.4	15.7
黑烟镇	南阳市	810.4	162.0	20.0	539.9	66.6	108.5	13.4	194.5	24.0	6.8	0.8	28.6
林扒	南阳市	702.1	180.8	25.8	390.6	55.6	130.7	18.6	118.6	16.9	13.3	1.9	8.9
白土岗	南阳市	894.7	165.3	18.5	613.7	68.6	115.7	12.9	228.1	25.5	8.7	1.0	26.1
湍滩	南阳市	746.7	181.1	24.3	434.7	58.2	130.9	17.5	131.2	17.6	12.5	1.7	10.5
唐河	南阳市	838.6	186.8	22.3	511.0	60.9	140.8	16.8	166.7	19.9	13.8	1.6	12.1
社旗	南阳市	809.3	173.8	21.5	516.9	63.9	118.6	14.7	181.2	22.4	10.9	1.4	16.6
新县	信阳市	1 281.2	345.9	27.0	672.1	52.5	263.2	20.5	250.6	19.6	29.9	2.3	8.4
泌阳	驻马店市	908.9	193.5	21.3	569.9	62.7	145.5	16.0	196.4	21.6	14.6	1.6	13.5

表 2.4-2　主要代表站 1956—2016 年降水量特征值、极值比与极差

站名	最大年		最小年		极值比	极差/mm	特征值/mm			
	降水量/mm	出现年份	降水量/mm	出现年份			20%	50%	75%	95%
焦作	901.9	1964	261.5	1981	3.4	640.4	686.1	559.2	469.3	358.0
林县	1 078.8	1956	326.4	1997	3.3	752.4	798.1	633.8	520.6	387.3
南寨	1 517.6	1963	273.9	1965	5.5	1 243.7	922.9	727.4	592.7	434.1
修武	953.9	1964	285.7	1997	3.3	668.2	698.3	561.8	465.3	345.7
汲县	1 111.5	1963	285.8	1997	3.9	825.7	690.8	540.8	441.9	326.5
安阳	1 305.3	2016	266.6	1965	4.9	1 038.7	711.9	529.3	414.2	291.1
新村	1 626.9	1956	299.8	1981	5.4	1 310.6	799.0	611.4	487.7	353.7
濮阳	965.3	1964	270.7	1965	3.6	694.6	717.5	564.3	458.7	334.3
濮城	877.4	2003	274.8	1978	3.2	602.6	682.1	547.6	452.4	334.5
朱付村	1 067.8	2000	271.9	1981	3.9	795.9	730.4	573.1	464.7	337.1
大宾	937.1	1964	265.5	1966	3.5	671.6	694.8	542.7	437.9	314.5
济源	1 063.0	1964	346.2	1997	3.1	716.8	749.7	611.9	514.4	393.6
小浪底	1 053.6	1964	288.1	1997	3.7	765.5	752.2	617.7	522.5	404.6
三门峡(混)	931.5	1962	311.9	1997	3.0	619.6	667.4	549.0	467.4	371.4
卢氏	1 172.8	1964	337.9	2012	3.5	834.9	758.3	624.7	532.7	424.4
陆浑	1 279.6	1982	375.4	1997	3.4	904.2	805.0	654.5	550.9	428.9
犁牛河	940.1	1983	419.8	1997	2.2	520.3	796.7	675.4	588.2	477.8
虢镇	942.6	2003	320.2	1997	2.9	622.4	689.1	580.3	503.4	408.1
郭陆滩	1 653.3	2003	604.9	1976	2.7	1 048.4	1 263	1 042.7	886.7	693.6
大坡岭	1 643.5	1956	451.9	2001	3.6	1 191.6	1 178.7	959.2	803.8	611.4
潢川	1 592.5	1956	484.7	2001	3.3	1 107.8	1 202.7	987.6	835.3	646.8

续表 2.4-2

站名	最大年		最小年		极值比	极差/mm	特征值/mm			
	降水量/mm	出现年份	降水量/mm	出现年份			20%	50%	75%	95%
石山口	2 089.2	1987	631.0	2001	3.3	1 458.2	1 345.5	1 091.6	916.6	710.6
板桥	2 255.4	1975	476.8	1966	4.7	1 778.6	1 168.6	906.6	733.8	546.7
桂庄	1 451.2	2000	419.6	1966	3.5	1 031.6	1 063.8	837.1	681	497.2
正阳	1 558.4	1956	451.8	2001	3.4	1 106.6	1 143.1	926.0	772.3	582.0
两河口	1 182.4	1964	438.1	2013	2.7	744.3	837.3	686.1	581.9	459.3
汝州	1 170.7	1964	271.9	2012	4.3	898.8	769.0	613.3	510.6	390.8
宝丰	1 282.6	1964	444.6	1966	2.9	838.0	880.6	717.7	605.5	473.3
临颍	1 239.6	1984	373.3	1997	3.3	866.3	882.4	711.6	590.7	441.0
通许	1 095.4	1964	278.4	2012	3.9	817.0	789.7	642.1	537.7	408.3
淮阳	1 293.5	1984	351.4	1997	3.7	942.1	901.2	736.7	620.2	476.0
新郑	1 268.5	1967	383.2	1981	3.3	885.3	815.4	660.5	553.8	428.1
黑石关	902.3	1964	311.6	1966	2.9	590.7	680.2	551.8	463.4	359.2
睢县	1 234.7	2004	299.9	1966	4.1	934.8	850.4	680.8	569	438.6
夏邑	1 335.2	2000	377.9	1966	3.5	957.3	936.8	760.0	638.2	494.7
民权	1 224.8	1957	319.9	1966	3.8	904.9	812.4	647.4	538.6	411.6
荆紫关	1 423.7	1958	519.7	1976	2.7	904.0	949.9	792.6	681.3	543.5
西峡	1 387.8	1958	592.4	2001	2.3	795.4	980.1	811.3	695.0	558.0
黑烟镇	1 502.9	1964	526.7	2013	2.9	976.2	962.8	791.4	673.3	534.3
林扒	1 387.7	1964	450.7	1978	3.1	937.0	845.4	684.2	573.2	442.5
白土岗	1 739.1	2010	544.8	1972	3.2	1 194.3	1 077.9	871.8	729.8	562.6
淹滩	1 178.7	1964	443.1	2013	2.7	735.6	872.9	736.0	638	514
唐河	1 394.5	1967	525.0	1978	2.7	869.5	1 007.8	821.9	690.4	527.5
社旗	1 179.0	1979	443.6	2001	2.7	735.4	966.0	793.9	672.0	521.1
新县	2 164.2	1956	682.5	2011	3.2	1 481.7	1 517.8	1 257.8	1 073.8	846.0
泌阳	1 335.4	1977	499.5	1988	2.7	835.9	1 100.4	890.0	741.2	556.8

2.5　分区降水量

　　按照《技术细则》和《评价大纲》要求的系列年限,分别计算 1956—2016 年(61 年)系列、1956—2000 年(45 年)系列和 1980—2016 年(37 年)系列,河南省及各行政分区、水资源一级流域及三级流域分区的多年平均降水量。

2.5.1　计算方法

　　根据《技术细则》和《工作大纲》要求,并结合河南省地形、地貌、水文气象等特征,本次评价分区降水量统一采用泰森多边形法计算。计算原理如下:计算流域的平均降水量,是以各雨量站连线之间的垂直平分线,把流域划分成若干个多边形,然后以各个多边形的

面积为权重,计算各站雨量的加权平均值,并把它作为流域的平均降水量。计算公式如下:

$$\overline{P} = \frac{p_1 f_1 + p_2 f_2 + \cdots + p_n f_n}{F} = \sum_{i=1}^{n} p_i \frac{f_i}{F}$$

式中　f_i——第 i 个雨量站所在多边形的面积;

　　　F——流域面积;

　　　$\dfrac{f_i}{F}$——面积权重。

本次评价以水资源四级区套县级行政区作为最小计算单元,全省共划分 277 个计算单元,如表 2.5-1 所示。对每一个计算单元,其选用站的面积权重利用 ArcGIS 确定,在选用站年降水量计算成果的基础上,计算每个基本单元的面平均降水量,进而求得县级行政区、市级行政区、水资源各级分区、全省的面平均降水量。

表 2.5-1　河南省水资源四级区套县级行政区计算单元

序号	水资源四级区	省辖市	县(市、区)	计算面积/km²
1	漳卫河山区	安阳	龙安区	177
2			安阳县	653
3			汤阴县	80
4			林州市	2 059
5		鹤壁	鹤山区	130
6			山城区	135
7			淇滨区	186
8			淇县	333
9		新乡	凤泉区	19
10			卫辉市	370
11			辉县市	1 171
12		焦作	解放区	45
13			中站区	109
14			马村区	77
15			山阳区	53
16			修武县	378
17			博爱县	67

续表 2.5-1

序号	水资源四级区	省辖市	县（市、区）	计算面积／km²
18			文峰区	179
19			北关区	51
20			殷都区	68
21		安阳	龙安区	59
22			安阳县	542
23			汤阴县	556
24			滑县	92
25			内黄县	1 078
26			淇滨区	89
27		鹤壁	浚县	1 024
28			淇县	240
29			华龙区	19
30		濮阳	清丰县	89
31			南乐县	173
32	漳卫河平原		红旗区	130
33			卫滨区	64
34			凤泉区	94
35			牧野区	99
36		新乡	新乡县	301
37			获嘉县	470
38			延津县	30
39			卫辉市	459
40			辉县市	511
41			解放区	17
42			中站区	15
43			马村区	41
44		焦作	山阳区	56
45			修武县	290
46			博爱县	302
47			武陟县	451

续表 2.5-1

序号	水资源四级区	省辖市	县（市、区）	计算面积/km²
48		安阳	内黄县	68
49			华龙区	293
50	徒骇马颊河		清丰县	742
51		濮阳	南乐县	447
52			濮阳县	155
53			湖滨区	144
54	龙门至三门峡干流区间		陕州区	846
55		三门峡	卢氏县	223
56			灵宝市	2 994
57			湖滨区	61
58		三门峡	陕州区	141
59	三门峡至小浪底区间		渑池县	589
60		洛阳	孟津县	103
61			新安县	626
62		济源		844
63			博爱县	114
64		焦作	武陟县	293
65	沁丹河		温县	284
66			沁阳市	538
67		济源		148
68			洛龙区	27
69			栾川县	2 150
70			嵩县	1 777
71	伊河	洛阳	汝阳县	107
72			宜阳县	147
73			伊川县	947
74			偃师市	19
75		郑州	登封市	144

续表 2.5-1

序号	水资源四级区	省辖市	县(市、区)	计算面积/km²
76	洛河	三门峡	陕州区	623
77			渑池县	773
78			卢氏县	2 334
79			义马市	100
80		洛阳	老城区	58
81			西工区	48
82			瀍河回族区	25
83			涧西区	82
84			洛龙区	244
85			孟津县	204
86			新安县	529
87			宜阳县	1 503
88			洛宁县	2 306
89			伊川县	112
90			偃师市	869
91		郑州	巩义市	685
92	小浪底至花园口干流区间	新乡	原阳县	53
93		焦作	武陟县	115
94			温县	189
95			沁阳市	57
96			孟州市	510
97		洛阳	吉利区	77
98			孟津县	426
99			偃师市	59
100		郑州	上街区	61
101			惠济区	69
102			巩义市	365
103			荥阳市	532
104		济源		902

续表 2.5-1

序号	水资源四级区	省辖市	县(市、区)	计算面积/km²
105	金堤河天然文岩渠	安阳	滑县	1 692
106		濮阳	范县	486
107			台前县	248
108			濮阳县	1 082
109		新乡	红旗区	24
110			新乡县	55
111			原阳县	922
112			延津县	856
113			封丘县	1 010
114			长垣县	898
115			卫辉市	36
116	花园口以下干流区间	濮阳	范县	104
117			台前县	145
118			濮阳县	205
119		新乡	原阳县	344
120			封丘县	180
121			长垣县	153
122		郑州	金水区	9
123			惠济区	15
124			中牟县	155
125		开封	龙亭区	66
126			祥符区	169
127			兰考县	134
128	洪汝河山区	平顶山	舞钢市	443
129		驻马店	驿城区	725
130			西平县	86
131			确山县	1 068
132			泌阳县	721
133			遂平县	391

续表 2.5-1

序号	水资源四级区	省辖市	县（市、区）	计算面积/km²
134	洪汝河平原	平顶山	舞钢市	135
135		漯河	源汇区	101
136			舞阳县	46
137		驻马店	驿城区	500
138			西平县	1 004
139			上蔡县	897
140			平舆县	1 218
141			正阳县	662
142			确山县	318
143			汝南县	1 502
144			遂平县	680
145			新蔡县	1 185
146		信阳	淮滨县	368
147			息县	53
148	淮洪区间	驻马店	正阳县	1 227
149			确山县	315
150		信阳	平桥区	50
151			淮滨县	467
152			息县	1 451
153	王家坝以上南岸	信阳	浉河区	1 685
154			平桥区	1 833
155			罗山县	2 074
156			光山县	1 829
157			新县	1 232
158			商城县	442
159			固始县	367
160			潢川县	1 638
161			淮滨县	372
162			息县	384
163		南阳	桐柏县	1 349

续表 2.5-1

序号	水资源四级区	省辖市	县（市、区）	计算面积/km²
164	沙颍河山区	洛阳	嵩县	893
165			汝阳县	1 226
166		郑州	中原区	92
167			二七区	108
168			管城回族区	19
169			惠济区	12
170			荥阳市	380
171			新密市	998
172			新郑市	407
173			登封市	1 070
174		许昌	襄城县	435
175			禹州市	1 469
176		平顶山	新华区	131
177			卫东区	106
178			石龙区	35
179			湛河区	185
180			宝丰县	731
181			叶县	1 064
182			鲁山县	2 406
183			郏县	724
184			舞钢市	52
185			汝州市	1 572
186		南阳	方城县	1 378
187	沙颍河平原	郑州	中原区	104
188			二七区	46
189			管城回族区	178
190			金水区	231
191			惠济区	131
192			中牟县	1 209
193			新郑市	480

续表 2.5-1

序号	水资源四级区	省辖市	县(市、区)	计算面积/km²
194	沙颍河平原	开封	尉氏县	915
195		许昌	魏都区	90
196			建安区	998
197			鄢陵县	869
198			襄城县	482
199			长葛市	636
200		平顶山	叶县	325
201		漯河	源汇区	130
202			郾城区	452
203			召陵区	434
204			舞阳县	729
205			临颍县	802
206		周口	川汇区	252
207			扶沟县	961
208			西华县	1 208
209			商水县	1 270
210			沈丘县	1 081
211			郸城县	1 133
212			淮阳县	1 407
213			太康县	542
214			鹿邑县	178
215			项城市	1 079
216		驻马店	上蔡县	632
217			平舆县	63
218			新蔡县	268
219	涡河	郑州	中牟县	33
220		开封	龙亭区	304
221			顺河回族区	72
222			鼓楼区	62
223			禹王台区	60
224			祥符区	1 095

续表 2.5-1

序号	水资源四级区	省辖市	县（市、区）	计算面积/km²
225	涡河	开封	杞县	1 258
226			通许县	768
227			尉氏县	384
228			兰考县	211
229		商丘	梁园区	238
230			睢阳区	952
231			民权县	541
232			睢县	921
233			宁陵县	797
234			柘城县	1 041
235			虞城县	84
236		周口	扶沟县	202
237			郸城县	357
238			太康县	1 219
239			鹿邑县	1 070
240	王蚌区间南岸	信阳	商城县	1 669
241			固始县	2 574
242	蚌洪区间北岸	商丘	梁园区	312
243			睢阳区	9
244			虞城县	1 328
245			夏邑县	1 486
246			永城市	2 020
247	南四湖区	开封	兰考县	763
248			梁园区	142
249		商丘	民权县	699
250			虞城县	130
251	丹江口以上	三门峡	卢氏县	1 109
252		洛阳	栾川县	328
253		南阳	西峡县	3 132
254			内乡县	128
255			淅川县	2 541

续表 2.5-1

序号	水资源四级区	省辖市	县(市、区)	计算面积/km²
256	唐河	驻马店	泌阳县	1 633
257		南阳	宛城区	377
258			方城县	932
259			社旗县	1 152
260			唐河县	2 497
261			新野县	240
262			桐柏县	566
263	白河	洛阳	嵩县	337
264		南阳	宛城区	593
265			卧龙区	1 018
266			南召县	2 933
267			方城县	233
268			西峡县	315
269			镇平县	1 490
270			内乡县	2 173
271			淅川县	202
272			新野县	816
273			邓州市	1 919
274	丹江口以下干流	南阳市	淅川县	75
275			邓州市	450
276	武汉至湖口左岸	信阳市	浉河区	98
277			新县	322
全省				165 536

2.5.2　计算成果

河南省 1956—2016 年系列降水量多年均值为 768.5 mm,折合水量 1 272 亿 m³,最大年降水量发生在 1964 年,为 1 118.8 mm,最小年降水量发生在 1966 年,为 496.0 mm,最大年最小年降水量极值比为 2.3。河南省 1956—2016 年逐年降水量柱状图见图 2.5-1。

1956—2000 年系列降水量多年均值为 774.7 mm,折合水量 1 282 亿 m³。最大年降水量发生在 1964 年,为 1 118.8 mm,最小年降水量发生在 1966 年,为 496.0 mm,最大年最小年降水量极值比为 2.3。

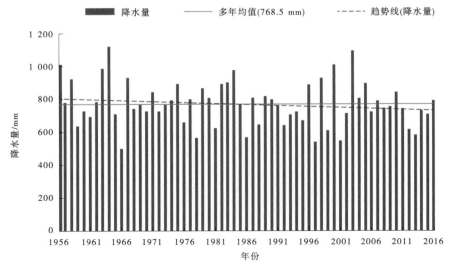

图 2.5-1　河南省 1956—2016 年系列逐年面平均降水量柱状图

1980—2016 年系列降水量多年均值为 757.2 mm,折合水量 1 253 亿 m³。最大年降水量发生在 2003 年,为 1 090.5 mm,最小年降水量发生在 1997 年,为 535.5 mm,最大年最小年降水量极值比为 2.0。

2.5.2.1　行政分区

1956—2016 年系列,多年均值降水量在 500~600 mm 的有安阳市、焦作市和濮阳市,在 800~1 000 mm 的有驻马店市、南阳市和平顶山市,在 1 000~1 200 mm 的仅有信阳市,其余 11 市在 600~800 mm。

1956—2000 年系列、1980—2016 年系列与 1956—2016 年系列级差分布基本相似。其中,1980—2016 年系列多年均值降水量在 500~600 mm 的行政区增加了鹤壁和新乡 2 个市,见表 2.5-2。

表 2.5-2　河南省行政分区降水量特征值

行政分区	计算面积/km²	系列	年数	统计参数			不同频率年降水量/mm			
				均值/mm	C_v	C_s/C_v	20%	50%	75%	95%
郑州市	7 533	1956—2016 年	61	628.3	0.23	2.0	745.4	616.8	525.7	413.0
		1956—2000 年	45	632.9	0.23	2.0	750.8	621.3	529.6	416.0
		1980—2016 年	37	612.5	0.23	2.0	726.6	601.2	512.5	402.6
开封市	6 261	1956—2016 年	61	646.4	0.25	2.0	777.3	633.5	531.7	405.6
		1956—2000 年	45	658.2	0.26	2.0	796.8	644.5	536.7	403.2
		1980—2016 年	37	621.5	0.22	2.0	733.7	612.0	524.5	413.7

续表 2.5-2

行政分区	计算面积/km²	系列	年数	统计参数			不同频率年降水量/mm			
				均值/mm	C_v	C_s/C_v	20%	50%	75%	95%
洛阳市	15 229	1956—2016 年	61	690.6	0.20	2.5	802.5	679.6	592.5	484.8
		1956—2000 年	45	692.6	0.20	2.5	804.8	681.5	594.3	486.2
		1980—2016 年	37	680.7	0.22	2.5	800.5	665.8	572.9	463.6
平顶山市	7 909	1956—2016 年	61	809.5	0.23	2.5	958.4	790.9	675.4	539.5
		1956—2000 年	45	822.7	0.24	2.5	980.6	802.9	680.5	536.4
		1980—2016 年	37	800.5	0.21	2.5	936.7	787.1	681.2	550.0
安阳市	7 354	1956—2016 年	61	593.2	0.29	2.0	730.8	576.0	469.3	343.7
		1956—2000 年	45	599.5	0.30	2.0	743.3	581.4	470.0	338.7
		1980—2016 年	37	560.7	0.25	2.0	674.2	549.5	461.2	351.8
鹤壁市	2 137	1956—2016 年	61	614.5	0.29	2.0	757.0	596.6	486.2	356.1
		1956—2000 年	45	627.0	0.32	2.0	787.6	607.0	482.6	336.1
		1980—2016 年	37	577.6	0.26	2.0	699.2	565.5	470.9	353.8
新乡市	8 249	1956—2016 年	61	612.3	0.25	2.0	736.2	600.0	503.6	384.2
		1956—2000 年	45	616.7	0.26	2.0	746.5	603.8	502.8	377.8
		1980—2016 年	37	587.4	0.24	2.0	701.5	576.1	487.3	377.3
焦作市	4 001	1956—2016 年	61	591.2	0.24	2.0	706.1	579.9	490.5	379.8
		1956—2000 年	45	594.4	0.23	2.0	705.2	583.5	497.4	390.7
		1980—2016 年	37	573.4	0.26	2.0	694.2	561.5	467.6	351.3
濮阳市	4 188	1956—2016 年	61	562.7	0.27	2.0	685.7	550.5	454.8	336.3
		1956—2000 年	45	564.6	0.28	2.0	691.0	548.7	450.7	335.3
		1980—2016 年	37	545.1	0.25	2.0	655.5	534.2	448.4	342.1
许昌市	4 979	1956—2016 年	61	696.3	0.22	2.0	821.9	685.6	587.5	463.5
		1956—2000 年	45	701.2	0.21	2.0	822.0	690.9	596.7	477.4
		1980—2016 年	37	689.0	0.22	2.0	813.3	678.4	581.4	458.6
漯河市	2 694	1956—2016 年	61	772.8	0.25	2.0	929.2	757.3	635.6	484.9
		1956—2000 年	45	774.6	0.27	2.0	944.0	757.9	626.1	463.0
		1980—2016 年	37	771.3	0.24	2.0	921.2	756.5	639.9	495.5

续表 2.5-2

行政分区	计算面积/km²	系列	年数	统计参数			不同频率年降水量/mm			
				均值/mm	C_v	C_s/C_v	20%	50%	75%	95%
三门峡市	9 937	1956—2016 年	61	672.5	0.21	2.5	786.9	661.2	572.2	462.1
		1956—2000 年	45	671.9	0.21	2.5	786.1	660.6	571.7	461.6
		1980—2016 年	37	666.9	0.21	2.0	781.8	657.1	567.5	454.0
南阳市	26 509	1956—2016 年	61	814.7	0.19	2.5	940.1	802.3	704.8	584.1
		1956—2000 年	45	826.0	0.20	2.5	959.8	812.8	708.7	579.9
		1980—2016 年	37	803.0	0.18	2.5	920.1	791.4	700.4	587.6
商丘市	10 700	1956—2016 年	61	728.7	0.19	2.5	840.8	717.6	630.4	522.4
		1956—2000 年	45	726.7	0.21	2.5	850.3	714.5	618.4	499.3
		1980—2016 年	37	719.9	0.19	2.5	830.7	709.0	622.8	516.1
信阳市	18 908	1956—2016 年	61	1 091.3	0.23	2.0	1 294.6	1 071.2	913.1	717.3
		1956—2000 年	45	1 103.2	0.24	2.0	1 317.7	1 082.1	915.2	708.7
		1980—2016 年	37	1 090.7	0.24	2.0	1 302.8	1 069.8	904.9	700.7
周口市	11 959	1956—2016 年	61	756.8	0.21	2.5	885.6	744.1	644.0	520.0
		1956—2000 年	45	754.7	0.23	2.0	895.3	740.8	631.5	496.1
		1980—2016 年	37	759.3	0.20	2.5	882.3	747.2	651.5	533.0
驻马店市	15 095	1956—2016 年	61	894.6	0.27	2.0	1 090.3	875.3	723.1	534.7
		1956—2000 年	45	904.1	0.27	2.0	1 101.8	884.5	730.8	540.4
		1980—2016 年	37	881.9	0.26	2.0	1 067.6	863.5	719.1	540.2
济源市	1 894	1956—2016 年	61	660.6	0.24	2.5	787.5	644.8	546.5	430.7
		1956—2000 年	45	665.2	0.25	2.0	800.0	651.9	547.1	417.4
		1980—2016 年	37	641.4	0.22	2.5	754.3	627.3	539.8	436.8
全省	165 536	1956—2016 年	61	768.5	0.18	2.0	878.8	759.1	673.0	564.1
		1956—2000 年	45	774.7	0.18	2.0	887.1	765.1	677.3	566.3
		1980—2016 年	37	757.2	0.17	2.0	864.0	750.7	666.0	555.3

2.5.2.2 水资源分区

1. 海河流域

海河流域 1956—2016 年系列多年平均年降水量 607.6 mm,折合水量 93.18 亿 m³,最大年降水量发生在 1963 年,为 1 140.3 mm,最小年降水量发生在 1997 年,为 315.1 mm,最大年最小年降水量极值比为 3.6。水资源三级区中,漳卫河山区降水量 662.0 mm,相应降水总量 40.00 亿 m³;漳卫河平原降水量 575.0 mm,相应降水总量 43.64 亿 m³;徒骇马颊河降水量 560.0 mm,相应降水总量 9.548 亿 m³。1956—2016 年海河流域逐年降水量过程线见图 2.5-2。

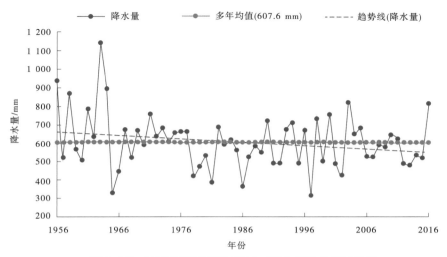

图 2.5-2 河南省海河流域 1956—2016 年降水量过程线

1980—2016 年系列多年平均年降水量 578.7 mm,折合水量 88.75 亿 m³,最大年降水量发生在 2003 年,为 822.6 mm,最小年降水量发生在 1997 年,为 315.1 mm,最大年最小年降水量极值比为 2.6。在水资源三级区中,漳卫河山区降水量 627.5 mm,相应降水总量 37.92 亿 m³;漳卫河平原降水量 548.6 mm,相应降水总量 41.63 亿 m³;徒骇马颊河降水量 539.6 mm,相应降水总量 9.200 亿 m³。

2. 黄河流域

黄河流域 1956—2016 年系列多年平均年降水量 634.9 mm,折合水量 229.6 亿 m³,最大年降水量发生在 1964 年,为 1 016.0 mm,最小年降水量发生在 1997 年,为 378.5 mm,最大年最小年降水量极值比为 2.68。水资源三级区中,龙门至三门峡干流区间降水量 624.6 mm,相应降水总量 26.28 亿 m³;三门峡至小浪底区间降水量 649.8 mm,相应降水总量 15.36 亿 m³;沁丹河降水量 586.8 mm,相应降水总量 8.080 亿 m³;伊洛河降水量 676.7 mm,相应降水总量 107.0 亿 m³;小浪底至花园口干流区间降水量 608.5 mm,相应降水总量 20.78 亿 m³;金堤河和天然文岩渠降水量 578.6 mm,相应降水总量 42.29 亿 m³;花园口以下干流区间降水量 583.6 mm,相应降水总量 9.799 亿 m³。1956—2016 年黄河流域逐年降水量过程线见图 2.5-3。

1980—2016 年系列多年平均年降水量 621.8 mm,折合水量 224.9 亿 m³,最大年降水

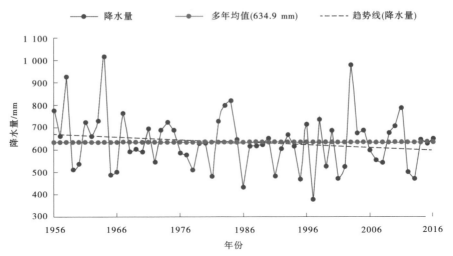

图 2.5-3　河南省黄河流域 1956—2016 年降水量过程线

量发生在 2003 年,为 976.2 mm,最小年降水量发生在 1997 年,为 378.5 mm,最大年最小年降水量极值比为 2.6。在水资源三级区中,龙门至三门峡干流区间降水量 618.3 mm,相应降水总量 26.01 亿 m^3;三门峡至小浪底区间降水量 639.4 mm,相应降水总量 15.12 亿 m^3;沁丹河降水量 571.7 mm,相应降水总量 7.872 亿 m^3;伊洛河降水量 668.7 mm,相应降水总量 105.8 亿 m^3;小浪底至花园口干流区间降水量 590.0 mm,相应降水总量 20.15 亿 m^3;金堤河和天然文岩渠降水量 555.2 mm,相应降水总量 40.58 亿 m^3;花园口以下干流区间降水量 559.4 mm,相应降水总量 9.392 亿 m^3。

3. 淮河流域

淮河流域 1956—2016 年系列多年平均年降水量 838.9 mm,折合水量 725.0 亿 m^3,最大年降水量发生在 2003 年,为 1 218.1 mm,最小年降水量发生在 1966 年,为 477.5 mm,最大年最小年降水量极值比为 2.6。水资源三级区中,王家坝以上北岸降水量 909.2 mm,相应降水总量 142.0 亿 m^3;王家坝以上南岸降水量 1 089.1 mm,相应降水总量 143.8 亿 m^3;王蚌区间北岸降水量 730.6 mm,相应降水总量 339.6 亿 m^3;王蚌区间南岸降水量 1 141.9 mm,相应降水总量 48.44 亿 m^3;蚌洪区间北岸降水量 766.6 mm,相应降水总量 39.52 亿 m^3;南四湖区降水量 675.8 mm,相应降水总量 11.72 亿 m^3。1956—2016 年淮河流域逐年降水量过程线见图 2.5-4。

1980—2016 年系列多年平均年降水量 831.6 mm,折合水量 718.7 亿 m^3,最大年降水量发生在 2003 年,为 1 218.1 mm,最小年降水量发生在 2001 年,为 575.2 mm,最大年最小年降水量极值比为 2.1。在水资源三级区中,王家坝以上北岸降水量 901.4 mm,相应降水总量 140.7 亿 m^3;王家坝以上南岸降水量 1 077.9 mm,相应降水总量 142.3 亿 m^3;王蚌区间北岸降水量 723.4 mm,相应降水总量 336.2 亿 m^3;王蚌区间南岸降水量 1 158.5 mm,相应降水总量 49.16 亿 m^3;蚌洪区间北岸降水量 752.5 mm,相应降水总量 38.79 亿 m^3;南四湖区降水量 662.9 mm,相应降水总量 11.49 亿 m^3。

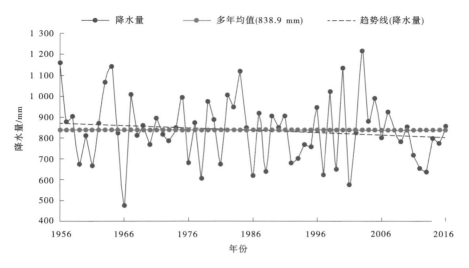

图 2.5-4　河南省淮河流域 1956—2016 年降水量过程线

4. 长江流域

长江流域 1956—2016 年系列多年平均年降水量 812.6 mm,折合水量 224.4 亿 m³,最大年降水量发生在 1964 年,为 1 305.4 mm,最小年降水量发生在 1978 年,为 556.0 mm,最大年最小年降水量极值比为 2.3。水资源三级区中,丹江口以上降水量 806.4 mm,相应降水总量 58.37 亿 m³;唐白河降水量 806.8 mm,相应降水总量 156.7 亿 m³;丹江口以下干流降水量 738.3 mm,相应降水总量 3.876 亿 m³;武汉至湖口左岸降水量 1 276.8 mm,相应降水总量 5.363 亿 m³。1956—2016 年长江流域逐年降水量过程线见图 2.5-5。

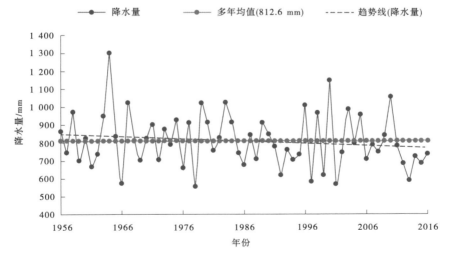

图 2.5-5　河南省长江流域 1956—2016 年降水量过程线

1980—2016 年系列多年平均年降水量 800.8 mm,折合水量 221.1 亿 m³,最大年降水量发生在 2000 年,为 1 152.9 mm,最小年降水量发生在 2001 年,为 570.7 mm,最大年最小年降水量极值比为 2.0。在水资源三级区中,丹江口以上降水量 798.3 mm,相应降水总量 57.78 亿 m³;唐白河降水量 793.8 mm,相应降水总量 154.2 亿 m³;丹江口以下干流降水量 727.5 mm,相应降水总量 3.819 亿 m³;武汉至湖口左岸降水量 1 259.1 mm,相应降水总量 5.288 亿 m³。

河南省各水资源分区不同系列年降水量特征值统计见表 2.5-3。

表 2.5-3　河南省水资源分区不同系列年降水量特征值

水资源分区		计算面积/km²	系列	年数	统计参数			不同频率年降水量/mm			
					均值/mm	C_v	C_v/C_s	20%	50%	75%	95%
海河	漳卫河山区	6 042	1956—2016 年	61	662.0	0.25	2.5	794.4	645.5	542.8	422.0
			1956—2000 年	45	670.2	0.27	2.5	813.1	648.5	539.9	413.2
			1980—2016 年	37	627.5	0.21	2.5	734.3	617.0	534.0	431.2
	漳卫河平原	7 589	1956—2016 年	61	575.0	0.28	2.0	703.8	558.9	459.1	341.5
			1956—2000 年	45	580.9	0.29	2.0	715.6	564.0	464.0	336.6
			1980—2016 年	37	548.6	0.26	2.0	664.2	537.2	447.3	336.1
	徒骇马颊河	1 705	1956—2016 年	61	560.0	0.28	2.0	685.4	544.3	447.1	332.6
			1956—2000 年	45	562.0	0.28	2.0	687.9	546.3	448.7	333.8
			1980—2016 年	37	539.6	0.27	2.0	657.6	527.9	436.1	332.5
	小计	15 336	1956—2016 年	61	607.6	0.25	2.0	729.2	595.6	501.1	384.0
			1956—2000 年	45	614.0	0.26	2.0	744.8	601.1	499.3	373.4
			1980—2016 年	37	578.7	0.21	2.0	676.9	570.3	493.6	396.6
黄河	龙门至三门峡干流区间	4 207	1956—2016 年	61	624.6	0.16	2.5	720.7	615.1	540.3	447.8
			1956—2000 年	45	621.0	0.20	2.5	721.6	611.1	532.8	436.0
			1980—2016 年	37	618.3	0.21	2.5	723.4	607.9	526.1	424.8
	三门峡至小浪底区间	2 364	1956—2016 年	61	649.8	0.23	2.5	769.4	634.9	542.2	433.1
			1956—2000 年	45	649.9	0.23	2.5	769.5	634.9	542.3	433.2
			1980—2016 年	37	639.4	0.23	2.5	757.0	624.7	533.4	426.1
	沁丹河	1 377	1956—2016 年	61	586.8	0.24	2.0	700.8	575.5	486.8	376.9
			1956—2000 年	45	588.0	0.24	2.0	702.3	576.7	487.8	377.7
			1980—2016 年	37	571.7	0.24	2.0	682.9	560.7	474.3	367.3

续表 2.5-3

水资源分区		计算面积/km²	系列	年数	统计参数			不同频率年降水量/mm			
					均值/mm	C_v	C_v/C_s	20%	50%	75%	95%
黄河	伊洛河	15 813	1956—2016 年	61	676.7	0.21	2.5	791.8	665.3	575.8	465.0
			1956—2000 年	45	678.3	0.20	2.5	788.2	667.5	582.0	476.2
			1980—2016 年	37	668.7	0.21	2.5	782.4	657.4	569.0	459.4
	小浪底至花园口干流区间	3 415	1956—2016 年	61	608.5	0.22	2.0	718.2	599.1	513.4	405.0
			1956—2000 年	45	610.7	0.25	2.0	734.4	598.5	502.3	383.2
			1980—2016 年	37	590.0	0.22	2.0	696.5	580.9	497.9	392.7
	金堤河天然文岩渠	7 309	1956—2016 年	61	578.6	0.26	2.0	700.5	566.6	471.8	354.5
			1956—2000 年	45	582.2	0.27	2.0	709.5	569.6	470.6	348.0
			1980—2016 年	37	555.2	0.25	2.0	667.6	544.1	456.6	348.4
	花园口以下干流区间	1 679	1956—2016 年	61	583.6	0.25	2.0	701.8	571.9	480.0	366.2
			1956—2000 年	45	589.4	0.27	2.0	718.3	576.7	476.4	352.3
			1980—2016 年	37	559.4	0.24	2.0	668.2	548.7	464.1	359.4
	小计	36 164	1956—2016 年	61	634.9	0.20	2.0	737.4	626.1	546.1	444.8
			1956—2000 年	45	636.4	0.20	2.0	738.7	627.7	547.9	446.8
			1980—2016 年	37	621.8	0.20	2.0	721.2	613.3	535.7	437.5
淮河	王家坝以上北岸	15 613	1956—2016 年	61	909.2	0.26	2.0	1 100.7	890.3	741.4	557.0
			1956—2000 年	45	914.7	0.27	2.0	1 114.7	894.9	739.3	546.7
			1980—2016 年	37	901.4	0.25	2.0	1 083.9	883.4	741.4	565.6
	王家坝以上南岸	13 205	1956—2016 年	61	1 089.1	0.24	2.0	1 300.8	1 068.2	903.5	699.6
			1956—2000 年	45	1 106.5	0.24	2.0	1 321.7	1 085.3	918.0	710.8
			1980—2016 年	37	1 077.9	0.24	2.0	1 287.4	1 057.2	894.2	692.4
	王蚌区间北岸	46 477	1956—2016 年	61	730.6	0.20	2.5	849.0	718.9	626.9	512.9
			1956—2000 年	45	735.0	0.22	2.0	867.6	723.7	620.2	489.2
			1980—2016 年	37	723.4	0.20	2.5	840.6	711.8	620.7	507.8
	王蚌区间南岸	4 243	1956—2016 年	61	1 141.9	0.23	2.0	1 354.7	1 120.9	955.5	750.6
			1956—2000 年	45	1 146.8	0.24	2.0	1 369.8	1 124.9	951.5	736.8
			1980—2016 年	37	1 158.5	0.23	2.0	1 374.4	1 137.2	969.3	761.5
	蚌洪区间北岸	5 155	1956—2016 年	61	766.6	0.18	2.5	878.4	755.6	668.6	561.0
			1956—2000 年	45	766.5	0.20	2.5	890.7	754.3	657.7	538.1
			1980—2016 年	37	752.2	0.18	2.5	861.9	741.4	656.1	550.5

续表 2.5-3

水资源分区		计算面积/km²	系列	年数	统计参数			不同频率年降水量/mm			
					均值/mm	C_v	C_v/C_s	20%	50%	75%	95%
淮河	南四湖区	1 734	1956—2016 年	61	675.8	0.24	2.0	807.1	662.8	560.6	434.1
			1956—2000 年	45	677.2	0.25	2.0	814.4	663.7	557.0	425.0
			1980—2016 年	37	662.9	0.23	2.0	786.4	650.7	554.6	435.7
	小计	86 427	1956—2016 年	61	838.9	0.19	2.0	967.5	827.9	727.5	600.4
			1956—2000 年	45	845.2	0.19	2.0	976.2	834.0	731.8	602.4
			1980—2016 年	37	831.6	0.19	2.0	958.4	820.7	721.8	596.5
长江	丹江口以上	7 238	1956—2016 年	61	806.4	0.2	2.5	937.0	793.5	691.9	566.1
			1956—2000 年	45	816.3	0.2	2.5	948.5	803.2	700.4	573.0
			1980—2016 年	37	798.3	0.19	2.5	921.1	786.1	690.6	572.3
	唐白河	19 426	1956—2016 年	61	806.4	0.19	2.5	931.0	794.6	698.0	578.4
			1956—2000 年	45	818.9	0.2	2.5	951.5	805.8	702.6	574.9
			1980—2016 年	37	793.8	0.19	2.5	915.9	781.7	686.7	569.1
	丹江口以下干流	525	1956—2016 年	61	738.3	0.22	2.5	868.2	722.0	621.3	502.7
			1956—2000 年	45	756.0	0.22	2.5	889.0	739.3	636.2	514.8
			1980—2016 年	37	727.5	0.22	2.5	855.6	711.5	612.3	495.4
	武汉至湖口左岸	420	1956—2016 年	61	1 276.8	0.23	2.0	1 514.7	1 253.3	1 068.3	839.3
			1956—2000 年	45	1 311.3	0.21	2.0	1 537.1	1 292	1 115.8	892.7
			1980—2016 年	37	1 259.1	0.24	2.0	1 503.9	1 234.9	1 044.6	808.9
	小计	27 609	1956—2016 年	61	812.6	0.19	2.0	935.8	802.0	705.8	584.1
			1956—2000 年	45	824.5	0.19	2.0	952.3	813.6	713.9	587.6
			1980—2016 年	37	800.8	0.19	2.0	917.0	790.9	700.1	585.3
全省		165 536	1956—2016 年	61	768.5	0.18	2.0	878.8	759.1	673.0	564.1
			1956—2000 年	45	774.7	0.18	2.0	887.1	765.1	677.3	566.3
			1980—2016 年	37	757.2	0.17	2.0	864.0	750.7	666.0	555.3

2.5.2.3　成果分析

1. 行政分区成果比较(37 年系列与 61 年系列)

河南省 1980—2016 年(37 年)系列平均年降水量 757.2 mm,1956—2016 年(61 年)系列平均年降水量 768.5 mm,37 年系列较 61 年系列偏少 1.47%。

1980—2016 年系列与 1956—2016 年系列相比,各行政区中,除周口市略微偏多 0.33%外,其余 17 市都有不同程度的偏少。其中豫北五市和开封市偏少 3%~6%,郑州市和济源市偏少 2%~3%,其余市偏少 1%左右。见表 2.5-4。

表 2.5-4　河南省行政分区降水量成果比较

行政分区	面积/km²	本次评价系列成果/mm		37 年系列成果与 61 年系列成果比较/%
		1956—2016 年	1980—2016 年	
郑州市	7 533	628.3	612.5	-2.51
开封市	6 261	646.4	621.5	-3.85
洛阳市	15 229	690.6	680.7	-1.43
平顶山市	7 909	809.5	800.5	-1.11
安阳市	7 354	593.2	560.7	-5.48
鹤壁市	2 137	614.5	577.6	-6.00
新乡市	8 249	612.3	587.4	-4.07
焦作市	4 001	591.2	573.4	-3.01
濮阳市	4 188	562.7	545.1	-3.13
许昌市	4 979	696.3	689.0	-1.05
漯河市	2 694	772.8	771.3	-0.19
三门峡市	9 937	672.5	666.9	-0.83
南阳市	26 509	814.7	803.0	-1.44
商丘市	10 700	728.7	719.9	-1.21
信阳市	18 908	1 091.3	1 090.7	-0.05
周口市	11 959	756.8	759.3	0.33
驻马店市	15 095	894.6	881.9	-1.42
济源市	1 894	660.6	641.4	-2.91
全省	165 536	768.5	757.2	-1.47

2.水资源分区成果比较(37 年系列与 61 年系列)

海河流域 1980—2016 年系列年降水量 578.7 mm,1956—2016 年系列平均降水量 607.6 mm,1980—2016 年系列较 1956—2016 年系列偏少 4.76%。

黄河流域 1980—2016 年系列年降水量 621.8 mm,1956—2016 年系列平均降水量 634.9 mm,1980—2016 年系列较 1956—2016 年系列偏少 2.06%。

淮河流域 1980—2016 年系列年降水量 831.6 mm,1956—2016 年系列平均降水量 838.9 mm,1980—2016 年系列较 1956—2016 年系列偏少 0.87%。

长江流域 1980—2016 年系列年降水量 800.8 mm,1956—2016 年系列平均降水量 812.6 mm,1980—2016 年系列较 1956—2016 年系列偏少 1.45%。

可以看出,海河流域偏少最多,淮河流域偏少最少,见表 2.5-5。

表 2.5-5　河南省各流域降水量成果比较

流域	面积/km²	本次评价系列成果/mm		37 年系列成果与 61 年系列成果比较/%
		1956—2016 年	1980—2016 年	
海河	15 336	607.6	578.7	-4.76
黄河	36 164	634.9	621.8	-2.06
淮河	86 427	838.9	831.6	-0.87
长江	27 609	812.6	800.8	-1.45
全省	165 536	768.5	757.2	-1.47

2.5.3　与二次评价成果对比

本次评价成果包括 1956—2016 年系列、1956—2000 年系列、1980—2016 年系列,与第二次评价 1956—2000 年系列成果比较见表 2.5-6 和表 2.5-7。

表 2.5-6　河南省行政区不同系列降水量成果比较

行政分区	面积/km²	本次评价系列成果						二评1956—2000 年系列/mm
		1956—2016 年		1956—2000 年		1980—2016 年		
		成果/mm	与二评比较/%	成果/mm	与二评比较/%	成果/mm	与二评比较/%	
郑州市	7 533	628.3	0.42	632.9	1.15	612.5	-2.11	625.7
开封市	6 261	646.4	-1.85	658.2	-0.06	621.5	-5.63	658.6
洛阳市	15 229	690.6	2.39	692.6	2.68	680.7	0.92	674.5
平顶山市	7 909	809.5	-1.14	822.7	0.48	800.5	-2.23	818.8
安阳市	7 354	593.2	-0.34	599.5	0.72	560.7	-5.80	595.2
鹤壁市	2 137	614.5	-2.34	627.0	-0.35	577.6	-8.20	629.2
新乡市	8 249	612.3	0.11	616.7	0.83	587.4	-3.96	611.6
焦作市	4 001	591.2	0.07	594.4	0.61	573.4	-2.95	590.8
濮阳市	4 188	562.6	0.18	564.6	0.52	545.1	-2.96	561.7
许昌市	4 979	696.3	-0.37	701.2	0.33	689.0	-1.42	698.9
漯河市	2 694	772.8	0.10	774.6	0.34	771.3	-0.09	772.0
三门峡市	9 937	672.5	-0.44	671.9	-0.53	666.9	-1.27	675.5
南阳市	26 509	814.7	-1.42	826.0	-0.05	803.0	-2.83	826.4
商丘市	10 700	728.7	0.75	726.7	0.47	719.9	-0.47	723.3
信阳市	18 908	1 091.3	-1.28	1 103.2	-0.20	1 090.7	-1.33	1 105.4
周口市	11 959	756.8	0.58	754.7	0.31	759.3	0.92	752.4
驻马店市	15 095	894.6	-0.22	904.1	0.84	881.9	-1.64	896.6
济源市	1 894	660.6	-1.15	665.2	-0.46	641.4	-4.03	668.3
全省	165 536	768.5	-0.34	774.7	0.47	757.2	-1.80	771.1

表 2.5-7　河南省水资源分区不同系列降水量成果比较

水资源分区		面积/km²	本次评价多年平均降水量成果						二评多年平均降水量/mm
			1956—2016 年		1956—2000 年		1980—2016 年		
			降水量/mm	与二评比较/%	降水量/mm	与二评比较/%	降水量/mm	与二评比较/%	
海河	漳卫河山区	6 042	662.0	-0.57	670.2	0.66	627.5	-5.75	665.8
	漳卫河平原区	7 589	575.0	-0.69	580.9	0.33	548.6	-5.25	579.0
	徒骇马颊河	1 705	560.0	0	562.0	0.36	539.6	-3.64	560.0
	小计	15 336	607.6	-0.38	614.0	0.67	578.7	-5.12	609.9
黄河	龙门至三门峡干流区间	4 207	624.6	-0.68	621.0	-1.26	618.3	-1.69	628.9
	三门峡至小浪底区间	2 364	649.8	-4.31	649.9	-4.30	639.4	-5.85	679.1
	沁丹河	1 377	586.8	1.25	588.0	1.47	571.7	-1.35	579.5
	伊洛河	15 813	676.7	1.47	678.3	1.71	668.7	0.27	666.9
	小浪底至花园口干流区间	3 415	608.5	0.10	610.7	0.46	590.0	-2.94	607.9
	金堤河天然文岩渠	7 309	578.6	-0.24	582.2	0.38	555.2	-4.28	580.0
	花园口以下干流区间	1 679	583.6	-0.70	589.4	0.29	559.4	-4.81	587.7
	小计	36 164	634.9	0.28	636.4	0.52	621.8	-1.79	633.1
淮河	王家坝以上北岸	15 613	909.2	-0.48	914.7	0.12	901.4	-1.33	913.6
	王家坝以上南岸	13 205	1 089.1	-1.75	1 106.5	-0.18	1 077.9	-2.76	1 108.5
	王蚌区间北岸	46 477	730.6	0.07	735.0	0.67	723.4	-0.92	730.1
	王蚌区间南岸	4 243	1 141.9	-0.18	1 146.8	0.24	1 158.5	1.27	1 144.0
	蚌洪区间北岸	5 155	766.6	0.95	766.5	0.94	752.2	-0.95	759.4
	南四湖区	1 734	675.8	-0.21	677.2	0	662.9	-2.11	677.2
	小计	86 427	838.9	-0.37	845.2	0.38	831.6	-1.24	842.0
长江	丹江口以上	7 238	806.4	-0.32	816.3	0.90	798.3	-1.32	809.0
	唐白河	19 426	806.8	-1.61	818.9	-0.13	793.8	-3.20	820.0
	丹江口以下干流	525	738.3	1.75	756.0	4.19	727.5	0.26	725.6
	武汉至湖口左岸	420	1 276.8	-0.04	1 311.3	2.66	1 259.1	-1.42	1 277.3
	小计	27 609	812.6	-1.18	824.5	0.27	800.8	-2.61	822.3
全省		165 536	768.5	-0.34	774.7	0.47	757.2	-1.80	771.1

2.5.3.1　1956—2016 年(61 年)系列成果与第二次评价成果比较

本次评价成果与第二次评价成果比较全省降水量减少 0.34%。

1. 行政分区

1956—2016 年系列成果与第二次评价成果比较有 10 个市减少,减少幅度最大的是鹤壁市,为 2.34%,减少幅度在 1%~2% 的有开封市、南阳市、信阳市、济源市和平顶山市,减少最少的是驻马店市,仅有 0.22%;有 8 个市增加,增加最大的是洛阳市,为 2.39%,其余 7 市增加幅度都不足 1%。其中商丘市增加 0.75%、周口市增加 0.58%、郑州市增加 0.42%,焦作市仅增 0.07%。

2. 水资源分区

四大流域除黄河流域增加 0.28% 外,其余三流域都有减少,减少幅度最大的是长江流域,为 1.18%,其次是海河流域,减少 0.38%,淮河流域减少 0.37%。

1)海河流域

3 个水资源三级区,除徒骇马颊河流域没有变化外,漳卫河山区、漳卫河平原区都有不同程度的减少。漳卫河山区减少 0.57%,漳卫河平原减少 0.69%。海河流域整体减少 0.38%,与此时段降水量分布情况一致。

2)黄河流域

7 个水资源三级区,减少的有 4 个,分别是龙门至三门峡干流区间减少 0.68%、三门峡至小浪底区间减少 4.31%、金堤河天然文岩渠减少 0.24%、花园口以下干流区间减少 0.70%;增加的有 3 个,分别是沁丹河区增加 1.25%、伊洛河区增加 1.47%、小浪底至花园口干流区间增加 0.1%。黄河流域整体增加 0.28%,与选站数量、位置分布及此时段当地雨水情发展情势比较一致。

3)淮河流域

6 个水资源三级区,除王蚌区间北岸和蚌洪区间北岸分别增加 0.07% 和 0.95% 外,其余 4 个分区都有不同程度的减少。王家坝以上南岸减少 1.75%、王家坝以上北岸减少 0.48%、王蚌区间南岸减少 0.18%、南四湖区减少 0.21%。淮河流域减少 0.37%,与此时段降水量分布情况一致。

4)长江流域

4 个水资源三级区,增加的有丹江口以下干流区,增加 1.75%,其他 3 个区都有不同程度减少,丹江口以上区、唐白河区和武汉至湖口左岸区分别减少 0.32% 和 1.61% 和 0.04%。长江流域降幅 1.18%,是四大流域降幅最大的流域。与此时段降水量分布情况一致。

2.5.3.2　1956—2000 年(45 年)系列成果与第二次评价成果比较

本次评价与第二次评价相比全省降水量增加 0.47%,主要原因是:本次评价站点较第二次评价增加 67 个,并且个别站点数值经与年鉴详细核对后有所修正。

1. 行政分区

1956—2000 年系列成果与第二次评价成果比较除洛阳市增加 2.68%、郑州市增加 1.15% 外,其余 16 市增减幅度都在 1% 以内。

2. 水资源分区

海河流域增加 0.67%、黄河流域增加 0.52%、淮河流域增加 0.38%、长江流域增加 0.27%。四大流域增加均不足 1%。

2.5.3.3　1980—2016 年(37 年)系列成果与二次评价成果比较

本次评价成果与第二次评价成果比较,全省降水量减少 1.80%。

1. 行政分区

1980—2016 年系列成果与第二次评价成果比较,除洛阳市、周口市都增加 0.92%外,其余 16 市均有不同程度的减少,减少幅度最大的是鹤壁市,为 8.20%,其次安阳市减少 5.80%、开封市减少 5.63%、济源市减少 4.03%、新乡市减少 3.96%、濮阳市减少 2.96%、焦作市减少 2.95%、南阳市减少 2.83%、郑州市减少 2.11%,减少最少的漯河市为 0.09%。

2. 水资源分区

四大流域均减少,减少幅度最大的是海河流域,为 5.12%,其次是长江流域,减少 2.61%、黄河流域减少 1.79%,淮河流域减少最少,为 1.24%。

1)海河流域

3 个水资源三级区都有不同程度的减少,分别为:漳卫河山区减少 5.75%、漳卫河平原减少 5.25%、徒骇马颊河减少 3.64%。20 世纪 80 年代以来,海河流域降水量均值明显偏少。

2)黄河流域

7 个水资源三级区,除伊洛河区增加 0.27%外,其余 6 分区都有不同程度的减少。减少最多的是三门峡至小浪底区间,减少 5.85%,其次是花园口以下干流区间,减少 4.81%,金堤河天然文岩渠减少 4.28%、小浪底至花园口干流区间减少 2.94%、龙门至三门峡干流区间减少 1.69%、沁丹河区减少 1.35%。

3)淮河流域

6 个水资源三级区,除王蚌区间南岸增加 1.27%外,其余 5 分区都有不同程度的减少,其中王家坝以上南岸减少 2.76%、王家坝以上北岸减少 1.33%、王蚌区间北岸减少 0.92%、蚌洪区间北岸减少 0.95%、南四湖区减少 2.11%。

4)长江流域

4 个水资源三级区,除丹江口以下干流区增加 0.26%外,其余 3 分区都有不同程度的减少,其中丹江口以上区减少 1.32%、唐白河区减少 3.20%、武汉至湖口左岸减少 1.42%。

2.6　等值线图绘制及合理性分析

2.6.1　等值线图的绘制

根据《技术细则》和《评价大纲》要求,本次评价需绘制 1956—2016 年系列、1980—2016 年系列同步期年降水量等值线图及其变差系数 C_v 等值线图,共计 4 张图。

等值线图绘制方法如下:

(1)627 个选用站全部参与等值线图的绘制。

(2)利用 ArcGIS 结合人工修正,考虑点据但又不拘泥于个别点据,避免等值线过于曲折或出现过多的高、低值中心,避免横穿山岭以及出现与地形、气候等因素不协调的现象。多次协调与邻省等值线衔接。尽可能考虑河南省第一次、第二次水资源评价等值线走向趋势。

(3)根据河南省降水量分布情况,多年平均降水量等值线图的线距:降水量 1 000 mm 以上时,线距为 200 mm;降水量 1 000 mm 以下时,线距为 100 mm。C_v 等值线图线距采用:C_v>0.3 者,线距 0.1;C_v≤0.3 者,线距 0.05。

2.6.2 等值线图合理性分析

以全省 627 个雨量站计算的三级区或地级行政区的多年平均降水量为真实值,验证等值线的合理性。首先给绘制好的等值线赋值,赋值后的等值线可以通过 ArcGIS 软件转换成点数据,每个点上赋有所在等值线的值,利用克里金插值方法把区域内各栅格点赋值,最后以地级行政区和三级区套市为单位统计每个区的平均值,即为量算值。对所求量算值进行误差分析,误差计算公式如下:

$$e_P = \frac{P_{量算} - P_{计算}}{P_{计算}} \times 100\%$$

若 −10≤e_P≤10,则等值线通过合理性审查;若 e_P<−10 或 e_P>10,则等值线未通过合理性审查。对于不满足误差要求的区域,则需要对影响该区域量算值的等值线进行调整,调整的原则与制作等值线的原则一致,再次进行量算、误差分析。通过反复量算调整,直至 e_P 在合理的范围之内,即可认为等值线合理,能够满足评价需求。

以每个地级市所包含的水资源三级区为评价单元,全省 18 个地级市共划分为 60 个评价单元。每个评价单元降水量的量算值与实际值相比较即为降水量等值线图量算误差,用百分数表示。1956—2016 年系列中,误差最大的是洛阳市三门峡至小浪底区间达 8.37%,误差在 5%~8% 的有 7 个单元,其余 52 个单元误差均在 5% 以下;1980—2016 年系列中,误差最大的是济源三门峡至小浪底区间达 8.75%,误差在 5%~8% 的有 4 个单元,其余 55 个单元误差均在 4% 以下。误差在《技术细则》和《评价大纲》要求的范围之内,即认为本次评价降水量和 C_v 等值线(与降水量等值线误差评价方法一样,不再赘述)走向合理,能够满足本次评价要求,见表 2.6-1。

表 2.6-1 河南省降水量等值线量算误差统计

行政分区	水资源三级区	1956—2016 年系列			1980—2016 年系列		
		降水量成果/mm	等值线图量算/mm	误差/%	降水量成果/mm	等值线图量算/mm	误差/%
郑州市	伊洛河	594.1	600.0	0.99	586.6	588.9	0.39
	小浪底至花园口干流区间	583.9	602.7	3.23	566.5	567.4	0.16
	花园口以下干流区间	556.6	600.0	7.80	519.0	550.0	5.98
	王蚌区间北岸	644.1	642.8	−0.20	628.0	626.3	−0.27
	小计	628.3	631.7	0.54	612.5	612.4	−0.01

续表 2.6-1

行政分区	水资源三级区	1956—2016 年系列			1980—2016 年系列		
		降水量 成果/mm	等值线图 量算/mm	误差/%	降水量 成果/mm	等值线图 量算/mm	误差/%
开封市	花园口以下干流区间	620.7	600.0	-3.33	584.0	585.3	0.22
	王蚌区间北岸	645.4	656.0	1.64	620.4	623.1	0.43
	南四湖区	666.0	643.5	-3.38	647.2	642.2	-0.76
	小计	646.4	651.4	0.76	621.5	623.3	0.29
洛阳市	三门峡至小浪底区间	671.7	615.5	-8.37	669.2	617.5	-7.71
	伊洛河	676.7	675.7	-0.16	667.4	673.4	0.89
	小浪底至花园口干流区间	587.8	600.0	2.08	572.2	592.2	3.50
	王蚌区间北岸	753.4	758.0	0.61	738.1	748.1	1.36
	丹江口以上	793.4	795.6	0.27	793.9	788.9	-0.64
	唐白河	866.6	839.3	-3.15	856.4	823.4	-3.85
	小计	690.6	687.7	-0.42	680.7	684.0	0.48
平顶山市	王家坝以上北岸	971.5	954.5	-1.75	954.4	900.0	-5.70
	王蚌区间北岸	796.7	809.8	1.64	788.4	792.0	0.46
	小计	809.5	820.2	1.32	800.5	800.0	-0.06
安阳市	漳卫河山区	638.9	628.3	-1.66	604.5	596.8	-1.28
	漳卫河平原	559.9	569.5	1.71	534.3	550.5	3.02
	徒骇马颊河	576.8	589.6	2.22	548.3	550.0	0.31
	金堤河天然文岩渠	565.1	600.0	6.18	525.1	549.9	4.71
	小计	593.2	600.5	1.23	560.7	569.1	1.50
鹤壁市	漳卫河山区	646.5	611.4	-5.43	607.2	595.1	-1.99
	漳卫河平原	595.9	599.8	0.66	560.4	554.5	-1.06
	小计	614.5	604.1	-1.69	577.6	569.3	-1.43
新乡市	漳卫河山区	714.8	698.4	-2.29	680.9	673.3	-1.10
	漳卫河平原	587.4	615.8	4.83	558.8	568.5	1.74
	金堤河天然文岩渠	590.2	600.0	1.65	570.3	567.9	-0.42
	小浪底至花园口干流区间	560.4	600.0	7.07	535.6	550.0	2.69
	花园口以下干流区间	583.5	600.0	2.82	562.8	566.6	0.67
	小计	612.3	622.6	1.68	587.4	587.4	0.01

续表 2.6-1

行政分区	水资源三级区	1956—2016 年系列			1980—2016 年系列		
		降水量成果/mm	等值线图量算/mm	误差/%	降水量成果/mm	等值线图量算/mm	误差/%
焦作市	漳卫河山区	660.0	657.0	−0.45	628.9	624.0	−0.78
	漳卫河平原	567.2	601.7	6.08	552.8	561.4	1.56
	沁丹河	579.3	604.3	4.32	564.6	572.3	1.36
	小浪底至花园口干流区间	582.7	600.0	2.97	567.1	562.9	−0.73
	小计	591.2	612.9	3.66	573.4	577.2	0.66
濮阳市	漳卫河平原	553.3	559.2	1.06	529.9	550.0	3.80
	徒骇马颊河	559.3	560.6	0.24	539.2	550.0	2.00
	金堤河天然文岩渠	566.8	578.3	2.03	551.5	553.5	0.36
	花园口以下干流区间	564.2	577.8	2.42	550.3	566.6	2.95
	小计	562.7	570.2	1.34	545.1	553.3	1.51
许昌市	王蚌区间北岸	696.3	704.9	1.24	689.0	703.0	2.04
	小计	696.3	704.9	1.24	689.0	703.0	2.04
漯河市	王家坝以上北岸	815.2	824.1	1.09	815.9	823.3	0.91
	王蚌区间北岸	770.3	784.8	1.88	768.7	781.7	1.69
	小计	772.8	787.0	1.84	771.3	784.1	1.65
三门峡市	龙门至三门峡干流区间	624.6	619.4	−0.83	618.3	618.2	0
	三门峡至小浪底区间	634.5	599.7	−5.48	621.2	607.7	−2.18
	伊洛河	694.5	674.9	−2.82	690.1	676.7	−1.93
	丹江口以上	805.4	796.2	−1.15	804.1	795.1	−1.13
	小计	672.5	659.0	−2.01	666.9	659.8	−1.07
南阳市	王家坝以上南岸	1 010.0	974.2	−3.55	980.5	957.6	−2.33
	王蚌区间北岸	888.6	897.9	1.06	890.8	892.1	0.15
	丹江口以上	807.3	800.6	−0.83	797.4	799.9	0.31
	唐白河	798.6	803.6	0.63	786.5	793.2	0.86
	丹江口以下干流	738.3	734.4	−0.52	727.5	707.4	−2.77
	小计	814.7	815.1	0.04	803.0	806.3	0.42
商丘市	王蚌区间北岸	695.6	700.0	0.63	693.1	699.0	0.86
	蚌洪区间北岸	766.6	755.6	−1.44	752.2	735.9	−2.17
	南四湖区	683.4	700.0	2.42	675.3	700.0	3.66
	小计	728.7	726.8	−0.26	719.9	716.9	−0.42

续表 2.6-1

行政分区	水资源三级区	1956—2016 年系列			1980—2016 年系列		
		降水量成果/mm	等值线图量算/mm	误差/%	降水量成果/mm	等值线图量算/mm	误差/%
信阳市	王家坝以上北岸	934.9	962.3	2.93	949.6	963.0	1.42
	王家坝以上南岸	1 098.1	1 097.0	-0.10	1 089.0	1 081.6	-0.67
	王蚌区间南岸	1 141.9	1 143.6	0.15	1 158.5	1 128.6	-2.58
	武汉至湖口左岸	1 276.8	1 283.0	0.48	1 259.1	1 191.6	-5.36
	合计	1 091.3	1 094.6	0.30	1 090.7	1 079.7	-1.02
周口市	王蚌区间北岸	756.8	759.6	0.36	759.3	761.8	0.33
	合计	756.8	759.6	0.36	759.3	761.8	0.33
驻马店市	王家坝以上北岸	902.5	897.4	-0.57	890.8	887.6	-0.36
	王蚌区间北岸	812.0	833.3	2.62	805.1	835.4	3.76
	唐白河	882.9	905.5	2.56	859.2	891.5	3.76
	合计	894.6	894.2	-0.05	881.9	884.7	0.32
济源市	三门峡至小浪底区间	645.2	694.6	7.65	630.6	685.8	8.75
	沁丹河	648.6	671.9	3.59	630.8	651.3	3.26
	小浪底至花园口干流区间	677.1	667.5	-1.42	653.3	642.2	-1.70
	合计	660.6	679.7	2.88	641.4	662.0	3.21
全省		768.5	770.7	0.29	757.2	770.7	1.79

2.6.3 等值线图成果分析

河南省降水量等值线整体呈东西走向,平原区呈东北—西南走向,伏牛山、大别山等山区的主峰周围有明显的降水量高值区闭合等值线。

年降水量 600 mm 等值线西起林州,基本上沿着卫河平原分界线,穿越黄河,沿黄河河谷东至长垣县出境,即卫河平原以西、黄河河谷以北区域。

年降水量 800 mm 等值线西起卢氏,经伏牛山北部和叶县北部向东略偏南方向从上蔡北部延伸到沈丘北部至省界处。800 mm 等值线是湿润带和过渡带的分界线。此线以南属湿润带,降水相对丰沛;以北属于过渡带,即半湿润半干旱带,降水相对偏少。

年降水量 1 000 mm 等值线西起桐柏,往东略偏南方向经潢川、固始至省界。

年降水量 1 200 mm 等值线西起信阳市,往东略偏南沿大别山山前地带经新县、商城至省界。

2.7　降水量时空分布规律

2.7.1　水汽来源

空气中水汽含量多少是形成降水的主要条件,河南省地处内陆,大气降水主要借助于夏季东南季风,把大量的水汽从太平洋、印度洋的孟加拉湾上空吹向河南省,因而河南省降水主要集中在夏季。

2.7.2　时空分布规律

受大气环流的季节变化和复杂地形南北纬度差异的影响,河南省降水呈现三个主要特征,即降水地区分布不均、年内分配不均、年际变幅大,容易导致水旱灾害。

2.7.2.1　地区分布

河南西部山脉多为南北走向,如太行山、嵩山、伏牛山等是水汽自东向西距离海洋最近的第一道屏障。自东南进入省内的水汽,受到地形的影响急剧上升,易产生局部强烈暴雨。南部山脉为东西走向,当北方冷空气势力较强时,也会起到迎风坡的作用,因而形成了伏牛山东麓的鸡塚一带、大别山区北侧新县的朱冲一带和太行山东麓卫辉市的官山一带三个降水量高值区。其中伏牛山东麓的鸡塚一带降水量 1 200 mm,大别山区北侧新县的朱冲一带降水量 1 200~1 400 mm,太行山东麓卫辉市的官山一带降水量超过 800 mm,多于山前平原地带的年均雨量。

在广阔的平原及河谷地带,缺少地形对气流的抬升作用,不利于降水形成。黄河干流河谷、豫北东部平原地带及南阳盆地,由于来自南方的气流在此产生下沉辐散作用,不利于降水形成,出现 2 个相对低值区。其中金堤河、徒骇马颊河区域年降水量不足 600 mm,是河南省降水量最少的区域。

河南省降水的地区分布特点是:降水量从南到北逐渐递减,同纬度的山丘区大于平原区,山脉的迎风坡多于背风坡。降水地区分布不均,极易形成局地洪涝或是局地干旱。

2.7.2.2　年内分配

河南省降水量年内分配特点与水汽输送的季节变化有关。表现为季节分配不均匀,降水主要集中在汛期(6—9 月),春、秋、冬三季多干旱少雨。

河南省汛期(6—9 月)降水集中,1956—2016 年(61 年)系列汛期平均降水量 482.8 mm,汛期 4 个月占全年降水量的 62.8%。降水集中程度自北向南递减。淮河以南山丘区集中程度最低,在 50%~60%;黄河以北地区集中程度最高,在 70%~80%。

春季 3—5 月降水量为 160.2 mm,占全年降水量的 20.9%,降水集中程度自北向南递增,黄河以北地区占全年降水量的 20%以下,黄河以南地区占全年降水量的 20%以上;秋冬季 10 月至翌年 2 月降水量为 125.5 mm,占全年降水量的 16.3%,集中程度自北向南稍有递增。黄河以北地区占全年降水量的 15%以下,黄河以南地区占全年降水量的 15%以上。

年内各月降水量差异很大。单站多年平均降水量 7 月最大,在 115~250 mm,自北向南逐渐增大;最小月降水量出现在 1 月或是 12 月,降水量在 3~30 mm,自北向南递增。

最大月与最小月降水量相差悬殊。同站最大月降水量是最小月的 6~55 倍,其倍数自北向南逐渐减小。河南省降水量年内分配见表 2.7-1。

表 2.7-1　河南省 1956—2016 年系列降水量年内分配

分区	面积/ km²	多年平均 降水量/mm	3—5 月		6—9 月		10 月至翌年 2 月	
			降水量/ mm	占年降 水量/%	降水量/ mm	占年降 水量/%	降水量/ mm	占年降 水量/%
郑州市	7 533	628.3	121.9	19.4	410.3	65.3	96.1	15.3
开封市	6 261	646.4	121.2	18.8	429.6	66.5	95.6	14.8
洛阳市	15 229	690.6	143.0	20.7	434.9	63.0	112.7	16.3
平顶山市	7 909	809.5	166.9	20.6	514.7	63.6	127.9	15.8
安阳市	7 354	593.2	89.9	15.2	432.6	72.9	70.7	11.9
鹤壁市	2 137	614.5	94.4	15.4	449.5	73.1	70.6	11.5
新乡市	8 249	612.3	99.3	16.2	438.9	71.7	74.1	12.1
焦作市	4 001	591.2	102.7	17.4	402.2	68.0	86.3	14.6
濮阳市	4 188	562.7	90.5	16.1	399.4	71.0	72.8	12.9
许昌市	4 979	696.3	139.8	20.1	448.6	64.4	107.9	15.5
漯河市	2 694	772.8	163.0	21.1	483.9	62.6	125.9	16.3
三门峡市	9 937	672.5	140.6	20.9	420.4	62.5	111.5	16.6
南阳市	26 509	814.7	175.7	21.6	510.4	62.6	128.6	15.8
商丘市	10 700	728.7	136.7	18.8	480.5	65.9	111.5	15.3
信阳市	18 908	1 091.3	275.9	25.3	594.8	54.5	220.6	20.2
周口市	11 959	756.8	154.2	20.4	477.0	63.0	125.6	16.6
驻马店市	15 095	894.6	194.8	21.8	545.2	60.9	154.6	17.3
济源市	1 894	660.6	115.2	17.4	444.6	67.3	100.8	15.3
全省	165 536	768.5	160.2	20.8	482.8	62.8	125.5	16.3
海河	15 336	607.6	93.1	15.3	442.9	72.9	71.6	11.8
黄河	36 164	634.9	123.9	19.5	411.6	64.8	99.4	15.7
淮河	86 427	838.9	182.4	21.7	511.4	61.0	145.1	17.3
长江	27 609	812.6	175.7	21.6	508.7	62.6	128.2	15.8

2.7.2.3　年际变化

河南省降水的年际变化较为剧烈,主要表现为最大与最小年降水量的比值(极值比)较大、年降水量变差系数较大和年际间丰枯变化频繁等特点。

在第二次评价代表站基础上增加 4 站达 46 个站点,从表 2.4-2 可以看到 46 个雨量站 61 年系列年最大降水量与最小降水量极值比一般在 2~4，个别站点大于 5。极值比最大的站点是豫北海河流域的南寨雨量站，极值比达 5.5。1963 年降水量为 1 517.6 mm，1965 年降水量为 273.9 mm，最大与最小年降水量相差 1 243.7 mm。河南省最大最小年降水量极值比呈现出南部小于北部、山区小于平原的特点。

最大与最小年降水量的差值(极差)，从绝对量上反映降水的年际变化。本次选用代表站中，大多数雨量站的极差在 600~1 200 mm，代表站中极差最大的站点为淮河流域驻马店市的板桥站，1975 年降水量 2 255.4 mm，1966 年降水量 476.8 mm，极差 1 778.6 mm，其次为淮河流域信阳市的新县站，最大年 1956 年降水量 2 164.2 mm，最小年 2011 年降水量 682.5 mm，极值比 3.2，极差 1 481.7 mm；代表站中极差最小的站点为黄河流域三门峡市的犁牛河站，1983 年降水量 940.1 mm，1997 年降水量 419.8 mm，极差 520.3 mm，其次为黄河流域郑州市的黑石关站，最大年 1964 年降水量 902.3 mm，最小年 1966 年降水量 311.6 mm，极值比 2.9，极差 590.7 mm。降水量年际变化剧烈极易造成洪涝或干旱，尤其不利于农业生产。

年降水量变差系数 C_v 值的大小反映出降水量年际变化的程度，C_v 值越小，降水量年际变化越小；C_v 值越大，降水量年际变化越大。河南省降水量代表站年降水量变差系数 C_v 值一般在 0.20~0.30，变化趋势自南向北增大。其中长江、淮河流域部分站 C_v 值在 0.20 以下，为全省低值区，表明该区域降水量丰沛且年际变化较小；黄河、海河流域多数站 C_v 值在 0.30 左右，为全省高值区，表明该区域降水量相对较小且年际变化较大。天气系统的多样性及季风气候的不稳定性，形成河南省降水年际变化剧烈的特点。

2.7.3　降水量演变趋势

2.7.3.1　平枯分析

降水量的大小与水汽来源、输入量、天气系统的活动情况、地形、地貌、地理位置等因素有关，呈现出不同阶段的丰平枯状况。评价标准见表 2.7-2。分别计算河南省及省属四大流域丰平枯特征值，见表 2.7-3。

表 2.7-2　降水量丰枯评价标准

丰枯程度	丰水年		平水年	枯水年	
	丰水年	偏丰年		偏枯年	枯水年
P 值	$P≤12.5\%$	$12.5\%<P≤37.5\%$	$37.5\%<P≤62.5\%$	$62.5\%<P≤87.5\%$	$P>87.5\%$

表 2.7-3　河南省各流域 1956—2016 年系列丰平枯降水频率

降水频率/%	降水量/mm				
	海河	黄河	淮河	长江	全省
12.50	792.1	775.9	1 035	983.3	930.2
37.50	645.7	666.0	852.2	847.7	804.2
62.50	545.9	589.8	776.2	755.4	716.9
87.50	430.7	498.7	649.3	675.8	638.5

1. 行政分区

不同年代降水量均值对比,可以反映不同区域年降水量的年代变化情况。河南省1956—1960 年,降水量属丰水年份,降水量稍偏丰 0.90%;1961—1970 年、1971—1980年、1981—1990 年、1991—2000 年、2001—2010 年,即 1961—2010 年降水量都属平水年份;2011—2016 年降水量属偏枯年份。

河南省自 20 世纪 50、60 年代以来,降水量演变趋势大致分为三个阶段,即从最初的20 世纪 50、60 年代的稍偏丰,再到 20 世纪 60 年代至 21 世纪的前 10 年持续近 50 年的平水年份,又到评价年份截止的前 6 年表现为偏枯。总之,河南省 61 年降水量演变趋势表现为由丰到平再到偏枯,见表 2.7-4、表 2.7-5。

表 2.7-4　河南省不同年代降水量比较　　单位:mm

流域	1956—1960 年	1961—1970 年	1971—1980 年	1981—1990 年	1991—2000 年	2001—2010 年	2011—2016 年	1956—2016 年
海河	678.7	669.2	610.0	559.8	584.6	596.1	579.3	607.6
黄河	682.8	666.9	627.1	640.6	587.9	640.9	613.2	634.9
淮河	885.4	849.6	836.9	853.8	820.2	869.6	740.5	838.9
长江	822.5	845.4	828.9	828.8	795.8	823.8	704.3	812.6
全省	811.5	792.3	768.7	775.8	743.6	786.7	691.7	768.5

表 2.7-5　河南省不同年代丰平枯情况统计　　%

流域	1956—1960 年	1961—1970 年	1971—1980 年	1981—1990 年	1991—2000 年	2001—2010 年	2011—2016 年	1956—2016 年
海河	偏丰	偏丰	平水	平水	平水	平水	平水	平水
	5.1	3.6	11.7	2.5	7.1	9.2	6.1	11.3
黄河	偏丰	偏丰	平水	平水	偏枯	平水	平水	平水
	2.5	0.1	6.3	8.6	17.9	8.7	4.0	7.6
淮河	偏丰	平水	平水	偏丰	平水	偏丰	偏枯	平水
	3.9	9.5	7.8	0.2	5.7	2.0	14.0	8.1
长江	平水	平水	平水	平水	平水	平水	偏枯	平水
	8.9	11.9	9.7	9.7	5.3	9.1	4.2	7.6
全省	偏丰	平水	平水	平水	平水	平水	偏枯	平水
	0.9	10.5	7.2	8.2	3.7	9.7	8.3	7.2

2. 水资源分区

1956—1960 年,河南省长江流域属平水年,海河流域、黄河流域、淮河流域降水量均偏丰,其中海河流域偏丰较多 5.1%,其次是淮河流域偏丰 3.9%,黄河流域偏丰 2.5%;1961—1970 年海河流域和黄河流域偏丰,淮河流域、长江流域都属平水年份;1971—1980 年四大流域全部属平水年份;1981—1990 年、2001—2010 年除淮河流域稍偏丰外,其余三大流域都属平水年份;1991—2000 年除黄河流域偏枯 17.9%外,其余三大流域都属平水年份;2011—2016 年海河流域、黄河流域平水年份,淮河流域、长江流域分别偏枯 14.0% 和 4.2%,如表 2.7-4、表 2.7-5 所示。

从图 2.7-1 中可看出,1956—1960 年,长江流域表现为缓慢上升,其余三流域均表现为缓慢下降趋势;1961—1970 年,淮河流域、长江流域年际变化表现为缓慢下降趋势,海河流域、黄河流域年际变化比较剧烈,表现为明显下降趋势;1971—1980 年,黄河、淮河、长江三流域年际变化平缓,海河流域年际变化剧烈,表现为下降趋势;1981—1990 年,四大流域年际变化较为剧烈,但除海河流域表现为上升外,其余三流域均表现为下降趋势;1991—2000 年,四大流域均表现为缓慢上升趋势;2001—2010 年,海河、黄河流域年际变化趋缓,表现为缓慢下降趋势,淮河、长江流域年际变化表现为明显下降趋势;2011—2016 年,海河、黄河流域年际变化表现为缓慢上升,淮河、长江流域年际变化表现为明显上升趋势。

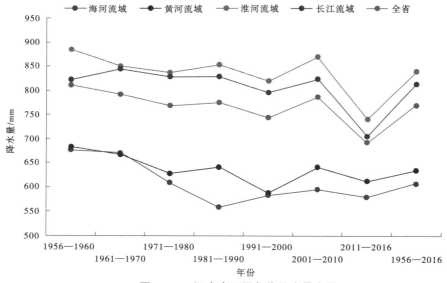

图 2.7-1　河南省不同年代降水量变化

2.7.3.2　年际变化趋势

利用差积曲线(距平累积曲线)初步分析各流域降水量变化趋势,以 Pettitt 秩次检验对降水量变化趋势进行显著性检验。

差积曲线以每年的降水量与多年平均降水量的差值依次累加,绘制差积值随年份变化的累积曲线。Pettitt 检验是水文气象序列趋势分析与变异诊断中常用的方法,是对基于原始数据所获得的秩进行统计分析,该方法构造统计量 U、n 来检验同一个总体中是否存在两个样本,以总体中各样本累积分布函数的差异性水平来判断总体的变化趋势。

假设检验连续序列 $X_1, X_2, \cdots, X_n$ 中的两个样本 $X_1, X_2, \cdots, X_m$ 和 $X_{m+1}, X_{m+2}, \cdots, X_n$ 是否服从同一分布,Pettitt 检验统计量 $U_{m,n}$ 被定义为

$$U_{m,n} = \sum_{i=1}^{m} \sum_{j=m+1}^{n} \mathrm{sign}(X_m - X_j)$$

式中　$1 \leqslant m \leqslant n$, 　$\mathrm{sign}(X) = \begin{cases} 1 & X > 0 \\ 0 & X = 0 \\ -1 & X < 0 \end{cases}$

统计量 $U_{m,n}$,若存在 m 时刻满足 $K_m = \max|U_{m,n}|$,则 m 点前后样本累积分布函数发生变化,并计算可能发生的累积概率:

$$p(m) = 1 - \exp\left(\frac{-6U_{m,n}^2}{N^3 + N^2}\right)$$

给定一定的显著性水平 α,当 $p(m) > 1-\alpha$ 时,m 点前后变化趋势显著。

对 1956—2016 年系列,绘制全省及各流域降水差积曲线,见图 2.7-2 ~ 图 2.7-6。由差积曲线图并结合全省及各流域年降水量,全省 1956—1964 年降水量最丰,较多年均值偏丰 10.3%,从 20 世纪 80 年代中期至 90 年代中期以及 2011 年以后是波动减小时期,分别比多年均值偏少 7.0%、10.0%。其余时段丰枯变化不明显。

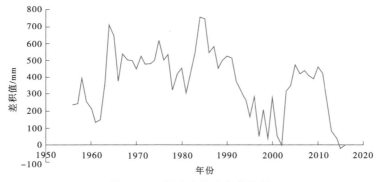

图 2.7-2　河南省降水差积曲线

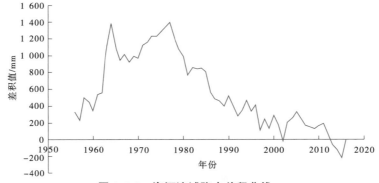

图 2.7-3　海河流域降水差积曲线

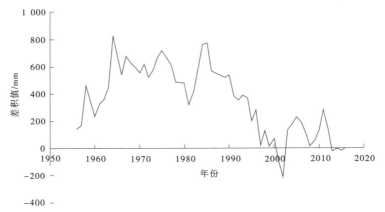

图 2.7-4　黄河流域降水差积曲线

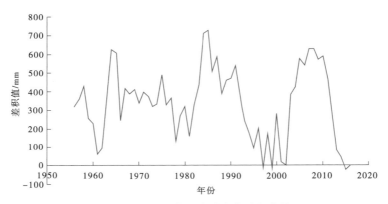

图 2.7-5　淮河流域降水差积曲线

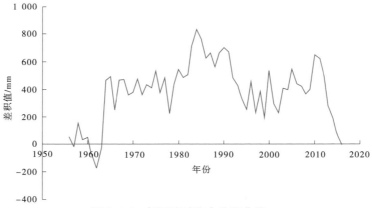

图 2.7-6　长江流域降水差积曲线

　　四大流域 1956—1964 年降水量整体偏丰,且呈波动增加的趋势,各流域较多年均值偏丰 6.3%~25.3%,其中以海河流域偏丰最多,为 25.3%,长江流域偏丰最少,为 6.3%。与多年均值相比降水量减小明显持续时间较长的阶段,分别是海河流域 1978—2002 年偏少 9.3%;黄河流域 1986—2002 年偏少 9.1%;淮河流域 1985—1995 年偏少 7.5%;长江流域 1985—1995 年偏少 6.4%。2011—2016 年海河、黄河流域偏枯不明显,淮河、长江流域持续低于多年均值,分别偏少 11.7%、13.3%。

对于差积曲线图中年降水量系列变化趋势相对明显且持续时间较长的海河、黄河流域,进一步以 Pettitt 检验法检验其变化趋势的显著性,以判断年降水量增、减变化趋势是否达到趋势分析中的"显著性"标准。计算 Pettitt 检验中的统计量 P,水文、气象学中普遍认为 $P \geq 0.99$ 表示存在极显著变化趋势,$P \geq 0.95$ 表示存在显著变化趋势,$P \geq 0.90$ 表示有变化趋势但并不显著。由差积曲线法及 Pettitt 检验法分析各时期年降水量系列变化趋势成果见表 2.7-6。

表 2.7-6 1956—2016 年系列降水量趋势分析

流域	趋势分析方法	各时段趋势分析结果			
		1956—1964 年	1965—1977 年	1978—2002 年	2003—2016 年
海河	差积曲线	增加	无趋势	减少	无趋势
	Pettitt 检验	0.52	无趋势	0.90	无趋势
		1956—1964 年	1965—1985 年	1986—2002 年	2003—2016 年
黄河	差积曲线	增加	无趋势	减少	无趋势
	Pettitt 检验	0.66	无趋势	0.70	无趋势

在四流域中,年降水量差积曲线变化趋势最明显的海河、黄河流域 61 年系列经 Pettitt 检验,海河流域 1978—2002 年系列降水量的减少趋势最为明显,但也未达到统计检验中的"显著性"标准。

2.8 重点流域降水量

2.8.1 计算方法

在已计算过的水资源三级区、四级区降水量的基础上,用面积加权分别求得河南省重点流域 1980—2016 年和 1956—2016 年逐年降水量系列,分析计算各统计年限年降水量特征值。

具体计算公式如下:

$$P_{\text{重点流域}} = \frac{\sum P_{\text{省套重点流域(三级或四级区)}} \times A_{\text{省套重点流域(三级或四级区)}}}{A_{\text{重点流域}}}$$

式中 $P_{\text{省套重点流域(三级或四级区)}}$——省境内重点流域(三级或四级区)降水量;
　　　$A_{\text{省套重点流域(三级或四级区)}}$——省境内重点流域(三级或四级区)面积。

2.8.2 计算成果

本次对河南省 12 个重点流域 1956—2016 年(61 年)系列、1980—2016 年(37 年)系列多年平均年降水量进行了计算,见表 2.8-1。

表 2.8-1　河南省重点流域降水量

系列	流域	重点流域	计算面积/km²	降水量	
				mm	亿 m³
1980—2016	海河	卫河	13 007	583.0	75.83
		徒骇马颊河	1 705	539.6	9.20
	黄河	伊洛河	15 813	668.7	105.70
		沁河	1 377	571.7	7.87
	淮河	洪汝河	12 103	891.4	107.90
		史灌河	4 243	1 158.5	49.16
		沙颍河	34 808	739.5	257.40
		涡河	11 669	675.4	78.82
		新汴河	3 032	747.3	22.66
		包浍河	2 123	759.2	16.12
	长江	丹江	7 763	793.5	61.60
		唐白河	19 426	793.8	154.20
1956—2016	海河	卫河	13 007	612.8	79.71
		徒骇马颊河	1 705	560.0	9.55
	黄河	伊洛河	15 813	676.7	107.00
		沁河	1 377	586.8	8.08
	淮河	洪汝河	12 103	902.8	109.30
		史灌河	4 243	1 141.9	48.45
		沙颍河	34 808	746.0	259.70
		涡河	11 669	684.4	79.86
		新汴河	3 032	764.8	23.19
		包浍河	2 123	769.1	16.33
	长江	丹江	7 763	801.8	62.24
		唐白河	19 426	806.8	156.70

　　从表 2.8-1 中可以看出,淮河流域的史灌河在 37 年系列和 61 年系列的降水量均超过了 1 000 mm;黄河流域的沁河在两个系列年份中都低于 600 mm,海河流域卫河和徒骇马颊河在 1980—2016 年系列中都低于 600 mm,在 1956—2016 年系列中,卫河高于 600 mm,为 612.8 mm,徒骇马颊河低于 600 mm,为 560 mm,即海河流域的卫河区降水量 61 年系列大于 37 年系列,说明 20 世纪 80 年代以来降水量相比 1956—1979 年偏枯。从重点流域的降水量分布来看,由西南往东北呈现递减趋势。37 年系列、61 年系列都是史灌河

降水量最大,分别为 1 158.5 mm 和 1 141.9 mm;徒骇马颊河最小,分别为 539.6 mm、560.0 mm,同系列最大最小河段分别相差 618.9 mm 和 581.9 mm。1956—2016 年系列重点流域降水量柱状图见图 2.8-1。

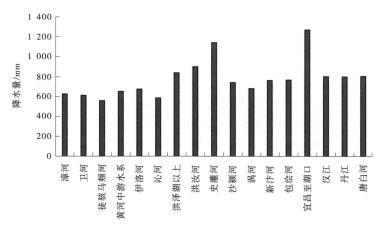

图 2.8-1　河南省重点流域 1956—2016 年系列降水量柱状图

第3章　蒸发与干旱指数

3.1　蒸发量

蒸发是自然界水循环过程中的主导因素之一,是水文和气象过程的重要衔接环节。蒸发可分为水面蒸发和陆地蒸发两类。蒸发能力是指饱和湿润地面的可能最大蒸发量。由于陆地蒸发不仅与气象要素有关,还与土壤、植被、水文等因素有关,蒸发能力一般通过水面蒸发量来反映,水面蒸发观测仪器主要有三种:E601型蒸发器(简称E601)、80 cm口径套盆式蒸发器(简称 Φ80 cm)和20 cm口径小型蒸发器(简称 Φ20 cm)。一般采用E601观测的水面蒸发量代表蒸发能力。

3.1.1　选站情况

本次评价共选用蒸发站151个,其中气象蒸发站93个,水文系统蒸发站(含黄委)58个,见第2章表2.1-1。E601型观测站34个,E601与 Φ80 cm混合观测站7个,E601与 Φ20 cm混合观测站16个, Φ80 cm型观测站1个, Φ80 cm、 Φ20 cm混合观测站1个、 Φ20 cm型观测站92个。

海河流域选用站21个,其中气象资料站15个。E601型观测站1个,E601与 Φ20 cm混合观测站5个, Φ20 cm型观测站15个。

黄河流域选用站32个,其中气象资料站17个。E601型观测站3个,E601与 Φ20 cm混合观测站10个, Φ80 cm型观测站1个, Φ80 cm、 Φ20 cm混合观测站1个, Φ20 cm型观测站17个。

淮河流域选用站81个,其中气象资料站54个。E601型观测站21个,E601与 Φ20 cm混合观测站1个,E601与 Φ80 cm混合观测站6个, Φ20 cm型观测站53个。

长江流域选用站17个,其中气象资料站7个。E601型观测站9个,E601与 Φ80 cm混合观测站1个, Φ20 cm型观测站7个。

全省选用蒸发站点基本上满足每县1个,由于2013年以后大量气象站停止蒸发量的观测,93个气象站的蒸发资料中只有13个站的资料系列为1980—2016年,其余为1980—2013年。所选水文系统蒸发站资料系列均为1980—2016年。

3.1.2　折算系数

由于水面蒸发观测器(皿)的口径不同,观测的水面蒸发量也随之不同。不同口径蒸发器的观测值,采用逐年、逐月换算成E601型蒸发器的蒸发量。

Φ80 cm、 Φ20 cm与E601的折算系数采用第二次水资源调查评价的成果: Φ80 cm与E601水面蒸发量综合折算系数为0.84; Φ20 cm与E601折算系数漳卫河山区、黄河流域花园口以下为 0.64,漳卫河平原区和徒骇马颊河区为 0.65,淮河流域沙颍河以北平原区为 0.63,其余各区采用 0.62。2000 年之后水文系统蒸发观测采用 E601 型蒸发器,不需要进行折算。针对本次评价气象局提供的 2000 年以后的气象站蒸发资料,采用气象局提供的逐月折算系数,1—12 月分别为 0.62、0.60、0.60、0.58、0.60、0.57、0.60、0.65、0.66、0.66、0.68、0.67。不同蒸发观测仪器的观测值与 E601 型蒸发器换算的折算系数见表 3.1-1。

表 3.1-1 不同蒸发观测仪器观测值折算系数

蒸发器型号	区域					
	漳卫河山区	漳卫河平原	徒骇马颊河	花园口以下	沙颍河以北平原	其余地区
Φ20 cm 蒸发皿	0.64	0.65	0.65	0.64	0.63	0.62
Φ80 cm 蒸发皿	0.84					
本次气象局数据	1—12 月分别为 0.62、0.60、0.60、0.58、0.60、0.57、0.60、0.65、0.66、0.66、0.68、0.67					

3.1.3 蒸发等值线图

以单站 1980—2016 年多年平均年水面蒸发量作为勾绘等值线的主要点据,绘制全省多年平均水面蒸发量等值线图,线距采用 100 mm,参考第二次评价等值线图,并且经过与流域机构和邻省多次协调后,确定全省水面蒸发量等值线的走向趋势,绘制出 E601 蒸发皿 1980—2016 年多年平均水面蒸发量等值线图。

水面蒸发量等值线图与二次评价等值线图相比,1 000 mm 线由黄河南岸北移,缩小为黄河干流及其以北的 4 个分散区,分别为:自潼关沿新安、孟津至济源;以武陟为中心的焦作东部、郑州西北部以及新乡西南部;鹤壁市大部分;穿过黄河干流的封丘南部和开封市区北部一带。由于开封、商丘、周口水面蒸发量与第二次评价相比普遍由 900~1 000 mm 下降至 800~900 mm,因此 900 mm 线自叶县向北折,由长垣县向东出省,第二次评价中叶县以东的 900~1 000 mm 的范围缩小为沿漯河东南部至驻马店东北部到周口西南部一带。由于新野县以西的邓州、淅川、西峡以及三门峡卢氏西部水面蒸发量与第二次评价相比普遍由 800~900 mm 下降至 700~800 mm,因此 800 mm 线自新野县向西北直至卢氏县西南出省境。

3.1.4 空间分布

水面蒸发量地区分布的总趋势与水气饱和差、相对湿度等气象因素分布相一致,呈现自南向北递增的规律,即较干旱的北部水面蒸发量大于较湿润的南部的水面蒸发量。

省内南部大别山、桐柏山区蒸发量 700~800 mm,是低值区;淮河上游北岸的洪汝河水系蒸发量 800~900 mm;沙颍河及以北蒸发量 900~1 000 mm;北部太行山区、沿黄河干流一带以及登封、汝州一带的伏牛山区蒸发量超过 1 000 mm,是全省的高值区。

3.1.5 年际变化

本次评价与第二次评价相比,全省水面蒸发量总体呈减少趋势。选取资料系列较长(最长系列为 65 年,最短系列为 52 年)的安阳、孟津、卢氏、遂平、许昌、开封、南湾、唐河 8 个代表站水面蒸发观测资料,与长系列 19××—2016 年(19××为长系列起始年份)以及第二次评价期 1980—2000 年两个时段进行对比分析。

1980—2016 年系列与 1980—2000 年系列相比,除卢氏站外,其他站多年平均蒸发量均减少;1980—2016 年系列与 19××—2016 年系列相比,各站多年平均蒸发量均减少,其中 1980—2016 年系列与长系列相比减少幅度更大。各站不同时段蒸发量多年均值对比情况见表 3.1-2。

表 3.1-2   河南省蒸发代表站各时段蒸发量均值对比

站名	系列长度/年	水面蒸发量/mm			1980—2016 年系列比 19××—2016 年系列偏大比例/%	1980—2016 年系列比 1980—2000 年系列偏大比例/%
		19××—2016 年	1980—2016 年	1980—2000 年		
安阳	65	1 152.2	1 092.5	1 157.6	−5.2	−5.6
孟津	52	1 059.8	1 059.8	1 088.5	0	−2.6
卢氏	64	840.6	774.2	757.0	−7.9	2.3
遂平	64	903.8	842.3	880.0	−6.8	−4.3
许昌	64	992.9	959.4	986.9	−3.4	−2.8
开封	61	1 113.0	1 031.6	1 043.7	−7.3	−1.2
南湾	64	789.7	781.0	784.9	−1.1	−0.5

图 3.1-1 为安阳、孟津、卢氏、遂平、许昌、开封、南湾、唐河站 1980—2016 年系列 5 年滑动平均水面蒸发量过程线,自 2000 年以后各站的水面蒸发量波动幅度不同,总体上呈现平缓的下降趋势。

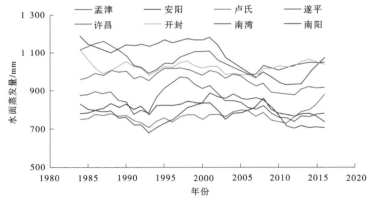

图 3.1-1   河南省蒸发代表站水面蒸发量滑动平均过程线

3.1.6   年内分配

年内水面蒸发量受气象因素年内变化的影响,在不同纬度、不同地形条件下的水面蒸发年内分配也不一致。一般是南方变化小,北方变化大;山区变化小,平原变化大。

年内最大水面蒸发主要发生在 5—8 月,北方少数站集中在 4—7 月。最大连续 4 个月的水面蒸发量一般占全年的 50%左右,在地区分布上比较稳定。淮河以南地区最大月蒸发量大部分出现在 7 月,个别站最大月蒸发量出现在 8 月,其他地区最大月蒸发量多出现在 6 月。最大月蒸发量占年总量的百分比一般为 14%左右。最小月蒸发量多出现在 1

月,占年蒸发量的 3% 左右。多年平均最大与最小月蒸发量的比值大多为 3~6,新郑站最大为 8.5,总体趋势呈现西部小于东部、南部小于北部的分布。

一年四季中,夏季(6—8 月)蒸发量最大,占全年蒸发量的 1/3 以上;其次为春季(3—5 月)、秋季(9—11 月);冬季(12 月至翌年 2 月)最小,约占全年蒸发量的 10%。在地区分布上,春、秋两季占年总量的百分数自西向东递增,夏季占年总量的百分数变化不大,秋季占年总量的百分数北部略大于南部。

3.2　干旱指数

3.2.1　干旱指数计算与分级

干旱指数是反映地域气候干燥程度的指标,在气候学上一般以年蒸发能力与降水量之比表示。多年平均干旱指数采用多年平均 E601 年水面蒸发量与多年平均年降水量的比值。本次评价采用同为蒸发和雨量选用站的站点作为计算干旱指数的选用站。干旱指数依据当干旱指数小于 1.0 时,降水能力大于蒸发能力,表明该地区气候湿润;反之,当干旱指数大于 1.0 时,蒸发能力超过降水量,表明该地区偏于干旱。干旱指数愈大,干旱程度愈严重。根据我国干旱指数综合分带标准,气候的干湿分带情况见表 3.2-1。

表 3.2-1　气候分带等级划分

气候分带	干旱指数
十分湿润	<0.5
湿润	0.5~1.0
半湿润	1.0~3.0
半干旱	3.0~7.0
干旱	>7.0

全省选用的 151 个蒸发站中同时也具有同期降雨观测资料的有 78 个站,各站 1980—2016 年系列年均水面蒸发量及干旱指数见表 3.2-2。

表 3.2-2　河南省选用站水面蒸发量及干旱指数

流域	站名	多年平均蒸发量/mm	多年平均降水量/mm	干旱指数
海河	合河	867.1	583.1	1.49
	南乐	855.6	513.1	1.67
	淇门	824.3	554.9	1.49
	新村	1 063.2	595.3	1.79
	横水	906.3	585.8	1.55
	新乡(气象)	981.3	557.8	1.76
	汤阴(气象)	961.5	584.7	1.64
	天桥断	926.5	555.9	1.67
	浚县(气象)	1 008.2	565.4	1.78

续表 3.2-2

流域	站名	多年平均蒸发量/mm	多年平均降水量/mm	干旱指数
黄河	三门峡	1 039.4	555.2	1.87
	濮阳	813.3	564.5	1.44
	孟津	1 059.8	566.5	1.87
	宜阳	999.2	614.0	1.63
	新安	1 049.6	641.1	1.64
	黑石关	606.9	560.1	1.08
	长水	844.0	645.3	1.31
	栾川	852.8	828.8	1.03
	潭头	905.1	717.7	1.26
	大车集	828.2	589.6	1.40
	温县(气象)	1 026.3	540.5	1.90
	孟州(气象)	885.6	583.0	1.52
	偃师(气象)	915.5	533.7	1.72
	洛宁(气象)	712.0	566.2	1.26
	伊川(气象)	903.6	624.1	1.45
	嵩县(气象)	823.9	687.4	1.20
	长垣(气象)	913.6	663.6	1.38
	巩义(气象)	1 059.9	585.3	1.81
	灵宝(气象)	942.7	605.8	1.56
	延津(气象)	925.5	577.5	1.60
	渑池	1 082.5	590.4	1.83
	济源	836.5	592.8	1.41
	陆浑	686.7	670.0	1.02
	九龙角	1 008.9	608.7	1.66
淮河	周口	820.9	778.6	1.05
	息县	763.1	1 000.2	0.76
	新郑	1 013.1	656.3	1.54
	扶沟	740.1	724.4	1.02
	遂平	842.3	846.6	0.99
	沈丘	921.3	898.6	1.03

续表 3.2-2

流域	站名	多年平均蒸发量/mm	多年平均降水量/mm	干旱指数
淮河	孤石滩	804.4	956.9	0.84
	南湾	781.0	1 121.1	0.70
	板桥	948.6	919.8	1.03
	班台	796.6	938.7	0.85
	鲇鱼山	734.9	1 223.7	0.60
	蒋家集	759.2	1 020.6	0.74
	紫罗山	1 039.6	661.0	1.57
	中牟	805.9	574.8	1.40
	砖桥闸	786.1	727.5	1.08
	商丘	808.6	708.6	1.14
	白沙	761.9	678.5	1.12
	薄山	884.3	965.1	0.92
	大王庙	790.4	661.7	1.19
	泼河	724.2	1 225.1	0.59
	白龟山	838.0	765.1	1.10
	石山口	719.3	1 137.7	0.63
	王勿桥	867.4	965.0	0.90
	化行	844.6	701.3	1.20
	郑州(气象)	1 094.5	633.6	1.73
	尉氏(气象)	859.1	671.2	1.28
	汝阳(气象)	980.2	664.6	1.47
	商城(气象)	856.6	1 228.5	0.70
	西华(气象)	823.3	782.9	1.05
	桂庄	950.5	854.0	1.11
	昭平台	856.3	939.3	0.91
	黄口集闸	893.4	813.7	1.10
长江	泌阳	916.3	897.5	1.02
	南阳	794.1	779.1	1.02
	唐河	765.7	815.6	0.94
	内乡	783.7	757.1	1.04

续表 3.2-2

流域	站名	多年平均蒸发量/mm	多年平均降水量/mm	干旱指数
长江	西峡	833.6	814.6	1.02
	鸭河口	685.9	825.0	0.83
	淎滩	782.5	750.0	1.04
	荆紫关	939.2	819.2	1.15
	半店	781.5	712.5	1.10
	宋家场	810.5	842.8	0.96
	淅川(气象)	856.5	798.6	1.07
	南召(气象)	821.8	826.7	0.99
	邓州(气象)	846.3	688.6	1.23

干旱指数对农业生产、节水灌溉等具有重要参考意义,河南省作为全国粮食生产主产区,选取黄淮、豫东平原本次评价与第二次评价干旱指数变化情况进行对比,如表 3.2-3 所示。除少数站干旱指数比第二次评价期略有增加外,大多数站干旱指数均明显减小。

表 3.2-3 河南省干旱指数变化情况

站名	行政分区	本次评价			第二次评价			本次评价与第二次评价相比增加/%
		多年平均蒸发量/mm	多年平均降水量/mm	干旱指数	多年平均蒸发量/mm	多年平均降水量/mm	干旱指数	
周口	周口市	820.9	778.6	1.05	826.9	797.9	1.04	1.7
扶沟	周口市	740.1	724.4	1.02	762.4	734.9	1.04	-1.5
沈丘	周口市	921.3	898.6	1.03	929.8	907.4	1.02	0.1
西华(气象)	周口市	823.3	782.9	1.05	832.4	787.4	1.06	-0.5
化行	许昌市	844.6	701.3	1.20	855.7	694.4	1.23	-2.3
白沙	许昌市	761.9	678.5	1.12	797.9	698.9	1.14	-1.6
尉氏(气象)	开封市	859.1	671.2	1.28	874.1	685.7	1.27	0.4
大王庙	开封市	790.4	661.7	1.19	804.9	660.9	1.22	-1.9
砖桥闸	商丘市	786.1	727.5	1.08	877.2	734.7	1.19	-9.5
商丘	商丘市	808.6	708.6	1.14	893.9	667.7	1.34	-14.8
黄口集闸	商丘市	893.4	813.7	1.10	954.3	815.3	1.17	-6.2
孤石滩	平顶山市	804.4	956.9	0.84	863.4	940.1	0.92	-8.5
白龟山	平顶山市	838.0	765.1	1.10	860.1	790.6	1.09	0.7
遂平	驻马店市	842.3	846.6	0.99	880.0	872.3	1.01	-1.4
王勿桥	驻马店市	867.4	965.0	0.90	903.8	942.7	0.96	-6.2
板桥	驻马店市	948.6	919.8	1.03	1 005.5	940.1	1.07	-3.6
班台	驻马店市	796.6	938.7	0.85	865.0	924.5	0.94	-9.3

3.2.2　干旱指数等值线图

根据河南省的实际情况,多年平均年干旱指数等值线图的线值采用 0.75、1、1.5,参考第二次评价干旱指数等值线图,并且经过与流域机构和邻省多次协调后,确定全省干旱指数等值线的走向趋势,绘制出多年平均干旱指数等值线图。

河南省干旱指数自南往北递增,介于 0.59~1.9,南部大别山低值区为 0.59~0.7;北部海河流域高值区为 1.5~1.8。中部沿黄一带约为 1.5,干旱指数 1.0 的等值线,自桐柏山西侧,沿西北走向,经南阳市的社旗、南召后,折向东南,进入平顶山鲁山、叶县和驻马店遂平、汝南、平舆 ,等值线中部基本沿汝河走向。

河南省全省属于湿润及半湿润区。干旱指数小于 1.0 的湿润区主要分布在汝河以南的淮河流域以及泌阳、方城和南召县的东部地区。其他区域为干旱指数 1.0~1.9 的半湿润区。较第二次评价相比,干旱指数小于 0.5 的特别湿润区和大于 2.0 的半湿润区已消失;干旱指数 1.0 以下的半湿润区与第二次评价基本相同;黄河流域花园口以下的干旱指数由第二次评价中的大于 1.5 下降为 1.0~1.5。

第4章　地表水资源量

地表水资源量是指河流、湖泊、冰川等地表水体中由当地降水形成的、可以逐年更新的动态水量,用天然河川径流量表示。

区域地表水资源量的计算,是在单站天然河川径流量计算成果的基础上,提出各水资源四级区套地级行政区 1956—2016 年系列地表水资源量评价成果,在此基础上汇总得出各级水资源分区、行政分区、重点流域 1956—2016 年系列地表水资源量评价成果。

4.1　评价基础

4.1.1　水文站的选用

4.1.1.1　选用水文站

本次评价共调查水文站 153 个。其中,河南省水文系统 126 个、黄委管辖水文站 15 个、长委 2 个、陕西省 1 个、山西省 2 个、湖北省 5 个、安徽省 2 个。

凡观测资料符合水文测验标准规范要求,且观测资料系列较长(大于 45 年)的水文站,包括符合流量测验精度规范的国家基本水文站、专用水文站和委托站,均可作为选用水文站。其中,大江大河及其主要支流的控制站、水资源三级区套地级行政区及中等河流的代表站、水利工程节点站为必选站。当选用水文站的河川径流量系列有缺测或系列长度不足时,应进行插补或延长,经合理性分析后确定采用值。

本次评价选择站点时充分考虑二次评价选站情况,尽可能全部保留第二次评价所选站点,同时还要兼顾各水资源计算分区(水资源四级区)内至少有 1 个以上的代表站点要求,以充分反映本区域下垫面产汇流特征。第二次评价共选用代表站点 85 个,本次评价站点有所增加,共选用代表水文站 102 个。

选用代表站中,三门峡、夹河滩、高村、荆紫关、五龙口、山路平、红旗渠渠首等 7 个水文站仅参与进、出境水量的计算,参与河川径流还原计算的水文站共 95 个,总控制流域面积 13.9 万 km²,约占全省总评价面积的 83.9%,见表 4.1-1。

表 4.1-1　河南省本次评价选用水文站情况

分区	水文站	集水面积/ km²	位置信息					水文站个数
			流域	水系	河名	东经	北纬	
郑州市	中牟	2 106	淮河	颍河	贾鲁河	114°02′	34°44′	3
	新郑	1 079	淮河	颍河	双洎河	113°42′	34°24′	
	告成	627	淮河	颍河	颍河	113°08′	34°24′	

续表 4.1-1

分区	水文站	集水面积/ km²	位置信息					水文站 个数
			流域	水系	河名	东经	北纬	
开封市	大王庙	1 265	淮河	涡河	惠济河	114°51′	34°33′	2
	邸阁	898	淮河	涡河	涡河	114°29′	34°21′	
洛阳市	白马寺	11 891	黄河	伊洛河	洛河	112°35′	34°43′	7
	龙门	5 318	黄河	伊洛河	伊河	112°28′	34°33′	
	陆浑	3 492	黄河	伊洛河	伊河	112°11′	34°12′	
	东湾	2 623	黄河	伊洛河	伊河	111°59′	34°03′	
	紫罗山	1 800	淮河	颍河	北汝河	112°31′	34°10′	
	新安	829	黄河	伊洛河	涧河	112°09′	34°43′	
	黑石关	18 563	黄河	伊洛河	伊洛河	112°56′	34°43′	
平顶山市	汝州	3 005	淮河	颍河	北汝河	112°51′	34°09′	7
	白龟山	2 730	淮河	颍河	沙河	113°14′	33°42′	
	昭平台	1 416	淮河	颍河	沙河	112°46′	33°43′	
	燕山(官寨)	1 169	淮河	颍河	干江河	113°28′	33°26′	
	孤石滩	286	淮河	颍河	澧河	113°06′	33°30′	
	中汤	485	淮河	颍河	沙河	112°34′	33°45′	
	下孤山	354	淮河	颍河	荡泽河	112°43′	33°52′	
安阳市	安阳	1 484	海河	南运河	安阳河	114°21′	36°07′	3
	元村集	14 286	海河	南运河	卫河	115°03′	36°07′	
	红旗渠渠首	—	海河	南运河	浊漳河	—	—	
鹤壁市	淇门	8 427	海河	南运河	卫河	114°18′	35°30′	2
	新村	2 118	海河	南运河	淇河	114°14′	35°45′	
新乡市	汲县	5 050	海河	南运河	卫河	114°04′	35°24′	6
	黄土岗		海河	南运河	共渠			
	合河(共、卫)	4 061	海河	南运河	卫河、共渠	113°46′	35°21′	
	大车集	2 283	黄河	黄河	天然文岩渠	114°41′	35°05′	
	宝泉水库	538	海河	南运河	峪河	113°26′	35°29′	
	夹河滩	730 913	黄河	黄河	黄河	114°34′	34°54′	
	高村	734 146	黄河	黄河	黄河	115°05′	35°23′	

续表 4.1-1

分区	水文站	集水面积/km²	位置信息					水文站个数
			流域	水系	河名	东经	北纬	
焦作市	武陟	12 880	黄河	沁河	沁河	113°16′	35°04′	4
	山路平	3 049	黄河	沁河	丹河	112°59′	35°14′	
	五龙口	9 245	黄河	沁河	沁河	112°41′	35°09′	
	修武	1 287	海河	南运河	新河	113°27′	35°16′	
濮阳市	范县	4 277	黄河	黄河	金堤河	115°30′	35°54′	3
	濮阳	3 237	黄河	黄河	金堤河	115°01′	35°41′	
	南乐	1 166	海河	徒骇、马颊河	马颊河	115°15′	36°06′	
许昌市	大陈	5 550	淮河	颍河	北汝河	113°34′	33°49′	3
	化行	1 912	淮河	颍河	颍河	113°40′	33°55′	
	白沙	962	淮河	颍河	颍河	113°16′	34°21′	
漯河市	漯河	12 150	淮河	颍河	沙河	114°02′	33°35′	3
	马湾	9 448	淮河	颍河	沙河	113°45′	33°36′	
	何口	2 124	淮河	颍河	澧河	113°44′	33°32′	
三门峡市	窄口	903	黄河	黄河	宏农涧河	110°47′	34°23′	4
	灵口	2 476	黄河	伊洛河	洛河	110°28′	34°05′	
	长水	6 244	黄河	伊洛河	洛河	111°26′	34°19′	
	三门峡	688 421	黄河	黄河	黄河	111°22′	34°49′	
南阳市	新甸铺	10 958	长江	唐白河	白河	112°18′	32°25′	18
	郭滩	6 877	长江	唐白河	唐河	112°36′	32°31′	
	唐河	4 771	长江	唐白河	唐河	112°49′	32°42′	
	淄滩	4 263	长江	唐白河	淄河	112°16′	32°41′	
	西峡	3 418	长江	丹江	老灌河	111°29′	33°16′	
	鸭河口	3 025	长江	唐白河	白河	112°38′	33°18′	
	内乡	1 507	长江	唐白河	淄河	111°51′	33°03′	
	米坪	1 404	长江	丹江	老灌河	111°22′	33°35′	
	白土岗	1 134	长江	唐白河	白河	112°24′	33°26′	
	社旗	1 044	长江	唐白河	唐河	112°58′	33°01′	
	西坪	911	长江	丹江	淇河	111°04′	33°26′	
	平氏	748	长江	唐白河	三夹河	113°03′	32°33′	

续表 4.1-1

分区	水文站	集水面积/km²	位置信息					水文站个数
			流域	水系	河名	东经	北纬	
南阳市	李青店	613	长江	唐白河	黄鸭河	112°26′	33°29′	18
	半店	425	长江	唐白河	刁河	111°51′	32°43′	
	口子河	421	长江	唐白河	鸭河	112°39′	33°25′	
	后会	816	长江	唐白河	湍河	111°49′	33°18′	
	南阳	3 896	长江	唐白河	白河	112°37′	33°01′	
	荆紫关	7 086	长江	丹江	丹江	111°01′	33°15′	
商丘市	砖桥闸	3 410	淮河	涡河	惠济河	115°21′	34°01′	4
	永城闸	2 237	淮河	涡河	沱河	116°24′	33°56′	
	黄口集闸	1 201	淮河	洪泽湖	浍河	116°21′	33°49′	
	孙庄	84.3	淮河	洪泽湖	包河	115°39′	34°28′	
信阳市	淮滨	16 005	淮河	淮河	淮河	115°25′	32°26′	11
	息县	10 190	淮河	淮河	淮河	114°44′	32°20′	
	蒋家集	3 488	淮河	史河	史河	115°44′	32°18′	
	长台关	3 090	淮河	淮河	淮河	114°04′	32°19′	
	潢川	2 050	淮河	淮河	潢河	115°03′	32°08′	
	大坡岭	1 640	淮河	淮河	淮河	113°45′	32°25′	
	竹竿铺	1 640	淮河	淮河	竹竿河	114°39′	32°10′	
	南湾	1 090	淮河	淮河	浉河	114°00′	32°07′	
	鲇鱼山	924	淮河	淮河	灌河	115°22′	31°44′	
	新县	274	淮河	淮河	潢河	114°52′	31°37′	
	泼河	221	淮河	淮河	泼河	114°35′	31°47′	
周口市	槐店	28 096	淮河	颍河	颍河	115°05′	33°23′	9
	周口	25 800	淮河	颍河	颍河	114°39′	33°38′	
	黄桥	6 807	淮河	颍河	颍河	114°27′	33°46′	
	扶沟	5 710	淮河	颍河	贾鲁河	114°24′	34°04′	
	玄武	4 020	淮河	涡河	涡河	115°17′	33°59′	
	沈丘	3 094	淮河	颍河	泉河	115°07′	33°10′	
	周庄	1 320	淮河	颍河	汾河	114°39′	33°27′	
	钱店	472	淮河	颍河	新蔡河	115°10′	33°34′	
	周堂桥	787	淮河	淮河	黑河	115°15′	33°42′	

续表 4.1-1

分区	水文站	集水面积/km²	位置信息					水文站个数
			流域	水系	河名	东经	北纬	
驻马店市	班台	11 280	淮河	洪河	洪河	115°04′	32°43′	12
	新蔡	4 110	淮河	洪河	洪河	114°59′	32°46′	
	庙湾	2 660	淮河	洪河	洪河	114°41′	33°05′	
	遂平	1 760	淮河	洪河	汝河	113°58′	33°08′	
	五沟营	1 564	淮河	洪河	洪河	114°16′	33°27′	
	杨庄	1 037	淮河	洪河	洪河	113°50′	33°20′	
	板桥	768	淮河	洪河	汝河	113°38′	32°59′	
	泌阳	660	长江	唐白河	泌河	113°18′	32°43′	
	薄山	578	淮河	洪河	溱头河	113°57′	32°39′	
	芦庄	396	淮河	洪河	溱头河	113°51′	32°43′	
	王勿桥	200	淮河	淮河	闾河	114°37′	32°33′	
	宋家场	186	长江	唐白河	十八道河	113°32′	32°46′	
济源市	济源	480	黄河	黄河	蟒河	112°37′	35°05′	1
海河		15 336	选用水文站个数					10
黄河		36 164						19
淮河		86 427						53
长江		27 609						20
全省		165 536						102

从四个流域情况来看,进行河川径流还原计算的 95 个水文站,海河流域 9 个,黄河流域 14 个,淮河流域 53 个,长江流域 19 个,见表 4.1-2。

表 4.1-2 河南省各流域径流还原计算选用水文站情况统计

流域	选用水文站数			
	总数	按集水面积分级		
		≤300 km²	300~5 000 km²	≥5 000 km²
海河	9		6	3
黄河	14		9	5
淮河	53	5	38	10
长江	19	1	16	2
全省	95	6	69	20

4.1.1.2　资料情况

1. 资料收集整理

收集整理基本资料包括：选用水文站基本信息（设站目的、测站沿革、测验断面情况、测验项目、测验方法等）；选用水文站实测年、月径流量资料及第一、二次评价相关还原资料；相关蓄水工程蓄水变量资料；统计年鉴、水利统计年鉴、水资源公报、第二次评价成果等。

2. 水量调查

逐年（主要是 2001 年以后）收集、整理、校核选用水文站断面以上流域取、用、耗水情况，地下水开采量、废污水排放量等水资源开发利用基础数据；补充调查统计评价单元之间的跨区域供水情况，包括跨区域供水量、水源类型（蓄水、引水、提水、地下水）等。

3. 资料的插补延长

根据《技术细则》和《工作大纲》，本次地表水资源量评价系列为 1956—2016 年。在单站天然河川径流的还原、计算过程中，部分监测站点的资料系列长度不符合要求或者个别月份（年）缺测的代表站需对其资料系列进行插补或者延长。对第一、二次调查评价已经进行过资料插补、延长的代表站，本次评价直接采用其成果；对第一、二次评价仅插补年值，未插补月值的代表站，本次根据实际需要，进行月值插补。

4.1.2　天然径流的还原方法

天然径流量包括实测径流量和人类活动对河川径流影响的径流量两部分，而人类活动影响的这部分径流量则需进行还原计算。把受人类活动影响的河川径流量还原到过去无人类活动影响的状态下，称为还原计算。还原计算应采用全面收集资料和典型调查分析相结合的方法，按照评价要求逐年逐月进行。应分河系自上而下、按代表站控制断面分段进行，然后逐级累计成全流域的还原水量。对于还原后的天然年河川径流量，应进行干支流、上下游和地区间的综合平衡分析，检查其合理性。

对于资料缺乏地区，可按照用水的不同发展阶段选择丰、平、枯典型年份，调查年用水耗损量及年内分配情况，推求其他年份的还原水量。

通常只需对地表水利用的耗损量进行还原。还原的主要项目包括：农业灌溉、工业和生活用水的耗损量（含蒸发消耗和入渗损失），跨流域引入、引出水量，河道分洪水量，水库蓄水变量等。还原计算时段内天然径流量的计算公式如下：

$$W = W_1 + W_2 + W_3 + W_4 \pm W_5 \pm W_6 \pm W_7 \pm W_8$$

式中　　W——天然河川径流量；

$\quad\quad\quad W_1$——实测河川径流量；

$\quad\quad\quad W_2$——农业灌溉耗损量；

$\quad\quad\quad W_3$——工业用水耗损量；

$\quad\quad\quad W_4$——城镇生活用水耗损量；

$\quad\quad\quad W_5$——跨流域（或跨区间）引水量，引出为正，引入为负；

$\quad\quad\quad W_6$——河道分洪不能回归后的水量，分出为正，分入为负；

$\quad\quad\quad W_7$——蓄水工程蓄水变量，增加为正，减少为负；

W_8——其他水量,引出为正,引入为负。

式中仅列出了对水文站实测径流量影响较大的还原项目,各代表站根据具体情况增减项目。

农业灌溉耗损量是指在农田、林果、草场引水灌溉过程中,因蒸发消耗和渗漏损失而不能回归到水文站控制断面以上河道的水量。应查清渠道引水口、退水口的位置和灌区分布范围,调查收集渠道引水量、退水量、灌溉制度、实灌面积、实灌定额、渠系有效利用系数、灌溉回归系数等资料,根据资料条件采用不同方法进行估算,提出年还原水量和年还原过程。

工业用水和城镇生活用水的耗损量包括用户消耗水量和输排水损失量,为取水量与入河废污水量之差。可根据工矿企业和生活区的水平衡测试、废污水排放量监测和典型调查等有关资料,分析确定耗损率,再乘以地表水取水量推求耗损水量。工业和城镇生活的耗损水量较小且年内变化不大,可按年计算还原水量,然后平均分配至各月。

耗损量只统计水文站控制断面以上自产径流利用部分,引入水量的耗损量不作统计。跨流域引水量一般应根据实测流量资料逐年逐月进行统计,还原时引出水量全部作为正值,而引入水量仅将利用后的回归水量作为负值。跨区间引水量是指引水口在水文站控制断面以上、用水区在控制断面以下的情况,还原时应将渠首引水量全部作为正值。

河道分洪水量是指河道分洪不能回归评价区域的水量,通常仅在个别丰水年份发生,可根据上、下游水文站和分洪口门的实测流量资料,蓄滞洪区水位、水位容积曲线及洪水调查等资料,采用水量平衡方法进行估算。

水库蒸发损失量属于产流下垫面条件变化对河川径流的影响,宜与湖泊、洼淀等天然水面同样对待,不进行还原计算。

水库渗漏量一般较小,且可回归到下游断面上。一般只对个别渗漏量较大的选用水库站进行还原计算。

农村生活用水面广量小,对水文站实测径流量影响较小,一般视具体情况确定是否进行还原计算。

对于控制面积内不存在蓄水、引水、提水及河道分洪或堤防决口的水文站,实测河川径流量即为天然河川径流量;对于控制面积内存在蓄水、引水、提水及分洪或决口的水文站,应对逐月、逐年的实测河川径流量进行还原计算。其中,农业灌溉、工业和生活用水耗损量(含蒸发消耗和入渗损失)的还原计算应与水资源开发利用的用水消耗量、非用水消耗量相协调。另外,当经济社会用水年耗损量小于该年实测河川径流量的5%时,则该年可不作相应水量的还原计算,但引水量、分洪水量、水库蓄变量等仍应按实际情况进行还原计算。当还原后的天然月河川径流量出现负值时,应对各项月还原水量进行具体分析,例如:经济社会用水的月耗损量是否偏小,月引入水量仅可将利用后的回归水量作为负值,月水库蓄变量是否准确等,并通过上、下游断面之间水量平衡分析确定月还原水量。

4.2　河川径流还原计算成果

4.2.1　天然河川径流一致性分析

近年来,由于全球气候的变化和人类活动影响的加剧,对水资源循环系统造成了一定的影响,使水资源在时空分布上发生了较为显著的改变。在气候变化方面,温室效应逐渐加重,冰川消融引起海平面上升,极端天气发生频繁;在人类活动方面,大规模水利工程的修建、地下水超采、城镇化、农田水利开发以及植树造林等水土保持工程建设,导致入渗、径流、蒸发等水平衡要素发生一定的变化,从而造成河川径流的减少(或增加)。

在气候变化和人类活动双重驱动的变化环境下,河南省许多河流的径流衰减现象已经非常明显,充分认识和研究河川径流的演变趋势,分析河川径流系列的一致性,对一致性发生改变的系列进行修正,是本次径流评价的主要内容。

4.2.1.1　天然河川径流一致性分析及修正方法

本次径流评价的总体目标是重点把握 2001 年以来水资源及其开发利用的新情势、新变化。因此,天然河川径流一致性分析主要基于近期(2001—2016 年系列)与过去(1956—2000 年系列)相比较,揭示系列一致性的变化情况。

在单站天然河川径流还原计算的基础上,点绘其控制流域的年平均降水量与年天然径流深相关图,如果 2001—2016 年的点据明显偏离于 1956—2000 年的点据,则说明下垫面条件变化对径流影响较大,需要对年径流系列进行修正。将 1956—2016 年(61 年)系列划分为 1956—2000 年和 2001—2016 年两个年段,分别对两个年段绘制年降水量与径流深关系曲线,两条曲线之间的径流坐标距离即为年径流变化值。

径流主要由降雨形成,分析降雨径流关系的一致性常用到降雨径流双累积曲线法。双累积曲线是检验两个参数间关系一致性及其变化的常用方法,所谓双累积曲线,就是在直角坐标系中绘制的同期内一个变量的连续累积值与另一变量连续累积值的关系线,它可用于水文气象要素一致性的检验、缺值的插补或资料校正,以及水文气象要素的趋势性变化及其强度的分析。

通过点绘水文站控制流域面平均降水量与天然河川径流量(或径流深)的双累积相关图,找出年降水量与天然年河川径流量关系发生明显变化的拐点年份,以该年份为分割点,将年降水量和年天然河川径流量系列划分为前、后两个年段,并对前一年段的年天然河川径流量系列进行修正。

当选定一个年降水值时,可分别从两条曲线上查出两个对应的年径流深值(R_1 和 R_2),采用下式分别计算年径流衰减系数和修正系数:

$$\gamma = (R_1 - R_2)/R_1$$
$$\Psi = R_2/R_1$$

式中　γ——年径流衰减系数,无量纲;

　　　Ψ——年径流修正系数,无量纲;

　　　R_1——前一年段的天然年径流深,mm;

R_2——后一年段的天然年径流深,mm。

查算不同量级年降水量的 Ψ 值,绘制 P 与 Ψ 关系曲线,作为年天然河川径流系列修正的依据。

根据需要修正年份的降水量,从 $P\sim\Psi$ 关系曲线上查得修正系数,再乘以该年天然河川径流量,即可求得修正后的年天然河川径流量。

4.2.1.2　天然河川径流一致性分析及修正成果

经过一致性分析,本次评价参与天然河川径流还原计算的 95 个水文站,有 7 个水文站(区间)需对年天然径流系列进行修正。其中,海河流域涉及安阳、新村水文站,黄河流域涉及新安、长水水文站以及黑石关—白马寺—龙门水文站区间,淮河流域涉及告成、中牟水文站。

1. 安阳水文站

安阳水文站 1956 年以后有完整的实测资料系列。通过分析其天然河川径流系列的一致性,结果显示 2001—2016 年河川径流点据趋势明显偏离于 1956—2000 年系列,点绘其降雨径流双累积曲线,曲线拐点年份出现在 1991 年,其后几年有一个渐变的过程,随后趋于稳定,分析和修正过程见图 4.2-1~图 4.2-3。

分析其原因,主要有以下两个因素:一是其流域多年平均降水量,拐点之前 1956—1990 年系列为 632.1 mm,拐点之后 1991—2016 年系列为 579.4 mm,降水量减少 8.3%,降水量的减少也是区域气候变化的重要反映;二是区域地下水水位变化较快,分析安阳县 15 号井地下水平均埋深,1990 年为 7.60 m,1991 年为 8.51 m,1992 年为 11.48 m,2015 年为 27.34 m,区域地下水水位拐点年份以后下降速度较快,林州 8 号井地下水平均埋深也具有相似的变化规律,见图 4.2-4。

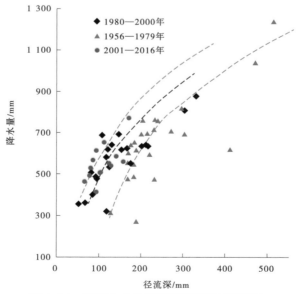

图 4.2-1　安阳水文站降雨径流关系(修正前)

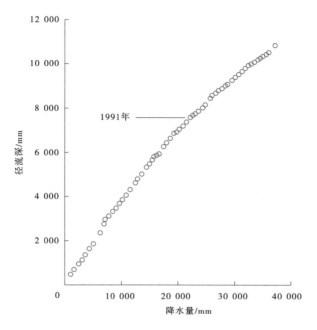

图 4.2-2　安阳水文站降雨径流双累积曲线关系

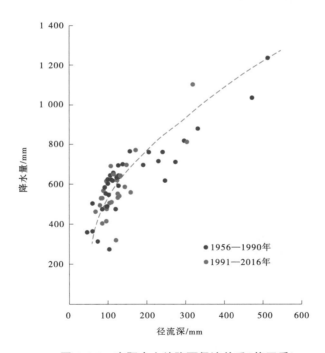

图 4.2-3　安阳水文站降雨径流关系(修正后)

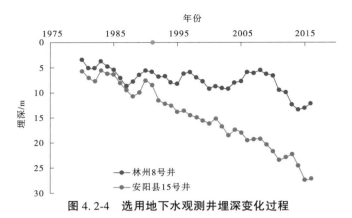

图 4.2-4　选用地下水观测井埋深变化过程

依据前述修正方法,对 1956—1990 年天然河川径流量系列进行修正,修正前系列平均河川径流量为 3.206 亿 m³,修正后为 2.374 亿 m³,修正后较修正前减少 0.833 亿 m³,减少幅度 26.0%;对 1956—2016 年系列而言,修正前平均河川径流量为 2.637 亿 m³,修正后为 2.159 亿 m³,修正后系列较修正前减少 0.478 亿 m³,减少幅度 18.1%。

2. 新村水文站

新村水文站 1956 年以后有完整的实测资料系列。新村水文站断面以上流域为山丘区,土壤植被覆盖程度一般,有水土流失现象,上中游山区多为杂草树木,下游为农作物,无大面积森林。

通过对新村水文站天然径流系列的一致性分析,发现其 2001—2016 年系列的点据明显偏离于 1956—2000 的点据,说明下垫面条件变化对径流影响较大。点绘新村站降雨径流双累积曲线,经分析确定其拐点年份出现在 1998 年。分析和修正过程见图 4.2-5~图 4.2-7。

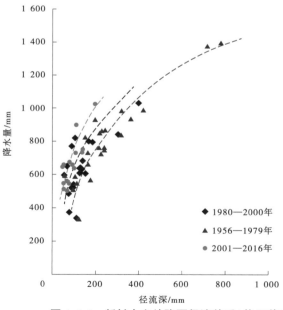

图 4.2-5　新村水文站降雨径流关系(修正前)

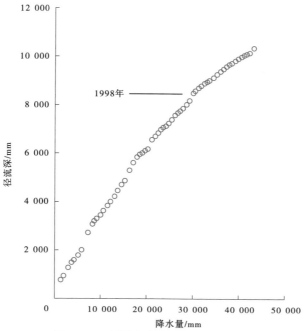

图 4.2-6　新村水文站降雨径流双累积曲线关系

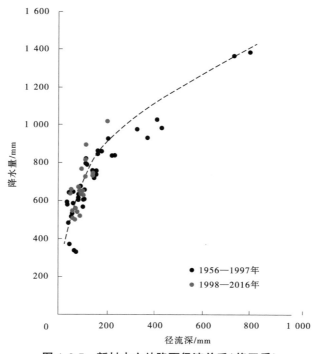

图 4.2-7　新村水文站降雨径流关系(修正后)

　　分析其变化原因,大致有两点:一是 1999 年后,上游盘石头水库开始施工建设,水库总库容 6.08 亿 m³,属大(2)型水库,水库的修建,改变了流域下垫面,增加了流域非用水消耗。二是其流域多年平均降水量,1956—1997 年系列为 723.6 mm,1998—2016 年系列为 676.1 mm,1998 年以后系列降水量减少 6.6%,减少趋势明显。

　　依据前述修正方法,需修正新村水文站 1956—1997 年河川径流系列,修正前平均径流量为 4.338 亿 m³,修正后为 3.374 亿 m³,修正后较修正前减少 0.965 亿 m³,减少幅度为 22.2%;1956—2016 年(61 年)长系列,修正前多年平均河川径流量为 3.600 亿 m³,修正后为 2.936 亿 m³,修正前后减少 0.664 亿 m³,减少幅度 18.4%,如表 4.2-1 所示。

3. 新安水文站

　　新安水文站降雨径流双累积曲线的拐点年份出现在 1991 年,分析原因,一是其流域多年平均降水量,1956—1990 年系列为 687.5 mm,1991—2016 年系列为 584.0 mm,降水量减少 15.1%,减少幅度较大。二是根据河南省水利志描述,全国第四次水土保持工作会议后,1983 年,河南省确定了新安县等 20 个水土保持重点治理县,提出以小流域为单元,建立大面积集中连片治理区的治理模式,水土保持工作取得成效,水源得到涵养,但地表径流会相应减少。

　　新安水文站天然径流系列,修正前 1956—1990 年系列多年平均为 1.244 亿 m³,修正后为 0.854 亿 m³,减少 0.390 亿 m³,减少幅度为 31.3%。1956—2016 年系列,修正前多年平均天然径流量为 0.991 亿 m³,修正后为 0.767 亿 m³,修正前后减少 0.224 亿 m³,减少幅度 22.6%。新安水文站降雨径流关系修正前后过程见图 4.2-8、图 4.2-9。

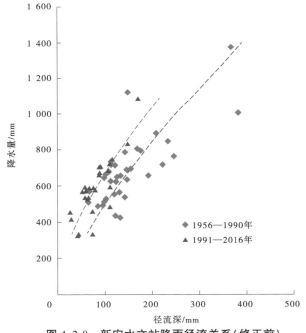

图 4.2-8　新安水文站降雨径流关系(修正前)

4. 告成水文站

　　告成水文站降雨径流双累积曲线拐点年份出现在 1985 年,拐点前后,其流域多年平

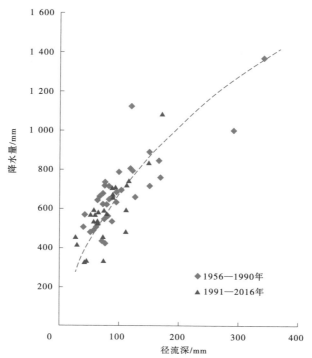

图 4.2-9　新安水文站降雨径流关系(修正后)

均降水量,1956—1984 年系列为 681.1 mm,1985—2016 年系列为 618.6 mm,降水量减少 9.2%。流域内的登封市煤矿资源较丰富,20 世纪 80 年代初期,煤矿大量出现,煤炭的开采改变了区域地表水与地下水的转换关系,造成地表径流减少。

告成水文站天然径流系列,修正前 1956—1984 年系列多年平均为 1.049 亿 m³,修正后为 0.909 亿 m³,减少幅度为 13.3%;1956—2016 年系列,修正前多年平均天然径流量为 0.794 亿 m³,修正后为 0.728 亿 m³,修正前后减少幅度为 8.3%。

其他相关站点的径流修正原因,大致相似,一方面是气候变化引起的降水量减少,另一方面是工程建设,加之下垫面改变等。修正后径流系列多年平均值相比修正前,减少幅度均大致在 10% 以内。修正情况具体见表 4.2-1。

4.2.2　径流计算成果

河南省主要控制站 1956—2016 年、1980—2016 年系列径流特征值成果见表 4.2-2。以下由北向南分别简要介绍河南省主要河流节点控制水文站的径流情况。

卫河发源于太行山脉东麓,河源在山西省陵川县境内,河口位于河北省大名县,是河南省豫北地区最大的河流。元村集水文站作为河南省卫河出口控制站,控制流域面积 14 286 km²,1956—2016 年系列多年平均实测径流量 14.87 亿 m³,天然河川径流量 13.62 亿 m³,折合径流深 95.3 mm,径流系数 0.17。其中,近期 1980—2016 年系列多年平均实测径流量 8.005 亿 m³,天然河川径流量 10.16 亿 m³,折合径流深 68.2 mm,径流系数 0.12。

表 4.2-1　水文站一致性分析修正前后径流系列变化

水文站	水资源四级区	拐点年份	修正年数	修正前系列均值/亿m³		修正后系列均值/亿m³		修正幅度			
				1956—2016年	1956年至拐点前一年	1956—2016年	1956年至拐点前一年	1956—2016年		1956年至拐点前一年	
								增减/亿m³	幅度/%	增减/亿m³	幅度/%
长水	洛河区	1986	30	12.080	14.263	11.594	13.275	-0.486	-4.0	-0.988	-6.9
新安	洛河区	1991	35	0.991	1.244	0.767	0.854	-0.224	-22.6	-0.390	-31.3
白马寺—龙门—黑石关区间	伊洛河	1995	39	1.457	1.625	1.223	1.257	-0.235	-16.1	-0.367	-22.6
安阳	漳卫河山区	1991	35	2.637	3.206	2.159	2.374	-0.478	-18.1	-0.833	-26.0
新村	漳卫河山区	1998	42	3.600	4.338	2.936	3.374	-0.664	-18.4	-0.965	-22.2
告成	沙颍河山区	1985	31	0.794	1.049	0.728	0.909	-0.066	-8.3	-0.139	-13.3
中牟	沙颍河平原	1985	31	1.843	2.080	1.684	1.756	-0.159	-8.6	-0.324	-15.6

表 4.2-2　河南省部分选用水文站天然年径流特征值

水文站	系列	项目	多年平均		最大			最小			天然河川径流量		不同频率河川径流量/万 m³			
			径流量/万 m³	径流深/mm	径流量/万 m³	出现年份		径流量/万 m³	出现年份		C_v	C_s/C_v	20%	50%	75%	95%
安阳	1956—2016 年	实测	25 483	171.7	72 326	1976		6 487	2010		0.61	2.5	36 262	21 734	14 080	7 831
		天然	21 588	145.5	76 160	1963		6 779	1981		0.63	2.5	30 866	18 177	11 628	6 580
	1980—2016 年	实测	18 832	126.9	51 986	1982		6 487	2010		0.51	2.5	25 787	16 803	11 683	7 239
		天然	18 250	123.0	49 106	1982		6 779	1981		0.53	2.5	25 176	16 231	11 133	6 709
新村	1956—2016 年	实测	27 180	128.3	163 000	1956		2 239	2011		0.98	2.0	43 430	18 920	8 270	1 905
		天然	29 359	138.6	164 850	1956		6 776	1987		0.70	2.5	35 360	19 635	12 115	8 955
	1980—2016 年	实测	14 010	66.1	74 028	1982		2 239	2011		0.98	2.5	21 400	9 220	4 700	2 785
		天然	20 237	95.5	84 645	1982		6 776	1987		0.56	3.0	25 520	15 815	11 120	7 570
元村集	1956—2016 年	实测	148 716	104.1	536 270	1963		27 361	2002		0.89	2.5	224 415	104 890	55 750	31 980
		天然	136 192	95.3	647 580	1963		38 629	1986		0.58	2.5	190 700	117 230	78 530	46 930
	1980—2016 年	实测	80 051	56.0	194 546	1996		27 361	2002		0.51	2.5	109 450	71 480	49 840	31 060
		天然	101 584	71.1	231 951	1996		38 629	1986		0.48	2.5	137 180	92 320	65 500	41 120
南乐	1956—2016 年	实测	3 319	28.5	32 100	1959		0	1976		2.00	2.0	4 845	600	50	0
		天然	3 357	28.8	21 370	1964		20	1966		0.85	2.0	5 000	2 470	1 240	320
	1980—2016 年	实测	898	7.7	6 510	1983		0	1988		1.92	2.0	1 350	180	30	0
		天然	3 184	27.3	10 800	2005		150	2002		0.85	2.0	5 300	2 640	1 330	340

续表 4.2-2

水文站	系列	项目	多年平均		最大		最小		C_v	C_s/C_v	不同频率河川径流量/万 m³			
			径流量/万 m³	径流深/mm	径流量/万 m³	出现年份	径流量/万 m³	出现年份			20%	50%	75%	95%
白马寺	1956—2016 年	实测	156 205	131.4	594 750	1964	43 300	1995	0.67	2.5	225 280	127 950	80 850	45 270
		天然	172 882	145.4	872 382	1964	61 081	1997	0.58	2.5	241 000	149 000	99 300	57 700
	1980—2016 年	实测	136 081	114.4	380 000	1984	43 300	1995	0.63	2.5	194 380	114 650	73 500	41 780
		天然	164 653	138.5	589 561	2003	119 327	1997	0.52	2.5	225 000	146 000	102 000	61 600
龙门镇	1956—2016 年	实测	76 126	143.1	315 000	1964	10 818	2002	0.78	2.0	116 500	61 280	32 780	10 810
		天然	99 605	187.3	320 290	1964	30 530	2013	0.64	2.5	143 000	83 500	53 200	30 000
	1980—2016 年	实测	56 797	106.8	155 000	1984	10 818	2002	0.78	2.0	86 920	45 720	24 460	8 070
		天然	89 758	168.8	199 552	2003	30 530	2013	0.59	2.5	126 000	77 400	51 100	29 500
黑石关	1956—2016 年	实测	245 296	132.1	954 460	1964	55 520	1995	0.67	2.5	352 960	201 250	127 850	72 390
		天然	284 714	153.4	872 382	1964	119 327	1997	0.58	3.5	398 000	246 000	164 000	95 300
	1980—2016 年	实测	203 948	109.9	556 000	1984	55 520	1995	0.66	2.5	292 790	167 600	107 030	61 270
		天然	265 752	143.2	589 571	2003	119 327	1997	0.52	2.5	365 000	236 000	163 000	98 100
范县	1956—2016 年	实测	19 394	45.3	58 510	2010	460	1997	0.76	2.0	29 560	15 860	8 635	2 740
		天然	26 735	62.5	139 460	1963	2 100	1966	0.70	2.0	39 500	22 300	12 900	4 800
	1980—2016 年	实测	16 045	37.5	58 510	2010	460	1997	0.82	2.0	24 990	12 755	6 440	1 570
		天然	25 741	60.2	76 590	2010	2 210	1986	0.70	2.0	41 900	23 700	13 700	5 100

续表 4.2-2

天然河川径流量

水文站	系列	项目	多年平均 径流量/万 m³	多年平均 径流深/mm	最大 径流量/万 m³	最大 出现年份	最小 径流量/万 m³	最小 出现年份	C_v	C_s/C_v	不同频率河川径流量/万 m³ 20%	50%	75%	95%
大车集	1956—2016 年	实测	31 152	136.5	86 596	1976	0	1960	0.70	2.0	46 630	26 350	15 230	5 630
		天然	15 156	66.4	37 530	1964	3 129	2001	0.58	2.0	21 570	13 485	9 620	4 255
	1980—2016 年	实测	28 661	125.5	64 056	1980	1 367	2015	0.69	2.0	42 900	24 240	14 015	5 180
		天然	13 204	57.8	30 977	1984	3 129	2001	0.60	2.0	18 990	11 700	7 340	3 380
济源	1956—2016 年	实测	10 102	210.5	27 210	1976	0	1956	0.51	2.0	14 020	9 280	6 350	3 300
		天然	7 970	166.0	23 030	1964	1 237	2002	0.51	2.0	11 060	7 320	5 005	2 605
	1980—2016 年	实测	9 525	198.4	21 286	1996	3 334	2002	0.45	2.0	12 825	8 880	6 395	3 740
		天然	7 187	149.7	15 512	1996	1 237	2002	0.51	2.0	9 972	6 600	4 510	2 350
窄口	1956—2016 年	实测	14 108	156.2	44 300	1958	6 269	2002	0.48	3.5	18 590	12 275	9 225	6 910
		天然	14 848	164.4	44 300	1958	7 200	1972	0.50	3.5	19 600	12 770	9 505	7 275
	1980—2016 年	实测	12 999	144.0	27 900	1984	6 269	2002	0.38	3.5	16 555	11 960	9 345	7 070
		天然	14 219	157.5	29 902	1984	7 404	2002	0.40	3.5	18 255	12 965	10 065	7 565
大坡岭	1956—2016 年	实测	58 596	357.3	150 713	1956	9 536	1966	0.60	2.0	84 137	51 517	32 539	14 742
		天然	61 449	374.7	152 123	1956	12 846	1966	0.57	2.0	87 343	54 960	35 763	17 179
	1980—2016 年	实测	55 336	337.4	126 287	2005	11 120	1986	0.63	2.0	80 719	48 125	29 538	12 614
		天然	58 596	357.3	128 209	2005	14 544	1986	0.60	2.0	84 324	51 760	32 796	14 938

续表 4.2-2

水文站	系列	项目	多年平均 径流量/万m³	多年平均 径流深/mm	最大 径流量/万m³	最大 出现年份	最小 径流量/万m³	最小 出现年份	C_v	C_s/C_v	天然河川径流量 不同频率河川径流量/万m³ 20%	50%	75%	95%
潢川	1956—2016年	实测	89 798	438.0	205 674	1987	17 411	2011	0.55	2.0	126 611	80 924	53 539	26 571
		天然	99 138	483.6	208 207	1987	19 589	1966	0.50	2.0	136 750	90 978	62 762	33 769
	1980—2016年	实测	92 765	452.5	205 674	1987	17 411	2011	0.55	2.0	130 907	83 532	55 169	27 287
		天然	99 885	487.2	208 199	1987	23 714	2011	0.52	2.0	138 920	91 074	61 880	32 339
淮滨	1956—2016年	实测	523 216	326.9	1 299 373	1956	94 175	1966	0.57	2.0	744 323	467 587	303 733	145 391
		天然	593 694	370.9	1 329 323	1956	148 843	2011	0.52	2.0	824 960	541 710	368 690	193 310
	1980—2016年	实测	525 798	328.5	1 080 352	1987	128 812	2011	0.56	2.0	745 166	471 600	308 767	150 124
		天然	583 617	364.6	1 177 160	1987	148 843	2011	0.54	2.0	817 510	528 980	368 690	180 450
蒋家集	1956—2016年	实测	193 636	555.2	617 268	1956	24 255	1966	0.67	2.0	286 514	165 311	97 834	38 748
		天然	175 605	503.5	507 461	2003	37 616	1978	0.53	2.0	245 230	159 590	107 600	55 408
	1980—2016年	实测	185 383	531.5	501 349	2003	49 124	2001	0.69	2.0	275 558	157 251	91 919	35 474
		天然	179 617	515.0	507 461	2003	78 510	2011	0.57	2.0	255 840	160 330	103 870	49 460
紫罗山	1956—2016年	实测	43 636	242.4	135 670	1964	11 037	2016	0.66	2.5	62 700	35 840	22 840	13 015
		天然	44 976	249.9	136 030	1964	12 075	2016	0.70	2.5	65 500	36 400	22 300	12 400
	1980—2016年	实测	37 807	210.0	114 000	1983	11 037	2016	0.66	2.5	54 280	31 070	19 840	11 360
		天然	39 373	218.7	115 398	1983	12 075	2016	0.76	2.5	58 200	30 500	17 800	9 920

续表 4.2-2

天然河川径流量

水文站	系列	项目	多年平均 径流量/万 m³	多年平均 径流深/mm	最大 径流量/万 m³	最大 出现年份	最小 径流量/万 m³	最小 出现年份	C_v	C_s/C_v	不同频率河川径流量/万 m³ 20%	50%	75%	95%
孤石滩	1956—2016 年	实测	7 235	253.0	28 940	1964	0	1994	0.89	2.0	11 355	5 430	2 600	670
		天然	9 009	315.0	28 940	1964	1 861	1993	0.72	2.5	13 160	7 190	4 340	2 390
	1980—2016 年	实测	6 012	210.2	19 369	2000	0	1994	0.93	2.0	9 540	4 390	1 980	520
		天然	8 753	306.0	25 195	2000	1 861	1993	0.72	2.5	12 785	6 990	4 215	2 325
周口	1956—2016 年	实测	298 042	115.5	1 189 000	1964	50 649	2014	0.74	2.5	436 990	234 080	139 245	81 900
		天然	355 689	137.9	1 214 850	1964	84 034	1966	0.60	2.5	500 360	302 670	198 510	113 490
	1980—2016 年	实测	261 670	101.4	766 930	1984	50 649	2014	0.74	2.5	383 660	205 515	122 250	71 905
		天然	339 578	131.6	813 168	1984	138 118	1997	0.58	2.5	472 730	290 620	194 670	116 340
遂平	1956—2016 年	实测	48 470	275.4	130 007	1984	4 313	1992	0.75	2.0	73 571	39 747	21 819	7 364
		天然	53 783	305.6	199 090	1975	6 137	1992	0.75	2.0	81 637	44 104	24 211	8 172
	1980—2016 年	实测	43 907	249.5	130 007	1984	4 313	1992	0.85	2.0	68 524	33 902	16 759	4 484
		天然	48 176	273.7	132 185	1984	6 137	1992	0.80	2.0	74 203	38 378	20 014	6 036
杨庄	1956—2016 年	实测	25 307	244.0	68 916	1984	980	1961	0.75	2.0	38 414	20 753	11 392	3 845
		天然	26 949	259.9	101 330	1975	950	1966	0.80	2.0	41 508	21 468	11 195	3 377
	1980—2016 年	实测	26 334	253.9	68 916	1984	6 012	1986	0.68	2.0	39 114	22 363	13 100	5 079
		天然	26 798	258.4	68 819	1984	6 055	1986	0.70	2.0	40 025	22 571	13 017	4 883

续表 4.2-2

水文站	系列	项目	多年平均 径流量/万m³	多年平均 径流深/mm	最大 径流量/万m³	最大 出现年份	最小 径流量/万m³	最小 出现年份	C_v	C_s/C_v	天然河川径流量 不同频率河川径流量/万m³ 20%	50%	75%	95%
班台	1956—2016年	实测	243 160	215.6	734 100	1956	28 010	1993	0.78	2.0	372 847	195 549	103 681	32 437
班台		天然	264 003	234.0	802 560	1975	23 160	1966	0.78	2.0	403 857	213 319	114 052	36 343
班台	1980—2016年	实测	239 042	211.9	691 756	1984	28 010	1993	0.84	2.0	371 659	186 343	93 616	25 981
班台		天然	255 061	226.1	697 826	1984	36 185	1992	0.79	2.0	392 007	204 133	107 319	32 955
玄武	1956—2016年	实测	15 515	38.6			5 150	1966						
玄武		天然	24 005	59.7	84 800	1957			0.69	2.5	34 940	19 530	12 080	6 450
玄武	1980—2016年	实测	10 088	25.1	59 545	1985	0	1985						
玄武		天然	22 621	56.3	48 583	2003	6 631	2002	0.49	2.5	30 690	20 500	14 410	8 870
黄口集闸	1956—2016年	实测	8 275	68.9										
黄口集闸		天然	10 513	87.5	67 738	1963	1 361	2001	0.98	2.5	15 870	6 805	3 610	2 365
黄口集闸	1980—2016年	实测	6 007	50.0	28 370	2003	0	2010	1.15	2.0	9 810	3 660	1 240	150
黄口集闸		天然	8 039	66.9	28 368	2003	1 361	2001	0.88	2.5	12 070	5 705	3 090	1 820
永城闸	1956—2016年	实测	9 413	42.1	80 394	1963	0	1993	1.49	2.0	15 310	3 935	710	75
永城闸		天然	14 183	63.4	90 254	1963	2 799	1966	0.96	2.5	21 530	9 415	4 925	3 017
永城闸	1980—2016年	实测	4 327	19.3	30 121	1985	0	1993	1.61	2.0	6 965	1 550	230	0
永城闸		天然	12 145	54.3	38 688	1982	3 278	2001	0.64	2.5	17 480	10 230	6 490	3 605

续表 4.2-2

天然河川径流量

水文站	系列	项目	多年平均		最大		最小		C_v	C_s/C_v	不同频率河川径流量/万 m³			
			径流量/万 m³	径流深/mm	径流量/万 m³	出现年份	径流量/万 m³	出现年份			20%	50%	75%	95%
西峡	1956—2016 年	实测	81 101	237.3	295 891	1964	21 348	2013	0.61	2.5	115 348	69 189	44 868	25 015
	1956—2016 年	天然	81 773	239.2	296 461	1964	21 825	2013	0.61	2.5	116 191	69 801	45 359	25 407
	1980—2016 年	实测	77 440	226.6	193 447	2010	21 348	2013	0.56	2.0	109 474	69 648	45 406	22 030
	1980—2016 年	天然	77 933	228.0	193 375	2010	21 825	2013	0.54	2.0	109 076	70 358	46 791	24 066
唐河	1956—2016 年	实测	106 066	222.3	276 627	1975	9 605	2016	0.61	2.0	153 375	93 753	58 110	25 706
	1956—2016 年	天然	102 080	214.0	267 827	1975	10 239	2016	0.66	2.0	150 588	87 932	52 224	21 233
	1980—2016 年	实测	97 985	205.4	225 103	2000	9 605	2016	0.65	2.0	143 841	84 610	50 854	21 557
	1980—2016 年	天然	93 989	197.0	229 876	2000	10 239	2016	0.69	2.0	140 034	79 721	46 647	18 112
郭滩	1956—2016 年	实测	157 535	229.1	391 369	1975	35 762	2013	0.60	2.0	226 076	139 696	88 056	41 110
	1956—2016 年	天然	155 257	225.8	384 689	1975	32 504	1999	0.62	2.0	225 527	136 968	84 025	35 895
	1980—2016 年	实测	147 002	213.8	327 614	2005	35 762	2013	0.63	2.0	213 258	127 677	78 905	36 574
	1980—2016 年	天然	144 958	210.8	332 595	2005	32 504	1999	0.65	2.0	212 798	125 171	75 233	31 891
新甸铺	1956—2016 年	实测	196 917	179.7	881 569	1964	37 993	2014	0.73	2.5	288 538	156 832	93 843	50 895
	1956—2016 年	天然	235 244	214.7	867 899	1964	58 901	2014	0.62	2.5	334 423	198 781	128 773	74 808
	1980—2016 年	实测	189 225	172.7	602 739	2010	37 993	2014	0.66	2.0	279 690	162 840	96 248	38 451
	1980—2016 年	天然	224 758	205.1	656 617	2010	58 901	2014	0.58	2.0	319 920	199 989	128 292	63 112

徒骇马颊河河南省境内流域面积 1 705 km²，是豫北东部平原的季节性河流，地表径流贫乏。主要控制站南乐水文站控制流域面积 1 166 km²，1956—2016 年系列多年平均实测径流量 0.332 亿 m³，天然河川径流量 0.336 亿 m³，折合径流深 28.8 mm，径流系数 0.05；1980—2016 年多年平均实测径流量 0.090 亿 m³，天然河川径流量 0.318 亿 m³，折合径流深 27.3 mm，径流系数 0.05。

沁河是河南省境内黄河左岸的一级支流，河源在山西省沁源县，从北而南，切穿太行山，自山西省晋城市进入河南省济源市，于武陟县南流入黄河。武陟水文站是沁河入黄河的重要控制站，控制流域面积 12 880 km²，其中河南省境内流域面积 1 377 km²，武陟水文站至山路平、五龙口水文站区间流域面积 580 km²，此区间 1956—2016 年系列多年平均天然径流量 0.602 亿 m³，径流深 103.2 mm，径流系数 0.18；1980—2016 年系列多年平均天然径流量 0.539 亿 m³，径流深 92.4 mm，径流系数 0.16。

金堤河是黄河下游左岸一级支流，发源于河南省滑县，于台前县张庄闸控制入黄河，是黄河下游北岸的平原性河流，枯水季节大量接纳引黄灌区的退水量。范县水文站位于金堤河下游，控制流域面积 4 277 km²，1956—2016 年系列多年平均实测径流量 1.939 亿 m³，天然径流量 2.674 亿 m³，径流深 62.5 mm，径流系数 0.11；1980—2016 年系列多年平均实测径流量 1.605 亿 m³，天然径流量 2.574 亿 m³，径流深 60.2 mm，径流系数 0.11。

伊洛河是河南省境内黄河右岸的一级支流，由洛河和伊河汇合而成。洛河河源在陕西省渭南市，于河南省巩义市注入黄河。伊河发源于河南省栾川县，在偃师市汇入洛河，其后称为伊洛河。伊洛河在河南省境内流域面积 15 813 km²，黑石关水文站是伊洛河入黄河的把口站，控制流域面积 18 563 km²，其中 1956—2016 年系列多年平均实测径流量 24.53 亿 m³，天然径流量 28.47 亿 m³，径流深 153.4 mm，径流系数 0.23；1980—2016 年系列多年平均实测径流量 20.39 亿 m³，天然河川径流量 26.58 亿 m³，折合径流深 143.2 mm，径流系数 0.21。

沙颍河是淮河中游左岸最大的一级支流，发源于伏牛山中、北部地区，河口位于安徽省颍上县，沙颍河上游山区河川径流较丰富，但以北、以东大部分地区较匮乏。周口水文站为沙颍河出省把口站，控制流域面积 25 800 km²，1956—2016 年系列多年平均实测径流量 29.80 亿 m³，天然径流量 35.57 亿 m³，径流深 137.9 mm，径流系数 0.18；1980—2016 年系列多年平均实测径流量 26.17 亿 m³，天然径流量 33.96 亿 m³，径流深 131.6 mm，径流系数 0.18。

涡河及东部惠济河、沱浍河等诸河属于平原季节性河流，年降水量偏少，河川径流量匮乏，涡河玄武水文站 1956—2016 年系列多年平均实测径流量 1.552 亿 m³，天然径流量 2.401 亿 m³，径流深 59.7 mm，径流系数 0.08；1980—2016 年系列多年平均实测径流量 1.009 亿 m³，天然径流量 2.262 亿 m³，径流深 56.3 mm，径流系数 0.08。

洪汝河是淮河左岸一级支流，由洪河及汝河汇聚而成，发源于泌阳县境内，于淮滨县入淮河，河川径流量相对较丰富，河南省洪汝河流域面积 12 103 km²。班台水文站位于洪汝河下游，控制流域面积 11 280 km²，1956—2016 年系列多年平均实测径流量 24.32 亿 m³，天然径流量 26.40 亿 m³，径流深 234.0 mm，径流系数 0.26；1980—2016 年系列多年平均实测径流量 23. 90 亿 m³,天然径流量为 25. 51 亿 m³,径流深 226. 1 mm,径流系数 0. 25。

淮河干流自西向东,经河南省南部流入安徽,淮河流域地处我国南北气候过渡带,干流水系降雨充沛,地表径流丰富。淮滨水文站是河南省淮河干流的出境控制站,控制流域面积 16 005 km²,1956—2016 年系列多年平均实测径流量 52. 32 亿 m³,天然径流量 59. 37 亿 m³,径流深 370. 9 mm,径流系数 0. 37;1980—2016 年系列多年平均实测径流量 52. 58 亿 m³,天然径流量为 58. 36 亿 m³,径流深 364. 6 mm,径流系数 0. 37。

史河是淮河中游右岸一级支流,河源在安徽省金寨县境内,于河南省固始县注入淮河,河南省境内流域面积 4 243 km²。其下游蒋家集水文站控制流域面积 5 930 km²,1956—2016 年系列多年平均实测径流量 19. 36 亿 m³,河南省境内天然径流量 17. 56 亿 m³,径流深 503. 5 mm,径流系数 0. 45;1980—2016 年系列多年平均实测径流量 18. 54 亿 m³,天然径流量 17. 96 亿 m³,径流深 515. 0 mm,径流系数 0. 46。

丹江为汉江左岸一级支流,河源在陕西省境内,流经陕西、河南、湖北等省,汇入丹江口水库。其中丹江上游的老灌河发源于秦岭山脉东端,属于山区性河流,河道坡降大,河面狭窄,水流湍急,西峡水文站是老灌河的重要控制站,1956—2016 年系列多年平均实测径流量 8. 110 亿 m³,天然径流量 8. 177 亿 m³,径流深 239. 2 mm,径流系数 0. 29;1980—2016 年系列多年平均实测径流量 7. 744 亿 m³,天然径流量 7. 793 亿 m³,径流深 228. 0 mm,径流系数 0. 28。

白河、唐河上游源于伏牛山南麓的暴雨中心带,河川径流较充沛。白河新甸铺水文站为河南省白河出省控制站,1956—2016 年系列多年平均实测径流量 19. 69 亿 m³,天然径流量 23. 52 亿 m³,径流深 214. 7 mm,径流系数 0. 27;1980—2016 年系列多年平均实测径流量 18. 92 亿 m³,天然径流量 22. 48 亿 m³,径流深 205. 1 mm,径流系数 0. 26。唐河郭滩水文站为河南省唐河出省控制站,1956—2016 年系列多年平均实测径流量 15. 75 亿 m³,天然径流量 15. 53 亿 m³,径流深 225. 8 mm,径流系数 0. 27;1980—2016 年系列多年平均实测径流量 14. 70 亿 m³,天然径流量 14. 50 亿 m³,径流深 210. 8 mm,径流系数 0. 26。

4.3　径流深等值线图绘制

根据各选用水文站(区间)年天然河川径流量统计分析成果,绘制 1956—2016 年系列、1980—2016 年系列多年平均天然年径流深等值线图。

4.3.1　年径流深等值线图绘制的基本原则、方法

(1)在单站同步期系列多年平均年天然河川径流量计算的基础上,选取集水面积为 300~5 000 km² 的水文站(在水文站稀少地区可适当放宽要求)的年径流深均值作为主要点据,在大江大河的下游计算一些区间径流深均值作为补充点据。

(2)年径流深均值点据一般应点绘在相应集水面积内径流分布的重心处。当集水面积内自然地理条件基本一致、高程变化不大时,点据可点绘在集水面积的形心处;当集水

面积内高程变化较大、径流深分布不均匀时,则应参考年降水量等值线图选定点据位置。各选用水文站的集水面积不应重叠,若有重叠时,下游站应计算扣除上游站集水面积后的区间面积的径流深,点绘在区间面积的重心处。

(3)选择若干个较大支流和独立水系的控制水文站,将从等值线图上量算的年天然河川径流量与单站计算值进行比较,要求相对误差不超过±5%。如相对误差超过±5%,应调整等值线的位置,直至合格。

(4)将同期的年平均降水量等值线图与年平均径流深等值线图进行比较,两张图的主线走向应大体一致,高值区和低值区的位置应基本对应,不应出现一条径流深等值线横穿两条或两条以上降水量等值线的情况。

(5)与以往绘制的年平均径流深等值线图进行对照分析,对有明显差异的地区进行分析论证或做必要的修改。

(6)年径流深等值线图需与周边其他省份进行拼接,如果相同数值的年径流深等值线无法很好衔接,进行调整,直至一致。

4.3.2　年径流深等值线图的线距

年径流深等值线图的线距一般采用:径流深 200~800 mm,线距 100 mm;径流深 50~200 mm,线距 50 mm;径流深<50 mm,线距分别为 5 mm、10 mm、25 mm。可根据需要适当加密。

4.3.3　等值线图合理性分析

通过比较主要河流控制水文站在等值线图上量算的天然河川径流量与单站计算值,两者相对误差基本控制在±5%以内,表明年径流等值线图绘制基本合理。

4.4　径流时空分布及演变趋势

4.4.1　径流的时空分布

4.4.1.1　径流的空间分布

1. 全省情况

河南省河川径流空间分布与降水量大小、降水强度以及地形变化影响等因素密切相关,结合径流深等值线图,分析 1956—2016 年系列和 1980—2016 年系列多年平均径流深数据,全省呈现 3 个径流深高值区及两个相对低值区:豫南大别山和桐柏山高值区、豫西伏牛山高值区、豫北太行山高值区,以及豫北金堤河、徒骇马颊河低值区,豫西南南阳盆地低值区。

豫南大别山和桐柏山高值区大部属淮河流域,多年平均径流深在 300~600 mm,是全省河川径流最丰富的区域。竹竿河竹竿铺水文站径流深 529.6 mm;潢河上游新县水文站径流深 594.1 mm,其中潢河支流泼陂河上游泼河水库径流深 598.2 mm;灌河上游区域径流深超过 600 mm,是全省径流深最大地区,其中鲇鱼山水库以上流域径流深高达 634.9 mm。

豫西伏牛山高值区主要是指淮河流域沙颍河上游、长江流域白河上游、黄河流域伊河上游分水岭一带的高山区,多年平均径流深在 250~400 mm,其中沙河上游区域径流深超过 400 mm,中汤水文站径流深 422.3 mm;白河上游白土岗水文站径流深 382.3 mm,李青店水文站径流深 354.0 mm。

豫北太行山高值区主要相对于河南北部区域而言,豫北太行山东麓多年平均径流深在 100~200 mm。峪河宝泉水库以上流域径流深 184.0 mm,淇河新村水文站径流深 138.6 mm,安阳河安阳水文站径流深 145.5 mm。

豫北金堤河、徒骇马颊河低值区包括金堤河、徒骇马颊河、卫河下游平原区域,其多年平均径流深不足 75 mm,徒骇马颊河、卫河下游部分区域甚至不足 25 mm。黄河流域金堤河濮阳水文站径流深 60.2 mm;海河流域卫河下游淇门—安阳—元村集水文站区间径流深 39.9 mm;马颊河南乐水文站径流深 28.8 mm,马颊河流域也是全省径流深最小地区。

南阳盆地位于秦岭东南,桐柏山、大别山以西,其北是秦岭山脉的东端,其南是大巴山脉的东端。秦岭挡住了北方的沙尘与冷空气,而大巴山则也隔离了南方的炎热与潮湿。盆地的天气气候与周围地区有比较明显的差别,天气系统在这里的移动性差,从而造成唐河、白河下游的南阳盆地径流深小于 150 mm,与周边区域 200~400 mm 的径流深相比,为豫西南地区的相对低值区。

河南省河川径流空间分布总体呈现山区大于平原、河流上游大于下游的态势。径流自南向北、自西向东递减,南部桐柏山区灌河上游径流深接近 640 mm,而北部徒骇马颊河的径流深不足 25 mm,两者相差 25 倍以上。

2. 主要河流情况

卫河多年平均径流深自上游向下游,自山区到平原逐步递减,上游山区的宝泉水库多年平均径流深 184.0 mm,新村水文站径流深 138.6 mm,安阳水文站径流深 145.5 mm,中游修武—宝泉—合河水文站区间径流深 105.6 mm,合河—汲县水文站区间径流深 88.6 mm,下游淇门—安阳—元村集水文站区间径流深仅 39.9 mm,上、下游以及山区和平原径流深相差 4 倍以上。

伊洛河水系径流深呈现自西南山区向东北平原逐渐递减的趋势,伊河上游处于豫西伏牛山径流深高值区,东湾水文站多年平均径流深 234.6 mm,洛河灵口水文站径流深 195.6 mm。中游伊河陆浑—龙门水文站区间径流深 116.3 mm,洛河长水—新安—白马寺水文站区间径流深 102.3 mm。下游白马寺—龙门—黑石关水文站区间大致为 90.3 mm,上下游相差近 3 倍;黄河干流左岸水系,径流深自东向西递减,蟒河济源水文站径流深 166.0 mm;沁河五龙口—山路平—武陟水文站区间径流深 103.3 mm;天然文岩渠大车集水文站径流深 66.4 mm;金堤河范县水文站径流深 62.5 mm。

淮河干流及南岸水系自南向北、自西向东递减,鲇鱼山水库径流深高达 634.9 mm,大坡岭水文站径流深 374.7 mm,息县—潢川—淮滨区间为 249.5 mm。

洪汝河水系,自西北向东南,自山区向平原逐渐递减,板桥水库径流深 323.0 mm,庙湾—新蔡水文站区间径流深 190.0 mm。

沙颍河水系,从西向东,自南向北,自平原到山区,多年平均径流深变化在 450~100 mm,上游中汤水文站多年平均径流深为 422.3 mm,下游周口—槐店水文站区间大致为 100 mm,东北部的扶沟水文站区间不足 75 mm,相差 4~6 倍。

唐白河水系,多年平均径流自山区向盆地,自南到北递减,径流深变化范围 400~150 mm,白土岗水文站径流深 382.3 mm,鸭河口—淝滩—新店铺水文站区间径流深 161.1 mm,相差超过 2 倍。

4.4.1.2　径流的年内分配

受降雨年内分配影响,地表径流呈现汛期集中,季节变化大,最大、最小月径流相差悬殊等特点。相比降水量的年内变化,径流稍滞后,且普遍比降水量的集中程度更高。

河南省连续 4 个月最大径流量多出现在 6—9 月,其中淮河干流以南的潢河、史河等多出现在 5—8 月;海河、黄河和淮河流域的涡河、沱河、浍河、沙颍河等则多出现在 7—10 月。主要径流代表站多年平均(1956—2016 年)径流量月分配情况见表 4.4-1。分析表中数据,主要径流代表站多年平均连续最大 4 个月径流量占全年径流量的比例在 48%~95%,且呈现径流年内集中度平原区河流大于山区河流、河流下游大于上游、水资源匮乏区域大于丰富区域的分布态势。

多年平均最大月径流量一般发生在 7—8 月,海河、黄河、淮河流域东部、北部最大月径流量以 8 月居多,长江、淮河流域西部、南部多发生在 7 月。多年平均最小月径流量普遍发生在 1—2 月,海河、黄河、长江、淮河流域东部、北部最小月径流量一般以 2 月居多,淮河流域西部、南部多发生在 1 月。

海河流域、黄河流域、淮河流域沙颍河以北及漯河水文站以东区域,近期系列(2001—2016 年)多年平均汛期(6—9 月)径流量占全年径流量的比重,相比 1980—2000 年系列呈显著减少趋势。从表 4.4-2 可以看出,海河流域汛期径流量占全年的比重从 59%左右减少至 51%左右,黄河流域从 61%左右减少至 54%左右,淮河流域沙颍河以北及漯河水文站以东区域从 61%左右减少至 55%左右。海河、黄河流域主要控制站不同时段汛期占比情况见图 4.4-1、图 4.4-2。

经分析,全省近期系列(2001—2016 年)多年平均 10 月径流量占全年径流量的比重相比 1956—1979 年、1980—2000 年系列呈现显著增加趋势。其中,海河流域近期系列大致在 11%左右,1956—1979 年、1980—2000 年系列分别为 9%、7%;黄河流域以上 3 个系列分别为 13%、10%、6%左右;淮河流域分别为 7.8%、7.2%、4.3%左右;长江流域分别为 7.9%、7.2%、4.5%。淮河、长江流域主要控制站不同时段 10 月径流占全年的比重见图 4.4-3、图 4.4-4。

通过以上指标分析,表明河南省受全球气候变化影响,海河流域、黄河流域、淮河流域偏东、偏北区域,河川径流在年内的集中度上呈现减弱趋势,汛期占比减少,非汛期占比增加。全省 10 月径流占比增加一方面对农业生产有利,另一方面对防汛和水资源优化调度工作带来了新的挑战。

表 4.4-1　河南省主要径流代表站多年平均(1956—2016 年)天然径流量月分配情况

水文站	天然径流量/万 m³													连续最大 4 个月天然径流量		
	1	2	3	4	5	6	7	8	9	10	11	12	全年	起止月份	天然径流量/万 m³	占比/%
新村	1 189	1 062	1 128	1 278	1 332	1 417	4 194	7 853	3 409	2 708	2 107	1 682	29 359	7—10	18 163	61.9
安阳	1 537	1 353	1 260	1 060	1 179	1 086	2 396	4 031	2 189	2 230	1 816	1 452	21 588	7—10	10 845	50.2
修武	565	537	568	630	597	712	1 716	1 663	1 184	972	792	623	10 557	7—10	5 534	52.4
汲县	2 267	2 049	2 207	2 372	2 525	3 307	9 356	11 792	6 333	4 726	3 648	2 799	53 381	7—10	32 206	60.3
宝泉水库	320	307	337	388	440	527	1 759	3 108	1 212	824	529	431	10 182	7—10	6 903	67.8
合河	1 923	1 769	1 949	2 073	2 167	2 741	7 690	9 517	5 101	4 048	3 239	2 429	44 646	7—10	26 356	59.0
南乐	0	1	4	44	88	280	1 483	1 070	324	52	8	0	3 357	6—9	3 157	94.1
元村集	6 859	5 894	5 776	5 955	6 388	7 408	20 366	31 004	15 696	12 513	10 096	8 235	136 192	7—10	79 580	58.4
范县	139	142	351	493	775	1 544	7 423	9 895	4 026	1 143	558	245	26 735	6—9	22 889	85.6
济源	435	423	432	458	422	465	1 161	1 370	973	773	621	437	7 970	7—10	4 277	53.7
大车集	348	334	390	575	629	1 085	3 000	3 759	2 746	1 450	553	287	15 156	7—10	10 956	72.3
陆浑	2 276	1 981	3 279	5 271	6 082	4 908	13 091	14 143	11 869	8 210	4 334	2 926	78 371	7—10	47 313	60.4
龙门	3 228	2 845	4 451	6 072	7 238	6 522	16 376	17 756	14 287	10 664	6 032	4 136	99 605	7—10	59 083	59.3
白马寺	7 015	5 847	7 660	9 628	11 736	10 081	26 246	24 903	27 099	21 382	12 456	8 829	172 882	7—10	99 631	57.6
黑石关	11 039	9 381	13 069	16 290	19 774	17 285	43 527	44 268	42 627	33 372	19 801	14 280	284 714	7—10	163 794	57.5
五龙口—山路平—武陟	166	156	181	256	241	391	894	1 489	892	656	434	265	6 019	7—10	3 930	65.3
大坡岭	1 064	1 414	2 523	3 783	4 753	7 933	14 154	11 928	6 019	4 003	2 522	1 352	61 449	6—9	40 033	65.1
息县	6 933	11 002	19 704	26 940	35 440	51 858	97 194	70 240	33 216	23 524	15 882	8 680	400 612	5—8	254 732	63.6

续表 4.4-1

水文站	天然径流量/万 m³												全年	连续最大 4 个月天然径流量		
	1	2	3	4	5	6	7	8	9	10	11	12		起止月份	天然径流量/万 m³	占比/%
淮滨	10 489	16 321	29 876	38 967	51 869	73 703	149 220	96 826	54 456	34 251	24 065	13 651	593 694	6—9	374 205	63.0
竹竿铺	1 635	3 034	5 104	6 986	9 896	11 510	22 201	11 838	5 456	3 929	3 354	1 861	86 805	5—8	55 446	63.9
潢川	2 031	3 532	5 674	7 644	10 437	12 307	26 028	13 632	6 375	5 028	4 078	2 373	99 138	5—8	62 403	62.9
鲇鱼山	1 153	2 068	3 707	5 356	7 021	8 561	14 080	8 322	3 381	2 005	1 897	1 112	58 664	5—8	37 984	64.7
蒋家集(豫境)	3 482	5 730	9 242	12 715	15 796	21 521	48 916	25 391	12 546	8 391	7 591	4 285	175 605	5—8	111 623	63.6
杨庄	584	643	903	1 196	1 623	2 058	6 408	6 501	2 972	2 070	1 181	811	26 949	7—10	17 951	66.6
遂平	876	985	1 666	2 229	2 778	5 550	14 448	13 209	5 638	3 714	1 839	853	53 783	6—9	38 845	72.2
新蔡	1 695	1 706	2 481	3 383	4 087	8 195	22 342	18 808	9 933	6 618	3 866	2 462	85 577	6—9	59 278	69.3
薄山	261	396	691	1 011	1 112	1 860	4 008	3 813	1 663	1 128	679	327	16 950	6—9	11 344	66.9
班台	4 349	4 829	8 297	10 806	13 445	27 243	70 685	59 932	28 113	19 226	10 871	6 207	264 003	6—9	185 974	70.4
昭平台	650	771	1 458	2 663	3 805	3 793	12 458	12 258	6 905	3 689	1 645	837	50 932	6—9	35 414	69.5
孤石滩	181	173	232	457	508	650	2 302	2 052	1 191	655	391	217	9 009	7—10	6 200	68.8
燕山(官寨)	443	492	674	1 082	1 484	2 401	7 905	7 337	3 130	1 902	1 032	557	28 439	6—9	20 773	73.0
紫罗山	676	672	1 478	3 021	3 410	2 608	9 143	10 281	6 745	4 098	1 841	1 004	44 976	7—10	30 267	67.3
大陈	1 820	1 727	2 698	4 684	5 426	5 271	15 944	17 988	11 673	7 989	4 139	2 698	82 058	7—10	53 594	65.3
黄桥	1 241	1 122	1 299	2 117	2 910	3 378	10 826	10 741	6 402	4 789	2 735	1 806	49 366	7—10	32 758	66.4
沈丘	779	780	1 139	1 835	2 147	3 709	10 244	7 283	4 972	3 487	1 953	1 327	39 653	6—9	26 207	66.1
漯河	5 111	4 961	7 468	12 722	16 180	19 019	54 718	55 038	33 064	21 149	11 514	7 700	248 645	7—10	163 969	65.9
周口	8 391	8 059	11 615	18 222	23 361	26 775	75 793	76 068	47 260	30 774	17 443	11 928	355 689	7—10	229 895	64.6

续表 4.4-1

水文站	天然径流量/万 m³													连续最大 4 个月天然径流量		
	1	2	3	4	5	6	7	8	9	10	11	12	全年	起止月份	天然径流量/万 m³	占比/%
告成	264	247	287	449	400	409	1 267	1 476	1 003	735	410	334	7 281	7—10	4 481	61.5
新郑	583	522	607	675	674	663	1 419	1 395	1 144	947	749	715	10 094	7—10	4 906	48.6
扶沟	1 711	1 695	2 465	2 858	2 900	2 866	7 067	7 843	5 862	3 992	2 689	2 173	44 120	7—10	24 764	56.1
玄武	281	392	679	1 128	1 687	1 533	4 627	5 125	3 857	2 147	1 111	481	23 049	7—10	15 756	68.4
砖桥闸	706	841	808	1 030	1 430	1 471	4 379	4 102	2 819	1 978	1 112	944	21 620	7—10	13 277	61.4
永城闸	294	457	570	683	862	723	3 509	3 320	1 697	1 037	704	327	14 183	7—10	9 563	67.4
黄口集闸	195	263	343	409	726	483	2 792	2 479	1 224	817	510	285	10 513	7—10	7 312	69.6
大王庙	239	256	185	298	596	525	1 499	1 702	1 185	934	365	166	7 950	7—10	5 320	66.9
西峡	1 385	1 212	2 197	4 406	5 423	4 707	18 362	16 869	13 143	8 276	3 702	2 090	81 773	7—10	56 650	69.3
鸭河口	1 502	1 486	2 380	4 777	6 507	7 407	28 002	26 291	13 591	7 150	3 388	1 989	104 470	6—9	75 290	72.1
新甸铺	5 181	4 381	5 893	8 759	12 533	17 007	57 539	54 463	32 081	20 009	10 353	7 043	235 244	7—10	164 092	69.8
郭滩	2 923	2 825	3 652	5 263	8 076	14 775	43 733	36 789	16 692	10 864	6 131	3 534	155 257	6—9	111 990	72.1
唐河	2 011	1 896	2 386	3 424	4 606	9 881	30 012	24 224	10 630	6 996	3 807	2 207	102 080	6—9	74 747	73.2
社旗	584	478	518	758	883	1 610	5 679	4 560	2 507	1 660	973	698	20 907	7—10	14 405	68.9
半店	189	184	209	315	453	590	1 210	1 444	1 114	699	398	227	7 034	7—10	4 468	63.5

表 4.4-2　河南省主要水文站汛期及 10 月径流分系列占比情况

流域	水文站	汛期径流占全年比重/%			10 月径流占全年比重/%		
		1956—1979 年	1980—2000 年	2001—2016 年	1956—1979 年	1980—2000 年	2001—2016 年
海河	宝泉	64.2	70.4	60.7	8.0	4.4	11.3
	修武	47.0	54.7	50.7	9.5	7.7	10.5
	安阳	42.7	52.5	46.1	10.3	8.4	10.7
	新村	60.4	59.2	50.5	8.9	6.9	10.8
	元村集	56.0	59.8	48.7	8.8	7.4	10.5
黄河	长水	51.9	59.1	53.4	11.8	6.4	12.6
	灵口	54.1	60.3	55.9	11.8	5.5	12.2
	新安	50.5	49.5	41.6	9.0	7.1	12.1
	东湾	56.6	59.5	60.7	10.1	5.5	10.8
	龙门	55.0	59.5	54.3	9.8	5.8	11.8
	陆浑	56.5	58.5	56.2	9.8	5.3	10.7
	济源	49.1	59.0	46.4	8.0	8.1	12.3
	五龙口—山路平—武陟	63.0	62.9	54.1	9.9	6.7	17.5
	大车集	66.1	79.1	63.7	9.4	2.9	15.8
淮河	大坡岭	64.3	57.7	67.8	5.4	4.8	6.1
	长台关	63.4	58.3	68.1	5.4	4.6	5.6
	淮滨	61.6	56.9	66.7	5.2	5.2	4.6
	鲇鱼山	54.2	51.2	61.5	2.6	3.7	2.8
	板桥	74.3	67.2	72.3	4.4	3.4	6.7
	遂平	72.7	67.0	72.7	5.1	3.9	7.4
	班台	70.9	67.1	68.5	5.3	4.9	7.9
	昭平台	69.5	66.2	72.0	6.5	2.8	9.0
	孤石滩	66.3	68.4	70.4	7.0	3.1	7.0
	漯河	64.9	65.1	64.9	7.8	4.6	9.5
	告成	61.8	62.9	42.6	9.5	4.8	14.1
	新郑	49.8	47.3	40.6	8.5	6.3	11.0
	周口	63.6	64.0	63.4	8.1	4.6	9.1
	扶沟	54.9	56.9	54.5	8.4	4.6	8.6
	大王庙	52.4	69.4	67.4	18.5	3.6	7.6

续表 4.4-2

流域	水文站	汛期径流占全年比重/%			10 月径流占全年比重/%		
		1956—1979 年	1980—2000 年	2001—2016 年	1956—1979 年	1980—2000 年	2001—2016 年
长江	西峡	63.0	68.8	67.8	9.5	4.7	9.6
	西坪	59.4	73.6	67.2	10.3	3.2	8.0
	半店	61.9	60.1	65.0	8.6	6.5	9.4
	社旗	70.4	69.7	63.7	6.7	4.9	8.6
	唐河	75.1	67.7	71.3	5.4	5.0	6.9
	平氏	66.4	63.1	73.4	5.7	4.1	5.7
	郭滩	74.0	66.3	70.6	5.6	5.1	7.4
	内乡	69.3	70.7	73.9	7.4	4.2	8.6
	白土岗	68.1	68.9	75.0	7.4	3.4	7.4
	鸭河口	70.2	70.5	75.2	6.5	3.2	6.5
	淦滩	68.2	66.9	65.5	8.6	5.7	8.7
	新甸铺	69.3	67.5	68.9	7.9	4.7	8.3
	泌阳	72.9	65.6	72.7	4.5	4.1	7.4

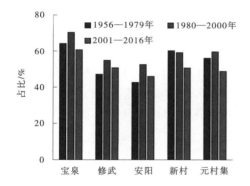

图 4.4-1　海河流域不同时段汛期占比

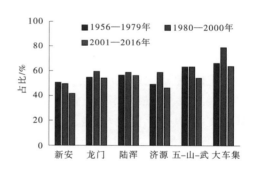

图 4.4-2　黄河流域不同时段汛期占比

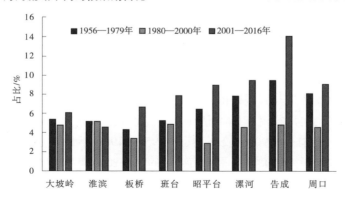

图 4.4-3　淮河流域主要控制站不同时段 10 月占比

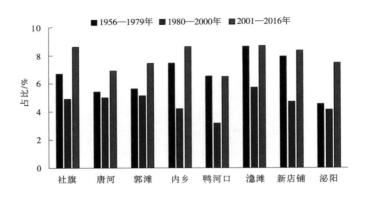

图 4.4-4　长江流域主要控制站不同时段 10 月占比

4.4.1.3　径流的年际变化

河南省河川径流不仅时空分布不均,年内分配集中,而且年际变化也较大,表现为最大与最小年径流量倍比悬殊以及年际丰枯交替频繁等。

1. 最大与最小年径流倍比悬殊

海河流域主要代表站最大年径流量多出现在 1956 年、1963 年(见表 4.4-3),最小年径流量出现时间则各有不同。主要河流最大与最小年径流量倍比值,呈现下游大于上游、东部平原大于西部山区的特点。西部卫河山区主要河流代表站最大与最小年径流量倍比值普遍小于 25 倍,东部卫河平原区则一般大于 25 倍,尤其是河川径流较为匮乏的徒骇马颊河水系,倍比值超过 1 000 倍。

黄河流域主要代表站的最大年径流量大都出现在 1958 年、1964 年,最大与最小年径流量倍比值,呈现北岸支流大于南岸支流、平原大于山区的特点。花园口以上山区各支流主要代表站最大与最小年径流量倍比值在 10 倍左右,花园口以下代表站则较大,尤其是范县水文站,其倍比值达 66 倍。

淮河流域最大与最小年径流量倍比值具有南部河流小于北部河流、山区小于平原等特点。淮河干流代表站最大与最小年径流量倍比值大致在 10 倍左右,洪汝河水系倍比值普遍为 20~40 倍。淮河干流主要代表站最大年径流大都出现在 1956 年,洪汝河水系一般发生在 1975 年,沙颖河水系基本发生在 1964 年。

长江流域最大与最小年径流倍比值普遍为 10~20 倍,主要代表站最大年径流大都出现在 1964 年或者 1975 年。

2. 年际丰枯变化

河南省地处北亚热带与暖温带的过渡地带,是北半球季风最活跃的地区。由于季风显著,天气变化剧烈,河川径流年际丰枯交替变化也较为频繁。按年代分析,1956—1960 年、1961—1970 年、1981—1990 年较丰,其中 1956—1960 年是整个系列中最丰的时期;1971—1980 年和 2001—2010 年为平水年份;1991—2000 年、2011—2016 年较枯,其中 2011—2016 年是整个系列中最枯的时段。从各年径流量数据来看,1954 年、1956 年、1958 年、1963 年、1964 年、1968 年、1975 年、1982 年等年份河川径流较大,均发生了全省或流域范围内的洪涝灾害;1961 年、1986 年、1988 年等年份河川径流较枯,均发生了全省范围的旱灾。

表 4.4-3 河南省主要径流代表站年径流极值情况

流域	水文站或区间	天然年河川径流量						最大与最小倍比
		多年平均		最大		最小		
		径流量/万 m³	径流深/mm	径流量/万 m³	出现年份	径流量/万 m³	出现年份	
海河	元村集	136 189	95.3	647 580	1963	38 629	1986	16.8
	安阳	21 588	145.5	76 160	1963	6 779	1981	11.2
	新村	29 359	138.6	164 850	1956	6 776	1987	24.3
	宝泉水库	1 0182	189.3	36 200	1956	1 975	1991	18.3
	修武	10 557	82.0	31 400	1964	1 422	1981	22.1
	合河—汲县	8 735	88.3	43 620	1963	1 683	1997	25.9
	汲县—新村—淇门	14 428	114.2	90 320	1963	2 464	1986	36.7
	淇门—安阳—元村集	17 436	39.9	123 990	1963	2 180	1957	56.9
	南乐	3 357	28.8	21 370	1964	20	1966	1 068.5
黄河	东湾	61 541	234.6	193 040	1964	16 347	2013	11.8
	陆浑	78 371	224.4	252 490	1964	24 344	2013	10.4
	长水	115 940	185.7	360 287	1964	31 504	1997	11.4
	窄口	14 848	164.4	44 300	1958	7 200	1972	6.2
	黑石关	284 714	153.6	872 382	1964	119 327	1997	7.3
	新安	7 671	92.5	28 284	1958	2 124	2002	13.3
	大车集	15 156	66.4	37 530	1964	3 129	2001	12.0
	济源	7 970	166.0	23 030	1964	1 237	2002	18.6
	范县	26 735	62.5	139 460	1963	2 100	1966	66.4
淮河	竹竿铺	86 805	529.3	218 143	1987	16 003	2011	13.6
	大坡岭	61 449	374.7	152 123	1956	12 846	1966	11.8
	新县	16 277	594.1	37 399	1987	3 926	2001	9.5
	淮滨	593 694	370.9	1329 323	1956	148 843	2011	8.9
	燕山(官寨)	28 439	243.3	128 444	1975	5 814	1966	22.1
	孤石滩	9 009	315.0	28 940	1964	1 861	1993	15.6
	新郑	10 094	93.5	48 409	1964	3 051	1981	15.9
	漯河	248 645	204.6	810 596	1964	53 434	1966	15.2
	周口	355 689	137.9	1 214 850	1964	84 034	1966	14.5
	薄山	16 950	293.3	59 610	1975	2 140	1966	27.9
	板桥	24 805	323.0	92 510	1975	2 539	1992	36.4
	班台	264 003	234.0	802 560	1975	23 160	1966	34.7
	邸阁	5 243	58.4	20 666	1964	946	1968	21.9
	玄武	24 005	59.7	84 800	1957	5 150	1966	16.5
	周庄	14 848	112.5	56 033	1965	2 209	1966	25.4

续表 4.4-3

| 流域 | 水文站或区间 | 天然年河川径流量 | | | | | | 最大与最小倍比 |
| | | 多年平均 | | 最大 | | 最小 | | |
		径流量/万 m³	径流深/mm	径流量/万 m³	出现年份	径流量/万 m³	出现年份	
长江	西峡	81 773	239.2	296 461	1964	21 825	2013	13.6
	米坪	32 367	230.5	119 764	1964	8 565	2013	14.0
	白土岗	43 353	382.3	143143	1964	9 403	1966	15.2
	鸭河口	104 470	345.4	332 926	1964	26 575	1966	12.5
	新甸铺	235 244	214.7	867 899	1964	58 901	2014	14.7
	泌阳	17 401	263.6	57 280	1975	2 375	1992	24.1
	社旗	20 907	200.3	59 241	2000	3 386	1994	17.5
	平氏	23 287	311.3	56 872	2005	3 162	1986	18.0
	郭滩	155 257	225.8	384 689	1975	32 504	1999	11.8

4.4.2　径流的演变趋势

河川径流是一个受自然因素和人为因素共同影响的复杂、非线性过程,不仅具有趋势性、周期性、随机性、突变性,而且还存在多时间尺度特征。研究水文系列的趋势性是揭示其确定性规律的关键,水文序列趋势性变化常用的分析方法有累积距平法、滑动 t 检验、游程检验法、Mann-Kendall 法等。

本次评价,我们采用 Mann-Kendall(曼-肯德尔)法对主要水文代表站河川径流序列进行趋势识别和分析。

4.4.2.1　Mann-Kendall 法

Mann-Kendall 法又叫曼-肯德尔法,是世界气象组织推荐并已广泛应用的非参数统计方法,能有效区分某一自然过程是处于自然波动还是存在确定的变化趋势。对于非正态分布的水文气象数据,Mann-Kendall 秩次相关检验具有更加突出的适用性。Mann-Kendall 法也经常用于气候变化影响下的降水、径流、水质、干旱频次趋势检测。

Mann-Kendall 非参数秩次检验在数据趋势检测中极为有用,其特点表现为:首先无须对数据系列进行特定的分布检验,对于极端值也可参与趋势检验;其次,允许系列有缺失值;另外,主要分析相对数量级而不是数字本身,这使得微量值或低于检测范围的值也可以参与分析;最后,在时间序列分析中,无须指定是否是线性趋势。两变量间的互相关系数就是 Mann-Kendall 互相关系数,也称 Mann-Kendall 统计数 S。

Mann-Kendall 秩次检验方法也叫 τ 检验,可以定量地计算出时间序列的变化趋势,应用 Mann-Kendall 法还可以判断水文气候序列中是否存在气候突变,如果存在,可确定出突变发生的时间。Mann-Kendall 法是水文气象序列研究中经常采用的方法。

对于时间序列 X,Mann-Kendall 趋势检验的原理:

$$S = \sum_{i=1}^{n-1} \sum_{j=i+1}^{n} \text{sign}(x_j - x_i)$$

式中　x_j——时间序列的第 j 个数据值；

　　　n——数据样本长度；

　　　sign( ) 是符号函数，其定义如下：

$$\text{sign}(x_j - x_i) = \begin{cases} 1 & (x_j - x_i) > 0 \\ 0 & (x_j - x_i) = 0 \\ -1 & (x_j - x_i) < 0 \end{cases}$$

Mann-Kendall 法证明，当 $n>10$ 时，统计量 S 大致服从正态分布，其均值为 0，方差为：

$$\text{Var}(S) = \frac{n(n-1)(2n+5) - \sum_{i=1}^{n-1} t_i(i-1)(2i+5)}{18}$$

式中　t_i——第 i 组的数据点的数目；

　　　当 $n>10$ 时，标准的正态统计变量通过下式计算：

$$Z = \begin{cases} \dfrac{S-1}{\sqrt{\text{Var}(S)}} & S > 0 \\ 0 & S = 0 \\ \dfrac{S+1}{\sqrt{\text{Var}(S)}} & S < 0 \end{cases}$$

这样，在双边的趋势检验中，在给定的 α 置信水平上，如果 $|Z| \geqslant Z_{1-\alpha/2}$，则原假设是不可接受的，即在 α 置信水平上，时间序列数据存在明显的上升或下降趋势。Z 为正，系列具有上升或增加趋势，Z 为负，系列具有下降或减少的趋势，若 Z 的绝对值大于或等于 1.28、1.64 和 2.32 分别表示通过了信度 90%、95% 和 99% 的显著性趋势检验。

4.4.2.2　河川径流演变趋势分析

1. 海河流域

选取海河流域卫河水系的元村集、安阳、新村、宝泉水库、修武等水文站，以及徒骇马颊河水系的南乐水文站，采用 Mann-Kendall 非参数统计方法，对 1956—2016 年系列天然河川径流的演变趋势进行分析，结果见表 4.4-4。分析表 4.4-4 中数据可知，所选水文代表站天然河川径流量均呈显著减少趋势，尤以太行山中部、北部区域减少幅度为大；徒骇马颊河水系减少趋势则不明显。

从分时段数据来看，1956—1979 年系列，卫河水系天然河川径流量呈现显著减少趋势，其中安阳、新村、宝泉水库等山丘区代表站减少趋势尤为显著。徒骇马颊河水系则有所增加；1980—2016 年（37 年）系列，时段初与时段末，所选水文站河川径流量基本稳定，系列没有显著的增减趋势。

海河流域的计算检验结果表明：20 世纪 50 年代至 60 年代中期为丰水期，随后，天然河川径流减少趋势明显，80 年代后，天然河川径流量虽有小幅度变化，但基本保持稳定。图 4.4-5、图 4.4-6 分别为元村集、南乐水文站河川径流过程线。

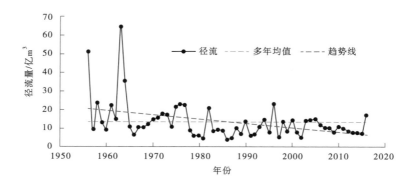

图 4.4-5　元村集水文站河川径流变化过程线

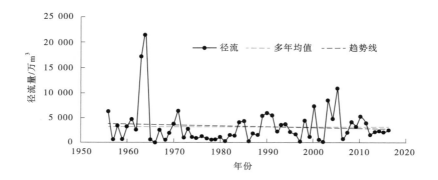

图 4.4-6　南乐水文站河川径流变化过程线

2.黄河流域

黄河流域伊洛河水系选取黑石关、白马寺、新安、东湾水文站等,宏农涧河选取窑口水文站,天然文岩渠、金堤河分别选择大车集水文站、范县水文站,沁河选择武陟水文站(河南区间),采用 Mann-Kendall 非参数统计方法,对河川径流 1956—2016 年系列演变趋势进行分析,如表 4.4-5 所示。从表中数据可知,伊河、沁河、天然文岩渠天然河川径流呈现显著减少趋势;金堤河、宏农涧河增减趋势不明显。

分析分时段数据,1956—1979 年系列,除金堤河范县水文站外,其余所选水文站天然河川径流均呈现显著减少趋势;1980—2016 年系列,时段初与时段末,除伊河上游山区外,其余水系天然河川径流量均没有显著的增减趋势。

20 世纪 50 年代至 60 年代中期黄河流域为丰水期,1958 年、1964 年特大洪水均发生在此期间,其后,除金堤河外,其他河流河川径流均呈现减少趋势,至 20 世纪 80 年代后,基本保持稳定。平原河流金堤河由于逐渐成为引黄水源通道,大量的引黄水,使河道特性产生变化,因此其河川径流变化趋势与其他河流有所不同。图 4.4-7、图 4.4-8 为黑石关、范县水文站河川径流变化过程线。

表 4.4-4　海河流域主要水文站 Mann-Kendall 秩次相关检验

选用水文站	Z					显著性				
	1956—1979年	1980—2000年	2001—2016年	1980—2016年	1956—2016年	1956—1979年	1980—2000年	2001—2016年	1980—2016年	1956—2016年
安阳	-9.72	1.09	-1.04	0.16	-2.37	显著	不显著	不显著	不显著	显著
元村集	-3.14	0.63	-0.13	0.50	-2.64	显著	不显著	不显著	不显著	显著
新村	-11.86	2.60	-0.68	0.92	-2.55	显著	显著	不显著	不显著	显著
宝泉水库	-9.13	1.33	0.50	0.71	-1.96	显著	显著(90%)	不显著	不显著	显著
修武	-9.48	1.81	0.14	0.81	-2.00	显著	显著	不显著	不显著	显著
南乐	1.76	2.51	0.05	1.09	0.95	显著	显著	不显著	不显著	不显著

表 4.4-5　黄河流域主要水文站 Mann-Kendall 秩次相关检验

选用水文站	Z					显著性				
	1956—1979年	1980—2000年	2001—2016年	1980—2016年	1956—2016年	1956—1979年	1980—2000年	2001—2016年	1980—2016年	1956—2016年
白马寺	-3.97	-2.54	-0.50	-1.26	-1.60	显著	显著	不显著	不显著	显著(90%)
东湾	-4.46	-2.90	-0.77	-1.49	-1.84	显著	显著	不显著	显著(90%)	显著
新安	-5.85	-1.81	0.86	-0.55	-1.74	显著	显著	不显著	不显著	显著
黑石关	-5.80	-2.42	-0.77	-1.28	-2.07	显著	显著	不显著	显著(90%)	显著
武陟	-6.97	-0.36	0.68	0.03	-1.74	显著	不显著	不显著	不显著	显著
范县	-1.59	3.26	-1.49	0.97	0.06	显著(90%)	显著	显著(90%)	不显著	不显著
窄口	-2.75	-2.90	0.77	-1.05	-1.19	显著	显著	不显著	不显著	不显著
大车集	-8.38	-1.87	-0.50	-0.97	-2.57	显著	显著	不显著	不显著	显著

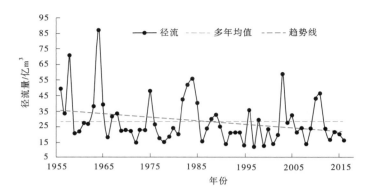

图 4.4-7　黑石关水文站河川径流变化过程线

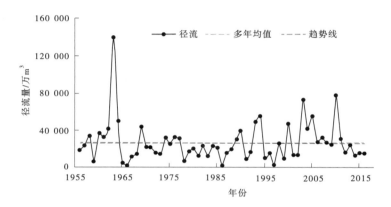

图 4.4-8　范县水文站河川径流变化过程线

3. 淮河流域

选取淮河流干流大坡岭、淮滨水文站,洪汝河水系班台、杨庄、遂平水文站,沙颍河水系周口、漯河、告成水文站,史灌河水系蒋家集水文站,涡河水系砖桥水文站,沱河永城闸水文站。采用 Mann-Kendall 非参数统计方法,对河川径流 1956—2016 年系列演变趋势进行分析,如表 4.4-6 所示。

淮河干流,主要控制水文站天然河川径流虽有减少但趋势不显著。分时段数据1956—1979 年系列,时段末,上游河段较时段初显著减少,但淮滨站以上流域减少不显著;1980—2016 年系列,上游河段时段末较时段初减少不显著,但淮滨站以上流域稍有减少。图 4.4-9 是淮滨水文站的河川径流变化过程。

洪汝河水系班台水文站及洪河上游杨庄水文站天然河川径流系列没有显著增减趋势,但汝河上游遂平水文站减少趋势显著。分时段数据 1956—1979 年系列,时段末洪河减少不显著,但汝河及整个水系呈现显著减少趋势;1980—2016 年系列,除汝河上游河段时段末较时段初减少显著外,洪河及全水系河川径流减少不显著。

沙颍河水系出口控制站周口水文站呈现显著减少趋势,但上游沙河漯河水文站以上流域减少不明显。分时段数据 1956—1979 年系列、1980—2016 年系列,时段末较时段初

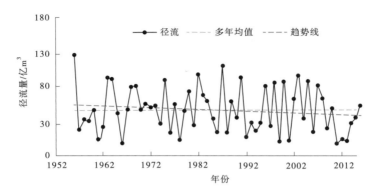

图 4.4-9　淮滨水文站河川径流变化过程线

全水系呈现显著减少趋势。涡东诸河也有相似的规律。图 4.4-10 为周口水文站的河川径流变化过程。

通过以上分析,1956—2016 年系列,淮干、洪汝河水系、史灌河水系丰、枯相间,河川径流虽有减少但趋势不显著;流域北部的沙颍河水系、东部平原区的涡东诸河,河川径流减少趋势显著。

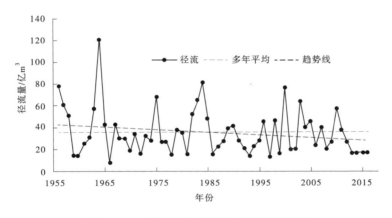

图 4.4-10　周口水文站河川径流变化过程线

4. 长江流域

选取丹江支流老灌河上的西峡水文站,唐河郭滩、社旗、泌阳水文站,白河新甸铺、鸭河口、内乡水文站。采用 Mann-Kendall 非参数统计方法,对河川径流 1956—2016 年系列演变趋势进行分析,如表 4.4-7 所示。白河上游伏牛山山区河段减少趋势显著,但出口控制站新甸铺水文站增减趋势不明显,表明白河水系没有显著减少趋势;唐河、老灌河减少趋势明显。

分时段数据 1956—1979 年系列,全流域呈现显著减少趋势;1980—2016 年系列,流域出口控制站郭滩、新甸铺水文站河川径流序列均呈减少趋势,其中,白河山区减少趋势更加明显,丹江支流老灌河河川径流序列减少趋势明显。图 4.4-11、图 4.4-12 分别为新甸铺、西峡水文站的河川径流变化过程。

表 4.4-6　淮河流域主要水文站 Mann-Kendall 秩次相关检验

选用水文站	Z					显著性				
	1956—1979年	1980—2000年	2001—2016年	1980—2016年	1956—2016年	1956—1979年	1980—2000年	2001—2016年	1980—2016年	1956—2016年
告成	-4.02	-3.74	-0.41	-1.75	-1.85	显著	显著	不显著	显著	显著
漯河	-1.84	-1.99	-1.76	-1.39	-1.13	显著	显著	显著	显著(90%)	不显著
周口	-2.58	-1.87	-1.67	-1.31	-1.28	显著	显著	显著	显著(90%)	显著(90%)
大坡岭	-2.33	-1.45	-1.04	-0.94	-1.04	显著	显著(90%)	不显著	显著	不显著
淮滨	-0.89	-2.54	-0.95	-1.39	-0.89	不显著	显著	不显著	显著(90%)	不显著
蒋家集	-0.25	-1.87	-0.68	-1.02	-0.55	不显著	显著	不显著	显著	不显著
砖桥	-5.80	1.15	-0.05	0.47	-1.24	显著	不显著	不显著	不显著	不显著
永城闸	-2.33	-6.70	0.05	-2.90	-1.97	显著	显著	显著	显著	显著
班台	-1.98	-0.60	-1.94	-0.84	-0.90	显著	不显著	显著	不显著	不显著
遂平	-3.92	-1.81	-3.02	-1.67	-1.79	显著	显著	显著	显著	显著
杨庄	0.30	-0.54	-2.75	-1.05	-0.43	不显著	不显著	显著	不显著	不显著

表 4.4-7　长江流域主要水文站 Mann-Kendall 秩次相关检验

选用水文站	Z					显著性				
	1956—1979年	1980—2000年	2001—2016年	1980—2016年	1956—2016年	1956—1979年	1980—2000年	2001—2016年	1980—2016年	1956—2016年
新甸铺	-1.74	-2.66	-1.22	-1.52	-1.16	显著	显著	不显著	显著	不显著
鸭河口	-2.73	-2.54	-1.22	-1.46	-1.39	显著	显著	不显著	显著(90%)	显著(90%)
内乡	-6.75	-4.41	-1.85	-2.46	-2.87	显著	显著	显著	显著	显著
郭滩	-3.62	-1.93	-1.94	-1.41	-1.59	显著	显著	显著(90%)	显著(90%)	显著(90%)
社旗	-3.37	-1.57	-1.31	-1.07	-1.36	显著	显著(91%)	显著	不显著	显著(90%)
泌阳	-4.22	-2.23	-1.94	-1.54	-1.80	显著	显著	显著	显著(90%)	显著
西峡	-4.42	-3.50	-1.31	-1.91	-2.02	显著	显著	显著(90%)	显著	显著

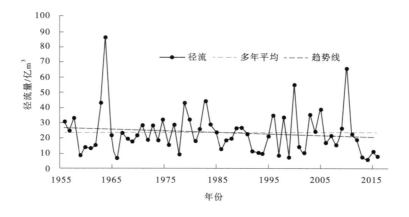

图 4.4-11　新甸铺水文站河川径流变化过程线

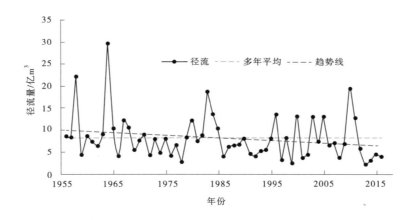

图 4.4-12　西峡水文站河川径流变化过程线

综合四大流域河川径流系列演变情况可知,1956—2016 年(61 年)系列,海河、黄河流域减少趋势显著,淮河、长江流域虽也呈减少趋势,但减少幅度较小;1956—1979 年系列,全省均呈现显著减少趋势;1980—2016 年(37 年)系列,则较为平稳,减少趋势趋缓,从长系列分析来看,1980—2016 年(37 年)河川径流系列更具代表性。

4.5　分区地表水资源量

4.5.1　分区地表水资源量计算

4.5.1.1　计算方法

1.计算单元地表水资源量

(1)根据水资源四级区套行政分区内水文站分布情况,将评价分区进一步划分为若干计算单元,并以大江大河一级支流控制水文站和中等河流控制水文站作为计算单元的骨干站点。

(2)当计算单元内河流有水文站控制时,可根据控制水文站的逐年天然河川年径流量,按照面积比或参照降水量比修正为该计算单元的逐年地表水资源量。

(3)当计算单元内河流没有水文站控制时,可利用自然地理特征相似地区的降水与径流关系,由降水系列推求径流系列,按照面积比并参照降水量比求得计算单元的逐年地表水资源量。

2. 分区地表水资源量

(1)若水资源四级区套行政分区内仅有一个计算单元,则该计算单元的逐年地表水资源量通过面积缩放,即为该评价分区的逐年地表水资源量。若水资源四级区套行政分区内有 2 个及以上计算单元,则将评价分区内各计算单元的 1956—2016 年逐年地表水资源量根据面积缩放后相加,求得评价分区逐年地表水资源量。

$$W_{分区} = \sum_{1}^{i} W_{单元i} + W_{未控区间}$$

式中　$W_{分区}$——分区地表水资源量;

　　　$W_{单元i}$——第 i 个计算单元地表水资源量;

　　　$W_{未控区间}$——未控区域地表水资源量。

(2)根据行政分区和计算单元地表水资源量系列,可采用等值线量算法、网格法、面积比或降水量比修正等方法,提出县级行政区 1956—2016 年地表水资源量系列。

(3)分别计算各级水资源分区、行政分区年地表水资源量特征值,包括统计参数(均值、C_v 值、C_s/C_v 值)及不同频率($P=20\%$、50%、75%、95%)的年地表水资源量。

4.5.1.2　分区地表水资源量成果

1. 行政分区

本次评价,1956—2016 年(61 年)系列,河南省多年平均年地表水资源量为 289.3 亿 m³,折合径流深 174.8 mm,年最大地表水资源量为 1964 年 725.6 亿 m³,最小为 1966 年 95.88 亿 m³,最大与最小值倍比为 7.57。1956—2000 年(45 年)系列多年平均年地表水资源量 299.7 亿 m³,径流深 181.0 mm;1980—2016 年(37 年)近期系列多年平均年地表水资源量 274.6 亿 m³,径流深 165.9 mm。

1956—2016 年(61 年)系列,各行政分区中,信阳市多年平均年地表水资源量 78.57 亿 m³,径流深 415.6 mm,为全省地表水资源最丰富的区域。径流深在 200~300 mm 的有南阳市、驻马店市;径流深在 100—200 mm 的有洛阳市、平顶山市、焦作市、漯河市、三门峡市、周口市、济源市;其他行政分区径流深均在 100 mm 以下,其中开封市、商丘市径流深分别为 63.7 mm、67.3 mm,是全省地表水资源最匮乏的区域。河南省各行政分区各系列多年平均年地表水资源量及相关特征值见表 4.5-1。

整体上看,京广线以西、沙颍河以南区域,地表径流深均在 100 mm 以上,信阳市、驻马店市、南阳市列前三位;豫东、豫北大部分行政分区均小于 100 mm,尤以豫东平原最小。

表 4.5-1　河南省行政分区年地表水资源量特征值

行政分区	系列	统计参数			不同频率年地表水资源量/亿 m³			
		均值/亿 m³	C_v	C_s/C_v	20%	50%	75%	95%
郑州市	1956—2016 年	6.478	0.58	3.5	8.770	5.314	3.811	2.913
	1956—2000 年	6.810	0.58	3.5	9.220	5.586	4.006	3.062
	1980—2016 年	5.815	0.58	3.5	7.873	4.770	3.421	2.615
开封市	1956—2016 年	3.986	0.52	2.5	5.504	3.567	2.464	1.506
	1956—2000 年	3.980	0.57	2.5	5.617	3.497	2.335	1.332
	1980—2016 年	3.800	0.45	2.5	5.091	3.510	2.547	1.619
洛阳市	1956—2016 年	23.94	0.55	3.0	32.64	20.39	14.46	9.985
	1956—2000 年	24.97	0.55	3.0	34.04	21.27	15.08	10.41
	1980—2016 年	21.81	0.59	3.5	29.40	17.69	12.67	10.09
平顶山市	1956—2016 年	15.30	0.64	2.0	22.35	13.24	8.054	3.550
	1956—2000 年	16.03	0.65	2.0	23.53	13.84	8.317	3.526
	1980—2016 年	14.66	0.63	2.5	20.94	12.35	7.918	4.501
安阳市	1956—2016 年	6.528	0.59	3.0	8.994	5.450	3.755	2.600
	1956—2000 年	6.931	0.60	2.5	9.800	5.933	3.895	2.232
	1980—2016 年	5.195	0.45	2.5	6.925	4.774	3.465	2.203
鹤壁市	1956—2016 年	1.772	0.64	2.5	2.544	1.489	0.944	0.525
	1956—2000 年	1.950	0.69	2.5	2.838	1.587	0.981	0.524
	1980—2016 年	1.235	0.54	2.5	1.708	1.088	0.748	0.455
新乡市	1956—2016 年	6.838	0.57	2.5	9.605	5.980	3.993	2.278
	1956—2000 年	7.355	0.64	2.5	10.56	6.178	3.919	2.177
	1980—2016 年	5.480	0.50	2.0	7.563	5.042	3.480	1.863
焦作市	1956—2016 年	4.124	0.48	2.0	5.592	3.783	2.662	1.501
	1956—2000 年	4.300	0.49	2.0	5.878	3.947	2.751	1.513
	1980—2016 年	3.679	0.49	2.0	4.971	3.338	2.327	1.280
濮阳市	1956—2016 年	2.033	0.75	2.0	3.080	1.664	0.919	0.310
	1956—2000 年	1.968	0.75	2.0	2.981	1.611	0.889	0.300
	1980—2016 年	1.930	0.75	2.0	2.922	1.579	0.872	0.294
许昌市	1956—2016 年	3.652	0.81	2.5	5.456	2.735	1.552	0.845
	1956—2000 年	3.739	0.85	2.5	5.615	2.722	1.483	0.844
	1980—2016 年	3.639	0.72	3.0	5.132	2.774	1.805	1.336

续表 4.5-1

行政分区	系列	统计参数			不同频率年地表水资源量/亿 m³			
		均值/亿 m³	C_v	C_s/C_v	20%	50%	75%	95%
漯河市	1956—2016 年	3.317	0.76	2.5	4.905	2.586	1.502	0.847
	1956—2000 年	3.330	0.88	2.5	5.000	2.363	1.279	0.754
	1980—2016 年	3.467	0.74	3.0	4.930	2.621	1.671	1.212
三门峡市	1956—2016 年	15.53	0.52	3.0	21.02	13.51	9.632	6.645
	1956—2000 年	15.96	0.53	3.0	21.71	13.85	9.786	6.656
	1980—2016 年	14.84	0.50	3.0	19.56	13.06	9.422	6.454
南阳市	1956—2016 年	60.46	0.57	2.5	84.93	52.88	35.35	20.14
	1956—2000 年	62.75	0.57	2.5	88.15	54.89	36.64	20.90
	1980—2016 年	57.79	0.57	2.5	81.18	50.54	33.74	19.25
商丘市	1956—2016 年	7.196	0.82	2.5	10.68	5.308	3.007	1.820
	1956—2000 年	7.634	0.80	2.5	11.36	5.740	3.298	1.838
	1980—2016 年	6.114	0.76	3.0	8.670	4.534	2.908	2.169
信阳市	1956—2016 年	78.57	0.49	2.0	107.8	72.41	50.47	27.75
	1956—2000 年	80.92	0.49	2.0	111.1	74.58	51.98	28.58
	1980—2016 年	77.97	0.49	2.0	107.0	71.86	50.08	27.54
周口市	1956—2016 年	12.13	0.78	2.5	17.91	9.200	5.414	3.152
	1956—2000 年	12.51	0.78	2.5	18.46	9.486	5.583	3.250
	1980—2016 年	11.35	0.78	3.0	16.23	8.344	5.244	3.835
驻马店市	1956—2016 年	34.84	0.74	2.0	52.68	28.68	16.03	5.720
	1956—2000 年	35.82	0.74	2.0	54.16	29.48	16.48	5.872
	1980—2016 年	33.48	0.74	2.0	50.62	27.56	15.41	5.489
济源市	1956—2016 年	2.579	0.42	2.0	3.424	2.438	1.788	1.084
	1956—2000 年	2.687	0.42	2.0	3.567	2.540	1.863	1.130
	1980—2016 年	2.330	0.45	2.0	3.138	2.173	1.565	0.915
全省	1956—2016 年	289.3	0.50	2.5	393.4	258.9	182.3	115.7
	1956—2000 年	299.7	0.52	2.5	411.8	266.9	184.4	112.7
	1980—2016 年	274.6	0.45	2.5	366.0	252.3	183.1	116.4

2. 水资源分区

海河流域 1956—2016 年系列多年平均年地表水资源量 13.46 亿 m³，径流深 87.8

mm,年最大地表水资源量为 1963 年的 64.84 亿 m³,最小为 1986 年的 4.025 亿 m³,倍比 16.1。1956—2000 年系列多年平均年地表水资源量 14.51 亿 m³,径流深 94.6 mm;1980—2016 年近期系列多年平均年地表水资源量 10.34 亿 m³,径流深 67.4 mm。

黄河流域 1956—2016 年系列多年平均年地表水资源量 42.01 亿 m³,径流深 116.2 mm,年最大地表水资源量为 1964 年的 120.4 亿 m³,最小为 1997 年的 16.89 亿 m³,倍比 7.13。1956—2000 年系列多年平均年地表水资源量为 43.12 亿 m³,径流深 119.2 mm;1980—2016 年近期系列多年平均年地表水资源量为 39.06 亿 m³,径流深 108.0 mm。

淮河流域 1956—2016 年系列多年平均年地表水资源量 170.6 亿 m³,径流深 197.4 mm,年最大地表水资源量为 1956 年的 397.0 亿 m³,最小为 1966 年的 37.86 亿 m³,倍比 10.5。1956—2000 年系列多年平均年地表水资源量 176.2 亿 m³,径流深 203.9 mm;1980—2016 年近期系列多年平均年地表水资源量 165.1 亿 m³,径流深 191.1 mm。

长江流域 1956—2016 年系列多年平均年地表水资源量为 63.22 亿 m³,径流深 229.0 mm,年最大地表水资源量为 1964 年的 198.9 亿 m³,最小为 2013 年的 17.80 亿 m³,倍比 11.2。1956—2000 年系列多年平均年地表水资源量 65.80 亿 m³,径流深 238.3 mm;1980—2016 年近期系列多年平均年地表水资源量 60.05 亿 m³,径流深 217.5 mm。

水资源分区成果详见表 4.5-2。

表 4.5-2　河南省水资源分区地表水资源量特征

水资源分区		系列	统计参数			不同频率年地表水资源量/亿 m³			
			均值/亿 m³	C_v	C_s/C_v	20%	50%	75%	95%
海河	漳卫河山区	1956—2016 年	8.456	0.65	3.0	11.81	6.752	4.553	3.240
		1956—2000 年	9.242	0.60	2.5	13.07	7.911	5.194	2.976
		1980—2016 年	6.282	0.52	3.0	8.503	5.465	3.897	2.689
	漳卫河平原	1956—2016 年	4.516	0.65	2.5	6.512	3.782	2.373	1.287
		1956—2000 年	4.782	0.69	2.5	6.960	3.891	2.406	1.285
		1980—2016 年	3.590	0.50	2.0	4.954	3.303	2.280	1.221
	徒骇马颊河	1956—2016 年	0.493	0.90	2.0	0.777	0.369	0.174	0.041
		1956—2000 年	0.485	0.90	2.5	0.765	0.363	0.171	0.040
		1980—2016 年	0.466	0.90	2.0	0.734	0.349	0.164	0.038
	小计	1956—2016 年	13.46	0.53	2.5	18.60	11.97	8.184	4.900
		1956—2000 年	14.51	0.60	2.5	20.52	12.42	8.154	4.672
		1980—2016 年	10.34	0.47	2.5	13.89	9.415	6.742	4.313

续表 4.5-2

水资源分区		系列	统计参数			不同频率年地表水资源量/亿 m³			
			均值/亿 m³	C_v	C_s/C_v	20%	50%	75%	95%
黄河	龙门至三门峡干流区间	1956—2016 年	5.470	0.45	3.0	7.218	4.929	3.673	2.590
		1956—2000 年	5.664	0.45	3.0	7.474	5.104	3.804	2.682
		1980—2016 年	5.177	0.42	3.0	6.743	4.721	3.568	2.568
	三门峡至小浪底区间	1956—2016 年	2.578	0.44	2.5	3.417	2.374	1.739	1.126
		1956—2000 年	2.671	0.39	2.5	3.462	2.504	1.910	1.296
		1980—2016 年	2.364	0.43	2.0	3.147	2.212	1.622	0.992
	沁丹河	1956—2016 年	1.422	0.65	2.5	2.050	1.191	0.747	0.405
		1956—2000 年	1.494	0.65	2.5	2.155	1.252	0.785	0.426
		1980—2016 年	1.272	0.65	2.5	1.835	1.065	0.669	0.363
	伊洛河	1956—2016 年	23.28	0.55	3.0	31.74	19.83	14.06	9.710
		1956—2000 年	23.9	0.55	3.0	32.58	20.35	14.44	9.968
		1980—2016 年	21.75	0.55	3.0	29.64	18.52	13.14	9.068
	小浪底至花园口干流区间	1956—2016 年	3.487	0.42	2.5	4.571	3.224	2.404	1.613
		1956—2000 年	3.534	0.43	2.5	4.659	3.261	2.410	1.589
		1980—2016 年	3.187	0.43	2.5	4.202	2.941	2.173	1.433
	金堤河和天然文岩渠	1956—2016 年	4.652	0.64	2.0	6.796	4.027	2.449	1.080
		1956—2000 年	4.637	0.62	2.0	6.736	4.091	2.510	1.072
		1980—2016 年	4.343	0.65	2.0	6.376	3.750	2.254	0.956
	花园口以下干流区间	1956—2016 年	1.115	0.56	2.0	1.577	1.003	0.653	0.316
		1956—2000 年	1.217	0.57	2.0	1.731	1.093	0.704	0.329
		1980—2016 年	0.971	0.60	2.0	1.397	0.861	0.540	0.249
	小计	1956—2016 年	42.01	0.46	3.0	55.73	37.76	27.90	19.40
		1956—2000 年	43.12	0.47	3.0	57.51	38.66	28.33	19.41
		1980—2016 年	39.06	0.45	3.0	51.54	35.19	26.23	18.50

续表 4.5-2

水资源分区		系列	统计参数			不同频率年地表水资源量/亿 m³			
			均值/亿 m³	C_v	C_s/C_v	20%	50%	75%	95%
淮河	王家坝以上北岸	1956—2016 年	36.94	0.70	2.0	55.29	31.25	18.06	6.686
		1956—2000 年	37.32	0.72	2.0	56.39	31.41	17.70	5.881
		1980—2016 年	36.30	0.73	2.0	54.59	29.94	16.96	6.357
	王家坝以上南岸	1956—2016 年	53.92	0.50	2.0	74.40	49.60	34.24	18.33
		1956—2000 年	56.81	0.50	2.0	78.39	52.26	36.07	19.31
		1980—2016 年	52.49	0.52	2.0	73.24	48.12	32.57	16.46
	王蚌区间北岸	1956—2016 年	53.59	0.60	2.5	75.77	45.87	30.12	17.26
		1956—2000 年	55.75	0.64	2.5	80.02	46.83	29.71	16.50
		1980—2016 年	50.43	0.62	3.5	68.25	40.11	28.54	22.95
	王蚌区间南岸	1956—2016 年	21.36	0.51	2.0	29.64	19.62	13.41	6.981
		1956—2000 年	21.23	0.52	2.0	29.62	19.46	13.17	6.658
		1980—2016 年	21.85	0.52	2.5	30.03	19.46	13.44	8.215
	蚌洪区间北岸	1956—2016 年	3.703	0.80	2.5	5.510	2.785	1.600	0.892
		1956—2000 年	4.039	0.80	2.5	6.004	3.034	1.743	0.972
		1980—2016 年	3.026	0.80	2.5	4.512	2.280	1.310	0.730
	南四湖区	1956—2016 年	1.090	0.56	2.0	1.542	0.980	0.638	0.309
		1956—2000 年	1.079	0.65	2.0	1.584	0.932	0.56	0.238
		1980—2016 年	1.032	0.50	2.0	1.425	0.950	0.656	0.351
	小计	1956—2016 年	170.6	0.53	2.5	235.7	151.6	113.6	62.10
		1956—2000 年	176.2	0.52	2.0	245.9	161.6	109.3	55.26
		1980—2016 年	165.1	0.52	3.0	223.5	143.7	102.5	70.68
长江	丹江口以上	1956—2016 年	17.32	0.62	2.5	24.62	14.63	9.479	5.507
		1956—2000 年	17.93	0.62	2.5	25.48	15.15	9.812	5.700
		1980—2016 年	16.50	0.61	2.5	23.45	14.09	9.154	5.128

续表 4.5-2

水资源分区		系列	统计参数			不同频率年地表水资源量/亿 m³			
			均值/亿 m³	C_v	C_s/C_v	20%	50%	75%	95%
长江	唐白河	1956—2016 年	42.52	0.60	2.5	60.13	36.40	23.90	13.69
		1956—2000 年	44.36	0.60	2.5	62.73	37.97	24.93	14.28
		1980—2016 年	40.26	0.60	2.5	56.93	34.47	22.63	12.97
	丹江口以下干流	1956—2016 年	0.869	0.72	2.0	1.313	0.732	0.412	0.137
		1956—2000 年	0.911	0.72	2.0	1.377	0.767	0.433	0.144
		1980—2016 年	0.832	0.75	2.0	1.263	0.683	0.377	0.127
	武汉至湖口左岸	1956—2016 年	2.513	0.46	2.0	3.403	2.339	1.669	0.952
		1956—2000 年	2.601	0.46	2.0	3.522	2.422	1.728	0.986
		1980—2016 年	2.447	0.46	2.0	3.314	2.278	1.625	0.928
	小计	1956—2016 年	63.22	0.57	2.5	88.80	55.29	36.91	21.06
		1956—2000 年	65.80	0.51	2.0	91.30	60.43	41.30	21.50
		1980—2016 年	60.05	0.58	2.0	84.08	51.69	34.62	20.69
全省		1956—2016 年	289.3	0.50	2.5	393.4	258.9	182.3	115.7
		1956—2000 年	299.7	0.52	2.5	411.8	266.9	184.4	112.7
		1980—2016 年	274.6	0.45	2.5	366.0	252.3	183.1	116.4

本次评价,四流域相关系列多年平均年地表水资源量占全省的比重见表 4.5-3 和图 4.5-1。

表 4.5-3　多年平均地表水资源量流域占比情况

系列	多年平均年地表水资源量/亿 m³					占比/%				
	全省	海河	黄河	淮河	长江	全省	海河	黄河	淮河	长江
1956—2016 年	289.3	13.46	42.01	170.6	63.22	100	4.65	14.52	58.97	21.85
1956—2000 年	299.7	14.51	43.12	176.2	65.80	100	4.84	14.39	58.81	21.96
1980—2016 年	274.6	10.34	39.06	165.1	60.05	100	3.76	14.23	60.14	21.87

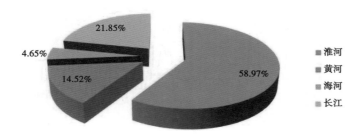

图 4.5-1　1956—2016 年系列各流域多年平均地表水资源量占比

4.5.1.3　地表水资源量趋势及成果合理性分析

地表水资源量的计算是在天然河川径流量计算成果的基础上进行的,因此其时空分布及变化趋势与河川径流具有相似的特点。

通过绘制河南省 1956—1979 年、1980—2000 年、2001—2016 年系列多年平均年降水量和地表水资源量(相应径流深)关系图(见图 4.5-2)可以看出,三个系列点距没有明显的偏离现象,一致性较好,这从另一个侧面说明本次各控制站天然河川径流量的还原、一致性分析及修正成果是较为合理的。

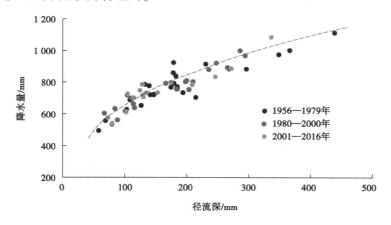

图 4.5-2　1956—2016 年河南省降雨-径流深(地表水资源量)关系

通过 Mann-Kendall 非参数统计方法以及河南省年地表水资源量变化过程线(见图 4.5-3)进行分析,1956—2016 年系列全省地表水资源量减少趋势明显。分时段分析,1956—1979 年系列初、末减少幅度最大,1980—2016 年系列前、后基本平稳,减少趋势并不显著,其演变趋势与天然径流量基本相似。海河、黄河、淮河、长江四流域多年平均年地表水资源量的变化趋势与全省基本一致,见图 4.5-4~图 4.5-11。

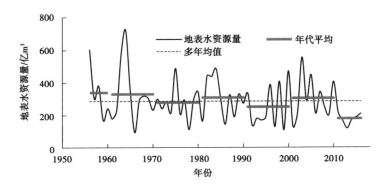

图 4.5-3　河南省年地表水资源量变化过程线

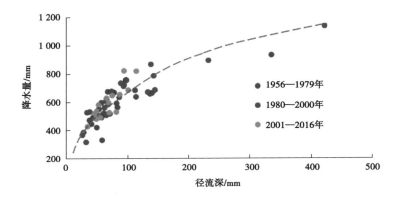

图 4.5-4　海河流域降雨-径流深(地表水资源量)关系

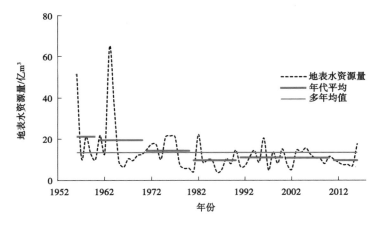

图 4.5-5　海河流域地表水资源量变化过程线

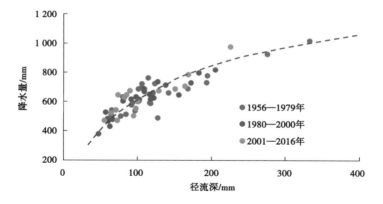

图 4.5-6　黄河流域降水-径流深（地表水资源量）关系

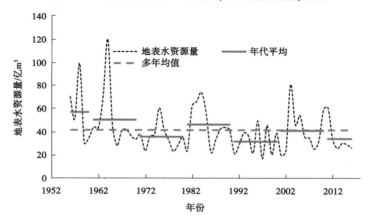

图 4.5-7　黄河流域地表水资源量变化过程线

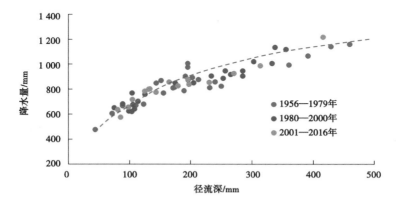

图 4.5-8　淮河流域降水-径流深（地表水资源量）关系

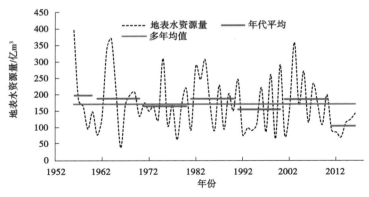

图 4.5-9　淮河流域地表水资源量变化过程线

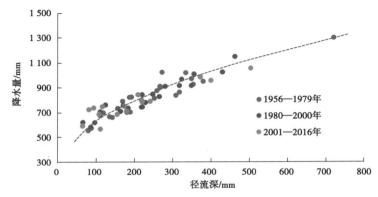

图 4.5-10　长江流域降水-径流深(地表水资源量)关系

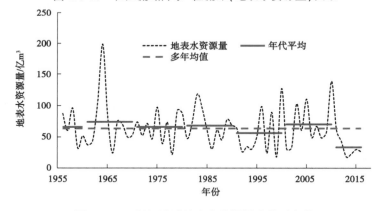

图 4.5-11　长江流域地表水资源量变化过程线

4.5.2　与第二次评价成果对比

本次评价计算单元为水资源四级区套行政分区,第二次评价为水资源三级区套行政分区。

本次评价,天然河川径流量计算方法相较第二次评价有所不同,主要体现在:本次水面蒸发损失量不再进行还原;其次,对 7 个水文站(区间)进行了径流系列一致性分析及修正。

4.5.2.1　行政分区

本次评价 1956—2016 年系列，全省多年平均地表水资源量为 289.3 亿 m³，与第二次评价成果（302.7 亿 m³）相比，减少 13.38 亿 m³，减少幅度 4.42%。全省地表水资源量呈显著减少趋势。

1956—2000 年系列，全省多年平均地表水资源量 299.7 亿 m³，相比第二次评价，减少 3.012 亿 m³，减少幅度 1.00%，基于与第二次评价相同系列，本次评价方法的改变是地表水资源量减少的主要原因。

各行政分区中，本次评价 1956—2016 年系列成果相比第二次评价，有 3 个增加，分别是济源市、濮阳市和焦作市，其余 15 个减少。济源市多年平均地表水资源量增加 0.213 亿 m³，增加幅度 9.02%；濮阳市增加 0.172 亿 m³，增加幅度 9.21%；焦作市增加 0.070 亿 m³，增加幅度 1.74%。减少的 15 个行政分区中，安阳市减少 1.803 亿 m³，减少幅度 21.64%，是所有行政分区中减少幅度最大的；鹤壁市减少 0.413 亿 m³，减少幅度 18.89%；郑州市减少 1.200 亿 m³，减少幅度 15.63%；许昌市减少 0.539 亿 m³，减少幅度 12.86%；其余行政分区减少幅度均在 10% 以内。

本次评价 1956—2000 年系列成果相比第二次评价，平顶山市、焦作市、濮阳市、三门峡市、南阳市、济源市等增加，其中济源市增加 0.322 亿 m³，增加幅度 13.6%；焦作市增加 0.247 亿 m³，增加 6.09%，其余行政区增加幅度均在 6% 以内。地表水资源量减少的行政区中，安阳市减少 1.401 亿 m³，减少幅度 16.81%，依然是减少幅度最大的行政区；郑州市减少 0.868 亿 m³，减少幅度 11.31%；鹤壁市减少 0.235 亿 m³，减少幅度 10.77%；许昌市减少 0.451 亿 m³，减少幅度 10.76%；其他行政区减少幅度均在 4% 以内。见表 4.5-4。

表 4.5-4　河南省各行政分区本次评价与第二次评价成果对比

行政分区	面积/ km²	第二次评价/亿 m³	1956—2000 年			1956—2016 年		
			本次评价/亿 m³	与第二次评价比较		本次评价/亿 m³	与第二次评价比较	
				增减/亿 m³	幅度/%		增减/亿 m³	幅度/%
郑州市	7 533	7.678	6.810	−0.868	−11.31	6.478	−1.200	−15.63
开封市	6 261	4.044	3.980	−0.064	−1.58	3.986	−0.058	−1.42
洛阳市	15 229	25.84	24.97	−0.864	−3.35	23.94	−1.894	−7.33
平顶山市	7 909	15.66	16.03	0.368	2.35	15.30	−0.356	−2.28
安阳市	7 354	8.332	6.931	−1.401	−16.81	6.528	−1.803	−21.64
鹤壁市	2 137	2.185	1.950	−0.235	−10.77	1.772	−0.413	−18.89
新乡市	8 249	7.521	7.355	−0.167	−2.22	6.838	−0.683	−9.08
焦作市	4 001	4.053	4.300	0.247	6.09	4.124	0.070	1.74
濮阳市	4 188	1.861	1.968	0.106	5.70	2.033	0.172	9.21
许昌市	4 979	4.190	3.739	−0.451	−10.76	3.652	−0.539	−12.86
漯河市	2 694	3.338	3.330	−0.009	−0.27	3.317	−0.021	−0.64

续表 4.5-4

行政分区	面积/km²	第二次评价/亿m³	1956—2000 年			1956—2016 年		
			本次评价/亿m³	与第二次评价比较		本次评价/亿m³	与第二次评价比较	
				增减/亿m³	幅度/%		增减/亿m³	幅度/%
三门峡市	9 937	15.53	15.96	0.432	2.78	15.53	-0.004	-0.03
南阳市	26 509	61.69	62.75	1.065	1.73	60.46	-1.226	-1.99
商丘市	10 700	7.705	7.634	-0.072	-0.93	7.196	-0.509	-6.61
信阳市	18 908	81.69	80.92	-0.762	-0.93	78.57	-3.113	-3.81
周口市	11 959	12.71	12.51	-0.200	-1.58	12.13	-0.578	-4.55
驻马店市	15 095	36.28	35.82	-0.459	-1.26	34.84	-1.436	-3.96
济源市	1 894	2.365	2.687	0.322	13.60	2.579	0.213	9.02
全省	165 536	302.7	299.7	-3.012	-1.00	289.3	-13.38	-4.42

4.5.2.2　水资源分区

本次评价 1956—2016 年系列,海河流域多年平均地表水资源量 13.46 亿 m³,与第二次评价成果(16.35 亿 m³)相比,减少 2.886 亿 m³,减少幅度 17.65%,四大流域中,海河流域地表水资源量减少幅度最大;黄河流域多年平均地表水资源量 42.01 亿 m³,与第二次评价成果(43.64 亿 m³)相比,减少 1.637 亿 m³,减少幅度 3.75%;淮河流域多年平均地表水资源量为 170.6 亿 m³,与第二次评价成果(178.3 亿 m³)相比,减少 7.697 亿 m³,减少幅度 4.32%,淮河流域占全省减少总量的 52.3%;长江流域多年平均地表水资源量 63.22 亿 m³,与第二次评价成果(64.38 亿 m³)相比,减少 1.159 亿 m³,减少幅度 1.80%。

1956—2000 年系列,海河流域多年平均地表水资源量 14.51 亿 m³,较第二次评价成果减少 1.841 亿 m³,减少幅度 11.26%;黄河流域多年平均地表水资源量 43.12 亿 m³,较第二次评价成果减少 0.524 亿 m³,减少幅度 1.20%;淮河流域多年平均地表水资源量 176.2 亿 m³,较第二次评价成果减少 2.065 亿 m³,减少幅度 1.16%;长江流域多年平均地表水资源量 65.80 亿 m³,较第二次评价成果增加 1.418 亿 m³,增加幅度 2.20%,增加的原因主要是选取了更多的代表站,更换了原停测的水文站。

水资源三级区中,本次评价 1956—2016 年系列成果与第二次评价相比,增加的有龙门至三门峡干流区间、三门峡至小浪底区间、沁丹河、王蚌区间南岸(史灌河区)等,增加幅度均在 7% 以内。徒骇马颊河、金堤河天然文岩渠、南四湖区与第二次评价成果基本一致。其余水资源三级区地表水资源量均有不同程度减少,其中,漳卫河山区减少幅度最大,本次评价 8.456 亿 m³,较第二次评价成果(10.97 亿 m³)减少 2.519 亿 m³,减少幅度 22.96%;蚌洪区间北岸(涡东诸河)减少幅度 11.09%;花园口以下干流区间减少幅度 9.35%;其他水资源三级区减少幅度均在 8% 以内。

本次评价 1956—2000 年系列,多年平均地表水资源量增加的水资源三级区有 6 个,其中沁丹河增加 0.163 亿 m³,增幅 12.26%;龙门至三门峡干流区间增加 0.550 亿 m³,增幅 10.76%;三门峡至小浪底区间,增加 0.219 亿 m³,增幅 8.91%;其余增幅均在 4% 以内。

徒骇马颊河、南四湖区等 7 个水资源三级区与第二次评价成果基本一致。减少的水资源三级区共 7 个,其中,漳卫河山区减少幅度最大,减少 1.733 亿 m³,减幅 15.79%;伊洛河减幅 5.39%;其他水资源三级区地表水资源量减少幅度均在 5% 以下,见表 4.5-5。

表 4.5-5　河南省水资源分区本次评价与第二次评价成果对比

水资源分区	面积/km²	第二次评价 均值/亿 m³	本次评价 1956—2000年 均值/亿 m³	本次评价 1956—2016年 均值/亿 m³	与第二次评价比较 1956—2000年 增减/亿 m³	与第二次评价比较 1956—2000年 增减幅度/%	与第二次评价比较 1956—2016年 增减/亿 m³	与第二次评价比较 1956—2016年 增减幅度/%
漳卫河山区	6 042	10.97	9.242	8.456	-1.733	-15.79	-2.519	-22.96
漳卫河平原	7 589	4.890	4.782	4.516	-0.108	-2.20	-0.374	-7.65
徒骇马颊河	1 705	0.485	0.485	0.493	0	0	0.008	1.67
龙门至三门峡干流区间	4 207	5.114	5.664	5.470	0.550	10.76	0.356	6.96
三门峡至小浪底区间	2 364	2.452	2.671	2.578	0.219	8.91	0.126	5.12
沁丹河	1 377	1.331	1.494	1.422	0.163	12.26	0.091	6.82
伊洛河	15 813	25.26	23.90	23.28	-1.361	-5.39	-1.980	-7.84
小浪底至花园口干流区间	3 415	3.720	3.534	3.487	-0.185	-4.98	-0.232	-6.25
金堤河和天然文岩渠	7 309	4.534	4.637	4.652	0.102	2.26	0.118	2.60
花园口以下干流区间	1 679	1.230	1.217	1.115	-0.012	-0.99	-0.115	-9.35
王家坝以上北岸	15 613	38.86	37.32	36.94	-1.547	-3.98	-1.927	-4.96
王家坝以上南岸	13 205	57.55	56.81	53.92	-0.739	-1.28	-3.630	-6.31
王蚌区间北岸	46 477	56.18	55.75	53.59	-0.422	-0.75	-2.588	-4.61
王蚌区间南岸	4 243	20.46	21.23	21.36	0.767	3.75	0.900	4.40
蚌洪区间北岸	5 155	4.165	4.039	3.703	-0.125	-3.00	-0.462	-11.09
南四湖区	1 734	1.079	1.079	1.090	0	0	0.011	1.01
丹江口以上	7 238	17.93	17.93	17.32	-0.004	-0.02	-0.613	-3.42
唐白河	19 426	42.89	44.36	42.52	1.468	3.42	-0.369	-0.86
丹江口以下干流	525	0.913	0.911	0.869	-0.002	-0.19	-0.044	-4.84
武汉至湖口左岸	420	2.646	2.601	2.513	-0.045	-1.69	-0.133	-5.03
全省	165 536	302.7	299.7	289.3	-3.011	-0.99	-13.38	-4.42
海河	15 336	16.35	14.51	13.46	-1.841	-11.26	-2.886	-17.65
黄河	36 164	43.64	43.12	42.01	-0.524	-1.20	-1.637	-3.75
淮河	86 427	178.3	176.2	170.6	-2.065	-1.16	-7.697	-4.32
长江	27 609	64.38	65.80	63.22	1.418	2.20	-1.159	-1.80

4.6　重点流域地表水资源量

4.6.1　重点流域地表水资源量

重点流域地表水资源量的计算与区域地表水资源量计算方法相同。

重点流域地表水资源量及特征值,包括统计参数(均值、C_v 值、C_s/C_v 值)及不同频率($P=20\%$、50%、75%、95%)的年地表水资源量。统计参数和频率计算方法同降水量的统计计算方法。河南省重点流域 1956—2016 年、1956—2000 年、1980—2016 年系列地表水资源量相关统计参数见表 4.6-1。

表 4.6-1　河南省重点流域年地表水资源量特征值

重点流域	计算面积/km²	系列	年数	统计参数			不同频率年地表水资源量/万 m³			
				年均值/万 m³	C_v	C_s/C_v	20%	50%	75%	95%
卫河	13 007	1956—2016 年	61	120 307	0.55	2.5	167 290	105 750	72 000	42 890
		1956—2000 年	45	129 951	0.63	2.5	185 620	109 480	70 190	39 900
		1980—2016 年	37	91 652	0.44	2.5	121 500	84 390	61 810	40 030
徒骇马颊河	1 705	1956—2016 年	61	4 929	0.92	2.0	7 835	3 660	1 665	305
		1956—2000 年	45	4 850	0.92	2.0	7 705	3 600	1 640	300
		1980—2016 年	37	4 656	0.92	2.0	7 400	3 455	1 570	290
伊洛河	15 813	1956—2016 年	61	232 838	0.58	3.5	315 220	190 970	136 955	104 680
		1956—2000 年	45	239 031	0.58	3.5	323 600	196 050	140 600	107 460
		1980—2016 年	37	217 460	0.58	3.5	294 400	178 360	127 910	97 765
沁河	1 377	1956—2016 年	61	14 217	0.65	2.5	20 500	11 910	7 470	4 050
		1956—2000 年	45	14 942	0.65	2.5	21 550	12 515	7 850	4 260
		1980—2016 年	37	12 720	0.65	2.5	18 340	10 650	6 685	3 625
洪汝河	12 103	1956—2016 年	61	281 786	0.78	2.0	431 245	226 840	121 340	40 015
		1956—2000 年	45	290 237	0.78	2.0	444 180	233 640	124 975	41 215
		1980—2016 年	37	272 534	0.78	2.0	417 090	219 390	117 355	38 700
史灌河	4 243	1956—2016 年	61	213 616	0.52	2.0	298 040	195 845	132 530	66 990
		1956—2000 年	45	212 289	0.52	2.0	296 190	194 630	131 705	66 575
		1980—2016 年	37	218 497	0.55	3.5	294 205	183 650	131 970	100 730
沙颍河	34 808	1956—2016 年	61	464 147	0.65	3.0	648 180	370 620	249 945	177 840
		1956—2000 年	45	485 085	0.68	3.0	686 300	382 830	250 885	172 050
		1980—2016 年	37	438 198	0.59	3.5	590 735	355 470	254 640	202 670

续表 4.6-1

重点流域	计算面积/km²	系列	年数	统计参数			不同频率年地表水资源量/万 m³			
				年均值/万 m³	C_v	C_s/C_v	20%	50%	75%	95%
涡河	11 669	1956—2016 年	61	71 728	0.65	2.5	103 430	60 070	37 690	20 440
		1956—2000 年	45	72 455	0.65	2.5	104 480	60 680	38 075	20 650
		1980—2016 年	37	66 104	0.65	3.0	92 315	52 785	35 600	25 330
新汴河	3 032	1956—2016 年	61	21 778	0.85	2.5	32 700	15 855	8 635	4 915
		1956—2000 年	45	23 731	0.85	2.5	35 635	17 275	9 410	5 355
		1980—2016 年	37	17 832	0.85	2.5	26 775	12 980	7 070	4 025
包浍河	2 123	1956—2016 年	61	15 249	0.85	2.5	22 900	11 100	6 045	3 440
		1956—2000 年	45	16 617	0.85	2.5	24 950	12 100	6 590	3 750
		1980—2016 年	37	12 486	0.85	2.5	18 750	9 090	4 950	2 820
丹江	7 763	1956—2016 年	61	181 852	0.62	2.5	258 520	153 665	99 545	57 820
		1956—2000 年	45	188 368	0.63	2.5	269 065	158 700	101 740	57 830
		1980—2016 年	37	173 356	0.61	2.5	246 320	147 980	96 160	53 860
唐白河	19 426	1956—2016 年	61	425 233	0.57	2.5	597 325	371 910	248 290	141 645
		1956—2000 年	45	443 604	0.57	2.5	623 130	387 980	259 020	147 765
		1980—2016 年	37	402 644	0.57	2.5	565 595	352 150	235 100	134 120

4.6.2　重点流域年地表水资源量时空分布规律和特征

重点流域地表水资源量时空分布规律和特征与河川径流的时空分布规律和特征相似,山区大于平原,河流上游大于下游,地表水资源量自南向北、自西向东递减;受降雨影响,汛期集中,一般占全年的 60% 以上。

与区域地表水资源量演变趋势相似,1956—2016 年系列,各重点流域地表水资源量均呈现一定程度的减少趋势。

4.7　出入境水量

河南省出省境和入省境水量,是指实际发生的流出、流入河南省境的实测地表径流总量,包括省与省之间出、入水量和从省境外的引入水量(引漳、引沁和从梅山水库引入水量)。

4.7.1　计算方法

选取省界河流附近上的水文站,根据实测径流资料分析出、入省境水量,流入省际界河水量,具体计算方法为:

对于选取的水文站,以其断面以上集水面积和河流出、入省境面积为依据,采用面积比拟法缩放求得河流的出、入省境水量。当控制站集水面积与河流的出入省境面积比较接近(小于10%),或降水、流域下垫面条件基本一致时,采用面积比直接缩放,计算公式为:

$$W_{出、入} = W_{实测} \frac{F_{出、入境}}{F_{水文站}}$$

式中　$W_{出、入}$——出、入省境水量;

　　　$W_{实测}$——选用水文站实测径流;

　　　$F_{出、入境}$——河流出、入省境流域面积;

　　　$F_{水文站}$——选用水文站控制流域面积。

如果选用水文站的集水面积与河流的出入省境面积差别较大(大于10%),或区域降水量变化梯度较大时则采用以降水量为参数的面积比缩放。计算公式为:

$$W_{出、入} = W_{实测} \frac{F_{出、入境}\overline{P}_{出、入境}}{F_{水文站}\overline{P}_{水文站}}$$

式中　$\overline{P}_{出、入境}$——河流出、入省境流域平均降水量;

　　　$\overline{P}_{水文站}$——选用水文站控制流域平均降水量。

对于没有水文站控制的省界河流或区域,可采用水文比拟法,借用下垫面和气候条件相似地区的水文站(或代表站)的降雨径流关系或天然径流量扣除区域消耗、拦蓄等水量后,作为计算的出入境水量。

本次评价,以水资源三级区作为出、入境水量的计算单元,全省出、入境水量由各计算单元出、入境水量累加而成。

4.7.2　出、入省境河流及水文站选用情况

4.7.2.1　海河流域

海河流域入境河流有卫河、漳河(以工程引水为主,主要引水工程有红旗渠、跃进渠、天桥源渠、漳南渠等)。其中,卫河、漳河上游省份为山西省,漳南渠水源来自河北省岳城水库。由于卫河上游处于太行山区,入境支流数量多、流域面积小,加之大多无水文站控制,因此入境水量采用宝泉水库、新村、安阳等水文站实测径流量按面积比缩放推求。漳河水量主要通过水利工程入境,均有实测数据。

出境河流主要是卫河、徒骇马颊河,出境水量代表站分别选用元村集、南乐水文站。

4.7.2.2　黄河流域

黄河流域入境河流主要有黄河干流、蟒河、洛河、沁河、丹河以及黄河北岸三门峡至小浪底区间数量较多的小支流。其中,黄河干流入境水量采用三门峡水文站实测径流量按面积比缩放推求,上游省份为陕西省和山西省;蟒河入境水量代表站选用济源水文站,上游省份为山西省;洛河选用灵口水文站,上游省份为陕西省;沁河、丹河分别选用五龙口、山路平水文站,上游省份为山西省;黄河北岸三门峡至小浪底区间数量较多的小支流原采用济源水文站为代表站,本次评价,直接采用山西省出境水量数据。

出境河流主要有黄河干流、天然文岩渠、金堤河，其下游省份均为山东省。本次评价，黄河干流出境水量代表站选用高村水文站，金堤河出境水量代表站选用范县水文站，考虑到高村至范县区间黄河干流河南省与山东省为左右岸关系，且该区间河南、山东均有多个引黄取水口，由于各取水口数据不完整，经黄委协调，河南、山东两省认可，河南省黄河流域出境水量直接采用高村水文站实测数据，不再考虑金堤河水量。

4.7.2.3　淮河流域

淮河流域入境河流主要有游河、浉河、竹竿河和史河，入境水量代表站选用大坡岭、竹竿铺、南湾水库、红石嘴水文站。其中史河上游省份为安徽省，其他河流上游省份均为湖北省。

出境河流主要有淮河干流、史河、洪汝河、颍河、汾泉河、黑河、涡河、沱河、浍河、包河、杨河等。其中淮河干流出境水量代表站选用淮滨水文站，史河选用蒋集水文站，洪汝河选用班台水文站，颍河选用槐店水文站，汾泉河选用沈丘水文站，黑河选用周堂桥水文站，涡河选用玄武、砖桥水文站，包浍河选用黄口集水文站，沱河选用永城水文站。

4.7.2.4　长江流域

入境河流主要有丹江、唐河等。其中，丹江上游省份为陕西省、湖北省，丹江入境水量代表站选用荆紫关水文站，唐河入境水量采用本次评价湖北省出境水量数据。

出境河流主要有丹江、唐河、白河以及武汉至湖口左岸部分小支流等，下游省份均为湖北省。出境水量代表站选用荆紫关、西峡、西坪、新甸铺、郭滩、竹竿铺（由于武汉—湖口区间支流无水文站，因此参考竹竿铺）等水文站。

4.7.3　出入境水量及变化趋势分析

出入境水量反映了上游省区的来水特征以及本省天然径流在蒸发、消耗和工程拦蓄后的下泄情况。

1956—2016 年系列，河南省多年平均入境水量 379.0 亿 m^3，其中海河、黄河、淮河、长江流域入境水量分别为 3.981 亿 m^3、342.6 亿 m^3、11.91 亿 m^3、20.57 亿 m^3。河南省多年平均出境水量为 585.8 亿 m^3，其中海河、黄河、淮河、长江流域入境水量分别为 16.95 亿 m^3、331.5 亿 m^3、159.0 亿 m^3、78.38 亿 m^3。

河南省多年平均出、入境水量差为 206.7 亿 m^3，见表 4.7-1。

表 4.7-1　河南省 1956—2016 年多年平均出、入境水量统计

入境水量/亿 m^3					出境水量/亿 m^3				
海河	黄河	淮河	长江	合计	海河	黄河	淮河	长江	合计
3.981	342.6	11.91	20.57	379.0	16.95	331.5	159.0	78.38	585.8

1956—2016 年系列，河南省四大流域多年平均入境、出境水量构成比例见图 4.7-1、图 4.7-2。入境水量中，黄河流域占比 90.4%，海河、淮河、长江流域分别为 1.1%、3.1%、5.4%；出境水量中，海河、黄河、淮河、长江流域占比分别为 2.9%、56.6%、27.1%、13.4%。

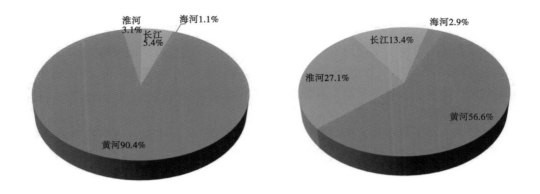

图 4.7-1　河南省入境水量构成　　　　　　　图 4.7-2　河南省出境水量构成

河南省进、出境水量变化情况见图4.7-3。整体上河南省进境水量和出境水量均呈现逐渐减少趋势。1956—1979 年系列、1980—2000 年系列、2001—2016 年系列多年平均入境内水量分别为 475.4 亿 m³、354.0 亿 m³、267.2 亿 m³,入境水量减少趋势明显。多年平均出省境水量分别为 717.5 亿 m³、535.5 亿 m³、454.1 亿 m³,出境与入境水量差分别为 242.0 亿 m³、181.5 亿 m³、186.9 亿 m³。

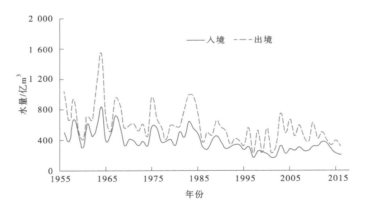

图 4.7-3　河南省出、入境水量变化情况

4.7.3.1　海河流域

1956—2016 年系列,海河流域多年平均入省境水量 3.981 亿 m³,其中,卫河山西入境水量 1.700 亿 m³,跃进渠引水量 0.329 亿 m³,红旗渠引水量 2.088 亿 m³(1971—2016 年平均),漳南渠(岳城水库)引水量 0.374 亿 m³(1980—2016 年平均),天桥源渠引水量 0.575 亿 m³(2001—2016 年平均)。

1956—2016 年系列,河南省海河流域多年平均出境水量 16.95 亿 m³,其中,卫河、漳河出境水量分别为 15.75 亿 m³、0.709 亿 m³,徒骇马颊河出境水量 0.494 亿 m³。

河南省海河流域多年平均出、入境水量差为 12.95 亿 m³,见表 4.7-2。

表 4.7-2　海河流域 1956—2016 年多年平均出、入境水量统计

入境水量/亿 m³						出境水量/亿 m³				进出境差值/亿 m³
红旗渠（1971 年后有数据）	卫河	漳南渠 1980 年后有数据	跃进渠	天桥源渠（2001 年后有数据）	合计	卫河	马颊河	漳河	合计	
2.088	1.700	0.374	0.329	0.575	3.981	15.75	0.494	0.709	16.95	12.97

注：入境水量中的红旗渠、漳南渠、天桥源渠的多年平均值为各自有数据以来系列的平均值；卫河、跃进渠、合计等的多年平均值为 1956—2016 年系列的均值。

河南省海河流域 1956—1979 年系列、1980—2000 年系列、2001—2016 年系列多年平均入河南省境内水量分别为 4.287 亿 m³、3.618 亿 m³、4.000 亿 m³，多年平均出省境水量分别为 29.43 亿 m³、8.779 亿 m³、8.953 亿 m³。海河流域出、入境水量变化情况见图 4.7-4。

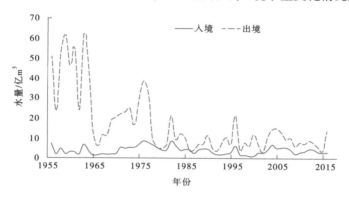

图 4.7-4　河南省海河流域出、入境水量变化情况

4.7.3.2　黄河流域

1956—2016 年系列，黄河流域多年平均入境水量 342.6 亿 m³，其中黄河三门峡以上干流入境水量 319.9 亿 m³，三门峡至小浪底区间北岸支流入境水量 3.677 亿 m³，洛河入境水量 6.664 亿 m³，沁河、丹河入境水量分别为 10.00 亿 m³、2.302 亿 m³。

1956—2016 年系列，河南省黄河流域多年平均出境水量为 331.5 亿 m³。

河南省黄河流域多年平均出、入境水量差为 -11.10 亿 m³，见表 4.7-3。

表 4.7-3　黄河流域 1956—2016 年多年平均出、入境水量统计

入境水量/亿 m³						出境水量/亿 m³			进出境差值/亿 m³
三门峡以上干流	三门峡至小浪底区间	洛河	沁河	丹河	合计	黄河干流	金堤河	合计	
319.9	3.677	6.664	10.00	2.302	342.6	331.5	2.292	331.5	-11.10

河南省黄河流域 1956—1979 年系列、1980—2000 年系列、2001—2016 年系列多年平均入河南省境内水量分别为 435.7 亿 m³、317.0 亿 m³、236.3 亿 m³,多年平均出省境水量分别为 433.4 亿 m³、290.3 亿 m³、232.5 亿 m³。入境水量和出境水量均呈现递减趋势,2001—2016 年系列相比 1956—1979 年系列均值,入境水量减少了 45.8%,其中,沁河入境水量减少 50.1%,三门峡以上干流入境水量减少 46.0%,除河川径流减少外,上游省区取用水量逐渐增加也是主要原因。河南省黄河流域出、入境水量变化情况见图 4.7-5。

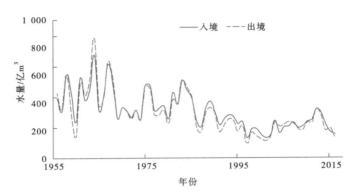

图 4.7-5　河南省黄河流域出、入境水量变化情况

4.7.3.3　淮河流域

1956—2016 年系列,淮河流域多年平均入境水量 11.91 亿 m³,其中游河、浉河、竹竿河等入境水量 5.261 亿 m³,史河、沱浍河入境水量 6.475 亿 m³、0.177 亿 m³。

1956—2016 年系列,河南省淮河流域多年平均出境水量 159.0 亿 m³,其中,淮河上游(淮干、洪汝河)出境水量 86.56 亿 m³,淮河中游(史河、沙颍河、涡河等)出境水量 71.07 亿 m³,淮河中游(南四湖区)出境水量 1.341 亿 m³。

河南省淮河流域多年平均出、入境水量差为 147.1 亿 m³,见表 4.7-4。

表 4.7-4　淮河流域 1956—2016 年多年平均出、入境水量统计

入境水量/亿 m³				出境水量/亿 m³							
游河、浉河、竹竿河	史河	沱浍河	合计	淮河上游(淮干、洪汝河)	史河	沙颍河	涡河	新汴河	包浍河	南四湖	合计
5.261	6.475	0.177	11.91	86.56	22.37	37.01	8.601	1.673	1.417	1.341	159.0

分析 1956—1979 年系列、1980—2000 年系列、2001—2016 年系列多年平均入、出省境水量可知,入境水量和出境水量均呈缓慢递减趋势。河南省淮河流域出、入境水量变化情况见图 4.7-6。

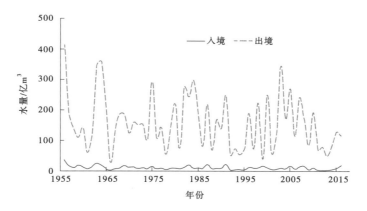

图 4.7-6　河南省淮河流域出、入境水量变化情况

4.7.3.4　长江流域

1956—2016 年系列,长江流域多年平均入境水量 20.57 亿 m³,其中丹江陕西省、湖北省入境水量分别为 14.52 亿 m³、4.793 亿 m³,唐河入境水量 1.257 亿 m³。

1956—2016 年系列,河南省长江流域多年平均出境水量为 78.38 亿 m³,其中,唐河、白河、丹江出境水量分别为 18.20 亿 m³、21.61 亿 m³、36.69 亿 m³,武汉至湖口左岸出境水量 1.884 亿 m³。

河南省长江流域多年平均出、入境水量差为 57.81 亿 m³,见表 4.7-5。

表 4.7-5　长江流域 1956—2016 年多年平均出、入境水量统计

入境水量/亿 m³					出境水量/亿 m³					
丹江			唐河	合计	丹江	唐白河			武汉湖口左岸	合计
陕西	湖北	合计				唐河	白河	合计		
14.52	4.793	19.31	1.257	20.57	36.69	18.20	21.61	39.81	1.884	78.38

河南省长江流域出、入境水量变化情况见图 4.7-7。

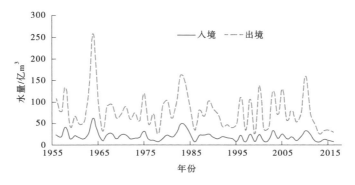

图 4.7-7　河南省长江流域出、入境水量变化情况

4.7.4　重点流域出、入境水量

河南省各重点流域出、入境水量见表4.7-6。

表4.7-6　河南省重点流域年地表水资源量特征值

重点流域	计算面积/km²	入境水量/亿 m³	出境水量/亿 m³
漳河	624	—	0.709
卫河	13 007	1.704	15.75
徒骇马颊河	1 705	—	0.494
黄河中游水系(河口镇至花园口)	27 176	342.6	355.2
伊洛河	15 813	6.664	24.53
沁河	1 377	12.304	7.347
淮河水系(洪泽湖以上)	84 693	11.74	157.6
洪汝河	12 103	—	26.57
史灌河	4 243	6.475	22.37
沙颍河	34 808	—	37.01
涡河	11 669	—	8.601
新汴河	3 032	—	1.673
包浍河	2 123	—	1.417
长江中游(宜昌至湖口)	420	—	1.884
汉江	27 189	20.57	76.50
丹江	7 763	19.31	36.69
唐白河	19 426	1.257	39.81

第 5 章　地下水资源量

地下水是指赋存于地面以下饱水带岩土空隙中的重力水。本次评价的地下水资源量是指与当地降水和地表水体有直接水力联系、参与水循环且可以逐年更新的动态水量,即浅层地下水资源量。

本次地下水资源量评价期为 2001—2016 年,是在收集大量资料的基础上,对近期下垫面条件下多年平均地下水资源量及其分布特征进行的全面评价。按照矿化度(用溶解性总固体表示,下同)$M \leqslant 1$ g/L、1 g/L$<M \leqslant 2$ g/L、2 g/L$<M \leqslant 3$ g/L、3 g/L$<M \leqslant 5$ g/L、$M >$ 5 g/L 五个分级分别进行。

5.1　水文地质条件

5.1.1　地下水类型及分布

河南省地下水主要为松散沉积物孔隙水和碳酸盐岩岩溶裂隙水两大类型。孔隙水是指主要赋存于松散沉积物颗粒间孔隙中的地下水;岩溶水是指赋存于碳酸盐类可溶性岩层的溶蚀裂隙和洞穴中的地下水。

由于地质构造与地貌条件的差异,松散沉积物孔隙水又划分三种类型:山前平原第四系冲洪积砂砾石孔隙浅层地下水;黄淮海平原第四系冲积、冲湖积多层砂层孔隙浅层地下水及深层承压水;河谷盆地第四系冲洪积、冲积砂砾石孔隙浅层地下水。

5.1.2　区域水文地质特征

5.1.2.1　松散沉积物孔隙水

(1)山前平原。主要分布在安阳—焦作等市太行山前冲洪积倾斜平原区。其含水层由一系列规模不同、多层叠置的第四系冲洪积扇构成,以砂砾卵石、砂为主,一般厚度 10~55 m。

(2)黄淮海平原。主要分布在郑州、开封、新乡、商丘、濮阳、许昌、漯河、周口、驻马店等市。郑州—开封—新乡一带为浅层水极强富水和强富水分布区,含水层由黄河冲积的含砾中粗砂、中砂、中细砂、细砂组成;商丘、濮阳一带变为含水层以中细砂、细砂、粉细砂为主;黄河冲积平原前缘冲湖积层分布区在商丘、周口、开封、濮阳等市一带,含水层以中细砂、细砂及少量砂砾石为主。

(3)河谷盆地。主要分布在南阳、济源、洛阳、三门峡等市。其主要水文地质特征为浅层地下水,含水层以砂砾石为主,颗粒粗,厚度大,富水性强,与河水水力联系密切,补给条件好,为工农业生产的主要供水水源。

5.1.2.2　碳酸盐岩岩溶裂隙水

碳酸盐岩岩溶裂隙水分碳酸盐岩类和碳酸盐岩类夹碎屑岩类含水岩组。

碳酸盐岩类含水岩组由灰岩、白云质灰岩、泥质灰岩组成。主要分布在太行山区、嵩箕山区和淅川以南地区。一般形成裂隙岩溶水,其富水程度受构造及裂隙岩溶发育的制约,在侵蚀基面以下,有较丰富的地下水,往往有大泉出露。

碳酸盐岩类夹碎屑岩类含水岩组由白云质灰岩、泥质条带状灰岩、鲕状灰岩类砂岩、页岩、砂页岩组成。分布于焦作、汝阳—确山以及卢氏、灵宝、栾川和淅川一带。富水性中等,且分布不均匀。

5.1.3　地下水补径排条件

本省地下水的主要补给来源为降水入渗补给和地表水体渗漏补给。

基岩山区,沟谷切割,地形起伏,基岩直接裸露地表,皱褶、断裂及裂隙岩溶发育,为接受降水入渗补给地下水提供了有利条件。地下水的排泄主要以径流形式排入河道。部分地区有裂隙泉出露。在山前地带,地下水向平原区侧向排泄。

平原地区,地势平坦,植物茂盛,水土不易流失,地表又多分布着亚砂土、粉细砂、亚黏土,降水易于渗入,补给浅层地下水。在本省北中部,沿黄两岸平原区,黄河河床高于两岸地面数米,为地下水提供了终年补给之源。平原地区浅层地下水水力坡度较小,径流迟缓,加之气候条件,地下水主要消耗于人工开采、蒸发及侧向排泄。

5.2　评价基础

5.2.1　基础资料

本次评价,主要收集以下资料成果:

(1)地形、地貌及水文地质资料:1:50万河南省平原区包气带岩性分区图、《河南省地下水资源》、《中国地下水资源(河南卷)》。

(2)水文气象资料:1956—2016年全省水文系统和部分气象系统的降水与蒸发资料,15个典型代表站的2001—2016年径流资料。

(3)地下水水位动态监测资料:全省约1 200眼人工地下水监测井水位与埋深系列观测资料,并从中重点筛选出资料比较可靠、系列较长的300多眼井作为参数分析井。

(4)地下水开采量资料及引水灌溉资料:2001—2016年期间各市县地下水开采量、地表水灌溉水量资料。

(5)地下水水质资料:国家地下水监测工程成井(2016年)水质资料。

(6)其他有关资料:包括以往有关研究成果和部分水源地抽水试验等成果,主要有《河南省地下水资源评价》《黄淮海(河南部分)地下水资源评价》《河南平原第四系地下水系统研究》《华北平原(河南部分)地下水资源调查评价》《黄河中下游主要环境地质问题调查评价》《黄河下游影响带地下水资源评价及可持续开发利用》等。

5.2.2　评价类型区及计算区划分

5.2.2.1　评价类型区

以水资源三级区为基础,根据地形地貌及水文地质条件将河南省地下水资源评价类型区划分为Ⅰ～Ⅲ级(见表 5.2-1)。

　　Ⅰ级类型区划分为平原区、山丘区两类。平原区地下水类型以松散岩类孔隙水为主,山丘区地下水类型以基岩裂隙水、岩溶裂隙水为主。

　　Ⅱ级类型区在Ⅰ级类型区基础上划分为四类,包括一般平原区、山间平原区、一般山丘区和岩溶山区。其中:一般平原区包括山前倾斜平原区、平坦平原区,山间平原区包括山间盆地平原区、山间河谷平原区,一般山丘区指由非可溶性基岩构成的山地或丘陵,岩溶山区指由可溶岩构成的山地。

　　Ⅲ级类型区是在Ⅱ级类型区基础上划分,是计算各项资源量的基本计算单元。其中平原区是在水资源三级区内,将具有基本相同的包气带岩性、矿化度值的区域划分为Ⅲ级类型区;山丘区是参照水文站分布情况等,在Ⅱ级类型区的基础上,将水资源三级区作为Ⅲ级类型区。

　　河南省共划分了Ⅲ级类型区 107 个,其中海河流域 15 个,黄河流域 38 个,淮河流域 42 个,长江流域 12 个。

表 5.2-1　河南省地下水类型区划分依据一览表

Ⅰ级类型区		Ⅱ级类型区		Ⅲ级类型区	
划分依据	名称	划分依据	名称	划分依据	名称
区域地形地貌特征	平原区	次级地形地貌特征、含水层岩性及地下水类型	一般平原区	在水资源三级区内,将包气带岩性分区图、矿化度分区图相互切割	计算单元⋮计算单元⋮
			山间平原区(包括山间盆地平原区、山间河谷平原区		
	山丘区		一般山丘区	水文站分布情况	计算单元⋮计算单元⋮
			岩溶山区		

5.2.2.2　评价单元

　　本次评价单元分为计算单元、分析单元和汇总单元三级。其中,Ⅲ级类型区为地下水资源量评价的基本计算单元,将Ⅱ级类型区套水资源三级区再套地级行政区作为地下水资源量评价的分析单元,将水资源三级区套地级行政区作为汇总单元。

　　按计算单元开展地下水资源量评价工作,在此基础上计算分析单元、汇总单元、重点流域的地下水资源量,并将成果汇总至相应水资源分区、行政分区。

5.2.2.3　计算面积

　　河南省评价面积为 165 536 km²,其中平原区面积 84 657 km²,山丘区面积 80 879 km²。平原区面积扣除水面面积和不透水面积,作为平原区计算面积。不透水面积包括公路面积、城市与村镇建筑占地面积等。山丘区面积即为计算面积。根据调查统计,河南省平原区不透水面积为 10 995 km²,水面面积为 950 km²,全省地下水计算面积为 154 541 km²。河南省地下水评价面积见表 5.2-2。

5.2.2.4　地下水矿化度分区

　　本次评价按照矿化度(M)的大小,依次划分为淡水区和微咸水区。其中,平原区地下水分区分为淡水区($M \leqslant 1$ g/L、1 g/L$<M \leqslant 2$ g/L)和微咸水区(2 g/L$<M \leqslant 3$ g/L、3 g/L$<M \leqslant 5$ g/L);山丘区地下水矿化度变化相对不大,均作为淡水区($M \leqslant 1$ g/L)。《技术细则》要求,对矿化度 $M>2$ g/L 的地区,只评价地下水补给量,不作为地下水资源量;但鉴于河南省平原区存在利用微咸水的情况,且第一次、第二次水资源调查评价河南省报告均将微咸水作为资源量进行了统计,因此为保持一致和便于对比,本报告也将微咸水作为地下水资源量进行了统计。

表 5.2-2　河南省地下水评价面积　　　　　　　　　　单位:km²

分区	平原区				山丘区	合计	
	分区面积	不透水面积	水面面积	计算面积	分区面积	分区面积	计算面积
郑州市	1 801	295	90	1 506	5 732	7 533	7 238
开封市	6 261	817	75	5 444		6 261	5 444
洛阳市	1 702	248	50	1 454	13 527	15 229	14 981
平顶山市	1 982	238	0	1 744	5 927	7 909	7 671
安阳市	4 385	526	0	3 859	2 969	7 354	6 828
鹤壁市	1 353	162	0	1 191	784	2 137	1 975
新乡市	6 689	968	188	5 721	1 560	8 249	7 281
焦作市	2 850	497	176	2 353	1 151	4 001	3 504
濮阳市	4 188	584	92	3 604		4 188	3 604
许昌市	3 118	374	0	2 744	1 861	4 979	4 605
漯河市	2 694	323	0	2 371		2 694	2 371
三门峡市	547	233	190	314	9 390	9 937	9 704
南阳市	6 604	792	0	5 812	19 905	26 509	25 717
商丘市	10 700	1 284	0	9 416		10 700	9 416
信阳市	6 623	795	0	5 828	12 285	18 908	18 113
周口市	11 959	1 435	0	10 524		11 959	10 524
驻马店市	10 895	1 386	89	9 509	4 200	15 095	13 709
济源市	306	37	0	269	1 588	1 894	1 857
全省	84 657	10 995	950	73 662	80 879	165 536	154 541
海河	9 294	1 115	0	8 179	6 042	15 336	14 221
黄河	13 466	2 374	861	11 092	22 698	36 164	33 790
淮河	55 167	6 698	89	48 469	31 260	86 427	79 729
长江	6 730	808	0	5 922	20 879	27 609	26 801

　　本次评价地下水矿化度分区图是根据国家地下水监测工程 600 余站的水质化验成果绘制而成。经量算,河南省按地下水矿化度分,$M \leqslant 2$ g/L 面积为 81 715 km²,占全省平原区面积的 98.3%;$M>2$ g/L 面积为 2 942 km²,占 1.7%。地下水矿化度分区面积见表 5.2-3。

表 5.2-3　河南省地下水矿化度分区面积

单位:km²

行政分区/水资源分区	平原区地下水矿化度分区										山丘区	合计	
	M≤1 g/L		1 g/L<M≤2 g/L		2 g/L<M≤3 g/L		3 g/L<M≤5 g/L		小计		M≤1 g/L		
	分区面积	计算面积	分区面积	计算面积	分区面积	计算面积	分区面积	计算面积	分区面积	计算面积	分区面积	分区面积	计算面积
郑州市	1 801	1 506							1 801	1 506	5 732	7 533	7 238
开封市	4 580	3 964	1 493	1 314	188	165			6 261	5 444		6 261	5 444
洛阳市	1 702	1 454							1 702	1 454	13 527	15 229	14 981
平顶山市	1 982	1 744							1 982	1 744	5 927	7 909	7 671
安阳市	3 736	3 287	649	572					4 385	3 859	2 969	7 354	6 828
鹤壁市	1 310	1 153	43	38					1 353	1 191	784	2 137	1 975
新乡市	4 036	3 398	2 391	2 093	212	187	50	44	6 689	5 721	1 560	8 249	7 281
焦作市	2 048	1 655	659	573	143	125			2 850	2 353	1 151	4 001	3 504
濮阳市	1 958	1 677	1 391	1 198	572	497	268	232	4 188	3 604		4 188	3 604
许昌市	2 757	2 426	361	318					3 118	2 744	1 861	4 979	4 605
漯河市	2 304	2 028	390	343					2 694	2 371		2 694	2 371
三门峡市			547	314					547	314	9 390	9 937	9 704
南阳市	6 080	5 350	241	212	127	112	157	138	6 604	5 812	19 905	26 509	25 717
商丘市	5 937	5 225	4 139	3 642	437	384	187	165	10 700	9 416		10 700	9 416
信阳市	6 623	5 828							6 623	5 828	12 285	18 908	18 113
周口市	7 551	6 645	3 806	3 349	602	530			11 959	10 524		11 959	10 524
驻马店市	10 895	9 509							10 895	9 509	4 200	15 095	13 709
济源市	247	217	59	52					306	269	1 588	1 894	1 857
全省	65 546	57 065	16 169	14 017	2 281	2 000	662	579	84 657	73 662	80 879	165 536	154 541
海河	6 781	5 968	2 118	1 863	286	252	108	96	9 294	8 179	6 042	15 336	14 221
黄河	8 995	7 378	3 621	2 977	641	557	209	180	13 466	11 092	22 698	36 164	33 790
淮河	43 564	38 258	10 189	8 966	1 227	1 079	187	165	55 167	48 469	31 260	86 427	79 729
长江	6 206	5 461	241	212	127	112	157	138	6 730	5 922	20 879	27 609	26 801

5.2.3　水文地质参数的确定

水文地质参数确定是地下水评价的重要基础工作,参数正确与否决定着评价成果的可靠程度。地下水评价中,主要用到的水文地质参数有给水度 μ、降水入渗补给系数 α、渗透系数 K、灌溉入渗补给系数 β、渠系渗漏补给系数 m、潜水蒸发系数 C 等。

为提高计算参数的准确性,本次评价在第二次评价选用参数的基础上,进行了给水度 μ、降水入渗补给系数 α、渗透系数 K 参数的专题研究,通过地下水动态分析、抽水试验、室内试验等多种试验和分析,综合确定了 3 个参数的合理取值;灌溉入渗补给系数 β、渠系渗漏补给系数 m、潜水蒸发系数 C 采用第二次评价分析成果。

5.2.3.1　给水度 μ 值

给水度是指饱和岩土在重力作用下自由排出水的体积与该饱和岩土体积的比值。本次以评价类型区为基础,采取筒测法、抽水试验法、动态资料分析法分别计算不同岩性给水度值,结合历史成果综合确定本次评价的给水度 μ 值。

给水度 μ 值确定过程中,开展了以下工作:

(1)选取代表性地区,采集土样 10 组采用筒测法测定给水度。

(2)进行非稳定流抽水试验 13 组,采用仿泰斯公式、博尔顿滞后疏干模型和纽曼模型(考虑垂直流动分量)求取给水度。

(3)选取 10 眼监测井,根据地下水动态及蒸发资料,按照阿维扬诺夫公式,分别计算出四种岩性(细砂、粉砂、粉土、粉质黏土)的给水度。

另外,收集分析了数十个水源地等项目有关成果的给水度 μ 值。成果见表 5.2-4。

表 5.2-4　给水度 μ 值成果

岩性	细砂	粉砂	粉土	粉质黏土
计算 μ 值	0.078~0.136	0.06~0.107	0.033~0.065	0.03~0.046
水源地采用 μ 值	0.15~0.20	0.05~0.10	0.04~0.055	0.03~0.048
本次确定 μ 值	0.08~0.10	0.06~0.08	0.04~0.06	0.03~0.045

5.2.3.2　降水入渗补给系数 α 值

降水入渗补给系数 α 是指降水入渗补给量 P_r 与相应降水量 P 的比值。影响该系数值大小的因素很多,主要有包气带岩性、地下水埋深、降水量大小和强度、土壤前期含水量、微地形地貌、植被及地表建筑设施等。

本次评价收集并筛选 100 余眼监测井 2014 年、2015 年、2016 年地下水埋深数据及其相应的雨量站降水量成果,按照粉质黏土、粉土、粉砂、细砂 4 种岩性,采用公式 $\alpha=\dfrac{\Delta h \cdot \mu}{P}$ 分别计算出各年不同埋深、不同年降水量情况下的降水入渗补给系数 α 值。同时,利用郑州均衡场实验站地中渗透仪观测的 5 种不同定水位埋深试验土柱 2010—2016 年数据及对应雨量站降水量成果,计算不同埋深、不同年降水量和不同岩性的降水入渗补给系数。

　　对动态资料法和地中渗透仪法两种方法计算成果进行比对复核,点绘 $P\sim\alpha\sim H$ 关系曲线(年降水量–降水入渗补给系数–埋深关系曲线),见图 5.2-1~图 5.2-4。结合收集的水文地质调查报告、水源地水文地质勘察报告 α 值,综合确定本次评价采用降水入渗补给系数,成果见表 5.2-5。

表 5.2-5　年降水入渗系数 α 成果

岩性	降水量/ mm	不同埋深降水入渗系数 α 值						
		2~4 m	4~6 m	6~8 m	8~10 m	10~15 m	15~20 m	>20 m
粉质黏土	400~500	0.11~0.15	0.07~0.12	0.09~0.13	0.09~0.12	0.08~0.13	0.07~0.12	0.07~0.11
	500~600	0.12~0.16	0.10~0.12	0.10~0.13	0.09~0.14	0.09~0.11	0.08~0.11	0.07~0.11
	600~700	0.11~0.19	0.11~0.13	0.11~0.15	0.08~0.15	0.10~0.12	0.08~0.11	0.08~0.10
	700~800	0.13~0.19	0.11~0.13	0.10~0.14	0.09~0.15	0.10~0.13	0.09~0.11	0.08~0.11
	800~900	0.15~0.20	0.12~0.15	0.11~0.15	0.10~0.14	0.11~0.14	0.11~0.13	0.10~0.13
	>900	0.18~0.22	0.12~0.17	0.12~0.16	0.11~0.14	0.12~0.14	0.11~0.14	0.11~0.14
粉土	400~500	0.15~0.20	0.10~0.16	0.12~0.15	0.12~0.14	0.12~0.15	0.11~0.14	0.11~0.13
	500~600	0.17~0.22	0.11~0.18	0.13~0.16	0.12~0.16	0.11~0.15	0.11~0.13	0.12~0.13
	600~700	0.18~0.23	0.13~0.19	0.15~0.19	0.12~0.16	0.12~0.14	0.13~0.14	0.12~0.13
	700~800	0.19~0.23	0.14~0.19	0.14~0.17	0.15~0.16	0.13~0.14	0.14~0.15	0.13~0.15
	800~900	0.21~0.24	0.15~0.24	0.15~0.18	0.15~0.18	0.15~0.17	0.14~0.16	0.14~0.15
	>900	0.22~0.26	0.16~0.23	0.16~0.20	0.17~0.18	0.16~0.19	0.17~0.18	0.16~0.18
粉砂	400~500	0.16~0.25	0.19~0.23	0.15~0.21	0.16~0.19	0.15~0.19	0.16~0.19	0.17~0.19
	500~600	0.18~0.29	0.18~0.24	0.15~0.24	0.18~0.22	0.18~0.22	0.17~0.21	0.19~0.22
	600~700	0.20~0.31	0.19~0.24	0.16~0.22	0.16~0.20	0.16~0.21	0.15~0.19	0.16~0.19
	700~800	0.21~0.30	0.19~0.25	0.18~0.24	0.16~0.21	0.17~0.21	0.17~0.20	0.16~0.20
细砂	400~500	0.18~0.30	0.17~0.25	0.17~0.25	0.17~0.23	0.18~0.24	0.19~0.21	0.18~0.20
	500~600	0.19~0.31	0.20~0.27	0.20~0.25	0.17~0.23	0.17~0.22	0.18~0.23	0.17~0.22
	600~700	0.21~0.32	0.22~0.29	0.21~0.27	0.18~0.24	0.18~0.23	0.19~0.24	0.17~0.24
	700~800	0.20~0.33	0.20~0.30	0.21~0.30	0.18~0.26	0.19~0.25	0.17~0.26	0.18~0.25

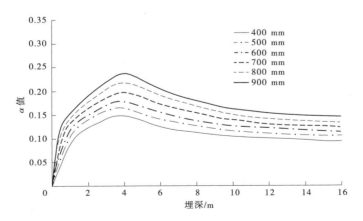

图 5.2-1　粉质黏土 $P\sim\alpha\sim H$ 关系曲线

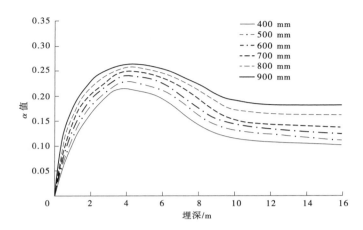

图 5.2-2　粉土 $P\sim\alpha\sim H$ 关系曲线

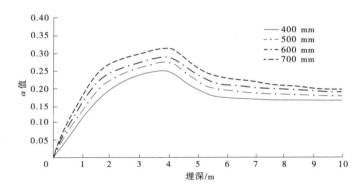

图 5.2-3　粉砂 $P\sim\alpha\sim H$ 关系曲线

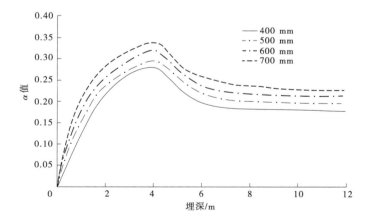

图 5.2-4　细砂 $P\sim\alpha\sim H$ 关系曲线

5.2.3.3　渗透系数 K 值

渗透系数又称水力传导系数,是指单位水力梯度下的单位流量,表示流体通过孔隙骨架的难易程度,是水资源量计算中的重要参数之一。影响渗透系数 K 值的主要因素是岩性及其结构特征。确定渗透系数 K 值有稳定流抽水试验、非稳定流抽水试验、室内渗透试验、野外同心环或试坑注水试验等方法。

本次评价,在黄河两岸和山区平原分界线两侧以及部分平原区选取典型井进行抽水试验 37 组,利用抽水试验资料计算渗透系数;在观测孔施工时采集土样 35 组,通过室内渗透试验测定渗透系数,并分析了城市供水水文地质勘察、沿黄水源地勘察、区域水文地质调查以及相关的专题研究成果,综合确定了本次评价采用渗透系数 K 值,成果见表 5.2-6。

表 5.2-6　渗透系数 K 值成果表　　　　　　　　　　单位:m/d

岩性	黏土	粉质黏土	粉土	粉砂	细砂	中砂	粗砂	卵砾石
渗透系数	<0.1	0.1~0.25	0.2~0.4	0.2~0.6	4~8	10~15	15~25	80~200

5.2.3.4　灌溉入渗补给系数 β 值

灌溉入渗补给系数 β 是指田间灌溉入渗补给量 h_r 与进入田间的灌水量 $h_{灌}$ (渠灌时, $h_{灌}$ 为进入斗渠的水量;井灌时, $h_{灌}$ 为实际开采量)的比值。本次评价灌溉入渗补给系数沿用第二次河南省水资源调查评价成果,见表 5.2-7。

表 5.2-7　田间灌溉入渗补给系数 β 值综合成果

灌区类型	岩性	灌溉定额/[m³/(亩·次)]	不同地下水埋深的 β 值				
			1~2 m	2~3 m	3~4 m	4~6 m	>6 m
井灌	黏性土	40~50	0.20	0.18	0.15	0.13	0.10
	砂性土	40~50	0.22	0.20	0.18	0.15	0.13
渠灌	黏性土	50~70	0.22	0.20	0.18	0.15	0.12
	砂性土	50~70	0.27	0.25	0.23	0.20	0.17

5.2.3.5　渠系渗漏补给系数 m 值

渠系渗漏补给系数是指渠系渗漏补给量 $Q_{渠系}$ 与渠首引水量 $Q_{渠首引}$ 的比值,一般采用以下计算公式:

$$m = \gamma(1 - \eta)$$

式中　　m——渠系渗漏补给系数;

　　　　γ——修正系数(无因次);

　　　　η——渠系有效利用系数。

本次评价渠系渗漏补给系数沿用了第二次河南省水资源调查评价成果,如表 5.2-8 所示。

表 5.2-8　　渠系渗漏补给系数 m 值综合成果

灌区类型	η	γ	m
引黄灌区	0.5~0.6	0.3~0.4	0.12~0.20
其他一般灌区	0.45~0.55	0.35~0.45	0.16~0.20

5.2.3.6　潜水蒸发系数 C 值

潜水蒸发系数是指潜水蒸发量 E 与相应计算时段的水面蒸发量 E_0 的比值,采用以下经验公式计算:

$$E = kE_0\left(1 - \frac{Z}{Z_0}\right)^n$$

式中　Z——潜水埋深,m;

Z_0——极限埋深,m;

n——经验指数,一般为 1.0~3.0;

k——修正系数,无作物 k 取 0.9~1.0,有作物 k 取 1.0~1.3;

E、E_0——潜水蒸发量和水面蒸发量,mm。

本次评价潜水蒸发系数沿用了第二次河南省水资源调查评价成果,见表 5.2-9、图 5.2-5。

表 5.2-9　潜水蒸发系数 C 值成果

岩性	有无作物	不同埋深 C 值							
		0.5 m	1.0 m	1.5 m	2.0 m	2.5 m	3.0 m	3.5 m	4.0 m
黏性土	无	0.10~0.35	0.05~0.20	0.02~0.09	0.01~0.05	0.01~0.03	0.01~0.02	0.01~0.015	0.01
	有	0.35~0.65	0.20~0.35	0.09~0.18	0.05~0.11	0.03~0.05	0.02~0.04	0.015~0.03	0.01~0.03
砂性土	无	0.40~0.50	0.20~0.40	0.10~0.20	0.03~0.15	0.03~0.10	0.02~0.05	0.01~0.03	0.01~0.03
	有	0.50~0.70	0.40~0.55	0.20~0.40	0.15~0.30	0.10~0.20	0.05~0.10	0.03~0.07	0.01~0.03

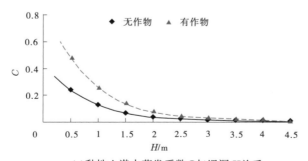

(a)黏性土潜水蒸发系数 C 与埋深 H 关系

图 5.2-5　不同岩性 C~H 关系曲线

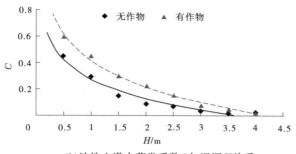

(b)沙性土潜水蒸发系数C与埋深H关系

续图 5.2-5

5.2.4　评价方法、要求及分项计算

地下水资源量分别按平原区和山丘区进行计算。平原区地下水资源量采用补给量法计算,山丘区采用排泄量法计算。

对分析单元内的完整计算单元,直接采用其各项补给量、排泄量计算成果;对不完整计算单元,根据其各项补给量模数、排泄量模数,采用面积加权法计算各项补给量、排泄量。将分析单元内所有计算单元的各项补给量、排泄量分别相加,作为该分析单元的相应补给量、排泄量,进而计算其地下水资源量,最后将分析单元成果汇总至相应水资源分区、行政分区、重点流域等汇总单元。

5.2.4.1　平原区

本次评价平原区地下水资源量采用水均衡法,先分别计算多年平均地下水总补给量、地下水总排泄量和地下水蓄变量,满足平衡要求后,再计算平原区地下水资源量。平原区地下水补给量包括降雨入渗补给量、地表水体补给量、山前侧向补给量及井灌回归补给量,排泄量包括潜水蒸发量、河道排泄量和浅层地下水开采量。用公式表示为:

$$Q_{总补} = Q_{总排} + \Delta W$$

其中
$$Q_{总补} = P_r + Q_{地表水体补} + Q_{山前} + Q_{井归}$$
$$Q_{总排} = Q_{开采} + Q_{河排} + W_E$$

式中　$Q_{总补}$——多年平均地下水总补给量;

$\quad\quad Q_{总排}$——多年平均地下水总排泄量;

$\quad\quad \Delta W$——地下水蓄变量(水位下降时为负值,水位上升时为正值);

$\quad\quad P_r$——降水入渗补给量;

$\quad\quad Q_{山前}$——山前侧向补给量;

$\quad\quad Q_{井归}$——井灌回归补给量;

$\quad\quad Q_{开采}$——浅层地下水开采量;

$\quad\quad Q_{河排}$——河道排泄量;

$\quad\quad W_E$——潜水蒸发量;

$\quad\quad Q_{地表水体补}$——地表水体补给量,包括河道渗漏补给量、库塘渗漏补给量、渠系渗漏补给量、渠灌田间入渗补给量等补给量之和。

平原区地下水资源量($Q_{平原}$)等于总补给量与井灌回归补给量之差值,即

$$Q_{平原} = Q_{总补} - Q_{井归}$$

或

$$Q_{平原} = P_r + Q_{地表水体补} + Q_{山前}$$

平原区地下水资源量评价项目均值计算要求见表 5.2-10。

表 5.2-10　平原区地下水资源量评价项目均值计算要求(2001—2016 年)

评价项目		地下水资源量计算要求	水资源总量系列计算要求	综合要求
补给量	降水入渗补给量	2001—2016 年平均值	2001—2016 年逐年值	先计算 2001—2016 年逐年值再取平均值
	山前侧向补给量			
	其他补给量		—	直接计算 2001—2016 年平均值
排泄量	河道排泄量及其中由降水入渗补给量形成的部分		2001—2016 年逐年值	先计算 2001—2016 年逐年值再取平均值
	其他排泄量		—	直接计算 2001—2016 年平均值
蓄变量			—	直接计算 2001—2016 年平均值

1. 各项补给量的计算

1) 降水入渗补给量

降水入渗补给量 P_r 指降水渗入到土壤中并在重力作用下渗透补给地下水的水量。按下式计算:

$$P_r = 10^{-1} \times \alpha P F$$

式中　P_r——年降水入渗补给量,万 m^3;

　　　α——降水入渗补给系数,无量纲;

　　　P——年降水量,mm;

　　　F——面积,km^2。

降水量采用各计算单元 2001—2016 年逐年的面平均降水量;α 值根据多年年均地下水埋深值和年降水量,从建立的相应包气带不同岩性 $P_年 \sim \alpha_年 \sim H_年$ 关系曲线查得,从而计算出 2001—2016 年系列及多年平均降水入渗补给量值。

计算结果:全省平原区多年平均降水入渗补给量为 93.27 亿 m^3,其中淡水区 90.41 亿 m^3,微咸水区 2.86 亿 m^3。

通过对河南省平原区 2001—2016 年系列降水量(P)与降水入渗补给量(P_r)建立 $P \sim P_r$ 相关关系曲线,可以看出平原区 $P \sim P_r$ 相关关系较好,相关系数一般都在 0.95 以上,且呈指数型相关,见图 5.2-6。

因此,一般未知年份的降水入渗补给量,可根据降水量值从建立的 $P \sim P_r$ 相关关系曲线上进行插补,求得的成果也能够满足精度要求。

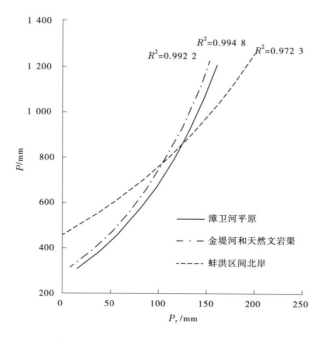

图 5.2-6　河南省主要平原区 $P \sim P_r$ 关系曲线

2）山前侧向补给量

山前侧向补给量指发生在山丘区与平原区交界面上,山丘区浅层地下水以地下水潜流形式补给平原区浅层地下水的水量。沿山丘区与平原区界线作垂向计算断面,然后采用地下水动力学法按达西公式逐年计算山前侧向补给量:

$$Q_{侧补} = 10^{-4} \times KILMT$$

式中　$Q_{侧补}$——年山前侧向补给量,万 m^3;

　　　K——剖面位置的渗透系数,m/d;

　　　I——年垂直于计算断面的水力坡度,无量纲;

　　　L——年计算断面长度,m;

　　　M——年含水层厚度(从地下水水位至第 1 个含水层的底板),m;

　　　T——年内计算时间,采用 365 d。

计算断面利用区域水文地质普查报告钻孔资料确定含水层厚度和渗透系数,水力坡度按 2001—2016 年长观井水位资料确定。计算结果:全省平原区山前侧向补给量 4.988 亿 m^3。

3）河道渗漏补给量

当河道内河水与地下水有水力联系,且河水水位高于河道岸边地下水水位时,河水渗漏补给地下水。首先沿单侧河道段作垂向计算断面,然后可采用达西公式计算单侧河道段的河道渗漏补给量:

$$Q_{河补} = 10^{-4} \times KIALt$$

式中　$Q_{河补}$——年内 t 时段单侧河道段侧向渗漏补给量,万 m^3;

A——单侧河每米河长计算断面面积，m^2/m；

t——年内发生河道渗漏补给的天数，d；

K——剖面位置的渗透系数，m/d；

I——年垂直于计算断面的水力坡度，无量纲；

L——年计算断面长度，m。

直接计算多年平均河道渗漏补给量时，I、A、L、t 采用 2001—2016 年的年均值。

本次主要计算了黄河、伊洛河、沁河、金堤河、白河、卫河、安阳河、马颊河等河流的渗漏量。

（1）黄河渗漏补给量。

黄河在河南省境内呈东西向穿流而过，花园口以下为著名的"地上悬河"，黄河水渗漏补给成为河南省地下水资源量的重要补给源。小浪底水库建成以来，由于河床的下切作用，黄河渗漏量发生变化。因此，为摸清新下垫面条件下黄河渗漏量变化情况，本次评价开展了黄河侧渗补给地下水项目专题研究。专题研究主要内容包括：通过地下水流场分析法、同位素分析法，确定黄河强影响带的范围；在黄河河南下游段选取 4 个典型区间段，开展水文地质钻探、渗水试验、水质分析、抽水试验等工作，查明黄河强影响带的水文地质条件；通过解析法、水均衡法、数值模拟和水平衡法四种方法计算黄河水对两岸地下水的侧渗补给量。

多种方法计算结果经对比分析，数值模拟法的计算结果相对更为精确，多年平均黄河侧渗量为 2.51 亿 m^3。

但考虑到黄河河道下切是逐步加深的过程，水力坡度呈减小趋势，黄河渗漏量也相应呈减少趋势。故本次评价采用的 2001—2016 年系列黄河渗漏量成果稍大于专题研究成果。采用结果为多年平均渗漏补给量 2.618 亿 m^3，其中对北岸补给 1.621 亿 m^3，对南岸补给 0.997 亿 m^3，见表 5.2-11。

表 5.2-11　黄河渗漏补给量计算

	剖面位置	剖面宽度/km	主要含水层岩性	主要含水层厚度/m	含水层渗透系数/(m/d)	水力坡度/%	侧渗量/万 m^3
黄河北	孟州	15.00	中、细砂，粗砂	20.00	20	0.13	280
	温县	24.00	中、细砂，粗砂	20.00	20	0.13	460
	武陟西	32.00	中、细砂，粗砂	20.00	20	0.13	610
	原阳—武陟 I1	57.50	中、细砂，粗砂	88.00	20	0.20	7 390
	封丘 I2	52.50	中、细砂，粗砂	56.00	16	0.20	3 430
	长垣 I3	45.50	中、细砂，粗砂	54.00	14	0.13	1 630
	濮阳 I4	50.00	中、细砂，粗砂	40.00	12	0.15	1 310
	范县—台前 I5	80.00	中、细砂，粗砂	25.00	10	0.15	1 100
	小计	356.50					16 210

续表 5.2-11

剖面位置		剖面宽度/km	主要含水层岩性	主要含水层厚度/m	含水层渗透系数/(m/d)	水力坡度/%	侧渗量/万 m³
黄河南	郑州北郊 Ⅱ1-1	14.00	中、细砂,粗砂	54.00	22	0.32	1 940
	郑州—中牟万滩 Ⅱ1-2	28.00	中、细砂,粗砂	50.00	24	0.32	3 920
	中牟东漳滩区	26.40	中、细砂,粗砂	54.00	20	0.15	1 560
	开封	42.00	中、细砂,粗砂	50.00	13	0.18	1 790
	兰考	16.00	中、细砂,粗砂	50.00	13	0.20	760
	小计	126.40					9 970

（2）其他河流渗漏补给量。

根据对河流沿岸地下水位观测和分析,还计算了其他主要河段对地下水的渗漏补给量,包括沁河、伊洛河、金堤河、白河、卫河与共产主义渠、安阳河、汤河、马颊河、潴龙河。计算结果:3.673 亿 m³。

沁河渗漏补给量为 0.300 亿 m³,其中对沁丹河平原补给 0.198 亿 m³,对卫河平原补给 0.102 亿 m³。

伊洛河已修建了多级橡胶坝,并傍河建有城市水源地等,引发河水大量补给地下水。伊洛河渗漏补给量为 2.134 亿 m³。

金堤河自道口镇向东至省界对北岸地下水产生补给,渗漏补给量为 0.047 亿 m³,其中对漳卫河平原补给 0.016 亿 m³,对徒骇马颊河平原补给 0.031 亿 m³。

白河流经南阳市区,由于城市集中开采地下水,形成漏斗区,引起白河水向西岸侧渗补给地下水。根据达西公式计算,白河对南阳市地下水的渗漏补给量为 0.281 亿 m³。

卫河与共产主义渠自新乡市区以下至省界对右岸地下水产生补给,渗漏补给量为 0.508 亿 m³。

淇河河道渗漏补给量为 0.105 亿 m³;安阳河、汤河自流入平原地带开始对地下水产生补给,渗漏补给量为 0.191 亿 m³。

马颊河、潴龙河位于濮清南漏斗区内,引起两河水向西岸侧渗补给地下水,渗漏补给量为 0.107 亿 m³。

4）湖、库渗漏补给量

湖、库渗漏补给量指湖、库内地表水体渗漏补给地下水,采用补给系数法:

$$Q_{河} = \beta Q_{引}$$

式中　$Q_{河}$——湖、库渗漏补给量;

　　　β——湖、库入渗补给系数;

　　　$Q_{引}$——湖、库蓄水量。

本次对平原水库宿鸭湖按多年平均蓄水量的 10% 作为渗漏水量,由此得出湖、库渗漏补给量为 0.202 亿 m³。

5) 渠系渗漏补给量

渠系是指干、支、斗、农、毛各级渠道的统称。渠系水位一般均高于其岸边的地下水水位,故渠系水一般均补给地下水。渠系渗漏补给量只计算到干渠、支渠两级,按下式计算:

$$Q_{渠系补} = mQ_{渠首引}$$

式中　$Q_{渠系补}$——年渠系渗漏补给量;

　　　m——渠系渗漏补给系数,无量纲,可用公式 $m = (1-\eta)\gamma$ 计算,η 为渠系水有效利用系数,γ 为渠系渗漏补给地下水的水量与渠系损失水量的比值;

　　　$Q_{渠首引}$——年干渠渠首引水量。

6) 渠灌田间入渗补给量

渠灌田间入渗补给量包括斗、农、毛三级渠道的渗漏补给量和渠灌水进入田间的入渗补给量两部分,按下式计算:

$$Q_{渠灌补} = \beta_{渠}\, Q_{渠田}$$

式中　$Q_{渠灌补}$——年渠灌田间入渗补给量;

　　　$\beta_{渠}$——渠灌田间入渗补给系数,无量纲;

　　　$Q_{渠田}$——年斗渠渠首引水量。

7) 地表水体补给量

地表水体补给量包括河道渗漏补给量(含河道对傍河地下水水源地的补给量)、湖库渗漏补给量、渠系渗漏补给量、渠灌田间入渗补给量。

全省平原区多年平均地表水体补给量为 20.21 亿 m³,其中淡水区 18.98 亿 m³,微咸水区 1.23 亿 m³。

为满足平原区与上游山丘区地下水重复计算量的评价要求,需计算地表水体补给量中由山丘区河川基流形成的部分。鉴于平原区地表水体补给量的水源主要来自上游山丘区,采用下式近似计算由山丘区河川基流形成的地表水体补给量:

$$Q_{基补} \approx \zeta Q_{表补}$$

式中　$Q_{基补}$——由山丘区河川基流形成的年地表水体补给量;

　　　ζ——山丘区基径比,无量纲;

　　　$Q_{表补}$——年地表水体补给量。

计算结果为:全省平原区由山丘区河川基流形成的地表水体补给量多年平均为 3.64 亿 m³。

8) 井灌回归补给量

井灌回归补给量指开采的地下水进入田间后,入渗补给地下水的水量,按下式计算:

$$Q_{井归} = \beta Q_{农开}$$

式中　$Q_{井归}$——年井灌回归补给量;

　　　β——井灌回归补给系数,无量纲;

　　　$Q_{农开}$——用于农业灌溉的年地下水开采量。

经统计,全省平原区 2001—2016 年多年平均井灌回归补给量为 9.20 亿 m³。

2.各项排泄量的计算

排泄量包括地下水开采量、潜水蒸发量、河道排泄量、湖库排泄量、其他排泄量(包括矿坑排水量、基坑降水排水量等),各项排泄量之和为总排泄量。湖库排泄量、矿坑排水量、基坑降水排水量等占比较小且不易调查统计,本次评价暂未考虑。

1)地下水开采量

地下水开采量采用调查、统计的方法计算。本次调查统计的 2001—2016 年期间,全省平原区多年平均浅层水开采 93.34 亿 m³,其中淡水区 90.10 亿 m³,微咸水区 3.242 亿 m³。

2)潜水蒸发量

潜水蒸发量可按下式计算:

$$E_g = 10^{-1} \times CE_{601}F$$

式中　E_g——年潜水蒸发量,万 m³;

　　　C——潜水蒸发系数,无量纲;

　　　E_{601}——E601 型蒸发器观测的年水面蒸发量,万 m³;

　　　F——面积,km²。

计算多年平均潜水蒸发量时,水面蒸发量 E_{601} 采用 2001—2016 年的年均值。经计算,全省平原区多年平均潜水蒸发为 18.64 亿 m³。

3)河道排泄量

当河道内河水水位低于岸边地下水水位时,河道排泄地下水,排泄的水量称为河道排泄量。河道排泄量各计算参数采用当年值,缺乏资料的年份,根据降水相近年份的资料采用趋势法进行插补。

许昌市—商丘市一线以北平原区,由于近些年地下水埋深普遍较大,大部分年份没有河道排泄量产生;在许昌市—商丘市一线以南平原区、南阳盆地和部分河谷平原,地下水埋深相对较小,一般存在河道排泄量。

河道排泄量中由降水入渗补给地下水而形成的河道排泄量,属于水资源总量中重复水量的一部分。为便于计算水资源总量系列,本次评价将其单列并逐年分析。计算公式如下:

$$Q_{降排} = Q_{河排} \frac{P_r}{Q_{总}}$$

式中　$Q_{降排}$——降水入渗补给地下水形成的河道排泄量;

　　　$Q_{河排}$——河道排泄量;

　　　P_r——降水入渗补给地下水量;

　　　$Q_{总}$——浅层地下水总补给量。

全省平原由降水入渗补给地下水形成的河道排泄量为 12.40 亿 m³。

3.浅层地下水蓄变量

地下水蓄变量按下式计算:

$$\Delta W = 10^2(Z_1 - Z_2)\mu F/T'$$

式中　ΔW——2001—2016 年平均地下水蓄变量,万 m³,当 2001 年初地下水埋深大于　　　　　　2016 年末地下水埋深时为正值,即地下水储存量增加,反之为负值,即地

下水储存量减少;

Z_1——2001 年年初的平均地下水埋深,m,根据各地下水埋深监测井 2001 年年初监测资料,采用面积加权法确定;

Z_2——2016 年年末的平均地下水埋深,m,根据各地下水埋深监测井 2016 年年末监测资料,采用面积加权法确定;

μ——Z_1 与 Z_2 之间岩土层的给水度,无量纲;

T'——评价年数;

F——面积,km^2。

本次采用全省 1 200 余眼地下水长观井资料,计算出 2001—2016 年期间平原区浅层水总蓄变量为−55.52 亿 m^3,表明河南省平原区 16 年间地下水储存量总共减少了 55.52 亿 m^3,平均每年减少 3.47 亿 m^3,其中淡水区年均减少 3.40 亿 m^3,微咸水区年均减少 0.07 亿 m^3。

5.2.4.2　山丘区

山丘区地下水资源量,也即山丘区的降水入渗补给量,一般采用排泄量法来计算,即各排泄量之和作为山丘区地下水资源量。山丘区排泄量包括河川基流量、山前泉水溢出量、山前侧向流出量、实际开采净消耗量和潜水蒸发量。其中,山前泉水溢出量指出露于山丘与平原交界处附近,未计入河川径流量的泉水,因其数量不大,本次未进行调查统计;山丘区潜水蒸发量指划入山丘区中的小山间河谷平原的浅层地下水蒸发,也因其数量不大,本次未予考虑。因此,山丘区地下水资源量采用下式计算:

$$Q_{山} = Q_{基流} + Q_{山前侧} + W_{净耗}$$

式中　$Q_{山}$——山丘区地下水资源量;

$Q_{基流}$——河川基流量;

$Q_{山前侧}$——山前侧向流出量;

$W_{净耗}$——地下水实际开采净消耗量。

1. 天然河川基流量

天然河川基流量是指河川径流量中由地下水渗透补给河水的部分,是山丘区最主要的排泄量,本次采用分割河川径流过程线的方法来计算。

为计算天然河川基流量而选用的水文站(以下称选用站)一般需符合下列要求:

(1)具有评价期(2001—2016 年)比较完整的逐日径流量资料。

(2)所控制的流域闭合,地表水与地下水的分水岭基本一致。

(3)单站的控制流域面积宜介于 300~5 000 km^2,当选用站以上流域人类活动影响较大时,选用站的径流需进行还原计算。

根据以上选站原则,河南省山丘区共选用 15 个水文站进行河川基流量分割计算。其中,海河、黄河、淮河、长江四大流域分别选有 1、2、8、4 个水文站。单站基流分割结果见表 5.2-12。

1)单站 1956—2016 年系列天然河川基流计算

本次对所选用站 2001—2016 年系列实测逐日河川径流过程线,采用直线斜割法进行河川基流计算,并将逐年各时段的天然河川径流还原水量按基径比还原到河川基流量中,即为天然河川基流量。

表 5.2-12　河南省山丘区基流分割站成果统计

选用基流分割站			实际分割年数/(站年)	多年平均河川基流模数/(万 m³/km²)	多年平均基径比
水文站	集水面积/km²	水资源分区			
新村	2 118	海河	漳卫河山区	9	6.07	0.55
济源	480	黄河	小浪底至花园口干流区间	16	7.51	0.51
卢氏	4 623		伊洛河	15	7.08	0.39
告成	627	淮河	王蚌区间北岸	16	3.72	0.44
中汤	485			16	5.27	0.20
紫罗山	1 800			16	6.23	0.31
长台关	3 090		王家坝以上南岸	16	5.94	0.20
竹竿铺	1 639			16	8.93	0.20
新县	274			16	21.5	0.43
王勿桥	200		王家坝以上北岸	16	4.20	0.17
芦庄	396			16	8.54	0.32
社旗	1 044	长江	唐白河	16	6.54	0.39
白土岗	1 118			16	6.92	0.19
西峡	3 418		丹江口以上	16	5.47	0.25
平氏	748		唐白河	16	7.23	0.32
合计	22 060			233		

在单站 2001—2016 年系列的河川基流量分割成果的基础上,建立该站河川径流量 (R) 与天然河川基流量 (R_g) 的关系曲线,即 $R \sim R_g$ 关系曲线,再根据该站 1956—2016 年系列的河川径流量,从 $R \sim R_g$ 关系曲线中分别查算历年的天然河川基流量。典型单站 $R \sim R_g$ 关系曲线见图 5.2-7。

2)分区河川基流量计算

分区河川基流量根据基流分割站的 1956—2016 年逐年的河川基流量成果,依据地形地貌、水文气象、植被、水文地质条件来选取下垫面条件相同或类似的代表站,采用水文比拟法,按下式确定计算分区 1956—2016 年逐年河川基流量。

$$R_{g计算单元} = F_{计算单元} \times R_{g水文站} / F_{水文站}$$

式中　$R_{g计算单元}$、$R_{g水文站}$——计算单元、水文站的逐年河川基流量;

　　　$F_{计算单元}$、$F_{水文站}$——计算单元、水文站的面积。

经计算,河南省山丘区 2001—2016 年平均河川基流量为 58.69 亿 m³。

2. 山前侧向流出量

山丘区山前侧向流出量数值上等同于平原区山前侧向补给量,河南省 2001—2016 年

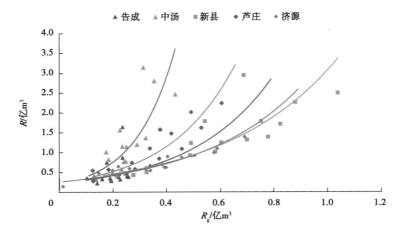

图 5.2-7　河南省基流分割典型站 $R \sim R_g$ 关系曲线

平均山前侧向流出量为 4.988 亿 m³。

3. 实际开采净消耗量

从开采量中扣除用水过程中回归补给地下水量,即为实际开采净消耗量。

经调查统计和分析计算,河南省山丘区 2001—2016 年平均地下水开采量为 26.01 亿 m³,平均开采净消耗量 15.94 亿 m³。

5.2.4.3　分区地下水资源量计算方法

由平原区分析单元和山丘区分析单元构成的汇总单元,其地下水资源量采用平原区与山丘区的地下水资源量相加,再扣除两者间重复计算量,即

$$Q_{分区} = Q_{平原区} + Q_{山丘区} - Q_{重复}$$

式中　$Q_{分区}$——多年平均地下水资源量;

$Q_{平原区}$——平原区多年平均地下水资源量;

$Q_{山丘区}$——山丘区的多年平均地下水资源量;

$Q_{重复}$——平原区与山丘区间多年平均地下水重复计算量。

平原区山前侧向补给量作为排泄量计入山丘区的地下水资源量(山前侧向流出量部分),又作为补给量计入平原区的地下水资源量,对汇总单元而言是重复计算量;平原区的地表水体补给量有部分来自于山丘区的河川基流,而河川基流量已计入山丘区的地下水资源量中,因此由山丘区河川基流形成的平原区地表水体补给量也是重复计算量,即

$$Q_{重复} = Q_{侧补} + Q_{基补}$$

式中　$Q_{重复}$——平原区与山丘区间多年平均地下水重复计算量;

$Q_{侧补}$——平原区多年平均山前侧向补给量;

$Q_{基补}$——由山丘区河川基流形成的平原区多年平均地表水体补给量。

河南省平原区与山丘区间多年平均地下水重复计算量为 8.63 亿 m³,其中平原区多年平均山前侧向补给量为 4.99 亿 m³,山丘区河川基流形成的平原区多年平均地表水体补给量为 3.64 亿 m³。

5.3　地下水资源量

　　根据前述方法和各分项计算成果,汇总得出 2001—2016 年平原区、山丘区及分区的地下水资源量。

5.3.1　平原区地下水资源量

5.3.1.1　地下水补给量及排泄量

　　1. 补给量

　　2001—2016 年河南省平原区多年平均地下水总补给量为 127.7 亿 m³,其中海河、黄河、淮河、长江四大流域分别为 14.81 亿 m³、19.91 亿 m³、83.74 亿 m³、9.220 亿 m³。按矿化度划分,其中矿化度 $M \leqslant 2$ g/L 的淡水为 123.6 亿 m³,矿化度 $M > 2$ g/L 的微咸水为 4.094 亿 m³。河南省行政分区和水资源分区各项补给量及总补给量成果分别见表 5.3-1、表 5.3-2。

　　2. 排泄量

　　2001—2016 年河南省平原区多年平均地下水总排泄量为 126.8 亿 m³,其中海河、黄河、淮河、长江四大流域分别为 16.68 亿 m³、19.36 亿 m³、80.56 亿 m³、10.17 亿 m³。河南省行政分区和水资源分区各项排泄量及总排泄量成果分别见表 5.3-3、表 5.3-4。

5.3.1.2　地下水补排均衡分析

　　为校验平原区各项补给量、各项排泄量及地下水蓄变量计算成果的可靠性,进行地下水水均衡分析。

　　以水资源三级区为分析单元(含区内矿化度 $M \leqslant 2$ g/L 的计算单元和矿化度 $M > 2$ g/L 的计算单元)进行水均衡分析,计算相对均衡差。无计算误差的水均衡公式为:

$$Q_{总补} - Q_{总排} = \Delta W$$

　　考虑计算误差后,分析单元的水均衡公式为:

$$X = Q_{总补} - Q_{总排} - \Delta W$$
$$\delta = X / Q_{总补} \times 100\%$$

式中　　$Q_{总补}$——地下水总补给量;

　　　　$Q_{总排}$——地下水总排泄量;

　　　　ΔW——地下水蓄变量;

　　　　X——绝对均衡差;

　　　　δ——相对均衡差。

　　当 $|\delta| \leqslant 15\%$ 时,可认为各计算单元的选用参数和评价成果满足精度要求;当 $|\delta| > 15\%$ 时,则需要对相关参数进行调算,直至满足 $|\delta| \leqslant 15\%$ 的要求。各分区平原区多年平均浅层地下水均衡分析见表 5.3-5。

　　通过计算分析,河南省平原区相对均衡差为 3.4%,其中海河、黄河、淮河、长江四大流域分别为 −4.3%、6.7%、5.0%、−5.2%。从水资源三级区水均衡来看,相对均衡差在 −14.2%~14.8%,满足 $|\delta| \leqslant 15\%$ 的要求。

表 5.3-1　河南省行政分区平原区 2001—2016 年多年平均浅层地下水补给量

单位:亿 m³

行政分区	淡水（M≤2 g/L）					微咸水（M>2 g/L）			分区合计				
	降水入渗补给量	地表水体补给量	山前侧向补给量	井灌回归补给量	总补给量	降水入渗补给量	地表水体补给量	总补给量	降水入渗补给量	地表水体补给量	山前侧向补给量	井灌回归补给量	总补给量
郑州市	1.805	0.875 7	0.131 0	0.261 5	3.073				1.805	0.875 7	0.131 0	0.261 5	3.073
开封市	5.602	1.806		0.991 9	8.400	0.133 7	0.006 3	0.140 1	5.735	1.813		0.991 9	8.540
洛阳市	1.519	2.823		0.176 7	4.519				1.519	2.823		0.176 7	4.519
平顶山市	1.881	0.346 6	0.521 0	0.216 6	2.966				1.881	0.346 6	0.521 0	0.216 6	2.966
安阳市	3.207	0.641 0	0.967 0	0.893 2	5.708				3.207	0.641 0	0.967 0	0.893 2	5.708
鹤壁市	0.800 7	0.643 5	0.390 0	0.284 4	2.119				0.800 7	0.643 5	0.390 0	0.284 4	2.119
新乡市	3.600	2.944	0.510 0	0.654 5	7.708	0.141 0	0.180 9	0.321 9	3.741	3.125	0.510 0	0.654 5	8.030
焦作市	1.949	1.619	0.709 0	0.655 7	4.933	0.106 6	0.072 7	0.179 3	2.055	1.692	0.709 0	0.655 7	5.112
濮阳市	2.545	2.625		0.397 6	5.567	0.718 6	0.850 4	1.569 0	3.263	3.475		0.397 6	7.136
许昌市	3.413	0.118 4	0.544 0	0.344 0	4.419				3.413	0.118 4	0.544 0	0.344 0	4.419
漯河市	3.329	0.044 0		0.248 9	3.622				3.329	0.044 0		0.248 9	3.622
三门峡市	0.336 5	0.069 3		0.016 5	0.422				0.336 5	0.06 93		0.016 5	0.422
南阳市	6.941	0.621 6	0.580 0	0.510 4	8.653	0.311 6	0.095 7	0.407 3	7.253	0.717 3	0.580 0	0.510 4	9.061
商丘市	12.16	0.502 2		1.177	13.84	0.701 6	0.020 4	0.722 0	12.86	0.522 6		1.177	14.56
信阳市	10.09	2.101		0.116 9	12.31				10.09	2.101		0.116 9	12.31
周口市	15.24	0.383 5		1.456	17.08	0.750 2	0.004 2	0.754 4	15.99	0.387 7		1.456	17.84
驻马店市	15.77	0.467 6	0.296 0	0.770 9	17.30				15.77	0.467 6	0.296 0	0.770 9	17.30
济源市	0.215 4	0.357 2	0.340 1	0.025 7	0.938 4				0.215 4	0.357 2	0.340 1	0.025 7	0.938 4
全省	90.40	18.99	4.988	9.199	123.6	2.863	1.231	4.094	93.27	20.22	4.988	9.199	127.7

表 5.3-2 河南省水资源分区平原区 2001—2016 年多年平均浅层地下水补给量

单位：亿 m³

水资源分区		淡水（M≤2 g/L）					微咸水（M>2 g/L）			分区合计				
		降水入渗补给量	地表水体补给量	山前侧向补给量	井灌回归补给量	总补给量	降水入渗补给量	地表水体补给量	总补给量	降水入渗补给量	地表水体补给量	山前侧向补给量	井灌回归补给量	总补给量
海河	漳卫河平原	4.940	2.947	2.269	1.370	11.53	0.171 6	0.208 1	0.379 8	5.112	3.155	2.269	1.370	11.91
	徒骇马颊河	1.181	1.284		0.283 8	2.749	0.070 2	0.081 9	0.152 1	1.251	1.366		0.283 8	2.901
	小计	6.121	4.231	2.269	1.654	14.27	0.241 8	0.290 0	0.531 8	6.363	4.521	2.269	1.654	14.81
黄河	龙门至三门峡干流区间	0.336 5	0.069 3		0.016 5	0.422 2				0.336 5	0.069 3		0.016 5	0.422 2
	沁丹河	0.607 2	0.391 8	0.471 1	0.267 3	1.737	0.076 0	0.045 4	0.121 4	0.683 2	0.437 2	0.471	0.267 3	1.859
	伊洛河	1.488	2.650		0.160 9	4.299				1.488	2.650		0.160 9	4.299
	小浪底至花园口干流区间	0.815 1	1.027	0.176 0	0.161 4	2.179				0.815 1	1.027	0.176	0.161 4	2.179
	金堤河和天然文岩渠	4.412	3.074		0.793 6	8.280	0.606 3	0.662 6	1.269	5.018	3.737		0.793 6	9.549
	花园口以下干流区间	0.915 3	0.422 5		0.112 7	1.450	0.042 1	0.105 9	0.148 0	0.957 4	0.528 4		0.112 7	1.599
	小计	8.574	7.634	0.647 1	1.512	18.37	0.724 4	0.814 0	1.538 4	9.298	8.448	0.647	1.512	19.91
淮河	王家坝以上北岸	18.33	0.774 0	0.396 0	0.763 3	20.26				18.33	0.774 0	0.396	0.763 3	20.26
	王家坝以上南岸	4.301	1.080		0.036 8	5.418				4.301	1.080		0.036 8	5.418
	王蚌区间北岸	36.05	3.452	1.096	3.993	44.59	0.908 4	0.015 3	0.923 7	36.96	3.467	1.096	3.993	45.51
	王蚌区间南岸	2.239	0.724 7		0.020 5	2.985				2.239	0.724 7		0.020 5	2.985
	蚌洪区间北岸	6.346	0.120 0		0.560 2	7.026	0.585 0	0.013 8	0.598 8	6.931	0.133 7		0.560 2	7.625
	南四湖区	1.354	0.341 7		0.145 7	1.841	0.092 1	0.001 8	0.093 9	1.446	0.343 5		0.145 7	1.935
	小计	68.62	6.493	1.492	5.520	82.12	1.586	0.030 9	1.616	70.21	6.524	1.492	5.520	83.74
长江	唐白河	7.089	0.631 2	0.580 0	0.512 9	8.813	0.311 6	0.095 7	0.407 3	7.400	0.726 9	0.580	0.512 9	9.220
全省		90.40	18.99	4.988	9.199	123.6	2.863	1.231	4.094	93.27	20.22	4.988	9.199	127.7

表 5.3-3   河南省行政分区平原区 2001—2016 年多年平均浅层地下水排泄量

单位:亿 m³

行政分区	地下水开采量	潜水蒸发量	河道排泄量	总排泄量
郑州市	2.848	0.011 0		2.859
开封市	8.129	0.515 5		8.644
洛阳市	3.630		0.347 6	3.978
平顶山市	2.628		0.747 3	3.375
安阳市	7.090			7.090
鹤壁市	2.505			2.505
新乡市	7.841	0.017 2		7.858
焦作市	5.348			5.348
濮阳市	5.806	1.419		7.224
许昌市	3.865		0.146 2	4.011
漯河市	2.877	0.254 5	0.838 3	3.970
三门峡市	0.370 1			0.370 1
南阳市	8.135	0.660 6	1.191	9.987
商丘市	11.87	0.793 7		12.66
信阳市	1.073	6.595	4.728	12.40
周口市	12.36	2.582	2.936	17.88
驻马店市	6.196	5.789	3.805	15.79
济源市	0.779 8		0.049 6	0.829 4
全省	93.34	18.64	14.79	126.8

表 5.3-4   河南省水资源分区平原区 2001—2016 年多年平均浅层地下水排泄量

单位:亿 m³

水资源分区		地下水开采量	潜水蒸发量	河道排泄量	总排泄量
海河	漳卫河平原	13.30			13.30
	徒骇马颊河	3.380			3.380
	小计	16.68			16.68

续表 5.3-4

水资源分区		地下水开采量	潜水蒸发量	河道排泄量	总排泄量
黄河	龙门至三门峡干流区间	0.370 1			0.370
	沁丹河	2.018			2.018
	伊洛河	3.442		0.301 6	3.743
	小浪底至花园口干流区间	2.128		0.095 6	2.224
	金堤河和天然文岩渠	8.259	1.040		9.299
	花园口以下干流区间	1.174	0.531 7		1.705
	小计	17.39	1.572	0.397 2	19.36
淮河	王家坝以上北岸	6.406	7.032	4.969	18.41
	王家坝以上南岸	0.351 9	3.822	1.754	5.928
	王蚌区间北岸	36.50	3.749	4.790	45.04
	王蚌区间南岸	0.166 8	0.948 4	1.643	2.759
	蚌洪区间北岸	5.954	0.785 8		6.740
	南四湖区	1.688			1.688
	小计	51.07	16.34	13.16	80.56
长江	唐白河	8.209	0.728 2	1.236	10.17
全省		93.34	18.64	14.79	126.8

表 5.3-5　河南省平原区多年平均浅层地下水均衡分析　　　单位:亿 m³

水资源分区		总补给量	总排泄量	年均蓄变量	绝对均衡差	相对均衡差/%
海河	漳卫河平原	11.91	13.30	-1.170	-0.220 7	-1.9
	徒骇马颊河	2.901	3.380	-0.065 9	-0.412 7	-14.2
	小计	14.81	16.68	-1.236	-0.633 4	-4.3
黄河	龙门至三门峡干流区间	0.422 2	0.370 1	-0.006	0.058 2	13.8
	沁丹河	1.859	2.018	0.006 1	-0.165 1	-8.9
	伊洛河	4.299	3.744	-0.081 8	0.637	14.8
	小浪底至花园口干流区间	2.179	2.224	-0.033 8	-0.010 9	-0.5
	金堤河和天然文岩渠	9.549	9.299	-0.599 7	0.849 8	8.9
	花园口以下干流区间	1.599	1.705	-0.073 2	-0.033 3	-2.1
	小计	19.91	19.36	-0.788 4	1.336	6.7

续表 5.3-5

水资源分区		总补给量	总排泄量	年均蓄变量	绝对均衡差	相对均衡差/%
淮河	王家坝以上北岸	20.26	18.41	0.178 6	1.679	8.3
	王家坝以上南岸	5.418	5.928	0.026 8	−0.536 4	−9.9
	王蚌区间北岸	45.51	45.04	−1.149	1.622	3.6
	王蚌区间南岸	2.985	2.759	0.032 2	0.193 8	6.5
	蚌洪区间北岸	7.625	6.741	−0.043 3	0.927 9	12.2
	南四湖区	1.935	1.688	−0.021	0.268 2	13.9
	小计	83.74	80.56	−0.975 8	4.155	5.0
长江	唐白河	9.220	10.17	−0.470 3	−0.482 3	−5.2
全省		127.7	126.8	−3.470	4.375	3.4

5.3.1.3 平原区浅层地下水资源量

河南省平原区多年平均地下水资源量为 118.5 亿 m^3，其中降水入渗补给量为 93.27 亿 m^3，占 78.7%；地表水体补给量为 20.22 亿 m^3，占 17.1%；山前侧向补给量为 4.988 亿 m^3，占 4.2%，见图 5.3-1。

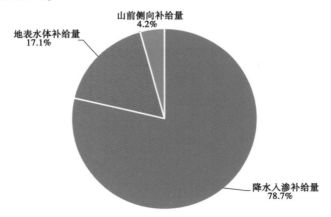

图 5.3-1 河南省平原区地下水资源量构成

平原区矿化度 $M \leqslant 2$ g/L 的地下水资源量为 114.4 亿 m^3，其中降水入渗补给量为 90.40 亿 m^3，占 79.0%；地表水体补给量为 18.99 亿 m^3，占 16.6%；山前侧向补给量为 4.988 亿 m^3，占 4.4%。

平原区矿化度 $M > 2$ g/L 的地下水资源量为 4.094 亿 m^3，其中降水入渗补给量为 2.863 亿 m^3，占 70.0%；地表水体补给量为 1.231 亿 m^3，占 30.0%。

2001—2016 年河南省平原区地下水资源量成果分别见表 5.3-6、表 5.3-7。

表 5.3-6　河南省行政分区平原区 2001—2016 年多年平均浅层地下水资源量

单位：亿 m³

行政分区	淡水（M≤2 g/L）				微咸水（M>2 g/L）			分区合计			
	降水入渗补给量	地表水体补给量	山前侧向补给量	地下水资源量	降水入渗补给量	地表水体补给量	地下水资源量	降水入渗补给量	地表水体补给量	山前侧向补给量	地下水资源量
郑州市	1.805	0.875 7	0.131 0	2.812				1.805	0.875 7	0.131 0	2.812
开封市	5.602	1.806		7.408	0.133 7	0.006 3	0.140 1	5.735	1.813		7.548
洛阳市	1.519	2.823		4.343				1.519	2.823		4.343
平顶山市	1.881	0.346 6	0.521 0	2.749				1.881	0.346 6	0.521 0	2.749
安阳市	3.207	0.641 0	0.967 0	4.815				3.207	0.641 0	0.967 0	4.815
鹤壁市	0.800 7	0.643 5	0.390 0	1.834				0.800 7	0.643 5	0.390 0	1.834
新乡市	3.600	2.944	0.510 0	7.054	0.141 0	0.180 9	0.321 9	3.741	3.125	0.510 0	7.375
焦作市	1.949	1.619	0.709 0	4.277	0.106 6	0.072 7	0.179 3	2.055	1.692	0.709 0	4.456
濮阳市	2.545	2.625		5.169	0.718 6	0.850 4	1.569	3.263	3.475		6.738
许昌市	3.413	0.118 4	0.544 0	4.075				3.413	0.118 4	0.544 0	4.075
漯河市	3.329	0.044 0		3.373				3.329	0.044 0		3.373
三门峡市	0.336 5	0.069 3		0.406				0.336 5	0.069 3		0.405 8
南阳市	6.941	0.621 6	0.580 0	8.143	0.311 6	0.095 7	0.407 3	7.253	0.717 3	0.580 0	8.550
商丘市	12.16	0.502 2		12.66	0.701 6	0.020 4	0.722 0	12.86	0.522 6		13.38
信阳市	10.09	2.101		12.19				10.09	2.101		12.19
周口市	15.24	0.383 5		15.62	0.750 2	0.004 2	0.754 4	15.99	0.387 7		16.38
驻马店市	15.77	0.467 6	0.296 0	16.53				15.77	0.467 6	0.296 0	16.53
济源市	0.215 4	0.357 2	0.340 1	0.912 7				0.215 4	0.357 2	0.340 1	0.912 7
全省	90.40	18.99	4.988	114.4	2.863	1.231	4.094	93.27	20.22	4.988	118.5

表 5.3-7　河南省水资源分区平原区 2001—2016 年多年平均浅层地下水资源量

单位：亿 m³

水资源分区		淡水（M≤2 g/L）				微咸水（M>2 g/L）			分区合计			
		降水入渗补给量	地表水体补给量	山前侧向补给量	地下水资源量	降水入渗补给量	地表水体补给量	地下水资源量	降水入渗补给量	地表水体补给量	山前侧向补给量	地下水资源量
海河	漳卫河平原	4.940	2.947	2.269	10.16	0.171 6	0.208 1	0.379 8	5.112	3.155	2.269	10.54
	徐堨马颊河	1.181	1.284		2.465	0.070 2	0.081 9	0.152 1	1.251	1.366		2.617
	小计	6.121	4.231	2.269	12.62	0.241 8	0.290 0	0.531 8	6.363	4.521	2.269	13.16
黄河	龙门至三门峡干流区间	0.336 5	0.069 3		0.405 8				0.336 5	0.069 3		0.405 8
	沁丹河	0.607 2	0.391 8	0.471 1	1.470	0.076 0	0.045 4	0.121	0.683 2	0.437 2	0.471 1	1.591
	伊洛河	1.488	2.650		4.138				1.488	2.650		4.138
	小浪底至花园口干流区间	0.815 1	1.027	0.176 0	2.018				0.815 1	1.027	0.176 0	2.018
	金堤河和天然文岩渠	4.412	3.074		7.486	0.606 3	0.662 6	1.269	5.018	3.737		8.755
	花园口以下干流区间	0.915 3	0.422 5		1.338	0.042 1	0.105 9	0.148 0	0.957 3	0.528 4		1.486
	小计	8.574	7.634	0.647 1	16.86	0.724 4	0.814 0	1.538	9.298	8.448	0.647 1	18.39
淮河	王家坝以上北岸	18.33	0.774 0	0.396 0	19.50				18.33	0.774 0	0.396 0	19.50
	王家坝以上南岸	4.301	1.080		5.381				4.301	1.080		5.381
	王蚌区间北岸	36.05	3.452	1.096	40.60	0.908 4	0.015 3	0.923 7	36.96	3.467	1.096	41.52
	王蚌区间南岸	2.239	0.724 7		2.964				2.239	0.724 7		2.964
	蚌洪区间北岸	6.346	0.120 0		6.466	0.585 0	0.013 8	0.598 8	6.931	0.133 7		7.065
	南四湖区	1.354	0.341 7		1.696	0.092 1	0.001 8	0.093 9	1.446	0.343 5		1.790
	小计	68.62	6.493	1.492	76.61	1.586	0.030 9	1.616	70.21	6.524	1.492	78.22
长江	唐白河	7.089	0.631 2	0.580 0	8.300	0.311 6	0.095 7	0.407 3	7.400	0.726 9	0.580 0	8.707
全省		90.40	18.99	4.988	114.4	2.863	1.231	4.094	93.27	20.22	4.988	118.5

5.3.2　山丘区地下水资源量

河南省山丘区 2001—2016 年平均地下水资源量 79.62 亿 m^3,地下水资源量模数为 9.8 万 m^3/km^2。按排泄项分类,其中河川基流量为 58.69 亿 m^3,占总排泄量的 73.7%;开采净消耗量为 15.94 亿 m^3,占 20%;山前侧向流出量为 4.988 亿 m^3,占 6.3%。见表 5.3-8、表 5.3-9、图 5.3-2。

表 5.3-8　河南省行政分区山丘区 2001—2016 年多年平均地下水资源量　单位:亿 m^3

行政分区	排泄量			地下水资源量
	河川基流量	山前侧向流出量	开采净消耗量	
郑州市	2.131	0.131 0	3.165	5.427
开封市				
洛阳市	7.875		2.033	9.908
平顶山市	3.123	0.521 0	1.258	4.902
安阳市	1.572	0.967 0	1.346	3.885
鹤壁市	0.415 2	0.390 0	0.494 2	1.299
新乡市	0.826 1	0.510 0	1.072	2.409
焦作市	0.609 5	0.709 0	0.983 8	2.302
濮阳市				
许昌市	0.692	0.544 0	0.770 4	2.006
漯河市				
三门峡市	6.076		0.916 9	6.993
南阳市	14.33	0.580 0	2.298	17.21
商丘市				
信阳市	16.26		0.533 4	16.79
周口市				
驻马店市	3.589	0.296 0	0.961 3	4.846
济源市	1.192	0.340 1	0.107 7	1.640
全省	58.69	4.988	15.94	79.62

5.3.3　分区地下水资源量

河南省 2001—2016 年多年平均地下水资源量为 189.5 亿 m^3,其中平原区地下水资源量 118.5 亿 m^3,山丘区地下水资源量 79.62 亿 m^3,山丘区与平原区之间地下水的重复计算量为 8.628 亿 m^3。

全省 2001—2016 年多年平均地下水资源量中,淡水区($M \leqslant 2$ g/L)地下水资源量 185.4 亿 m^3,微咸水区($M > 2$ g/L)地下水资源量 4.094 亿 m^3。各行政分区、水资源分区成果见表 5.3-10、表 5.3-11。

表 5.3-9　河南省水资源分区山丘区 2001—2016 年多年平均地下水资源量 单位:亿 m³

水资源分区		河川基流量	山前侧向流出量	开采净消耗量	地下水资源量
海河	漳卫河山区	3.200	2.269	3.764	9.233
	小计	3.200	2.269	3.764	9.233
黄河	龙门至三门峡干流区间	2.438		0.575 2	3.013
	三门峡至小浪底区间	1.334		0.216 0	1.550
	沁丹河	0.246 9	0.471 1	0.120 3	0.838 3
	伊洛河	8.475		2.197	10.67
	小浪底至花园口干流区间	1.069	0.176	0.646 4	1.891
	小计	13.56	0.647 1	3.755	17.96
淮河	王家坝以上北岸	2.494	0.396 0	0.685 8	3.576
	王家坝以上南岸	10.83		0.692 4	11.52
	王蚌区间北岸	7.278	1.096	4.793	13.17
	王蚌区间南岸	6.011		0.176 2	6.187
	小计	26.61	1.492	6.347	34.45
长江	丹江口以上	5.078		0.530 1	5.608
	唐白河	9.221	0.580 0	1.444	11.25
	丹江口以下干流	0.266 7		0.099 6	0.366 3
	武汉至湖口左岸	0.749 6			0.749 6
	小计	15.32	0.580 0	2.074	17.97
全省		58.69	4.988	15.94	79.62

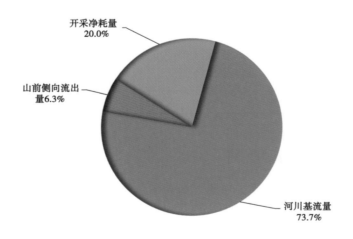

图 5.3-2　河南省山丘区地下水资源量构成

表 5.3-10　河南省行政分区 2001—2016 年平均浅层地下水资源量

单位：亿 m³

行政分区	淡水区（M≤2 g/L）				微咸水区（M>2 g/L）			全矿化度合计			
	山丘区地下水资源量	平原区地下水资源量	平原区与山丘区之间地下水重复量	分区地下水资源量	平原区地下水资源量	平原区与山丘区之间地下水重复量	分区地下水资源量	山丘区地下水资源量	平原区地下水资源量	平原区与山丘区之间地下水重复量	分区地下水资源量
郑州市	5.427	2.812	0.183	8.056				5.427	2.812	0.183 0	8.056
开封市		7.408		7.408	0.140 1		0.140 1		7.548		7.548
洛阳市	9.908	4.343	0.996 0	13.25				9.908	4.343	0.996 0	13.25
平顶山市	4.902	2.749	0.611 1	7.040				4.902	2.749	0.611 1	7.040
安阳市	3.885	4.815	1.164	7.536				3.885	4.815	1.164	7.536
鹤壁市	1.299	1.834	0.814 7	2.319				1.299	1.834	0.814 7	2.319
新乡市	2.409	7.054	0.558 8	8.903	0.321 9		0.321 9	2.409	7.375	0.558 8	9.225
焦作市	2.302	4.277	1.430	5.150	0.179 3		0.179 3	2.302	4.456	1.430	5.329
濮阳市		5.169		5.169	1.569		1.569		6.738		6.738
许昌市	2.006	4.075	0.615 0	5.467				2.006	4.075	0.615 0	5.467
漯河市		3.373		3.373					3.373		3.373
三门峡市	6.993	0.405 8	0.028 4	7.370	0.407 3		0.407 3	6.993	0.405 8	0.028 4	7.370
南阳市	17.21	8.143	0.772 7	24.58	0.722		0.722	17.21	8.550	0.772 7	24.99
商丘市		12.66		12.66					13.38		13.38
信阳市	16.79	12.19	0.636 0	28.34				16.79	12.19	0.636 0	28.34
周口市		15.62		15.62	0.754 4		0.754 4	0	16.38		16.38
驻马店市	4.846	16.53	0.308 1	21.07				4.846	16.53	0.308 1	21.07
济源市	1.640	0.912 7	0.510 7	2.042				1.640	0.912 7	0.510 7	2.042
全省	79.62	114.4	8.628	185.4	4.094	0	4.094	79.62	118.5	8.628	189.5

表 5.3-11　河南省水资源分区 2001—2016 年平均浅层地下水资源量

单位:亿 m³

水资源分区		淡水区（$M \leq 2$ g/L）				微咸水区（$M > 2$ g/L）			合计			
		山丘区地下水资源量	平原区地下水资源量	平原区与山丘区之间地下水重复量	分区地下水资源量	平原区地下水资源量	平原区与山丘区之间地下水重复量	分区地下水资源量	山丘区地下水资源量	平原区地下水资源量	平原区与山丘区之间地下水重复量	分区地下水资源量
海河	漳卫河山区	9.233			9.233				9.233			9.233
	漳卫河平原		10.16	3.143	7.017	0.379 7		0.379 7		10.54	3.143	7.397
	徒骇马颊河区		2.465		2.465	0.152 1		0.152 1		2.617		2.617
	小计	9.233	12.62	3.143	18.71	0.531 9		0.531 9	9.233	13.16	3.143	19.25
黄河	龙门至三门峡干流区间	3.013	0.405 8	0.028 4	3.390				3.013	0.405 8	0.028 4	3.390
	三门峡至小浪底区间	1.550			1.550				1.550			1.550
	沁丹河	0.838 3	1.470	0.720 7	1.588	0.121 0		0.121 0	0.838 3	1.591	0.720 7	1.709
	伊洛河	10.67	4.138	0.944 7	13.86				10.67	4.138	0.944 7	13.86
	小浪底花园口干流区间	1.891	2.018	0.713 1	3.196				1.891	2.018	0.713 1	3.196
	金堤河和天然文岩渠		7.486		7.486	1.269		1.269		8.755		8.755
	花园口以下干流区间		1.338		1.338	0.148 0		0.148 0		1.486		1.486
	小计	17.96	16.86	2.407	32.41	1.538		1.538	17.96	18.39	2.407	33.95

续表 5.3-11

水资源分区		淡水区（M≤2 g/L）				微咸水区（M>2 g/L）				合计			
		山丘区地下水资源量	平原区地下水资源量	平原区与山丘区之间地下水重复量	分区地下水资源量	山丘区地下水资源量	平原区地下水资源量	平原区与山丘区之间地下水重复量	分区地下水资源量	山丘区地下水资源量	平原区地下水资源量	平原区与山丘区之间地下水重复量	分区地下水资源量
淮河	王家坝以上北岸	3.576	19.50	0.413 3	22.66					3.576	19.50	0.413 3	22.66
	王家坝以上南岸	11.52	5.381	0.280 9	16.62					11.52	5.381	0.280 9	16.62
	王蚌区间北岸	13.17	40.60	1.257	52.51		0.923 7		0.923 7	13.17	41.52	1.257	53.44
	王蚌区间南岸	6.187	2.964	0.355 1	8.796					6.187	2.964	0.355 1	8.796
	蚌洪区间北岸		6.466		6.466		0.598 8		0.598 8		7.065		7.065
	南四湖区		1.696		1.696		0.093 9		0.093 9		1.790		1.790
	小计	34.45	76.61	2.306	108.8		1.616		1.616	34.45	78.22	2.306	110.4
长江	丹江口以上	5.608			5.608					5.608			5.608
	唐白河	11.25	8.300	0.772 7	18.78		0.407 3		0.407 3	11.25	8.707	0.772 7	19.18
	丹江口以下干流	0.366 3			0.366 3					0.366 3			0.366 3
	武汉至湖口左岸	0.749 6			0.749 6					0.749 6			0.749 6
	小计	17.97	8.300	0.772 7	25.50		0.407 3		0.407 3	17.97	8.707	0.772 7	25.91
全省		79.62	114.4	8.628	185.4		4.094		4.094	79.62	118.5	8.628	189.5

5.4　地下水资源量地区分布与补排结构

5.4.1　地区分布

地下水资源量主要受水文气象、地形地貌、水文地质条件、植被、水利工程等因素的影响,其区域分布情况一般可用资源量模数来表示。为了反映近期条件下的地下水资源量分布特征,本次评价按模数分布情况,分别绘制了河南省地下水资源量模数分区图、降水入渗补给量模数分区图。

5.4.1.1　平原区

河南省平原区地下水资源量模数在 10 万～35 万 m³/km²,其中济源市最大,为 33.9 万 m³/km²,其次洛阳市、信阳市分别为 29.9 万 m³/km²、20.9 万 m³/km²,安阳市最小,为 12.5 万 m³/km²,其余行政区在 10 万～20 万 m³/km²。

按流域分区,海河流域平原区地下水资源量模数为 16.1 万 m³/km²,黄河流域为 16.6 万 m³/km²,淮河流域为 16.1 万 m³/km²,长江流域为 14.7 万 m³/km²。

各行政分区、水资源分区平原区地下水资源量模数成果见表 5.4-1、表 5.4-2、图 5.4-1、图 5.4-2。

表 5.4-1　河南省行政分区平原区 2001—2016 年平均地下水资源量模数

行政分区	计算面积/ km²	降雨入渗补给量/ 亿 m³	地下水资源量/ 亿 m³	降水入渗补给量 模数/(万 m³/km²)	地下水资源量 模数/(万 m³/km²)
郑州市	1 506	1.805	2.812	12.0	18.7
开封市	5 444	5.735	7.548	10.5	13.9
洛阳市	1 454	1.519	4.343	10.4	29.9
平顶山市	1 744	1.881	2.749	10.8	15.8
安阳市	3 859	3.207	4.815	8.3	12.5
鹤壁市	1 191	0.800 7	1.834	6.7	15.4
新乡市	5 721	3.741	7.375	6.5	12.9
焦作市	2 353	2.055	4.456	8.7	18.9
濮阳市	3 604	3.263	6.738	9.1	18.7
许昌市	2 744	3.413	4.075	12.4	14.9
漯河市	2 371	3.329	3.373	14.0	14.2
三门峡市	314	0.336 5	0.405 8	10.7	12.9
南阳市	5 812	7.253	8.550	12.5	14.7
商丘市	9 416	12.86	13.38	13.7	14.2
信阳市	5 828	10.09	12.19	17.3	20.9
周口市	10 524	15.99	16.38	15.2	15.6

续表 5.4-1

行政分区	计算面积/km²	降雨入渗补给量/亿 m³	地下水资源量/亿 m³	降水入渗补给量模数/（万 m³/km²）	地下水资源量模数/（万 m³/km²）
驻马店市	9 509	15.77	16.53	16.6	17.4
济源市	269	0.215 4	0.912 7	8.0	33.9
全省	73 662	93.27	118.5	12.7	16.1

表 5.4-2　河南省水资源分区平原区 2001—2016 年平均地下水资源量模数

水资源分区		计算面积/km²	降雨入渗补给量/亿 m³	地下水资源量/亿 m³	降水入渗补给量模数/（万 m³/km²）	地下水资源量模数/（万 m³/km²）
海河	漳卫河平原	6 678	5.112	10.54	7.7	15.8
	徒骇马颊河	1 500	1.251	2.617	8.3	17.4
	小计	8 179	6.363	13.16	7.8	16.1
黄河	龙门至三门峡干流区间	314	0.336 5	0.405 8	10.7	12.9
	沁丹河	836	0.683 2	1.591	8.2	19.0
	伊洛河	1 408	1.488	4.138	10.6	29.4
	小浪底至花园口干流区间	989	0.815 1	2.018	8.2	20.4
	金堤河和天然文岩渠	6432	5.018	8.755	7.8	13.6
	花园口以下干流区间	1 113	0.957 3	1.486	8.6	13.3
	小计	11 092	9.298	18.39	8.4	16.6
淮河	王家坝以上北岸	10 969	18.33	19.50	16.7	17.8
	王家坝以上南岸	2 453	4.301	5.381	17.5	21.9
	王蚌区间北岸	27 711	36.96	41.52	13.3	15.0
	王蚌区间南岸	1 272	2.239	2.964	17.6	23.3
	蚌洪区间北岸	4 536	6.931	7.065	15.3	15.6
	南四湖区	1 526	1.446	1.790	9.5	11.7
	小计	48 469	70.21	78.22	14.5	16.1
长江	唐白河	5 922	7.400	8.707	12.5	14.7
全省		73 662	93.27	118.5	12.7	16.1

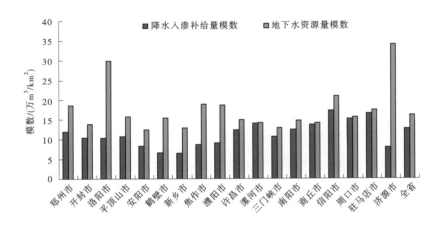

图 5.4-1　河南省行政分区平原区地下水资源量模数统计

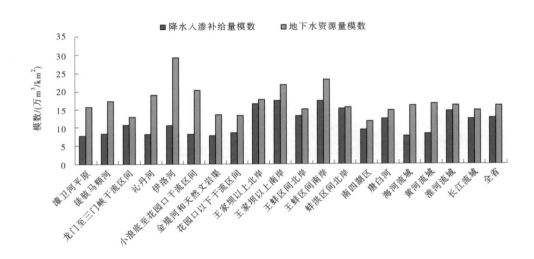

图 5.4-2　河南省水资源分区平原区地下水资源量模数统计

5.4.1.2　山丘区

河南省山丘区地下水资源量模数在 7 万~20 万 m^3/km^2,其中焦作市最大,为 20.0 万 m^3/km^2,其次鹤壁市、新乡市分别为 16.6 万 m^3/km^2、15.4 万 m^3/km^2,洛阳市最小为 7.3 万 m^3/km^2,其余地市在 7 万~15 万 m^3/km^2。

按流域分区,海河流域山丘区地下水资源量模数为 15.3 万 m^3/km^2,黄河流域为 7.9 万 m^3/km^2,淮河流域为 11.0 万 m^3/km^2,长江流域为 8.6 万 m^3/km^2。

一般来说,山丘区地下水资源量模数受岩溶发育影响程度较大,体现为岩溶山区地下水资源量模数明显高于一般山丘区。在岩溶发育程度高的太行山一带,鹤壁、新乡、焦作山丘区地下水资源量模数介于 15 万~20 万 m^3/km^2;岩溶发育程度一般的郑州以西山丘区地下水资源量模数在 10 万 m^3/km^2 左右。各行政分区、水资源分区山丘区地下水资源量模数成果见表 5.4-3、表 5.4-4、图 5.4-3、图 5.4-4。

表 5.4-3　河南省行政分区山丘区 2001—2016 年平均地下水资源量模数

行政分区	计算面积/km²	地下水资源量/亿 m³	地下水资源量模数/(万 m³/km²)
郑州市	5 732	5.427	9.5
开封市			
洛阳市	13 527	9.908	7.3
平顶山市	5 927	4.902	8.3
安阳市	2 969	3.885	13.1
鹤壁市	784	1.299	16.6
新乡市	1 560	2.409	15.4
焦作市	1 151	2.302	20.0
濮阳市			
许昌市	1 861	2.006	10.8
漯河市			
三门峡市	9 390	6.993	7.4
南阳市	19 905	17.21	8.6
商丘市			
信阳市	12 285	16.79	13.7
周口市			
驻马店市	4 200	4.846	11.5
济源市	1 588	1.640	10.3
全省	80 879	79.62	9.8

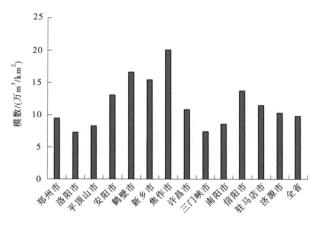

图 5.4-3　河南省行政分区山丘区地下水资源量模数统计

表 5.4-4　河南省水资源分区山丘区 2001—2016 年平均地下水资源量模数

水资源分区		计算面积/km²	地下水资源量/亿 m³	地下水资源量模数/（万 m³/km²）
海河	漳卫河山区	6 042	9.233	15.3
	小计	6 042	9.233	15.3
黄河	龙门至三门峡干流区间	3 660	3.013	8.2
	三门峡至小浪底区间	2 364	1.550	6.6
	沁丹河	427	0.838 3	19.6
	伊洛河	14 213	10.67	7.5
	小浪底至花园口干流区间	2 034	1.891	9.3
	小计	22 698	17.96	7.9
淮河	王家坝以上北岸	3 059	3.576	11.7
	王家坝以上南岸	10 417	11.52	11.1
	王蚌区间北岸	14 987	13.17	8.8
	王蚌区间南岸	2 797	6.187	22.1
	小计	31 260	34.45	11.0
长江	丹江口以上	7 238	5.608	7.7
	唐白河	12 696	11.25	8.9
	丹江口以下干流	525	0.366 3	7.0
	武汉至湖口左岸	420	0.749 6	17.8
	小计	20 879	17.97	8.6
全省		80 879	79.62	9.8

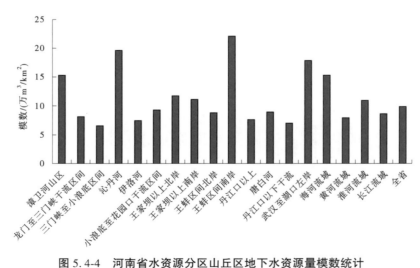

图 5.4-4　河南省水资源分区山丘区地下水资源量模数统计

5.4.2 平原区补排结构

5.4.2.1 补给结构

平原区各项补给量与降水、水文地质条件、植被、开发利用程度及用途、地下水位等因素有关。一般情况下,降水入渗补给量占比较大,地表水体补给量次之。降水量越大,包气带岩性含砂越多,降水入渗补给越多。地表水体补给量和山前侧向补给量受河道、渠道、湖库与地下水水位差及平原山区分界线两侧地下水水位差形成的水力坡度影响较大,水力坡度越大,补给量越大。

1. 行政分区

河南省平原区地下水补给量为 127.7 亿 m^3,其中降水入渗补给量、地表水体补给量、山前侧向补给量、井灌回归补给量分别为 93.27 亿 m^3、20.22 亿 m^3、4.988 亿 m^3、9.199 亿 m^3,占总补给量的比重分别为 73.0%、15.8%、3.9%、7.3%,见表 5.4-5、图 5.4-5。

表 5.4-5 河南省行政分区平原区 2001—2016 年多年平均浅层地下水补给量组成结构统计

行政分区	地下水补给量/亿 m^3					各分项占总补给量比重/%			
	降水入渗补给量	地表水体补给量	山前侧向补给量	井灌回归补给量	总补给量	降水入渗补给量	地表水体补给量	山前侧向补给量	井灌回归补给量
郑州市	1.805	0.875 7	0.131 0	0.261 5	3.073	58.7	28.5	4.3	8.5
开封市	5.735	1.813		0.991 9	8.540	67.2	21.2	0.0	11.6
洛阳市	1.519	2.823		0.176 7	4.519	33.6	62.5	0.0	3.9
平顶山市	1.881	0.346 6	0.521 0	0.216 6	2.966	63.4	11.7	17.6	7.3
安阳市	3.207	0.641 0	0.967 0	0.893 2	5.708	56.2	11.2	16.9	15.7
鹤壁市	0.800 7	0.643 5	0.390 0	0.284 4	2.119	37.8	30.4	18.4	13.4
新乡市	3.741	3.125	0.510 0	0.654 5	8.030	46.6	38.9	6.4	8.1
焦作市	2.055	1.692	0.709 0	0.655 7	5.112	40.2	33.1	13.9	12.8
濮阳市	3.263	3.475		0.397 6	7.136	45.7	48.7	0.0	5.6
许昌市	3.413	0.118 4	0.544 0	0.344	4.419	77.2	2.7	12.3	7.8
漯河市	3.329	0.044 0		0.248 9	3.622	91.9	1.2	0.0	6.9
三门峡市	0.336 5	0.069 3		0.016 5	0.422	79.7	16.4	0.0	3.9
南阳市	7.253	0.717 3	0.580 0	0.510 4	9.061	80.0	7.9	6.4	5.7
商丘市	12.86	0.522 6		1.177	14.56	88.3	3.6	0.0	8.1
信阳市	10.09	2.101		0.116 9	12.31	82.0	17.1	0.0	0.9
周口市	15.99	0.387 7		1.456	17.84	89.6	2.2	0.0	8.2
驻马店市	15.77	0.467 6	0.296 0	0.770 9	17.30	91.2	2.7	1.7	4.4
济源市	0.215 4	0.357 2	0.340 1	0.025 7	0.938 4	23.0	38.1	36.2	2.7
全省	93.27	20.22	4.988	9.199	127.7	73.0	15.8	3.9	7.3

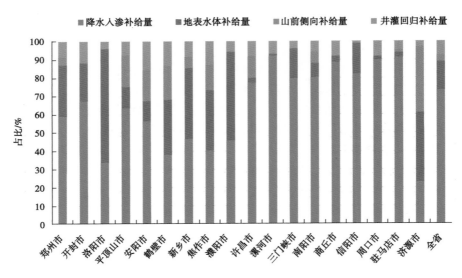

图 5.4-5　河南省行政分区平原区浅层地下水补给量组成结构

降水入渗补给量占总补给量比重较大的区域,主要分布在河南省南部和东部平原区,其中漯河市、驻马店市、周口市、商丘市、信阳市、南阳市降水入渗补给量占比均达到80%以上;北部则较小,济源市、洛阳市、鹤壁市、焦作市均在45%以下;其余地市在45%~80%。

地表水体补给量占总补给量比重各地市差异较大,其中洛阳市最大,为62.5%,其次濮阳市48.7%,漯河市最小,为1.2%,其余北部地市大多在20%~40%,南部地市大多在2%~20%。

2. 水资源分区

降水入渗补给量占总补给量比重最大的是淮河流域,为83.8%,其次长江流域为80.3%;海河流域、黄河流域占比相对较小,分别为43.0%、46.7%。

地表水体补给量占总补给量比重最大的是黄河流域,为42.4%,其次海河流域为30.5%;长江流域、淮河流域占比相对较小,分别为7.9%、7.8%,见表 5.4-6、图 5.4-6、图 5.4-7。

表 5.4-6　河南省水资源分区平原区 2001—2016 年多年平均浅层地下水补给量组成结构统计

水资源分区		地下水补给量/亿 m³					各分项占总补给量比重/%			
		降水入渗补给量	地表水体补给量	山前侧向补给量	井灌回归补给量	总补给量	降水入渗补给量	地表水体补给量	山前侧向补给量	井灌回归补给量
海河	漳卫河平原	5.112	3.155	2.269	1.370	11.91	42.9	26.5	19.1	11.5
	徒骇马颊河	1.251	1.366		0.283 8	2.901	43.1	47.1	0	9.8
	小计	6.363	4.521	2.269	1.654	14.81	43.0	30.5	15.3	11.2

续表 5.4-6

水资源分区		地下水补给量/亿 m³					各分项占总补给量比重/%			
		降水入渗补给量	地表水体补给量	山前侧向补给量	井灌回归补给量	总补给量	降水入渗补给量	地表水体补给量	山前侧向补给量	井灌回归补给量
黄河	龙门至三门峡干流区间	0.336 5	0.069 3		0.016 5	0.422 2	79.7	16.4	0	3.9
	沁丹河	0.683 2	0.437 2	0.471	0.267 3	1.859	36.8	23.5	25.3	14.4
	伊洛河	1.488	2.650		0.160 9	4.299	34.6	61.6	0	3.8
	小浪底至花园口干流区间	0.815 1	1.027	0.176	0.161 4	2.179	37.4	47.1	8.1	7.4
	金堤河和天然文岩渠	5.018	3.737		0.793 6	9.549	52.6	39.1	0.0	8.3
	花园口以下干流区间	0.957 4	0.528 4		0.112 7	1.599	59.9	33.0	0.0	7.1
	小计	9.298	8.448	0.647	1.512	19.91	46.7	42.4	3.2	7.7
淮河	王家坝以上北岸	18.33	0.774	0.396	0.763 3	20.26	90.5	3.8	2.0	3.7
	王家坝以上南岸	4.301	1.080		0.036 8	5.418	79.4	19.9	0	0.7
	王蚌区间北岸	36.96	3.467	1.096	3.993	45.51	81.2	7.6	2.4	8.8
	王蚌区间南岸	2.239	0.724 7		0.020 5	2.985	75.0	24.3	0	0.7
	蚌洪区间北岸	6.931	0.133 7		0.560 2	7.625	90.9	1.8	0	7.3
	南四湖区	1.446	0.343 5		0.145 7	1.935	74.7	17.8	0	7.5
	小计	70.21	6.524	1.492	5.520	83.74	83.8	7.8	1.8	6.6
长江	唐白河	7.400	0.726 9	0.580 0	0.512 9	9.220	80.3	7.9	6.3	5.5
全省		93.27	20.22	4.988	9.199	127.7	73.0	15.8	3.9	7.3

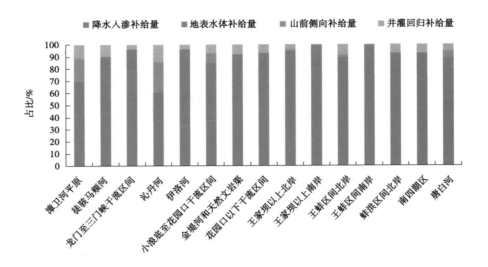

图 5.4-6　河南省水资源分区平原区浅层地下水补给量组成结构

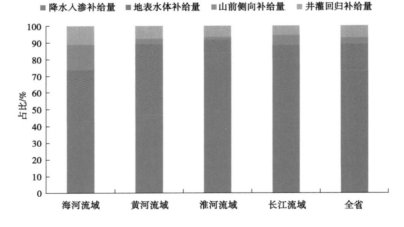

图 5.4-7　河南省四大流域平原区浅层地下水补给量组成结构

5.4.2.2　排泄结构

河南省平原区地下水排泄量主要为地下水开采量,排泄量构成主要受区域地下水开发利用程度、地下水埋深等因素影响。由于地下水的开发导致地下水位下降,从而导致潜水蒸发量和河道排泄量的减少,所以开发程度越高的地区,地下水开采量占总排泄量的比重越大,潜水蒸发量和河道排泄量占比越小。

1. 行政分区

河南省平原区地下水排泄量为 126.8 亿 m³,其中地下水开采量、潜水蒸发量、河道排泄量分别为 93.34 亿 m³、18.64 亿 m³、14.79 亿 m³,占总排泄量的比重分别为 73.6%、14.7%、11.7%,见表 5.4-7、图 5.4-8。

安阳市、鹤壁市、焦作市、三门峡市地下水开采量占总排泄量比重均为 100%,信阳市最小,为 8.7%,驻马店市为 39.2%,其余地市均在 69.1%~99.8%。

　　潜水蒸发量只存在于信阳市、驻马店市、濮阳市、周口市等地市局部地区,信阳市潜水蒸发量占总排泄量比重最大,为53.2%。

　　河道排泄量只存在于信阳市、驻马店市、平顶山市、漯河市等有河道流经且地下水埋深较小区域,信阳市河道排泄量占比最大,为38.1%。

　　2. 水资源分区

　　地下水开采量占总排泄量比重最大的是海河流域,为100%,淮河流域最小,为63.4%。潜水蒸发量占总排泄量比重最大的是淮河流域,为20.3%。河道排泄量占总排泄量比重最大的亦是淮河流域,为16.3%,见表5.4-8、图5.4-9、图5.4-10。

表 5.4-7　河南省行政分区平原区 2001—2016 年多年平均浅层地下水排泄量组成结构统计

行政分区	地下水排泄量/亿 m³				各分项占总排泄量比重/%		
	地下水开采量	潜水蒸发量	河道排泄量	总排泄量	地下水开采量	潜水蒸发量	河道排泄量
郑州市	2.848	0.011		2.859	99.6	0.4	0.0
开封市	8.129	0.515 5		8.644	94.0	6.0	0.0
洛阳市	3.63		0.347 6	3.978	91.3	0.0	8.7
平顶山市	2.628		0.747 3	3.375	77.9	0.0	22.1
安阳市	7.09			7.09	100.0	0	0
鹤壁市	2.505			2.505	100.0	0	0
新乡市	7.841	0.017 2		7.858	99.8	0.2	0
焦作市	5.348			5.348	100.0	0	0
濮阳市	5.806	1.419		7.224	80.4	19.6	0
许昌市	3.865		0.146 2	4.011	96.4	0	3.6
漯河市	2.877	0.254 5	0.838 3	3.97	72.5	6.4	21.1
三门峡市	0.370 1			0.370 1	100.0	0	0
南阳市	8.135	0.660 6	1.191	9.987	81.5	6.6	11.9
商丘市	11.87	0.793 7		12.66	93.8	6.2	0
信阳市	1.073	6.595	4.728	12.4	8.7	53.2	38.1
周口市	12.36	2.582	2.936	17.88	69.1	14.4	16.5
驻马店市	6.196	5.789	3.805	15.79	39.2	36.7	24.1
济源市	0.779 8		0.049 6	0.829 4	94.0	0	6.0
全省	93.34	18.64	14.79	126.8	73.6	14.7	11.7

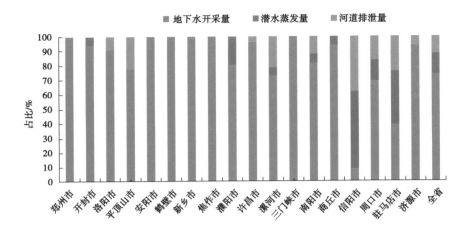

图 5.4-8　河南省行政分区平原区浅层地下水排泄量组成结构

表 5.4-8　河南省水资源分区平原区 2001—2016 年多年平均浅层地下水排泄量组成结构统计

水资源分区		地下水排泄量/亿 m³				各分项占总排泄量比重/%		
		地下水开采量	潜水蒸发量	河道排泄量	总排泄量	地下水开采量	潜水蒸发量	河道排泄量
海河	漳卫河平原	13.30			13.30	100.0	0	0
	徒骇马颊河	3.380			3.380	100.0	0	0
	小计	16.68			16.68	100.0	0	0
黄河	龙门至三门峡干流区间	0.370 1			0.370 0	100.0	0	0
	沁丹河	2.018			2.018	100.0	0	0
	伊洛河	3.442		0.301 6	3.743	92.0	0	8.0
	小浪底至花园口干流区间	2.128		0.095 6	2.224	95.7	0	4.3
	金堤河和天然文岩渠	8.259	1.040		9.299	88.8	11.2	0
	花园口以下干流区间	1.174	0.531 7		1.705	68.9	31.1	0
	小计	17.39	1.572	0.397 2	19.36	89.8	8.1	2.1
淮河	王家坝以上北岸	6.406	7.032	4.969	18.41	34.8	38.2	27.0
	王家坝以上南岸	0.351 9	3.822	1.754	5.928	5.9	64.5	29.6
	王蚌区间北岸	36.50	3.749	4.79	45.04	81.0	8.4	10.6
	王蚌区间南岸	0.166 8	0.948 4	1.643	2.759	6.0	34.4	59.6
	蚌洪区间北岸	5.954	0.785 8		6.740	88.3	11.7	0
	南四湖区	1.688			1.688	100.0	0	0
	小计	51.07	16.337	13.16	80.56	63.4	20.3	16.3
长江	唐白河	8.209	0.728 2	1.236	10.17	80.7	7.2	12.1
全省		93.34	18.64	14.79	126.8	73.6	14.7	11.7

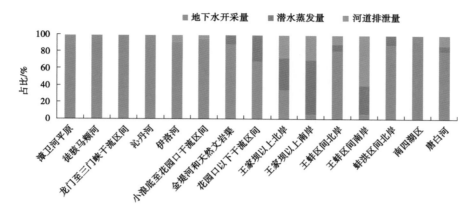

图 5.4-9　河南省水资源分区平原区浅层地下水排泄量组成结构

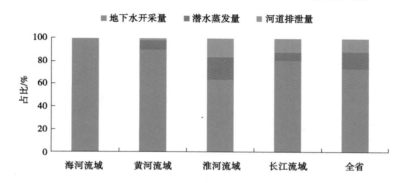

图 5.4-10　河南省四大流域平原区浅层地下水排泄量组成结构

5.4.3　山丘区排泄结构

山丘区各项排泄量占比影响因素复杂,与降水、水文地质条件、植被、开发利用程度及用途、地下水位等因素有关。一般情况下,河川基流和人工开采净消耗量在山丘区排泄量中占比较大。开发利用程度高的区域,河川基流占比较小;开发利用程度一般区域,河川基流占比较大。

5.4.3.1　行政分区

河南省山丘区地下水排泄量为 79.62 亿 m³,其中河川基流、人工开采净消耗量、山前侧向流出量分别为 58.69 亿 m³、15.94 亿 m³、4.988 亿 m³,占总排泄量的比重分别为 73.7%、20.0%、6.3%,见表 5.4-9、图 5.4-11。

河川基流占总排泄量的比重较大的有信阳市、三门峡市、南阳市、洛阳市,分别为 96.8%、86.9%、83.3%、79.5%,驻马店市、济源市、平顶山市在 60%～75%,焦作市最小为 26.5%,其余市在 30%～45%。

开采净消耗量占总排泄量的比重较大的有郑州市、新乡市、焦作市,分别为 58.3%、44.5%、42.7%;信阳市最小,为 3.2%,济源市次之,为 6.6%;其余市在 13%～45%。

表 5.4-9　河南省行政分区山丘区 2001—2016 年多年平均浅层地下水排泄量组成结构统计

行政分区	地下水排泄量/亿 m³				各分项占总排泄量比重/%		
	天然河川基流量	开采净消耗量	山前侧向流出量	合计	天然河川基流量	开采净消耗量	山前侧向流出量
郑州市	2.131	3.165	0.131 0	5.427	39.3	58.3	2.4
洛阳市	7.875	2.033	0	9.908	79.5	20.5	
平顶山市	3.123	1.258	0.521 0	4.902	63.7	25.7	10.6
安阳市	1.572	1.346	0.967 0	3.885	40.5	34.6	24.9
鹤壁市	0.415 2	0.494 2	0.390 0	1.299	32.0	38.0	30.0
新乡市	0.826 1	1.072	0.510 0	2.409	34.3	44.5	21.2
焦作市	0.609 5	0.983 8	0.709 0	2.302	26.5	42.7	30.8
许昌市	0.692 0	0.770 4	0.544 0	2.006	34.5	38.4	27.1
三门峡市	6.076	0.916 9	0	6.993	86.9	13.1	
南阳市	14.33	2.298	0.580 0	17.21	83.3	13.4	3.3
信阳市	16.26	0.533 4	0	16.79	96.8	3.2	
驻马店市	3.589	0.961 3	0.296 0	4.846	74.1	19.8	6.1
济源市	1.192	0.107 7	0.340 1	1.640	72.7	6.6	20.7
全省	58.69	15.94	4.988	79.62	73.7	20	6.3

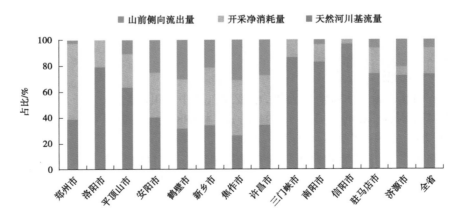

图 5.4-11　河南省行政分区山丘区浅层地下水排泄量组成结构

山前侧向流出量占比分布特征与平原区山前侧向补给量分布特征是一致的,主要分布在伏牛山脉、太行山脉、南阳盆地的山丘区与平原区交界地带。山前侧向流出量占总排泄量的比重最大为焦作市 30.8%，最小为郑州市 2.4%。

5.4.3.2　水资源分区

长江流域、淮河流域、黄河流域河川基流占总排泄量的比重较大，均达到 75% 以上，海河流域开采净消耗量占比较大，为 40.8%，见表 5.4-10、图 5.4-12、图 5.4-13。

表 5.4-10　河南省水资源分区山丘区 2001—2016 年多年平均浅层地下水排泄量组成结构统计

水资源分区		地下水排泄量/亿 m³				各分项占总排泄量比重/%		
		天然河川基流量	开采净消耗量	山前侧向流出量	合计	天然河川基流量	开采净消耗量	山前侧向流出量
海河	漳卫河山区	3.200	3.764	2.269	9.233	34.7	40.8	24.5
	小计	3.200	3.764	2.269	9.233	34.7	40.8	24.5
黄河	龙门至三门峡干流区间	2.438	0.575 2		3.013	80.9	19.1	
	三门峡至小浪底区间	1.334	0.216		1.550	86.1	13.9	
	沁丹河	0.246 9	0.120 3	0.471 1	0.838 3	29.5	14.4	56.1
	伊洛河	8.475	2.197		10.67	79.4	20.6	
	小浪底至花园口干流区间	1.069	0.646 4	0.176 0	1.891	56.5	34.2	9.3
	小计	13.56	3.755	0.647 1	17.96	75.5	20.9	3.6
淮河	王家坝以上北岸	2.494	0.685 8	0.396 0	3.576	69.7	19.2	11.1
	王家坝以上南岸	10.83	0.692 4		11.52	94.0	6.0	
	王蚌区间北岸	7.278	4.793	1.096	13.17	55.3	36.4	8.3
	王蚌区间南岸	6.011	0.176 2		6.187	97.2	2.8	
	小计	26.61	6.347	1.492	34.45	77.2	18.4	4.4
长江	丹江口以上	5.078	0.530 1		5.608	90.5	9.5	
	唐白河	9.221	1.444	0.580 0	11.25	82.0	12.8	5.2
	丹江口以下干流	0.266 7	0.099 6		0.366 3	72.8	27.2	
	武汉至湖口左岸	0.749 6			0.749 6	100		
	小计	15.32	2.074	0.580 0	17.97	85.2	11.5	3.3
全省		58.69	15.94	4.988	79.62	73.7	20.0	6.3

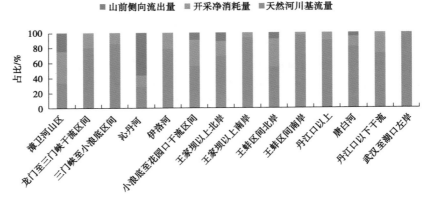

图 5.4-12　河南省水资源分区山丘区浅层地下水排泄量组成结构

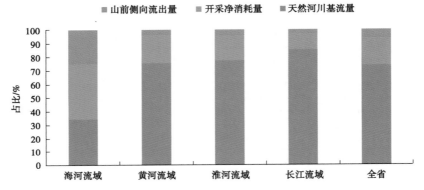

图 5.4-13　河南省四大流域山丘区浅层地下水排泄量组成结构

5.5　与第二次评价结果对比

5.5.1　变化情况

本次评价河南省地下水资源量 189.5 亿 m³,与第二次评价地下水资源量 196.0 亿 m³ 相比,减少了 6.490 亿 m³,偏少 3.3%,其中平原区减少了 6.025 亿 m³,山丘区减少了 3.490 亿 m³,见表 5.5-1、表 5.5-2,图 5.5-1~图 5.5-3。

5.5.1.1　行政分区

与第二次评价相比,地下水资源量变化幅度较大的市有濮阳市、郑州市、新乡市、济源市、许昌市和平顶山市,分别为增加 52.5%、减少 25.1%、减少 16.8%、增加 14.5%、减少 11.7%、减少 11.5%,其余市变幅均在 ±10% 以内。

5.5.1.2　水资源分区

与第二次评价相比,地下水资源量变化幅度较大的水资源分区有徒骇马颊河、王蚌区间南岸和三门峡至小浪底区间,分别为增加 101.7%、增加 33.5%、增加 20.1%,其余水资源分区变幅均在 ±20% 以内。

表 5.5-1　河南省行政分区地下水资源量成果对比

行政分区	本次评价（2001—2016 年）				第二次评价（1980—2000 年）				与第二次评价比较/%			
	降水量/mm	平原区地下水资源量/亿 m³	山丘区地下水资源量/亿 m³	分区地下水资源量/亿 m³	降水量/mm	平原区地下水资源量/亿 m³	山丘区地下水资源量/亿 m³	分区地下水资源量/亿 m³	降水量	平原区地下水资源量	山丘区地下水资源量	分区地下水资源量
郑州市	615.3	2.812	5.427	8.056	603.9	3.786	7.685	10.76	1.9	-25.7	-29.4	-25.1
开封市	613.3	7.548		7.548	628.7	8.347		7.789	-2.4	-9.6		-3.1
洛阳市	685.0	4.343	9.908	13.25	660.1	4.210	11.51	14.58	3.8	3.2	-13.9	-9.1
平顶山市	772.4	2.749	4.902	7.040	817.7	2.872	5.185	7.956	-5.5	-4.3	-5.5	-11.5
安阳市	575.5	4.815	3.885	7.536	543.0	4.145	4.015	6.969	6.0	16.2	-3.2	8.1
鹤壁市	579.0	1.834	1.299	2.319	579.1	1.204	1.253	2.097	0	52.3	3.7	10.6
新乡市	600.1	7.375	2.409	9.225	571.6	11.00	2.739	11.09	5.0	-33.0	-12.0	-16.8
焦作市	582.1	4.456	2.302	5.329	564.8	4.454	2.230	5.322	3.1	0	3.2	0.1
濮阳市	557.5	6.738		6.738	534.7	5.114		4.418	4.3	31.7		52.5
许昌市	682.4	4.075	2.006	5.467	692.4	4.184	2.339	6.190	-1.4	-2.6	-14.2	-11.7
漯河市	767.7	3.373		3.373	774.2	3.777		3.749	-0.8	-10.7		-10.0
三门峡市	674.3	0.405 8	6.993	7.370	663.5	0.224	6.850	7.074	1.6	80.8	2.1	4.2
南阳市	782.9	8.550	17.21	24.99	816.1	9.409	17.14	25.78	-4.1	-9.1	0.4	-3.1
商丘市	734.3	13.38		13.38	704.8	12.98		12.90	4.2	3.1		3.8
信阳市	1 057.6	12.19	16.79	28.34	1 118.5	13.05	17.03	29.48	-5.4	-6.6	-1.4	-3.9
周口市	762.8	16.38		16.38	753.3	17.12		16.92	1.3	-4.3		-3.2
驻马店市	868.0	16.53	4.846	21.07	884.3	17.71	3.818	21.15	-1.8	-6.7	26.9	-0.4
济源市	647.8	0.912 7	1.640	2.042	638.8	0.919	1.309	1.783	1.4	-0.7	25.3	14.5
全省	751.1	118.5	79.62	189.5	757.7	124.5	83.11	196.0	-0.9	-4.8	-4.2	-3.3

表 5.5-2　河南省水资源分区地下水资源量成果对比

	水资源分区	本次评价（2001—2016年）				第二次评价（1980—2000年）				与第二次评价比较/%			
		降水量/mm	平原区地下水资源量/亿m³	山丘区地下水资源量/亿m³	分区地下水资源量/亿m³	降水量/mm	平原区地下水资源量/亿m³	山丘区地下水资源量/亿m³	分区地下水资源量/亿m³	降水量	平原区地下水资源量	山丘区地下水资源量	分区地下水资源量
海河	漳卫河山区	639.0		9.233	9.233	611.2		9.530	9.530	4.6		-3.1	-3.1
	漳卫河平原	558.5	10.54		7.397	538.8	10.53		6.979	3.7	0.1		6.0
	徒骇马颊河	554.4	2.617		2.617	528.2	1.378		1.298	5.0	89.9		101.7
	小计	589.8	13.16	9.233	19.25	566.2	11.91	9.530	17.81	4.2	10.5	-3.1	8.1
黄河	龙门至三门峡区间	634.7	0.405 8	3.013	3.390	610.3	0.224 4	2.688	2.913	4.0	80.8	12.1	16.4
	三门峡至小浪底区间	649.5		1.550	1.550	662.1		1.290	1.290	-1.9		20.1	20.1
	沁丹河	583.4	1.592	0.838 0	1.709	555.4	1.609	0.836 1	1.845	5.0	-1.0	0.2	-7.3
	伊洛河	672.2	4.138	10.67	13.86	655.3	4.259	12.93	16.00	2.6	-2.8	-17.5	-13.4
	小浪底至花园口干流区间	602.2	2.018	1.891	3.196	578.3	1.753	1.867	3.132	4.1	15.1	1.3	2.0
	金堤河和天然文岩渠	568.6	8.755		8.755	542.0	10.70		8.804	4.9	-18.2		-0.6
	花园口以下干流区间	567.3	1.486		1.486	554.6	1.558		1.432	2.3	-4.6		3.8
	小计	630.5	18.39	17.96	33.95	611.8	20.10	19.61	35.41	3.1	-8.5	-8.4	-4.1

续表 5.5-2

水资源分区		本次评价（2001—2016 年）				第二次评价（1980—2000 年）				与第二次评价比较/%			
		降水量/mm	平原区地下水资源量/亿 m³	山丘区地下水资源量/亿 m³	分区地下水资源量/亿 m³	降水量/mm	平原区地下水资源量/亿 m³	山丘区地下水资源量/亿 m³	分区地下水资源量/亿 m³	降水量	平原区地下水资源量	山丘区地下水资源量	分区地下水资源量
淮河	王家坝以上北岸	893.8	19.50	3.576	22.66	905.4	20.51	2.936	22.90	-1.3	-4.9	21.8	-1.1
	王家坝以上南岸	1 040.0	5.381	11.52	16.62	1 110.6	6.085	14.34	20.09	-6.4	-11.6	-19.7	-17.3
	王蚌区间北岸	718.2	41.52	13.17	53.43	722.9	44.57	15.38	58.20	-0.6	-6.8	-14.4	-8.2
	王蚌区间南岸	1 128.1	2.964	6.187	8.796	1 175.5	3.285	3.465	6.588	-4.0	-9.8	78.6	33.5
	蚌洪区间南岸	766.7	7.065		7.065	732.3	6.809		6.769	4.7	3.8		4.4
	南四湖区	671.7	1.790		1.790	654.8	1.638		1.564	2.6	9.3		14.5
	小计	821.2	78.22	34.45	110.4	836.5	82.90	36.12	116.1	-1.8	-5.6	-4.6	-4.9
长江	丹江口以上	778.5		5.608	5.608	800.3		5.587	5.587	-2.7		0.4	0.4
	唐白河	772.9	8.707	11.25	19.18	829.3	9.593	11.17	19.99	-6.8	-9.2	0.7	-4.0
	丹江口以下干流	688.4		0.366 3	0.366 3	719.3		0.377 8	0.378	-4.3		-3.0	-3.0
	武汉至湖口左岸	1 180.0		0.749 6	0.749 6	1 284.1		0.714 0	0.714	-8.1		5.0	5.0
	小计	779.0	8.707	17.97	25.91	812.6	9.590	17.85	26.66	-4.1	-9.2	0.7	-2.8
全省		751.1	118.5	79.62	189.5	757.7	124.5	83.11	196.0	-0.9	-4.8	-4.2	-3.3

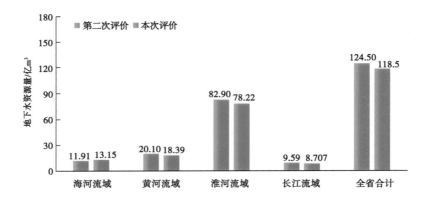

图 5.5-1　河南省平原区地下水资源量与第二次评价对比

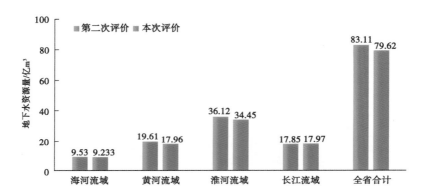

图 5.5-2　河南省山丘区地下水资源量与第二次评价对比

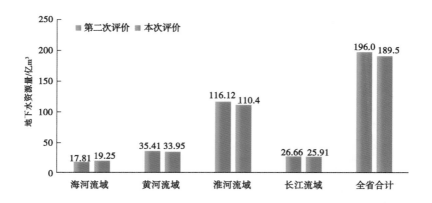

图 5.5-3　河南省地下水资源量与第二次评价对比

5.5.2　变化原因

5.5.2.1　降水量影响分析

将本次评价(2001—2016 年)与第二次评价(1980—2000 年)系列降水量进行对比,本次评价全省降水量为 751.1 mm,比第二次评价 757.7 mm 减少 0.9%。其中海河流域增加 4.2%,黄河流域增加 3.1%,淮河流域减少 1.8%,长江流域减少 4.1%。

将本次评价(2001—2016 年)与第二次评价(1980—2000 年)系列地下水资源量进行对比,本次评价全省地下水资源量为 189.5 亿 m³,比第二次评价 196.0 亿 m³ 减少 3.3%。其中海河流域增加 8.1%,黄河流域减少 4.1%,淮河流域减少 4.9%,长江流域减少 2.8%。说明地下水资源量变化与降水变化有一定相关性,但不完全与降水有关,还受开发利用等其他因素的影响。

5.5.2.2　平原区地下水资源量变化原因分析

本次评价,河南省平原区地下水资源量比第二次评价减少了 4.8%,主要原因是地下水开采增加引起水位下降,降水入渗系数 α 值变小,加之降水减少、城镇化引起的不透水面积增加,造成降水入渗量减少 7.69 亿 m³,减幅 7.6%。其中,新乡市、济源市和平顶山市减少幅度较大,分别减少 35.4%、34.8% 和 29.2%,见表 5.5-3。

受山前平原区地下水水位下降影响,水力坡度加大,山前侧向流入量增加 1.136 亿 m³,增幅 29.5%。其中,平顶山市、郑州市和许昌市增加幅度较大,分别增加 619.6%、122.0% 和 118.7%。

受河道内外地下水渗漏水力坡度增加和补源工程的影响,地表水体补给量增加 0.529 6 亿 m³,增幅 2.7%。其中,鹤壁市、平顶山市、濮阳市和商丘市增加幅度较大,分别增加 551.3%、144.3%、121.0% 和 110.0%。

另外,单一平原区的计算方法与二次评价有所不同。第二次评价的单一平原区地下水资源量扣除了山丘区河川基流形成的地表水体补给量,本次评价则不予扣除,由此而引起濮阳、开封、商丘、周口等市地下水资源量有所变化。

5.5.2.3　山丘区地下水资源量变化原因分析

本次评价,河南省山丘区地下水资源量比第二次评价减少了 4.2%。其减少的主要原因是河川基流量较第二次评价有所减少,减少 6.52 亿 m³,减幅 10.0%。其中,许昌市、郑州市、安阳市和新乡市减少幅度较大,分别为 39.6%、33.5%、28.9% 和 27.1%,见表 5.5-4。

受经济社会发展,山丘区地下水开采量也越来越大,开采净消耗量较第二次评价增加 1.89 亿 m³,增幅 13.5%。其中,驻马店市、南阳市、安阳市和三门峡市增幅较大,分别增加 261.8%、118.7%、49.7% 和 48.8%。

表 5.5.3　河南省平原区地下水资源量成果对比

单位：亿 m³

分区	本次评价（2001—2016年）				第二次评价（1980—2000年）				与第二次评价比较/%			
	降水入渗补给量	地表水体补给量	山前侧向补给量	平原区地下水资源源量	降水入渗补给量	地表水体补给量	山前侧向补给量	平原区地下水资源源量	降水入渗补给量	地表水体补给量	山前侧向补给量	平原区地下水资源量
郑州市	1.805	0.875 7	0.131 0	2.812	2.249	1.477	0.059 0	3.786	-19.8	-40.7	122.0	-25.7
开封市	5.735	1.813		7.548	7.089	1.259		8.347	-19.1	44.1		-9.6
洛阳市	1.519	2.823		4.343	1.541	2.669		4.210	-1.4	5.8		3.2
平顶山市	1.881	0.346 6	0.521 0	2.749	2.658	0.141 9	0.072 4	2.872	-29.2	144.3	619.6	-4.3
安阳市	3.207	0.641	0.967 0	4.815	2.747	0.494 2	0.903 8	4.145	16.7	29.7	7.0	16.2
鹤壁市	0.800 7	0.643 5	0.390 0	1.834	0.805 3	0.098 8	0.300 1	1.204	-0.6	551.3	30.0	52.3
新乡市	3.741	3.125	0.510 0	7.375	5.787	4.658	0.556 0	11.00	-35.4	-32.9	-8.3	-33.0
焦作市	2.055	1.692	0.709 0	4.456	2.204	1.655	0.594 8	4.454	-6.8	2.2	19.2	0.0
濮阳市	3.263	3.475		6.738	3.542	1.572		5.114	-7.9	121.0		31.7
许昌市	3.413	0.118 4	0.544 0	4.075	3.637	0.298 7	0.248 7	4.184	-6.2	-60.4	118.7	-2.6
漯河市	3.329	0.044		3.373	3.624	0.152 1		3.777	-8.2	-71.1		-10.7
三门峡市	0.336 5	0.069 3		0.405 8	0.224 4			0.224 4	50.0			80.8
南阳市	7.253	0.717 3	0.580 0	8.550	7.997	0.866 7	0.545 2	9.409	-9.3	-17.2	6.4	-9.1
商丘市	12.86	0.522 6		13.38	12.73	0.248 9		12.98	1.0	110.0		3.1
信阳市	10.09	2.101		12.19	10.78	2.262		13.05	-6.4	-7.1		-6.6
周口市	15.99	0.387 7		16.38	16.15	0.970 3		17.12	-1.0	-60.0		-4.3
驻马店市	15.77	0.467 6	0.296 0	16.53	16.86	0.595 3	0.254 7	17.71	-6.5	-21.5	16.2	-6.7
济源市	0.215 4	0.357 2	0.340 1	0.912 7	0.330 4	0.272 1	0.316 3	0.918 8	-34.8	31.3	7.5	-0.7
全省	93.26	20.22	4.988	118.5	101.0	19.69	3.851	124.5	-7.6	2.7	29.5	-4.8
海河	6.363	4.521	2.269	13.16	6.626	3.190	2.096	11.91	-4.0	41.7	8.2	10.5
黄河	9.298	8.449	0.647 1	18.39	11.10	8.425	0.574 7	20.10	-16.3	0.3	12.6	-8.5
淮河	70.21	6.523	1.492	78.22	75.07	7.195	0.634 8	82.89	-6.5	-9.3	135.0	-5.6
长江	7.400	0.726 9	0.580 0	8.707	8.168	0.880 2	0.545 2	9.593	-9.4	-17.4	6.4	-9.2

单位:亿 m³

表 5.5-4　河南省山丘区地下水资源量成果对比

分区	本次评价(2001—2016年)				第二次评价(1980—2000年)				与第二次评价比较/%			
	河川基流量	山前侧向流出量	开采净耗量	山丘区地下水资源量	河川基流量	山前侧向流出量	开采净耗量	山丘区地下水资源量	河川基流量	山前侧向流出量	开采净耗量	山丘区地下水资源量
郑州市	2.131	0.131 0	3.165	5.427	3.204	0.059 0	4.422	7.685	-33.5	122.0	-28.4	-29.4
开封市												
洛阳市	7.875		2.033	9.908	9.734		1.781	11.51	-19.1		14.2	-13.9
平顶山市	3.123	0.521 0	1.258	4.902	4.079	0.072 4	1.033	5.185	-23.4	619.6	21.7	-5.5
安阳市	1.572	0.967 0	1.346	3.885	2.212	0.903 8	0.899 4	4.015	-28.9	7.0	49.7	-3.2
鹤壁市	0.415 2	0.390 0	0.494 2	1.299	0.481 5	0.300 1	0.471 6	1.253	-13.8	30.0	4.8	3.7
新乡市	0.826 1	0.510 0	1.072	2.409	1.133	0.556 0	1.050	2.739	-27.1	-8.3	2.1	-12.0
焦作市	0.609 5	0.709 0	0.983 8	2.302	0.778 8	0.594 8	0.856 4	2.230	-21.7	19.2	14.9	3.2
濮阳市												
许昌市	0.692	0.544 0	0.770 4	2.006	1.145	0.248 7	0.945 1	2.339	-39.6	118.7	-18.5	-14.2
漯河市												
三门峡市	6.076		0.916 9	6.993	6.234		0.616 2	6.850	-2.5		48.8	2.1
南阳市	14.33	0.580 0	2.298	17.21	15.55	0.545 2	1.051	17.14	-7.8	6.4	118.7	0.4
商丘市												
信阳市	16.26		0.533 4	16.79	16.47		0.564 0	17.03	-1.2		-5.4	-1.4
周口市												
驻马店市	3.589	0.296 0	0.961 3	4.846	3.297	0.254 7	0.265 7	3.818	8.8	16.2	261.8	26.9
济源市	1.192	0.340 1	0.107 7	1.640	0.900	0.316 3	0.092 4	1.309	32.5	7.5	16.6	25.3
全省	58.69	4.988	15.94	79.62	65.21	3.851	14.05	83.11	-10.0	29.5	13.5	-4.2
海河	3.200	2.269	3.764	9.233	4.299	2.096	3.135	9.530	-25.6	8.2	20.1	-3.1
黄河	13.56	0.647 1	3.755	17.96	15.41	0.574 7	3.621	19.61	-12.0	12.6	3.7	-8.4
淮河	26.61	1.492	6.347	34.45	29.31	0.634 8	6.171	36.12	-9.2	135.0	2.9	-4.6
长江	15.32	0.580 0	2.074	17.97	16.18	0.545 2	1.122	17.85	-5.4	6.4	84.9	0.7

5.6　重点流域地下水资源量

按照大纲要求,在全省地下水资源量评价的基础上,对河南省各重点流域地下水资源量进行了评价。河南省各重点流域2001—2016年多年平均地下水资源量见表5.6-1。

表5.6-1　重点流域2001—2016年平均地下水资源量　　　　　单位:亿 m³

重点流域	山丘区地下水资源量	平原区地下水资源量	平原区与山丘区之间地下水重复量	分区地下水资源量
卫河	8.279	10.54	3.142	15.67
徒骇马颊河		2.617		2.617
伊洛河	10.67	4.138	0.944 7	13.86
沁河	0.838 3	1.592	0.720 7	1.709
洪汝河	3.440	14.19	0.300 8	17.33
史灌河	6.187	2.964	0.355 1	8.796
沙颍河	13.17	25.96	0.846 0	38.28
涡河		15.56	0.410 8	15.15
新汴河		4.155		4.155
包浍河		2.910		2.910
丹江	5.975			5.975
唐白河	11.25	8.707	0.772 7	19.18

第 6 章　水资源总量和可利用量

　　水资源总量是指当地降水形成的地表和地下产水量,即地表径流量与降水入渗补给量之和。可由地表水资源量加上地下水资源与地表水资源的不重复量求得。地下水资源与地表水资源的不重复量是降水入渗补给量扣除降水补给量形成的基流量。

　　水资源总量评价在完成地表水资源量和地下水资源量评价、分析地表水和地下水之间相互转化关系的基础上进行。本次评价提出水资源三级区套地级行政区 1956—2016 年水资源总量系列评价成果,进一步提出各级行政分区、水资源分区和重点流域 1956—2016 年水资源总量系列评价成果;分别计算各级行政分区、水资源分区年水资源总量特征值,包括统计参数(均值、C_v 值、C_s/C_v 值)及不同频率($P = 20\%$、50%、75%、95%)的年水资源总量,分析水资源总量的时空变化特征。

6.1　水资源总量

6.1.1　分区水资源总量

6.1.1.1　计算方法

　　分区水资源总量可采用下式计算:

$$W = R_s + P_r = R + P_r - R_g = R + Q_{不重复量}$$

式中　　W——水资源总量;

　　　　R_s——地表径流量(河川径流量与河川基流量之差);

　　　　P_r——降水入渗补给量(山丘区用地下水总排泄量代替);

　　　　R——河川径流量(地表水资源量);

　　　　R_g——河川基流量(平原区为降水入渗补给量形成的河道排泄量);

　　　　$Q_{不重复量}$——地下水资源与地表水资源的不重复量,即降水入渗补给量扣除河川基流量。

6.1.1.2　行政分区

　　1956—2016 年系列河南省多年平均水资源总量 389.2 亿 m³,1956—2000 年系列多年平均水资源总量 400.0 亿 m³,1980—2016 年系列多年平均水资源总量 372.6 亿 m³。不同系列水资源总量见表 6.1-1。

6.1.1.3　水资源分区

　　1956—2016 年系列多年平均水资源总量海河流域为 25.88 亿 m³,黄河流域为 55.06 亿 m³,淮河流域为 236.3 亿 m³,长江流域为 71.97 亿 m³;1956—2000 年系列多年平均水资源总量海河、黄河、淮河、长江流域分别为 27.02 亿 m³、56.25 亿 m³、242.2 亿 m³、74.55 亿 m³;1980—2016 年系列多年平均水资源总量海河、黄河、淮河、长江流域分别为 22.16

亿 m³、51.58 亿 m³、230.1 亿 m³、68.78 亿 m³，见表 6.1-2。

表 6.1-1　河南省行政分区水资源总量特征值

行政分区	计算面积/ km²	统计年限	年数	统计参数			不同频率水资源总量/亿 m³			
				年均值/ 亿 m³	C_v	C_s/C_v	20%	50%	75%	95%
郑州市	7 533	1956—2016	61	11.66	0.42	3.5	12.54	8.740	6.740	5.107
		1956—2000	45	12.02	0.44	3.5	13.12	8.998	6.829	5.059
		1980—2016	37	10.89	0.38	3.5	11.48	8.293	6.478	4.902
开封市	6 261	1956—2016	61	10.02	0.39	2.0	12.51	9.102	6.859	4.428
		1956—2000	45	10.17	0.42	2.0	12.97	9.238	6.776	4.108
		1980—2016	37	9.530	0.34	2.0	11.48	8.679	6.833	4.679
洛阳市	15 229	1956—2016	61	27.46	0.45	3.5	36.99	25.14	19.02	14.30
		1956—2000	45	28.52	0.45	3.5	38.08	25.88	19.58	14.73
		1980—2016	37	25.21	0.45	3.5	34.45	23.41	17.71	13.32
平顶山市	7 909	1956—2016	61	18.54	0.57	2.5	26.97	16.79	11.21	6.396
		1956—2000	45	19.29	0.64	2.5	28.69	16.79	10.65	5.918
		1980—2016	37	17.89	0.55	3.0	25.12	15.69	11.13	7.686
安阳市	7 354	1956—2016	61	12.12	0.40	2.5	15.81	11.35	8.584	5.723
		1956—2000	45	12.55	0.44	2.5	16.64	11.56	8.466	5.484
		1980—2016	37	10.55	0.32	2.0	13.26	10.22	8.122	5.656
鹤壁市	2 137	1956—2016	61	3.585	0.58	2.0	5.103	3.190	2.047	1.007
		1956—2000	45	3.808	0.62	2.0	5.532	3.360	2.061	0.880 5
		1980—2016	37	2.892	0.41	2.0	3.817	2.738	2.027	1.256
新乡市	8 249	1956—2016	61	12.05	0.48	2.0	16.45	11.13	7.831	4.417
		1956—2000	45	12.58	0.50	2.0	17.37	11.58	7.990	4.278
		1980—2016	37	10.47	0.46	2.0	14.18	9.745	6.952	3.967
焦作市	4 001	1956—2016	61	7.831	0.31	2.0	9.963	7.736	6.201	4.395
		1956—2000	45	8.030	0.32	2.0	10.27	7.915	6.293	4.383
		1980—2016	37	7.210	0.31	2.0	9.307	7.226	5.793	4.105
濮阳市	4 188	1956—2016	61	4.617	0.58	2.5	5.993	3.684	2.468	1.475
		1956—2000	45	4.566	0.58	2.5	6.007	3.693	2.474	1.479
		1980—2016	37	4.373	0.58	2.5	5.643	3.469	2.324	1.389

续表 6.1-1

行政分区	计算面积/ km²	统计年限	年数	统计参数			不同频率水资源总量/亿 m³			
				年均值/ 亿 m³	C_v	C_s/C_v	20%	50%	75%	95%
许昌市	4 979	1956—2016	61	8.402	0.47	3.5	10.46	6.995	5.207	3.828
		1956—2000	45	8.538	0.52	3.5	10.68	6.845	5.012	3.762
		1980—2016	37	8.318	0.40	3.5	10.17	7.226	5.610	4.215
漯河市	2 694	1956—2016	61	5.854	0.55	2.0	7.551	4.835	3.182	1.589
		1956—2000	45	5.860	0.57	2.0	7.613	4.805	3.096	1.448
		1980—2016	37	6.007	0.57	3.0	7.540	4.635	3.230	2.168
三门峡市	9 937	1956—2016	61	16.76	0.49	3.5	22.22	14.57	10.87	8.070
		1956—2000	45	17.19	0.52	3.5	22.96	14.72	10.78	8.091
		1980—2016	37	16.05	0.45	3.0	21.23	14.50	10.80	7.619
南阳市	26 509	1956—2016	61	69.35	0.51	2.5	93.86	61.30	42.74	26.64
		1956—2000	45	71.65	0.51	2.5	97.02	63.36	44.18	27.53
		1980—2016	37	66.65	0.51	2.5	90.15	58.88	41.06	25.59
商丘市	10 700	1956—2016	61	19.15	0.42	3.5	24.01	16.74	12.91	9.781
		1956—2000	45	19.52	0.45	3.5	24.96	16.96	12.83	9.652
		1980—2016	37	17.81	0.34	3.5	21.49	16.11	12.89	9.960
信阳市	18 908	1956—2016	61	85.45	0.47	2.0	116.1	79.21	55.98	31.15
		1956—2000	45	87.84	0.47	2.0	119.1	81.27	57.43	31.96
		1980—2016	37	84.87	0.47	2.0	115.5	78.80	55.69	30.99
周口市	11 959	1956—2016	61	24.51	0.52	2.5	34.02	22.05	15.23	9.306
		1956—2000	45	24.81	0.54	2.5	34.64	22.06	15.17	9.219
		1980—2016	37	23.77	0.46	3.5	31.50	21.24	15.94	11.85
驻马店市	15 095	1956—2016	61	48.64	0.58	2.0	70.37	43.99	28.22	13.88
		1956—2000	45	49.70	0.58	2.0	72.22	45.15	28.96	14.25
		1980—2016	37	47.11	0.58	2.0	67.87	42.43	27.22	13.39
济源市	1 894	1956—2016	61	3.233	0.39	2.0	4.572	3.328	2.508	1.619
		1956—2000	45	3.343	0.42	2.5	4.766	3.361	2.506	1.681
		1980—2016	37	2.975	0.40	2.0	4.231	3.057	2.283	1.445
全省	165 536	1956—2016	61	389.2	0.42	2.5	510.2	359.8	268.3	180.0
		1956—2000	45	400.0	0.44	2.5	530.2	368.3	269.7	174.7
		1980—2016	37	372.6	0.39	2.5	483.0	349.3	266.5	180.8

表 6.1-2 河南省水资源分区水资源总量特征值

水资源分区	水资源三级区	计算面积/km²	统计年限	年数	年均值/亿m³	C_v	C_s/C_v	20%	50%	75%	95%
					统计参数			不同频率水资源总量/亿m³			
海河	漳卫河山区	6 042	1956—2016	61	14.62	0.42	3.0	19.04	13.34	10.08	7.250
			1956—2000	45	15.45	0.46	3.0	20.50	13.89	10.26	7.135
			1980—2016	37	12.19	0.40	3.5	15.65	11.12	8.629	6.483
	漳卫河平原	7 589	1956—2016	61	9.570	0.50	2.0	13.21	8.804	6.077	3.254
			1956—2000	45	9.876	0.54	2.0	13.82	8.916	5.930	3.050
			1980—2016	37	8.380	0.49	2.0	11.50	7.723	5.382	2.960
	徒骇马颊河	1 705	1956—2016	61	1.692	0.66	2.5	2.044	1.170	0.747 0	0.428 0
			1956—2000	45	1.690	0.66	2.5	2.040	1.168	0.745 5	0.427 0
			1980—2016	37	1.590	0.61	2.5	1.911	1.148	0.746 0	0.418 0
	小计	15 336	1956—2016	61	25.88	0.45	2.5	34.49	23.78	17.26	10.97
			1956—2000	45	27.02	0.49	2.5	36.68	24.50	17.22	10.60
			1980—2016	37	22.16	0.32	2.0	27.83	21.45	17.05	11.87
黄河	龙门至三门峡干流区间	4 207	1956—2016	61	6.357	0.38	3.5	8.045	5.812	4.540	3.436
			1956—2000	45	6.542	0.38	3.5	8.290	5.990	4.679	3.541
			1980—2016	37	6.048	0.38	3.5	7.665	5.538	4.326	3.274
	三门峡至小浪底区间	2 364	1956—2016	61	2.797	0.36	2.5	3.867	2.865	2.232	1.556
			1956—2000	45	2.891	0.36	2.5	4.006	2.967	2.313	1.612
			1980—2016	37	2.580	0.36	2.5	3.554	2.632	2.051	1.430
	沁丹河	1 377	1956—2016	61	2.627	0.46	3.0	3.204	2.171	1.604	1.115
			1956—2000	45	2.701	0.47	3.0	3.313	2.227	1.631	1.118
			1980—2016	37	2.433	0.45	3.0	2.980	2.035	1.517	1.070
	伊洛河	15 813	1956—2016	61	26.96	0.48	3.5	34.82	23.02	17.31	12.99
			1956—2000	45	27.61	0.48	3.5	35.65	23.57	17.72	13.30
			1980—2016	37	25.32	0.48	3.5	32.82	21.70	16.31	12.24
	小浪底至花园口干流	3 415	1956—2016	61	5.123	0.42	3.0	7.015	4.891	3.772	2.858
			1956—2000	45	5.180	0.38	3.0	6.827	4.965	3.830	2.737
			1980—2016	37	4.767	0.43	3.5	6.754	4.671	3.574	2.678

续表 6.1-2

水资源分区	水资源三级区	计算面积/km²	统计年限	年数	统计参数			不同频率水资源总量/亿 m³			
					年均值/亿 m³	C_v	C_s/C_v	20%	50%	75%	95%
黄河 花园口以下	金堤河和天然文岩渠	7 309	1956—2016	61	9.129	0.50	2.0	13.05	8.703	6.007	3.216
			1956—2000	45	9.137	0.50	2.0	13.46	8.974	6.194	3.317
			1980—2016	37	8.569	0.50	2.0	11.94	7.963	5.496	2.943
	干流区间	1 679	1956—2016	61	2.066	0.45	2.0	3.042	2.107	1.517	0.886 5
			1956—2000	45	2.182	0.45	2.0	3.201	2.217	1.596	0.933 0
			1980—2016	37	1.866	0.45	2.0	2.754	1.907	1.373	0.803 0
	小计	36 164	1956—2016	61	55.06	0.45	3.0	72.65	49.61	36.97	26.07
			1956—2000	45	56.25	0.46	3.0	74.62	50.56	37.36	25.98
			1980—2016	37	51.58	0.41	3.0	67.02	47.56	35.93	25.35
淮河 淮河上游（王家坝以上）	王家坝以上北岸	15 613	1956—2016	61	52.01	0.56	2.0	74.02	47.06	30.64	14.82
			1956—2000	45	52.44	0.56	2.0	74.93	47.64	31.02	15.00
			1980—2016	37	51.26	0.56	2.0	72.69	46.21	30.10	14.56
	王家坝以上南岸	13 205	1956—2016	61	57.67	0.48	2.0	78.37	53.01	37.30	21.04
			1956—2000	45	60.62	0.48	2.0	80.20	55.60	39.12	22.07
			1980—2016	37	56.21	0.48	2.0	76.57	51.80	36.45	20.56
淮河中游（王家坝至洪泽湖出口）	王蚌区间北岸	46 477	1956—2016	61	91.63	0.46	3.5	119.4	80.48	60.40	44.92
			1956—2000	45	93.89	0.48	3.5	122.6	81.07	60.95	45.75
			1980—2016	37	88.06	0.42	3.5	112.7	78.59	60.60	45.92
	王蚌区间南岸	4 243	1956—2016	61	22.55	0.49	2.0	31.35	21.06	14.67	8.069
			1956—2000	45	22.42	0.49	2.0	31.15	20.92	14.58	8.017
			1980—2016	37	23.05	0.49	3.0	31.25	20.61	15.00	10.42
	蚌洪区间北岸	5 155	1956—2016	61	10.02	0.42	2.5	12.63	8.905	6.640	4.455
			1956—2000	45	10.34	0.42	2.5	13.08	9.223	6.877	4.614
			1980—2016	37	9.112	0.42	3.0	11.44	8.012	6.056	4.359

续表 6.1-2

水资源分区		水资源三级区	计算面积/km²	统计年限	年数	统计参数			不同频率水资源总量/亿m³			
						年均值/亿m³	C_v	C_s/C_v	20%	50%	75%	95%
淮河	沂沭泗河	南四湖区	1 734	1956—2016	61	2.449	0.52	3.5	3.274	2.099	1.536	1.154
				1956—2000	45	2.440	0.52	3.5	3.437	2.203	1.613	1.211
				1980—2016	37	2.362	0.52	3.5	2.932	1.879	1.376	1.033
		小计	86 427	1956—2016	61	236.3	0.43	2.5	311.5	218.0	161.1	106.3
				1956—2000	45	242.2	0.43	2.5	319.2	223.4	165.1	108.9
				1980—2016	37	230.1	0.43	3.0	301.3	209.3	156.9	111.3
长江	汉江	丹江口以上	7 238	1956—2016	61	17.82	0.63	2.5	25.47	15.03	9.632	5.475
				1956—2000	45	18.42	0.63	2.5	26.34	15.54	9.961	5.662
				1980—2016	37	17.02	0.63	2.5	24.31	14.34	9.193	5.225
		唐白河	19 426	1956—2016	61	50.67	0.54	2.5	69.02	43.96	30.22	18.37
				1956—2000	45	52.52	0.54	2.5	71.60	45.61	31.36	19.06
				1980—2016	37	48.39	0.54	2.5	65.78	41.90	28.81	17.51
		丹江口以下干流	525	1956—2016	61	0.964 7	0.68	2.0	1.403	0.791	0.494 5	0.270 5
				1956—2000	45	1.006	0.65	2.0	1.484	0.873	0.525 0	0.222 5
				1980—2016	37	0.928 8	0.65	2.0	1.368	0.805	0.483 5	0.205 0
	宜昌至湖口	武汉至湖口左岸	420	1956—2016	61	2.513	0.45	2.0	3.383	2.343	1.687	0.986 0
				1956—2000	45	2.601	0.45	2.0	3.502	2.425	1.747	1.021
				1980—2016	37	2.447	0.47	2.0	3.332	2.274	1.607	0.894 0
		小计	27 609	1956—2016	61	71.97	0.46	2.5	96.15	65.68	47.47	30.92
				1956—2000	45	74.55	0.45	2.5	99.38	68.51	49.73	31.61
				1980—2016	37	68.78	0.50	2.5	93.54	61.56	43.33	27.51
全省			165 536	1956—2016	61	389.2	0.42	2.5	510.2	359.8	268.3	180.0
				1956—2000	45	400.0	0.44	2.5	530.2	368.3	269.7	174.7
				1980—2016	37	372.6	0.39	2.5	483.0	349.3	266.5	180.8

6.1.1.4　与二次评价成果对比

1. 行政分区

本次评价 1956—2016 年系列,全省多年平均水资源总量为 389.2 亿 m^3,与第二次评价成果(403.5 亿 m^3)相比,减少 14.33 亿 m^3,减少幅度 3.6%。其中 5 个地市水资源总量有所增加,分别是济源市增加 4.0%、焦作市增加 3.7%、三门峡市增加 3.5%、南阳市增加1.3%、平顶山市增加 1.1%。其余 13 个市均有不同程度的减少,其中减少幅度较大的依次为新乡市减少 19.0%;濮阳市减少 18.7%;开封市减少 12.7%;郑州市减少 11.6%。其他市减幅均在 10%以内。

本次评价 1956—2000 年系列,全省多年平均水资源总量为 400.0 亿 m^3,较第二次评价减少 3.561 亿 m^3,减少幅度 0.9%。见表 6.1-3。

表 6.1-3　行政分区水资源总量成果对比

行政分区	第二次评价/亿 m^3	1956—2000 年			1956—2016 年		
		本次评价/亿 m^3	与第二次评价比较		本次评价/亿 m^3	与第二次评价比较	
			增减/亿 m^3	幅度/%		增减/亿 m^3	幅度/%
郑州市	13.18	12.02	-1.160	-8.8	11.66	-1.524	-11.6
开封市	11.48	10.17	-1.314	-11.4	10.02	-1.460	-12.7
洛阳市	28.43	28.52	0.087 6	0.3	27.46	-0.969 4	-3.4
平顶山市	18.34	19.29	0.948 2	5.2	18.54	0.203 2	1.1
安阳市	13.04	12.55	-0.481 5	-3.7	12.12	-0.915 2	-7.0
鹤壁市	3.704	3.808	0.104 8	2.8	3.59	-0.113 5	-3.1
新乡市	14.88	12.58	-2.297	-15.4	12.05	-2.830	-19.0
焦作市	7.554	8.030	0.476 9	6.3	7.831	0.277 5	3.7
濮阳市	5.678	4.566	-1.112	-19.6	4.617	-1.061	-18.7
许昌市	8.799	8.538	-0.260 9	-3.0	8.402	-0.397 0	-4.5
漯河市	6.402	5.860	-0.541 7	-8.5	5.854	-0.548 0	-8.6
三门峡市	16.19	17.19	0.993 8	6.1	16.76	0.566 7	3.5
南阳市	68.43	71.65	3.212	4.7	69.35	0.915 6	1.3
商丘市	19.81	19.52	-0.290 8	-1.5	19.15	-0.658 8	-3.3
信阳市	88.56	87.84	-0.715 5	-0.8	85.45	-3.106	-3.5
周口市	26.46	24.81	-1.656	-6.3	24.51	-1.951	-7.4
驻马店市	49.49	49.70	0.211 7	0.4	48.64	-0.847 6	-1.7
济源市	3.110	3.343	0.232 8	7.5	3.233	0.122 9	4.0
全省	403.5	400.0	-3.561	-0.9	389.2	-14.33	-3.6

2. 水资源分区

本次评价 1956—2016 年系列多年平均水资源总量,海河流域 25.88 亿 m³,较第二次评价(27.62 亿 m³)减少 1.739 亿 m³,减幅 6.3%;黄河流域 55.06 亿 m³,较第二次评价(58.54 亿 m³)减少 3.484 亿 m³,减幅 6.0%;淮河流域 236.3 亿 m³,较第二次评价(246.1 亿 m³)减少 9.776 亿 m³,减幅 4.0%;长江流域 71.97 亿 m³,较第二次评价(71.29 亿 m³)增加 0.677 1 亿 m³,增幅 0.9%。

本次评价 1956—2000 年系列,海河流域 27.02 亿 m³,较第二次评价减少 0.602 亿 m³,减幅 2.2%;黄河流域 56.25 亿 m³,较第二次评价减少 2.297 亿 m³,减幅 3.9%;淮河流域 242.2 亿 m³,较第二次评价减少 3.922 亿 m³,减幅 1.6%;长江流域 74.55 亿 m³,较第二次评价增加 3.259 亿 m³,增幅 4.6%,见表 6.1-4。

表 6.1-4　河南省四大流域水资源总量成果对比

流域	第二次评价/亿 m³	1956—2000 年			1956—2016 年		
		本次评价/亿 m³	与第二次评价比较		本次评价/亿 m³	与第二次评价比较	
			增减/亿 m³	幅度/%		增减/亿 m³	幅度/%
海河	27.62	27.02	-0.602	-2.2	25.88	-1.739	-6.3
黄河	58.54	56.25	-2.297	-3.9	55.06	-3.484	-6.0
淮河	246.1	242.2	-3.922	-1.6	236.3	-9.776	-4.0
长江	71.29	74.55	3.259	4.6	71.97	0.677 1	0.9
全省	403.5	400.0	-3.561	-0.9	389.2	-14.33	-3.6

6.1.2　水资源总量分布特征

水资源总量分布特征一般采用产水模数和产水系数来表征。产水模数是指单位面积上的水资源总量,产水系数是指某一区域内水资源总量与年降水总量的比值。

从产水模数和产水系数分布来看,河南省总体上呈现南部明显大于北部,同纬度山区大于平原的规律。行政分区上,南部的信阳市最大,达 45.2 万 m³/km² 和 0.41,北部的濮阳市最小,为 11.0 万 m³/km² 和 0.20,如表 6.1-5 所示。水资源三级区上,南部的武汉至湖口左岸区最大,达 59.8 万 m³/km² 和 0.47,北部的徒骇马颊河区最小,为 9.9 万 m³/km² 和 0.18,两者相差 6 倍左右,见表 6.1-6。

6.1.3　水资源总量变化趋势

气候变化和人类活动已成为影响水循环过程及水资源演变规律的两大关键因素。在全球变暖的大背景下,河南省的气候正在发生改变,同时受到城市化建设、工农业生产、水土保持、生态环境保护等人类活动的影响,水资源的演变规律也在发生变化。

表 6.1-5　河南省行政分区水资源产水特征

行政分区	计算面积/km²	水资源量年均值/亿 m³	产水模数/（万 m³/km²）	降水量/mm	产水系数
郑州市	7 533	11.66	15.5	628.3	0.25
开封市	6 261	10.02	16.0	646.4	0.25
洛阳市	15 229	27.46	18.0	690.6	0.26
平顶山市	7 909	18.54	23.4	809.5	0.29
安阳市	7 354	12.12	16.5	593.2	0.28
鹤壁市	2 137	3.59	16.8	614.5	0.27
新乡市	8 249	12.05	14.6	612.3	0.24
焦作市	4 001	7.831	19.6	591.1	0.33
濮阳市	4 188	4.617	11.0	562.7	0.20
许昌市	4 979	8.402	16.9	696.3	0.24
漯河市	2 694	5.854	21.7	772.8	0.28
三门峡市	9 937	16.76	16.9	672.5	0.25
南阳市	26 509	69.35	26.2	814.7	0.32
商丘市	10 700	19.15	17.9	728.7	0.25
信阳市	18 908	85.45	45.2	1 091.3	0.41
周口市	11 959	24.51	20.5	756.8	0.27
驻马店市	15 095	48.64	32.2	894.6	0.36
济源市	1 894	3.233	17.1	660.6	0.26
全省	165 536	389.2	23.5	768.5	0.31

　　本次评价与第二次评价相比,河南省多年平均水资源总量减少 3.6%。从 1956 年开始,每 5 年计算一次水资源总量的平均值,并分别用此平均值减去多年均值(1956—2016 年系列),从而得到河南省水资源总量每 5 年均值与多年平均差值(见表 6.1-7),并绘制差值变化过程线(见图 6.1-1)。通过分析图形看出,1956—2016 年总体上河南省水资源总量呈减少趋势,尤其 2001 年以来减少更为明显。

　　根据分析,20 世纪 50 年代至 60 年代中期是河南省水资源最丰时期,其后至 2016 年,再未出现水量如此大、持续时间如此长的丰水期。自 1966 年起,总体上来看是较为平稳的,但从 2011 年起,河南省遭遇了持续的枯水期,平均水资源总量为 274.0 亿 m³,较多年均值大幅减少。

表 6.1-6　河南省水资源分区水资源产水特征

水资源分区		计算面积/ km²	水资源量 年均值/ 亿 m³	产水模数/ (万 m³/km²)	降水量/ mm	产水系数
海河	漳卫河山区	6 042	14.62	24.2	662.0	0.37
	漳卫河平原	7 589	9.570	12.6	575.0	0.22
	徒骇马颊河	1 705	1.692	9.9	560.0	0.18
	小计	15 336	25.88	16.9	607.6	0.28
黄河	龙门至三门峡干流区间	4 207	6.357	15.1	624.6	0.24
	三门峡至小浪底区间	2 364	2.797	11.8	649.8	0.18
	沁丹河	1 377	2.627	19.1	586.8	0.33
	伊洛河	15 813	26.96	17.1	676.7	0.25
	小浪底至花园口干流区间	3 415	5.123	15.0	608.5	0.25
	金堤河和天然文岩渠	7 309	9.129	12.5	578.6	0.22
	花园口以下干流区间	1 679	2.066	12.3	583.6	0.21
	小计	36 164	55.06	15.2	634.9	0.24
淮河	王家坝以上北岸	15 613	52.01	33.3	909.2	0.37
	王家坝以上南岸	13 205	57.67	43.7	1 089.1	0.40
	王蚌区间北岸	46 477	91.63	19.7	730.6	0.27
	王蚌区间南岸	4 243	22.55	53.2	1 141.9	0.47
	蚌洪区间北岸	5 155	10.02	19.4	766.6	0.25
	南四湖区	1 734	2.449	14.1	675.8	0.21
	小计	86 427	236.3	27.3	838.9	0.33
长江	丹江口以上	7 238	17.82	24.6	806.4	0.31
	唐白河	19 426	50.67	26.1	806.8	0.32
	丹江口以下干流	525	0.965	18.4	738.3	0.25
	武汉至湖口左岸	420	2.513	59.8	1 276.8	0.47
	小计	27 609	71.97	26.1	812.6	0.32
全省		165 536	389.2	23.5	768.5	0.31

　　海河、黄河、淮河、长江流域水资源总量演变趋势与全省情况基本类似,即 1966—1979 年系列为最丰时期,1966—2016 年系列,总体上来看较为平稳,2011—2016 年系列,

遭遇较为持续的枯水期,见图 6.1-2、图 6.1-3。

表 6.1-7　河南省水资源总量每 5 年均值与多年平均差值

系列序号	每 5 年系列	分区水资源总量差值/亿 m^3				
		河南省	海河流域	黄河流域	淮河流域	长江流域
1	1956—1960 年	60.56	9.284	16.74	32.27	2.265
2	1961—1965 年	139.7	18.04	25.59	65.46	30.65
3	1966—1970 年	−49.64	−3.756	−6.490	−30.20	−9.194
4	1971—1975 年	24.98	4.436	−0.695	16.04	5.204
5	1976—1980 年	−40.92	−2.183	−10.79	−27.54	−0.412
6	1981—1985 年	85.94	−3.427	15.39	57.95	16.03
7	1986—1990 年	−45.45	−6.347	−6.900	−25.25	−6.956
8	1991—1995 年	−94.47	−4.337	−13.90	−53.68	−22.557
9	1996—2000 年	15.84	−1.472	−8.263	17.41	8.168
10	2001—2005 年	43.77	−1.608	4.360	37.93	3.095
11	2006—2010 年	−2.019	−3.335	−4.772	−2.909	8.997
12	2011—2016 年	−115.3	−4.414	−8.562	−72.89	−29.41

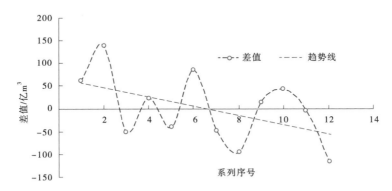

图 6.1-1　河南省水资源总量每 5 年均值与多年均值差值变化

6.1.4　重点流域水资源总量

河南省重点流域 1956—2016 年、1956—2000 年、1980—2016 年多年平均水资源总量以及不同频率(20%、50%、75%、95%)水资源总量见表 6.1-8。

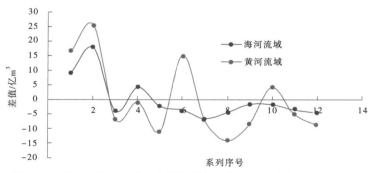

图 6.1-2 海河、黄河流域水资源总量每 5 年均值与多年均值差值变化

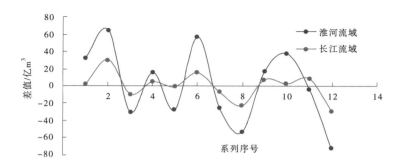

图 6.1-3 淮河、长江流域水资源总量每 5 年均值与多年均值差值变化

表 6.1-8 河南省重点流域年水资源总量特征值

重点流域	系列	年数	统计参数			不同频率年水资源总量/万 m³			
			年均值/万 m³	C_v	C_s/C_v	20%	50%	75%	95%
卫河	1956—2016 年	61	226 105	0.45	3.5	295 300	200 670	151 830	114 180
	1956—2000 年	45	236 566	0.48	3.5	311 510	205 910	154 810	116 200
	1980—2016 年	37	192 503	0.37	2.0	248 770	183 960	141 220	91 360
徒骇马颊河	1956—2016 年	61	16 915	0.72	2.0	25 560	14 235	8 025	2 665
	1956—2000 年	45	16 898	0.72	2.0	25 540	14 220	8 015	2 665
	1980—2016 年	37	15 898	0.70	2.0	23 800	13 450	7 775	2 880
伊洛河	1956—2016 年	61	438 648	0.42	3.5	562 892	392 427	302 612	229 294
	1956—2000 年	45	449 288	0.42	3.5	574 391	400 444	308 794	233 978
	1980—2016 年	37	411 480	0.42	3.5	531 318	370 415	285 638	216 433

续表 6.1-8

重点流域	系列	年数	统计参数			不同频率年水资源总量/万 m³			
			年均值/万 m³	C_v	C_s/C_v	20%	50%	75%	95%
沁河	1956—2016 年	61	269 612	0.50	3.5	349 054	227 414	169 238	129 573
	1956—2000 年	45	276 144	0.50	3.5	357 393	232 847	173 281	132 668
	1980—2016 年	37	253 210	0.50	3.5	329 020	214 362	159 525	122 136
洪汝河	1956—2016 年	61	26 266	0.45	3.0	31 866	21 759	16 217	11 435
	1956—2000 年	45	27 013	0.48	3.0	33 301	22 214	16 134	10 888
	1980—2016 年	37	24 329	0.40	2.5	29 453	21 141	15 991	10 661
史灌河	1956—2016 年	61	2 338 776	0.45	2.0	3 139 590	2 174 280	1 565 715	915 179
	1956—2000 年	45	2 397 141	0.45	2.0	3 218 338	2 228 815	1 604 986	938 134
	1980—2016 年	37	2 276 929	0.45	2.0	3 057 070	2 117 131	1 524 562	891 125
沙颍河	1956—2016 年	61	393 947	0.61	2.0	572 826	350 402	217 431	96 548
	1956—2000 年	45	402 758	0.65	2.0	597 058	351 199	211 085	89 477
	1980—2016 年	37	383 830	0.65	2.5	554 981	322 328	202 249	109 688
涡河	1956—2016 年	61	225 534	0.49	2.0	313 538	210 548	146 740	80 692
	1956—2000 年	45	224 241	0.49	2.0	311 487	209 171	145 780	80 164
	1980—2016 年	37	230 538	0.49	3.0	312 488	206 068	149 997	104 225
新汴河	1956—2016 年	61	724 242	0.50	3.0	974 177	637 380	459 928	315 069
	1956—2000 年	45	745 817	0.51	2.5	1 019 293	665 687	464 169	289 267
	1980—2016 年	37	695 585	0.48	3.5	916 592	605 864	455 511	341 912
包浍河	1956—2016 年	61	192 049	0.44	3.0	243 656	167 939	124 789	87 337
	1956—2000 年	45	193 049	0.44	3.0	244 756	168 697	125 352	87 731
	1980—2016 年	37	185 048	0.38	3.5	226 614	163 733	127 898	96 795
丹江	1956—2016 年	61	58 911	0.47	3.0	75 570	50 803	37 221	25 504
	1956—2000 年	45	60 795	0.47	3.5	77 442	51 790	38 551	28 345
	1980—2016 年	37	53 625	0.44	3.5	67 375	46 226	35 083	25 987
唐白河	1956—2016 年	61	41 249	0.47	3.0	52 914	35 572	26 062	17 858
	1956—2000 年	45	42 569	0.46	3.5	53 945	36 366	27 293	20 299
	1980—2016 年	37	37 548	0.40	3.5	46 466	33 004	25 622	19 252

6.2　水资源可利用量

　　水资源可利用量是从资源利用的角度分析流域及河流水系可被河道外消耗利用的水资源量,水资源可利用量评价主要包括地表水资源可利用量、地下水资源可开采量和水资源可利用总量三方面工作。

6.2.1　地表水资源可利用量

6.2.1.1　地表水资源可利用量计算方法

　　地表水资源可利用量指在可预见的时期内,统筹考虑生活、生产和生态环境用水,协调河道内与河道外用水的基础上,通过技术可行的措施,在现状下垫面条件下的当地地表水资源量中可供河道外一次性利用的最大水量。回归水重复利用量、废污水、再生水等水量不计入本地地表水资源可利用量。

　　1. 计算方法

　　多年平均地表水资源可利用量一般采用下式计算:

$$W_{地表水可利用量} = W_{地表水资源量} - W_{生态需水量} - W_{洪水弃水}$$

式中　$W_{地表水资源量}$——多年平均地表水资源量;

　　　　$W_{生态需水量}$——河道内生态环境需水量;

　　　　$W_{洪水弃水}$——不可调蓄洪水弃水量。

　　2. 河道内生态环境需水量

　　河道内生态环境需水量包括河道内基本生态环境需水量和河道内目标生态环境需水量。河道内基本生态环境需水量是指维持河流、湖泊基本形态、生态基本栖息地和基本自净能力需要保留在河道内的水量及过程;河道内目标生态环境需水量是指维持河流、湖泊、生态栖息地给定目标要求的生态环境功能,需要保留在河道内的水量及过程;其中给定目标是指维持河流输沙、水生生物、航运等功能所对应的功能。河道内生态环境需水量按照《河湖生态环境需水计算规范》(SL/Z 712—2014)计算或采用水资源综合规划确定的成果。

　　在估算多年平均地表水资源可利用量时,河道内生态环境需水量应根据流域水系的特点和水资源条件进行确定。对水资源较丰沛、开发利用程度较低的地区,生态需水量宜按照较高的生态环境保护目标确定。对水资源紧缺、开发利用程度较高的地区,应根据水资源条件合理确定生态环境需水量。

　　水资源可利用量一般应在长系列来水基础上,扣除相应的河道内生态环境需水量,结合可预见时期内用水需求和水利工程的调蓄能力进行调节计算。因资料条件所限难以开展长系列水资源调算的,可参考相应河流水系的流域综合规划或中长期供求规划,依据规划中提出的生态保护目标和供水(含调水)工程布局,核算调蓄能力,综合分析确定。

　　控制节点生态环境需水量计算方法包括河道内生态环境需水量计算方法和河道外生态环境需水量计算方法。考虑到实际情况,本次评价只对河道内生态环境需水量进行分析,河道外生态环境需水量不考虑。河道内生态环境需水量计算方法采用水文综合法。

　　根据节点类型和水文资料情况,水文综合法可以分为排频法、近 10 年最枯月平均流量(水位)法、蒙大拿法、历时曲线法和水量平衡法。排频法和近 10 年最枯月平均流量(水位)法主要用来计算基本生态环境需水量中的最小值,蒙大拿法和历时曲线法可用来计算基本生态环境需水量和目标生态环境需水量的年内不同时段值。本次评价主要采用排频法和蒙大拿法。

　　排频法以节点长系列天然月平均流量、月平均水位或径流量为基础,用每年的最枯月排频,选择不同保证率下的最枯月平均流量、月平均水位或径流量作为节点基本生态环境需水量的最小值。

　　蒙大拿法亦称 Tennant 法,是依据观测资料建立的流量和河流生态环境状况之间的经验关系。用历史流量资料就可以确定年内不同时段的生态环境需水量,使用简单、方便。不同河道内生态环境状况对应的流量百分比见表 6.2-1。本次评价,非汛期河道内生态环境需水量一般取 10%,汛期一般采用 15%。

表 6.2-1　不同河道内生态环境状况对应的流量百分比

不同流量百分比对应河道内生态环境状况	占年均天然流量百分比/%（10 月至翌年 3 月）	占年均天然流量百分比/%（4 月至 9 月）
最大	200	200
最佳	60~100	60~100
极好	40	60
非常好	30	50
好	20	40
中	10	30
差	10	10
极差	0~10	0~10

　　3. 不可调蓄洪水弃水量

　　根据选定的控制节点(水文站),在其 1956—2016 年系列天然径流基础上,扣除相应的河道内生态环境需水量,结合节点以上流域可预见时期内用水需求和水利工程的调蓄能力进行调节计算,最后不可被利用的水量即为不可调蓄洪水弃水量。

6.2.1.2　主要控制节点地表水资源可利用量

　　主要河流的地表水可利用量是区域水资源可利用量评价的基础,以河流控制节点(水文站)的可利用量计算为基本依据。

　　近些年,为了贯彻落实最严格水资源管理制度,流域管理机构确定了部分重要河流控制水文站河道生态水量,包括黄河流域的黑石关水文站,淮河流域的永城、黄口集水文站,长江流域的郭滩、新甸铺水文站等。本次评价,以上站点生态水量直接采用相关流域机构审批的成果;其余河流节点控制站采用排频法或者蒙大拿法计算其河道内生态需水量。

　　经分析计算,河南省主要控制节点多年平均(1956—2016 年)地表水资源可利用量见表 6.2-2。

表 6.2-2　控制节点水文站多年平均水资源可利用量和可利用率

流域	河流	控制断面	面积/km²	多年平均河川径流量/亿 m³	河道内生态环境需水量/亿 m³	生态需水占比/%	地表水资源可利用量/亿 m³	地表水资源可利用率/%
海河	卫河	元村	14 286	13.62	2.043	15.0	9.05	66.4
	马颊河	南乐	1 166	0.336	0.039	11.7	0.240	71.5
黄河	伊洛河	黑石关	18 563	28.47	12.400	43.6	16.07	56.4
	沁河	武-山-五区间	583	0.602	0.099	16.5	0.435	72.3
	宏农涧河	窄口	903	1.422	0.213	15.0	0.935	65.8
	蟒河	济源	480	0.797	0.120	15.0	0.496	62.1
	天然文岩渠	大车集	2 283	1.516	0.177	11.7	0.950	62.7
	金堤河	范县	4 277	2.673	0.312	11.7	1.45	54.2
淮河	淮河	淮滨	16 005	59.37	8.905	15.0	32.5	54.7
	洪汝河	班台	12 103	26.40	3.960	15.0	11.5	43.6
	史河	蒋家集	3 755	17.56	2.634	15.0	9.703	55.2
	沙颍河	周口	25 800	35.57	5.336	15.0	21.5	60.4
	汾泉河	沈丘	3 094	3.965	0.465	11.7	2.15	54.2
	涡河	玄武	4 020	2.401	0.360	15.0	1.15	47.9
	惠济河	砖桥	3 410	2.162	0.324	15.0	1.05	48.6
	沱河	永城	3 032	1.418	0.177	12.5	0.655	46.2
	浍河	黄口集	2 123	1.051	0.141	13.4	0.430	40.9
长江	老灌河	西峡	3 418	8.177	1.227	15.0	3.40	41.6
	白河	新甸铺	10 958	23.52	2.050	8.7	11.80	50.2
	唐河	郭滩	6 877	15.53	1.577	10.2	6.35	40.9

6.2.1.3　分区地表水资源可利用量

在河流控制节点(水文站)地表水资源可利用量计算成果基础上,综合确定水资源分区地表水资源可利用量,见表 6.2-3。

河南省多年平均地表水资源可利用量 145.0 亿 m³,占多年平均地表水资源量 289.3 亿 m³ 的 50.1%。

河南省海河流域多年平均地表水资源可利用量 8.99 亿 m³,占多年平均地表水资源量 13.46 亿 m³ 的 66.8%;黄河流域 22.10 亿 m³,占多年平均地表水资源量 42.01 亿 m³ 的 52.6%;淮河流域 88.40 亿 m³,占多年平均地表水资源量 170.6 亿 m³ 的 51.8%;长江流域 25.51 亿 m³,占多年平均地表水资源量 63.22 亿 m³ 的 40.4%。

表 6.2-3　河南省分区地表水资源可利用量

水资源分区		计算面积/ km²	多年平均天然径流量/亿 m³	河道内生态环境需水量/亿 m³	生态需水占比/%	地表水资源可利用量/亿 m³	地表水资源可利用率/%
海河	漳卫河区	13 631	12.97	1.95	15.0	8.64	66.6
	徒骇马颊河	1 705	0.493	0.06	11.6	0.351	71.2
	小计	15 336	13.46	2.01	14.9	8.99	66.8
黄河	龙门至三门峡干流区间	4 207	5.470	0.82	15.0	2.95	53.9
	三门峡至小浪底区间	2 364	2.578	0.39	15.0	1.25	48.5
	沁丹河	1 377	1.422	0.23	16.5	0.75	52.7
	伊洛河	15 813	23.28	10.56	45.4	12.72	54.6
	小浪底至花园口干流区间	3 415	3.487	0.55	15.8	1.75	50.2
	金堤河和天然文岩渠	7 309	4.652	0.55	11.7	2.68	57.6
	花园口以下干流区间	1 679	1.115	0.13	11.7		
	小计	36 164	42.01	13.23	31.5	22.10	52.6
淮河	王家坝以上北岸	15 613	36.94	5.54	15.0	16.10	43.6
	王家坝以上南岸	13 205	53.92	8.09	15.0	30.50	56.6
	王蚌区间北岸	46 477	53.59	7.50	14.0	29.50	55.0
	王蚌区间南岸	4 243	21.36	3.20	15.0	10.20	47.8
	蚌洪区间北岸	5 155	3.703	0.32	8.6	1.63	43.9
	南四湖区	1 734	1.090	0.11	10.0	0.48	44.0
	小计	86 427	170.6	24.76	14.5	88.40	51.8
长江	丹江口以上	7 238	17.32	2.60	15.0	7.21	41.6
	唐白河	19 426	42.52	3.77	8.9	18.30	43.0
	丹江口以下干流	525	0.869	0.09	10.0		
	武汉至湖口左岸	420	2.513	0.38	15.0		
	小计	27 609	63.22	6.83	10.8	25.51	40.4
全省		165 536	289.3	46.83	16.2	145.0	50.1

6.2.2 地下水可开采量

6.2.2.1 平原区评价方法

1. 水均衡法

基于水均衡原理,计算分析单元多年平均地下水可开采量。

对地下水开发利用程度较高地区,可在多年平均浅层地下水资源量的基础上,在总补给量中扣除难以袭夺的潜水蒸发量、河道排泄量、侧向流出量、湖库排泄量等,近似作为多年平均地下水可开采量,也可采用下式近似计算多年平均地下水可开采量。

$$Q_{可开采} = Q_{实采} + \Delta W$$

式中　$Q_{可开采}$——多年平均地下水可开采量;

$Q_{实采}$——2001—2016 年多年平均实际开采量;

ΔW——2001—2016 年多年平均地下水蓄变量。

2. 实际开采量调查法

实际开采量调查法适用于地下水开发利用程度较高、地下水实际开采量统计资料较准确完整且潜水蒸发量较小的分析单元。若某分析单元,2001—2016 年期间某时段(一般不少于 5 年)的地下水埋深基本稳定,则可将该时段的年均地下水实际开采量近似作为多年平均地下水可开采量。

3. 可开采系数法

本次评价采用的是可开采系数法。可开采系数法适用于含水层水文地质条件研究程度较高的地区。按下式计算分析单元多年平均地下水可开采量:

$$Q_{可开采} = \rho Q_{总补}$$

式中　ρ——分析单元的地下水可开采系数,无量纲;

$Q_{可开采}$——分析单元的多年平均地下水可开采量;

$Q_{总补}$——多年平均地下水总补给量。

地下水可开采系数 ρ 是反映生态环境约束和含水层开采条件等因素的参数,取值应不大于 1.0;越接近 1,说明含水层的开采条件越好;值越小,说明含水层的开采条件越差。

本次评价,根据河南省平原区水文地质条件和浅层地下水开发利用现状,结合近年地下水埋深等资料,并经水均衡法或实际开采量调查法典型核算,合理选取地下水可开采系数后,再计算平原区可采量。

开采系数的确定原则如下:

(1)由于在浅层地下水总补给量中,有一部分不可避免地消耗于自然的水平排泄和潜水蒸发,故开采系数小于 1。

(2)对于开采条件良好、地下水动态特征是埋深大、水位连年下降的超采区,应选用较大的 ρ 值,参考取值范围为 0.80~0.95;对于地下水位下降比较严重地区,考虑地下水位恢复,ρ 可取偏小值。

(3)对于开采条件一般、地下水埋深较大、实际开采程度较高的地区,或地下水埋深较小、实际开采程度较低的地区,应选用中等的 ρ 值,参考取值范围为 0.70~0.85。

(4)对于开采条件较差、地下水埋深较小(一般为 3 m 左右)、开采程度低、开采困难的地区,应选用较小的 ρ 值,参考取值范围为 0.65~0.75。

结合计算分区的具体情况,各行政分区和水资源三级分区可开采系数 ρ 值见表 6.2-4、表 6.2-5。

表 6.2-4　河南省行政分区平原区可开采系数取值

行政分区	可开采系数	
	范围值	平均值
郑州市	0.75~0.83	0.76
开封市	0.76~0.79	0.77
洛阳市	0.90	0.90
平顶山市	0.76~0.80	0.76
安阳市	0.81~0.86	0.85
鹤壁市	0.8~0.85	0.83
新乡市	0.74~0.83	0.77
焦作市	0.80~0.84	0.83
濮阳市	0.76~0.83	0.79
许昌市	0.70~0.85	0.78
漯河市	0.74~0.75	0.74
三门峡市	0.90	0.90
南阳市	0.70~0.80	0.76
商丘市	0.73~0.82	0.76
信阳市	0.75~0.76	0.76
周口市	0.83~0.87	0.86
驻马店市	0.71~0.76	0.71
济源市	0.80~0.85	0.83

6.2.2.2　山丘区评价方法

山丘区地下水可开采量一般采用实际开采量调查法,本次评价将多年平均山丘区地下水开采量扣除地下水超采量作为山丘区地下水可开采量。

6.2.2.3　分区可开采量评价方法

分区地下水可开采量评价方法与分区地下水资源量评价类似,采用平原区地下水可开采量与山丘区的地下水可开采量相加,再扣除两者间重复计算量,即

$$Q_{分区可} = Q_{平原区可} + Q_{山丘区可} - Q_{重复可} = Q_{平原区可} + Q_{山丘区可} - \rho Q_{重复}$$

式中　$Q_{分区可}$——多年平均地下水可开采量;

$Q_{平原区可}$——平原区多年平均地下水可开采量；

$Q_{山丘区可}$——山丘区的多年平均地下水可开采量；

$Q_{重复}$——平原区与山丘区间多年平均地下水重复计算量；

ρ——平原区分析单元的地下水可开采系数。

表 6.2-5　　河南省水资源分区平原区可开采系数取值

水资源三级区	可开采系数	
	范围值	平均值
漳卫河平原	0.81~0.86	0.84
徒骇马颊河	0.82~0.83	0.83
花园口以下干流区间	0.75~0.80	0.78
金堤河和天然文岩渠	0.74~0.81	0.75
龙门至三门峡干流区间	0.90	0.90
沁丹河	0.85~0.89	0.85
小浪底至花园口干流区间	0.79~0.90	0.82
伊洛河	0.85~0.90	0.90
王家坝以上北岸	0.71~0.80	0.72
王家坝以上南岸	0.75	0.75
蚌洪区间北岸	0.70~0.80	0.73
王蚌区间北岸	0.73~0.86	0.80
王蚌区间南岸	0.70~0.80	0.76
南四湖区	0.83~0.84	0.83
唐白河	0.70~0.80	0.76

6.2.2.4　地下水可开采量

1. 平原区地下水可开采量

经以上方法计算，河南省平原区矿化度 $M \leq 2$ g/L 多年平均浅层地下水可开采量为 96.83 亿 m³，矿化度 $M>2$ g/L 可开采量为 3.222 亿 m³，全省平均可开采系数 0.78，可开采模数为 13.60 万 m³/km²（见表 6.2-6）。其中，海河流域可开采量 12.44 亿 m³，可开采系数 0.84，可开采模数为 15.2 万 m³/km²；黄河流域可开采量 16.05 亿 m³，可开采系数 0.81，可开采模数为 14.5 万 m³/km²；淮河流域可开采量 64.53 亿 m³，可开采系数 0.77，可开采模数为 13.3 万 m³/km²；长江流域可开采量 7.041 亿 m³，可开采系数 0.76，可开采模数为 11.9 万 m³/km²，见表 6.2-7。

表 6.2-6　河南省行政分区平原区多年平均浅层地下水可开采量

行政分区	平原区面积/km²		地下水总补给量/亿 m³	地下水可开采量/亿 m³	M≤2 g/L 可开采量/亿 m³	M>2 g/L 可开采量/亿 m³	可开采系数	可开采模数/(万 m³/km²)
	合计	其中:计算面积						
郑州市	1 801	1 506	3.073	2.331	2.331		0.76	15.5
开封市	6 261	5 444	8.540	6.554	6.443	0.111	0.77	12.0
洛阳市	1 702	1 454	4.519	4.068	4.068		0.90	28.0
平顶山市	1 982	1 744	2.966	2.259	2.259		0.76	13.0
安阳市	4 385	3 859	5.708	4.829	4.829		0.85	12.5
鹤壁市	1 353	1 191	2.119	1.755	1.755		0.83	14.7
新乡市	6 689	5 721	8.030	6.200	5.932	0.267	0.77	10.8
焦作市	2 850	2 353	5.112	4.245	4.093	0.151	0.83	18.0
濮阳市	4 188	3 604	7.136	5.646	4.447	1.199	0.79	15.7
许昌市	3 118	2 744	4.419	3.433	3.433		0.78	12.5
漯河市	2 694	2 371	3.622	2.688	2.688		0.74	11.3
三门峡市	547	314	0.422	0.380	0.380		0.90	12.1
南阳市	6 604	5 812	9.061	6.920	6.609	0.311	0.76	11.9
商丘市	10 700	9 416	14.56	11.06	10.53	0.534	0.76	11.7
信阳市	6 623	5 828	12.31	9.300	9.300		0.76	16.0
周口市	11 959	10 524	17.84	15.34	14.69	0.649	0.86	14.6
驻马店市	10 895	9 509	17.30	12.27	12.27		0.71	12.9
济源市	306	269	0.938	0.777	0.777		0.83	28.8
全省	84 657	73 662	127.7	100.1	96.83	3.222	0.78	13.6

2. 山丘区地下水可开采量

河南省山丘区多年平均地下水可开采量为 24.58 亿 m³,平均可开采模数为 3.0 万 m³/km²(见表 6.2-8)。其中,海河流域地下水可开采量为 5.977 亿 m³,可开采模数为 9.9 万 m³/km²;黄河流域可开采量为 5.843 亿 m³,可开采模数为 2.6 万 m³/km²;淮河流域可开采量为 9.62 亿 m³,可开采模数为 3.1 万 m³/km²;长江流域可开采量 3.149 亿 m³,可开采模数为 1.5 万 m³/km²,见表 6.2-9。

3. 分区地下水可开采量

河南省多年平均地下水可开采量为 117.6 亿 m³。其中,周口市最大,为 15.34 亿 m³,济源市最小,为 0.483 亿 m³(见表 6.2-10)。海河流域地下水可开采量为 15.76 亿 m³,

表 6.2-7　河南省水资源分区平原区多年平均浅层地下水可开采量

水资源分区		平原区面积/ km²		地下水总补给量/ 亿 m³	地下水可开采量/ 亿 m³	M≤2 g/L 可开采量/ 亿 m³	M>2 g/L 可开采量/ 亿 m³	可开采系数	可开采模数/ (万 m³/ km²)
		合计	其中：计算面积						
海河	漳卫河平原	7 589	6 678	11.91	10.02	9.706	0.316	0.84	15.0
	徒骇马颊河	1 705	1 500	2.901	2.415	2.288	0.127	0.83	16.1
	小计	9 294	8 179	14.81	12.44	11.99	0.442	0.84	15.2
黄河	龙门至三门峡干流区间	547	314	0.422	0.380	0.380		0.90	12.1
	沁丹河	950	836	1.859	1.587	1.484	0.103	0.85	19.0
	伊洛河	1 600	1 408	4.299	3.858	3.858		0.90	27.4
	小浪底至花园口干流区间	1 381	989	2.179	1.778	1.778		0.82	18.0
	金堤河和天然文岩渠	7 309	6 432	9.549	7.202	6.248	0.954	0.75	11.2
	花园口以下干流区间	1 679	1 113	1.598	1.246	1.127	0.118	0.78	11.2
	小计	13 466	11 092	19.91	16.05	14.88	1.175	0.81	14.5
淮河	王家坝以上北岸	12 554	10 969	20.26	14.57	14.57		0.72	13.3
	王家坝以上南岸	2 788	2 453	5.418	4.064	4.064		0.75	16.6
	王蚌区间北岸	31 490	27 711	45.514	36.465	35.685	0.780	0.80	13.2
	王蚌区间南岸	1 446	1 272	2.985	2.268	2.268		0.76	17.8
	蚌洪区间北岸	5 155	4 536	7.625	5.541	5.106	0.435	0.73	12.2
	南四湖区	1 734	1 526	1.935	1.615	1.537	0.078	0.83	10.6
	小计	55 167	48 469	83.74	64.53	63.23	1.293	0.77	13.3
长江	唐白河	6 730	5 922	9.220	7.041	6.730	0.311	0.76	11.9
全省		84 657	73 662	127.7	100.1	96.83	3.222	0.78	13.6

黄河流域可开采量为 19.82 亿 m³，淮河流域可开采量为 72.40 亿 m³，长江流域可开采量为 9.600 亿 m³，见表 6.2-11。

表 6.2-8　河南省行政分区山丘区多年平均地下水可开采量

行政分区	面积/km²	可开采量/亿 m³	可开采模数/(万 m³/km²)
郑州市	5 732	5.440	9.5
开封市			
洛阳市	13 527	3.285	2.4
平顶山市	5 927	1.674	2.8
安阳市	2 969	2.000	6.7
鹤壁市	784	0.678	8.7
新乡市	1 560	1.486	9.5
焦作市	1 151	1.990	17.3
濮阳市			
许昌市	1 861	1.195	6.4
漯河市			
三门峡市	9 390	1.437	1.5
南阳市	19 905	3.433	1.7
商丘市	0	0	
信阳市	12 285	0.569	0.5
周口市			
驻马店市	4 200	1.264	3.0
济源市	1 588	0.134	0.8
全省	80 879	24.58	3.0

表 6.2-9　河南省水资源分区山丘区多年平均地下水可开采量

水资源分区		面积/km²	可开采量/亿 m³	可开采模数/(万 m³/km²)
海河	漳卫河山区	6 042	5.977	9.9
	小计	6 042	5.977	9.9
黄河	龙门至三门峡干流区间	3 660	0.852	2.3
	三门峡至小浪底区间	2 364	0.396	1.7
	沁丹河	427	0.163	3.8
	伊洛河	14 213	3.427	2.4
	小浪底至花园口干流区间	2 034	1.006	4.9
	小计	22 698	5.843	2.6

续表 6.2-9

水资源分区		面积/km²	可开采量/ 亿 m³	可开采模数/ （万 m³/km²）
淮河	王家坝以上北岸	3 059	0.913	3.0
	王家坝以上南岸	10 417	0.838	0.8
	王蚌区间北岸	14 987	7.675	5.1
	王蚌区间南岸	2 797	0.19	0.7
	小计	31 260	9.62	3.1
长江	丹江口以上	7 238	1.024	1.4
	唐白河	12 696	1.902	1.5
	丹江口以下干流	525	0.223	4.3
	武汉至湖口左岸	420		
	小计	20 879	3.149	1.5
全省		80 879	24.58	3.0

表 6.2-10　河南省行政分区多年平均地下水可开采量　　　　单位：亿 m³

行政分区	平原区可开采量	山丘区可开采量	平原区与山丘区之间 重复地下水可开采量	分区可开采量
郑州市	2.331	5.440	0.142	7.629
开封市	6.554			6.554
洛阳市	4.068	3.285	0.896	6.456
平顶山市	2.259	1.674	0.467	3.467
安阳市	4.829	2.000	1.005	5.824
鹤壁市	1.755	0.678	0.675	1.759
新乡市	6.200	1.486	0.464	7.222
焦作市	4.245	1.990	1.186	5.048
濮阳市	5.646			5.646
许昌市	3.433	1.195	0.478	4.150
漯河市	2.688			2.688
三门峡市	0.380	1.437	0.026	1.791
南阳市	6.920	3.433	0.590	9.764
商丘市	11.06			11.06
信阳市	9.300	0.569	0.481	9.389
周口市	15.34			15.34
驻马店市	12.27	1.264	0.218	13.32
济源市	0.777	0.134	0.428	0.483
全省	100.1	24.58	7.055	117.6

表 6.2-11　河南省水资源分区多年平均地下水可开采量　　　　单位:亿 m³

水资源分区		平原区可开采量	山丘区可开采量	平原区与山丘区之间重复地下水可开采量	分区可开采量
海河	漳卫河山区		5.977		5.977
	漳卫河平原	10.02		2.650	7.372
	徒骇马颊河	2.415			2.415
	小计	12.44	5.977	2.650	15.76
黄河	龙门至三门峡干流区间	0.380	0.852	0.026	1.206
	三门峡至小浪底区间		0.396		0.396
	沁丹河	1.587	0.163	0.620	1.130
	伊洛河	3.858	3.427	0.848	6.437
	小浪底至花园口干流区间	1.778	1.006	0.577	2.208
	金堤河和天然文岩渠	7.202			7.202
	花园口以下干流区间	1.246			1.246
	小计	16.05	5.843	2.070	19.82
淮河	王家坝以上北岸	14.57	0.913	0.302	15.19
	王家坝以上南岸	4.064	0.838	0.211	4.691
	王蚌区间北岸	36.47	7.675	0.962	43.18
	王蚌区间南岸	2.268	0.190	0.270	2.188
	蚌洪区间北岸	5.541			5.541
	南四湖区	1.615			1.615
	小计	64.53	9.616	1.745	72.40
长江	丹江口以上		1.024		1.024
	唐白河	7.041	1.902	0.590	8.353
	丹江口以下干流		0.223		0.223
	武汉至湖口左岸				
	小计	7.041	3.149	0.590	9.600
全省		100.1	24.58	7.055	117.6

6.2.3　水资源可利用总量

6.2.3.1　评价方法

（1）本次评价确定的水资源可利用总量，是指在近期下垫面条件下和可预见的时期内，统筹考虑生活、生产和生态环境用水，通过技术可行的措施，在当地现状下垫面条件下的水资源总量中可供经济社会取用的最大水量。

（2）水资源可利用总量可采用地表水资源可利用量与平原区浅层地下水资源可开采量相加再扣除两者之间重复计算量的方法计算。两者之间的重复计算量主要来自平原区浅层地下水资源量评价中的地表水体补给量。地表水体补给量包括河道渗漏补给量、库塘渗漏补给量、渠系渗漏补给量、渠灌田间入渗补给量等。但在地表水可利用量计算中，已扣除合理的生态环境需水量，该水量中已包括了河道、湖泊、水库、塘坝等渗漏补给量，因此重复计算量仅包括引用地表水灌溉引起的渠系和渠灌田间渗漏补给量的可开采部分。

对于山区，开采净消耗作为山区地下水重要的排泄方式，且已形成较稳定的开发利用方式。鉴于这类区域地下水开采对地表径流影响较大，但在地表水资源量评价中并未将开采净消耗还原到天然径流之中，在评价中考虑将开采净消耗的一部分计入可利用总量。

综上所述，本次评价水资源可利用总量可采用下式估算：

$$W_{\text{可利用总量}} = W_{\text{地表水资源可利用量}} + W_{\text{地下水资源可开采量}} - W_{\text{重复量}} + \alpha W_{\text{山丘区开采净消耗}}$$

$$W_{\text{重复量}} = \rho \left(W_{\text{渠渗}} + W_{\text{田渗}} \right)$$

式中　$W_{\text{可利用总量}}$——水资源可利用总量；

　　　$W_{\text{地表水资源可利用量}}$——地表水资源可利用量；

　　　$W_{\text{地下水资源可开采量}}$——平原区浅层地下水资源可开采量；

　　　$W_{\text{重复量}}$——重复计算量；

　　　$W_{\text{渠渗}}$——引用地表水灌溉的渠系渗漏补给量；

　　　$W_{\text{田渗}}$——田间地表水灌溉入渗补给量；

　　　ρ——平原区浅层地下水可开采系数；

　　　α——地表水可利用率，即为本区地表水可利用量与地表水资源量的比值；

　　　$W_{\text{山丘区开采净消耗}}$——山丘区地下水开采净消耗量。

6.2.3.2　可利用总量

按照以上评价方法，计算得出河南省多年平均水资源可利用总量为 243.93 亿 m³。其中，海河流域水资源可利用总量为 21.42 亿 m³，黄河流域为 37.39 亿 m³，淮河流域为 151.95 亿 m³，长江流域为 33.17 亿 m³，见表 6.2-12。

表 6.2-12 河南省水资源可利用总量

	水资源分区	计算面积/km²	地表水资源可利用量/亿m³	平原区地下水资源可开采量/亿m³	地表水灌溉渠系和渠灌田间渗漏补给量/亿m³	可开采系数	山丘区开采净消耗/亿m³	地表水可利用率/%	重复计算量/亿m³	计入可利用量的山丘区开采净消耗/亿m³	水资源可利用总量/亿m³
海河	漳卫河区	13 631	8.64	10.02	2.07	0.84	3.76	66.6	1.74	2.51	19.43
	徒骇马颊河	1 705	0.351	2.42	0.93	0.83			0.77		2.00
	小计	15 336	8.99	12.44	2.99		3.76		2.51	2.51	21.42
黄河	龙门至三门峡干流区间	4 207	2.95	0.38	0.07	0.9	0.58	53.9	0.06	0.31	3.58
	三门峡至小浪底区间	2 364	1.25	0			0.22	48.5		0.10	1.35
	沁丹河	1 377	0.75	1.59	0.31	0.85	0.12	52.7	0.27	0.06	2.13
	伊洛河	15 813	12.72	3.86	0.41	0.9	2.2	54.6	0.37	1.20	17.41
	小浪底至花园口干流区间	3 415	1.75	1.78	0.42	0.82	0.65	50.2	0.34	0.32	3.51
	金堤河和天然文岩渠	7 309	2.68	7.20	1.92	0.75			1.45		8.43
	花园口以下干流区间	1 679		1.25	0.35	0.78			0.28		0.97
	小计	36 164	22.1	16.05	3.49		3.75		2.77	2.00	37.39
淮河	王家坝以上北岸	15 613	16.1	14.57	0.57	0.72	0.69	43.6	0.41	0.30	30.56
	王家坝以上南岸	13 205	30.5	4.06	1.08	0.75	0.69	56.6	0.81	0.39	34.15
	王蚌区间北岸	46 477	29.5	36.47	2.9	0.8	4.79	55.0	2.32	2.64	66.28
	王蚌区间南岸	4 243	10.2	2.27	0.72	0.76	0.18	47.8	0.55	0.08	12.00
	蚌洪区间北岸	5 155	1.63	5.54	0.12	0.73			0.09		7.08
	南四湖区	1 734	0.48	1.61	0.27	0.83		44.0	0.22		1.87
	小计	86 427	88.4	64.53	5.66		6.35		4.40	3.41	151.95

续表 6.2-12

水资源分区		计算面积/km²	地表水资源可利用量/亿m³	平原区地下水资源可开采量/亿m³	地表水灌溉引起的渠系和渠灌田间渗漏补给量/亿m³	可开采系数	山丘区开采净消耗/亿m³	地表水可利用率/%	重复计算量/亿m³	计入可利用量的山丘区开采净消耗/亿m³	水资源可利用总量/亿m³
长江	丹江口以上	7 238	7.21	0			0.53	41.6	0	0.22	7.43
	唐白河	19 426	18.30	7.04	0.35	0.76	1.44	43.0	0.27	0.62	25.69
	丹江口以下干流	525					0.10	41.6		0.04	0.04
	武汉至湖口左岸	420									
	小计	27 609	25.51	7.04	0.35		2.07		0.27	0.88	33.17
全省		165 536	145.00	100.10	12.50		15.94		9.95	8.80	243.93

第 7 章 地表水资源质量

本次地表水资源质量评价包括天然水化学特征分析、地表水质量现状评价、水功能区水质现状及达标评价、饮用水水源地水质现状及合格评价和地表水质量变化分析。

7.1 评价基础

7.1.1 资料收集与整理

本次评价全面收集整理了 2000—2016 年河南省水环境监测中心的水功能区监测资料,对无 2016 年监测资料的站点 2018 年进行了补充监测。通过资料整理和合理性分析,共采用 564 个水质断面监测数据开展地表水质量现状评价;收集整理了水利和环保系统的地表水饮用水水源地监测资料,筛选出资料完整的 60 个地表水水源地开展水质现状及合格评价;2018 年 4 月对重要水功能区 293 个断面补充监测了水化学项目,开展地表水天然水化学特征分析。

7.1.2 站点的确定

本次共评价 564 个水质断面、141 条河流、36 座水库;评价重要河流 20 条;评价省政府划定的水功能区 482 个,评价列入国家重要水功能区名录的水功能区 248 个;评价地表水饮用水水源地 60 个;对 105 个具有长系列水质资料的水功能区进行了水质趋势分析。

7.2 地表水天然水化学特征

7.2.1 基本要求

7.2.1.1 评价范围

本次评价对重要水功能区的 293 个水质断面进行了水化学项目补充监测,其中,海河流域 17 个,黄河流域 57 个,淮河流域 188 个,长江流域 31 个。293 个水质断面中,有 24 个位于保护区,25 个位于饮用水水源区,属于不受或少受人类活动影响地区,占比 16.7%。与第二次评价的 92 个断面对比,有 49 个一致。

7.2.1.2 评价项目

地表水天然水化学特征评价项目为矿化度、总硬度、钾、钠、钙、镁、重碳酸盐、氯化物、硫酸盐、碳酸盐共 10 项。

7.2.1.3 评价内容和方法

本次评价主要包括总硬度、矿化度分布和水化学类型。

按照表 7.2-1,根据水质断面矿化度、总硬度含量进行评价,从而确定矿化度、总硬度的级别和类型。

表 7.2-1　地表水矿化度与总硬度评价

级别	矿化度/（mg/L）	总硬度/（mg/L）	评价类型	
一级	<50	<15	极低矿化度	极软水
	50~100	15~30		
二级	100~200	30~55	低矿化度	软水
	200~300	55~85		
三级	300~500	85~170	中等矿化度	适度硬水
四级	500~1 000	170~250	较高矿化度	硬水
五级	≥1 000	≥250	高矿化度	极硬水

采用阿列金分类法划分水化学类型,即按水体中阴阳离子的优势成分和离子间的比例关系来确定水化学类型。首先按优势阴离子将天然水划分为三类:重碳酸盐类（HCO_3^-+CO_3^{2-}）、硫酸盐类和氯化物类,它们的矿化度依次增加,水质变差。然后,在每一类中又按优势阳离子分为钙组、镁组和钠组（钾加钠）三个组。在每个组内再按阴阳离子间的比例关系分为四个型。

Ⅰ型:$[HCO_3^-]>2[Ca^{2+}]+2[Mg^{2+}]$；

Ⅱ型:$[HCO_3^-]<2[Ca^{2+}]+2[Mg^{2+}]<[HCO_3^-]+2[SO_4^{2-}]$；

Ⅲ型:$[HCO_3^-]+2[SO_4^{2-}]<2[Ca^{2+}]+2[Mg^{2+}]$,或$[Cl^-]>[Na^+]$；

Ⅳ型:$[HCO_3^-]=0$。

第Ⅰ型水的特点是$HCO_3^->Ca^{2+}+Mg^{2+}$。这一型水是含有大量 Na^+ 与 K^+ 的火成岩地区形成的。水中主要含 HCO_3^- 并且含较多 Na^+,这一型水多半是低矿化度,硬度小、水质好。

第Ⅱ型水的特点是:$HCO_3^-<Ca^{2+}+Mg^{2+}<HCO_3^-+SO_4^{2-}$,硬度大于碱度。从成因上看,本型水与各种沉积岩有关,主要是混合水。大多属低矿化度和中矿化度的河水。湖水和地下水属于这一类型(有硫酸盐硬度)。

第Ⅲ型水的特点是 $HCO_3^-+SO_4^{2-}<Ca^{2+}+Mg^{2+}$ 或 $Cl^->Na^+$。从成因上看,该型水也是混合水,离子交换作用使水的成分发生激烈的变化。天然水中的 Na^+ 被土壤底泥或含水层中的 Ca^{2+} 或 Mg^{2+} 所交换。大洋水、海水、海湾水、残留水和许多高矿化度的地下水属于此种类型(有氯化物硬度)。

第Ⅳ型水的特点是 $HCO_3^-=0$,即本型水为酸性水。在重碳酸类水中不包括此型,只有硫酸盐与氯化物类水中的 Ca^{2+} 组与 Mg^{2+} 组中才有这一型水。天然水中一般无此类型(pH<4.0)。

本分类中每一性质的水均用符号表示,"类"采用相应的阴离子(C、S、Cl)符号表示,"组"采用阳离子(Na、Ca、Mg)符号表示,"型"采用罗马字母表示。

7.2.2　水化学特征分析

7.2.2.1　地表水矿化度

矿化度是地表水化学的重要属性之一,它可以直接反映出地表水的化学类型,又可以间接地反映出地表水无机盐类物质积累或稀释的环境条件。矿化度是水中所含无机矿物成分的总量,它是确定天然水质优劣的一个重要指标,水质随着其含量的升高而下降。河南省各流域矿化度分布状况见表 7.2-2。

表 7.2-2　河南省各流域矿化度分布面积统计

流域	第二次评价/本次评价	各级矿化度分布面积占本流域评价面积的百分比/%				
		一级	二级		三级	四级	五级
		50~100 mg/L	100~200 mg/L	200~300 mg/L	300~500 mg/L	500~1 000 mg/L	≥1 000 mg/L
海河	第二次评价				28.9	71.1	
	本次评价	0	0	0	0	54.7	45.3
黄河	第二次评价				73.0	27.0	
	本次评价	0	1.1	19.9	29.9	41.7	7.4
淮河	第二次评价	10.7	18.9	26.8	18.4	25.2	
	本次评价	3.1	18.2	14.6	13.6	38.6	11.9
长江	第二次评价		3.6	96.4			
	本次评价	6.9	26.7	35.2	31.2	0	0

海河流域评价面积 15 336 km²,矿化度为四级(含量在 500~1 000 mg/L,较高矿化度)的占 54.7%;矿化度为五级(≥1 000 mg/L,高矿化度)的占 45.3%。

黄河流域评价面积 36 164 km²,矿化度为一级~三级的面积占 50.9%,四级占 41.7%,五级占 7.4%。

淮河流域评价面积 86 427 km²,矿化度为一级~三级的面积占 49.5%,四级占 38.6%,五级占 11.9%。南部山区部分区域矿化度含量较低,在 100 mg/L 以下,为一级,占评价面积的 3.1%。主要原因除与山区自然条件有关外,还与区域地质条件相关,其土壤大部分为棕壤、黄棕壤和褐土,可溶质少。随着山区向平原地区的过渡,矿化度含量逐渐升高。

长江流域天然水质好,评价面积 27 609 km²,矿化度均为一级~三级,其中,一级和二级的面积占 68.8%,属低矿化度水;三级占 31.2%。

7.2.2.2　地表水总硬度

碳酸盐硬度与非碳酸盐硬度的总和,即暂时硬度与永久硬度的总和,称为总硬度。地表水总硬度的大小主要取决于钙离子、镁离子的含量,本次评价的总硬度是指地表水中此两种离子的总量。河流水体总硬度随矿化度的增加而增加,地区分布规律基本与矿化度相同。各流域总硬度分布状况见表 7.2-3。

表 7.2-3　河南省各流域总硬度分布面积统计

流域	第二次评价/本次评价	各级总硬度分布面积占本流域评价面积的百分比/%						
		一级		二级		三级	四级	五级
		<15 mg/L	15~30 mg/L	30~55 mg/L	55~85 mg/L	85~170 mg/L	170~250 mg/L	>250 mg/L
海河	第二次评价						100	
	本次评价							100
黄河	第二次评价						100	
	本次评价					0.6	27.2	72.2
淮河	第二次评价				30.4	24.1	45.5	
	本次评价			2.4	13.5	13.7	14.6	55.8
长江	第二次评价				2.3	43.4	54.3	
	本次评价			0.3	1.1	22.0	53.6	23.0

　　海河流域总硬度含量大于 250 mg/L,为五级,属极硬水。黄河流域有 72.2% 的面积总硬度含量大于 250 mg/L,为极硬水。淮河流域总硬度为二级、三级的面积分别占本流域评价面积的 15.9%、13.7%,为软水和适度硬水;四级、五级的面积分别占本流域评价面积的 14.6%、55.8%,为硬水和极硬水。长江流域总硬度为二级和三级的面积分别占本流域评价面积的 1.4%、22.0%,为软水和适度硬水;四级、五级的面积分别占本流域评价面积的 53.6%、23.0%,为硬水和极硬水。

7.2.2.3　地表水水化学类型

　　河南省水化学类型以 C 类 Ca 组Ⅲ型为主,占 41.6%;其次是 C 类 Ca 组Ⅱ型和 S 类 Na 组Ⅱ型,分别占 10.6% 和 10.2%;再其次是 Cl 类 Na 组Ⅱ型。

　　按流域统计,海河流域以 S 类 Na 组Ⅱ型为主,占 64.7%;黄河流域以 C 类 Ca 组Ⅲ型为主,占 44.7%,其次是 S 类 Ca 组Ⅲ型,占 27.7%,再次是 S 类 Na 组Ⅱ型占 17.0%;淮河流域以 C 类 Ca 组Ⅲ型为主,占 37.2%,其次是 C 类 Ca 组Ⅱ型,占 16.5%,再次是 Cl 类 Na 组Ⅱ型和 C 类 Ca 组Ⅰ型,分别占 11.7% 和 9.6%;长江流域以 C 类 Ca 组Ⅲ型为主,占 83.9%。

　　按行政区统计,信阳市以 C 类 Ca 组Ⅱ型为主;济源、洛阳、漯河、南阳、平顶山、三门峡、许昌、驻马店 8 市以 C 类 Ca 组Ⅲ型为主;周口市以 C 类 Na 组Ⅱ型为主;安阳、鹤壁、新乡 3 市以 S 类 Na 组Ⅱ型为主;焦作市以 S 类 Ca 组Ⅲ型为主;濮阳、开封、商丘 3 市以 Cl 类 Na 组Ⅱ型为主;郑州市以 Cl 类 Na 组Ⅲ型为主。

　　各行政区水化学类型分布状况见表 7.2-4。

表 7.2-4　河南省行政分区地表水水质测站水化学类型统计

行政分区	断面个数	C类 Ca组 I型	C类 Ca组 II型	C类 Ca组 III型	C类 Na组 II型	C类 Na组 III型	C类 Mg组 II型	C类 Mg组 III型	S类 Na组 II型	S类 Na组 III型	S类 Ca组 II型	S类 Ca组 III型	Cl类 Na组 I型	Cl类 Na组 II型	Cl类 Na组 III型	Cl类 Ca组 II型	Cl类 Ca组 III型
郑州市	13			1		1					2	2		1	3	1	2
开封市	6				1				1					4			
洛阳市	24			17							1	5					1
平顶山市	9			9													
安阳市	4								2					1			1
鹤壁市	4								4								
新乡市	8								8								
焦作市	12			1					1			7		1			2
濮阳市	6								1	1				2	1		1
许昌市	9			7								2					
漯河市	10			8		1									1		
三门峡市	9			4					3			1					1
南阳市	35			27	3							2					3
商丘市	25				2				6	1			3	13			
信阳市	72	18	31	21			1	1									
周口市	21			3	8	1			4					4	1		
驻马店市	20			19													1
济源市	6			5								1					
全省	293	18	31	122	14	3	1	1	30	2	3	20	3	26	6	1	12

7.2.3　与第二次评价对比分析

与第二次评价相比,地表水矿化度浓度总体呈升高趋势,海河、黄河和淮河流域均出现了矿化度为五级(≥1 000 mg/L,高矿化度)的面积占比。第二次评价时,全省矿化度均小于1 000 mg/L,本次评价矿化度超过1 000 mg/L的高矿化度水面积占比12.0%。矿化度指标具有从山区—山前区—平原依次升高的特点,与第二次评价结果相比较,分布规律基本一致。

地表水总硬度浓度变化同于矿化度,总体呈升高趋势。第二次评价时,海河、黄河流域总硬度均在150~300 mg/L,为硬水;淮河和长江流域总硬度分别处于二级、三级和四级,为软水、适度硬水和硬水。本次评价海河和黄河流域总硬度均大于250 mg/L的占比为100%和72.2%,极硬水面积占比显著增加;淮河和长江流域也出现极硬水比例,分别为55.8%和23.0%。

水化学类型本次评价采用个数占比,第二次评价采用面积占比。从评价结果来看,水化学类型变化较大。第二次评价时,海河流域以C类Na组II型和C类Ca组II型为主;黄河流域以C类Ca组II型为主;淮河流域以C类Ca组I型、C类Ca组II型和C类Na组II型等三种为主;长江流域以C类Ca组I型为主。本次评价和第二次评价对比见表7.2-5。

表7.2-5　河南省地表水水化学类型统计

本次评价/第二次评价		C类Ca组III型	C类Ca组II型	S类Na组II型	S类Na组II型	S类Ca组III型	C类Ca组I型	C类Na组II型	Cl类Ca组II型	Cl类Na组III型	Cl类Ca组I型	S类Ca组II型	C类Na组III型	S类Na组II型	Cl类Ca组II型	C类Mg组II型	C类Mg组III型
第二次评价	面积/km²	3 291	71 087				52 155	36 403									
	占比%	2.0	43.1				31.6	22.1									
本次评价	个数	122	31	30	26	20	18	15	12	6	3	3	2	2	1	1	1
	占比%	41.6	10.6	10.2	8.9	6.8	6.1	5.1	4.1	2.0	1.0	1.0	0.7	0.7	0.3	0.3	0.3

7.3　地表水资源质量现状评价

7.3.1　基本要求

7.3.1.1　评价范围

本次评价共选用全省564个水质断面,海河流域70个,黄河流域122个,淮河流域318个,长江流域54个。其中长江流域有9个为非水功能区断面,其他均为水功能区断面。

7.3.1.2　评价标准

河流和湖库的水质类别评价执行《地表水环境质量标准》（GB 3838—2002）；湖库营养状态评价执行《地表水资源质量评价技术规程》（SL 395—2007）第 5.1.1 条规定。

7.3.1.3　评价项目

水质类别评价项目为 pH、溶解氧、高锰酸盐指数、化学需氧量、五日生化需氧量、氨氮、总磷、总氮、铜、锌、氟化物、硒、砷、汞、硒、镉、铬（六价）、铅、氰化物、挥发酚、阴离子表面活性剂、硫化物等共 22 项。饮用水水源区增加氯化物、硫酸盐、硝酸盐氮、铁和锰 5 项。

湖库营养状态评价项目为总磷、总氮、叶绿素 a、高锰酸盐指数和透明度 5 项。

7.3.1.4　评价方法

水质类别评价方法：依照《地表水资源质量评价技术规程》（SL 395—2007）规定的单因子评价法，即水质类别按参评项目中水质最差项目的类别确定。首先按照《地表水环境质量标准》（GB 3838—2002）确定水质站单项水质项目水质类别。单项水质项目水质类别根据该项目浓度值与标准限值的比对结果确定，当不同类别标准值相同时，遵循从优不从劣原则。

在确定全部参评水质项目的水质类别后，评价该水质站水质类别。水质站水质类别按照所评价项目中水质最差项目的类别确定。

单项水质项目浓度超过《地表水环境质量标准》（GB 3838—2002）Ⅲ类标准值时，该项目为超标项目，超标项目的超标倍数按照下式计算，水温、pH 和溶解氧不计算超标倍数。

$$B_i = C_i / S_i - 1$$

式中　B_i——项目超标倍数；

　　　C_i——水质项目浓度，mg/L；

　　　S_i——水质项目的Ⅲ类标准限值，mg/L。

湖库营养状态评价方法：首先查评价标准（见表 7.3-1），将项目浓度值转换为评分值

表 7.3-1　湖库营养状态评价标准　　　　　　单位：mg/L

营养状态	指数	总磷	总氮	叶绿素 a	高锰酸盐指数	透明度/m
贫营养	10	0.001	0.02	0.000 5	0.15	10
	20	0.004	0.05	0.001	0.4	5.0
中营养	30	0.01	0.1	0.002	1.0	3.0
	40	0.025	0.3	0.004	2.0	1.5
	50	0.05	0.5	0.010	4.0	1.0
轻度富营养	60	0.1	1.0	0.026	8.0	0.5
中度富营养	70	0.2	2.0	0.064	10	0.4
	80	0.6	6.0	0.16	25	0.3
重度富营养	90	0.9	9.0	0.4	40	0.2
	100	1.3	16.0	1.0	60	0.12

（指数），监测值处于表列值两者中间者采用相邻点内插；然后把几个评价项目的评分值取平均值；最后用求得的平均值再查表得到营养状态等级。营养状态等级判别方法：当 $0 \leq$ 指数 ≤ 20，定为贫营养；$20 <$ 指数 ≤ 50，定为中营养；$50 <$ 指数 ≤ 60，定为轻度富营养；$60 <$ 指数 ≤ 80，定为中度富营养；$80 <$ 指数 ≤ 100，定为重度富营养。

7.3.1.5 评价代表值

水质站水质类别分为全年期、汛期、非汛期三个水期进行评价。营养状态评价为全年期评价。

全年期、汛期、非汛期各水质项目浓度值为对应水期内多次监测结果的算术平均值。汛期和非汛期的划分遵循水文规范的规定，海河流域和淮河流域的汛期时段为6—9月，非汛期时段为1—5月和10—12月；黄河流域汛期时段为7—10月，非汛期时段为1—6月和11—12月，长江流域汛期时段为5—10月，非汛期时段为1—4月和11—12月。

7.3.2 河流水质状况

7.3.2.1 总体评价结果

全省全年期共评价河长 12 708.62 km，其中 I ~ Ⅲ 类河长 6 001.91 km，占总评价河长的 47.2%；Ⅳ类 1 685.96 km，占比 13.3%；Ⅴ类 1 420.5 km，占比 11.2%；劣Ⅴ类 3 600.25 km，占比 28.3%；全年期超Ⅲ类标准河长比例为 52.8%。总体评价结果见表 7.3-2。

汛期共评价河长 12 598.2 km，其中 I ~ Ⅲ 类河长 6 157.4 km，占总评价河长的 48.9%；Ⅳ类 2 170.6 km，占比 17.2%；Ⅴ类 1 029.1 km，占比 8.2%；劣Ⅴ类 3 241.2 km，占比 25.7%；汛期超Ⅲ类标准河长比例为 51.1%。

表 7.3-2 河南省各流域河流水质状况评价成果统计

流域	水情期	第二次评价/本次评价	评价河长/km	分类河长及占比	I类	Ⅱ类	Ⅲ类	Ⅳ类	Ⅴ类	劣Ⅴ类
海河	全年期	第二次评价	1 384.0	河长/km		206.0	121.0	111.0	76.0	870.0
				占比/%		14.9	8.7	8.0	5.5	62.9
		本次评价	1 439.4	河长/km	81.0	209.2	90.0	118.0	32.0	909.2
				占比/%	5.6	14.5	6.3	8.2	2.2	63.2
	汛期	第二次评价	1 347.5	河长/km		203.0	133.5	135.3	6.0	869.7
				占比/%		15.1	9.9	10.0	0.4	64.5
		本次评价	1 439.4	河长/km	129.2	117.0	213.0	86.0	42.5	851.7
				占比/%	9.0	8.1	14.8	6.0	3.0	59.2
	非汛期	第二次评价	1 383.5	河长/km	35.5	152.0	104.0	73.0	60.0	959.0
				占比/%	2.6	11.0	7.5	5.3	4.3	69.3
		本次评价	1 439.4	河长/km	81.0	187.2	68.0	110.0	120.5	872.7
				占比/%	5.6	13.0	4.7	7.6	8.4	60.6

续表 7.3-2

流域	水情期	第二次评价/本次评价	评价河长/km	分类河长及占比	I 类	II 类	III 类	IV 类	V 类	劣 V 类
黄河	全年期	第二次评价	3 310.0	河长/km	494.0	558.0	315.0	628.0	155.0	1 161.0
				占比/%	14.9	16.9	9.5	19.0	4.7	35.1
		本次评价	3 231.0	河长/km	166.0	1 584.6	286.3	180.8	305.3	708.0
				占比/%	5.1	49.0	8.9	5.6	9.4	21.9
	汛期	第二次评价	3 281.2	河长/km	509.2	550.3	417.4	477.3	326.8	1 000.2
				占比/%	15.5	16.8	12.7	14.5	10.0	30.5
		本次评价	3 217.0	河长/km	193.0	1 424.6	446.8	388.7	141.3	622.6
				占比/%	6.0	44.3	13.9	12.1	4.4	19.4
	非汛期	第二次评价	3 204.8	河长/km	355.3	569.5	284.7	557.8	254.5	1 183
				占比/%	11.1	17.8	8.9	17.4	7.9	36.9
		本次评价	3 104.6	河长/km	157.0	1 540.1	361.8	227.8	181.8	636.1
				占比/%	5.1	49.6	11.7	7.3	5.9	20.5
淮河	全年期	第二次评价	6 486.0	河长/km	67.8	1 140.0	592.0	994.0	312.0	3 381.0
				占比/%	1.0	17.6	9.1	15.3	4.8	52.1
		本次评价	6 331.7	河长/km		659.0	1 648.4	1 240.2	985.1	1 799.0
				占比/%		10.4	26.0	19.6	15.6	28.4
	汛期	第二次评价	6 485.7	河长/km	64.0	1 325.3	1 004.8	920.2	418.7	2 752.7
				占比/%	1.0	20.4	15.5	14.2	6.5	42.4
		本次评价	6 235.3	河长/km		712.0	1 529.4	1 550.9	845.3	1 597.7
				占比/%		11.4	24.5	24.9	13.6	25.6
	非汛期	第二次评价	6 462.7	河长/km	94.8	778.9	806.8	902.2	434.6	3 445.4
				占比/%	1.5	12.1	12.5	14.0	6.7	53.3
		本次评价	6 322.9	河长/km		764.1	1 399.7	1 411.5	772.7	1 974.9
				占比/%		12.1	22.1	22.3	12.2	31.2
长江	全年期	第二次评价	1 533.0	河长/km	80.0	796.0	238.0	5.0	143.0	270.0
				占比/%	5.2	52.0	15.5	0.3	9.4	17.6
		本次评价	1 706.52	河长/km	141.51	788.2	347.7	146.96	98.1	184.05
				占比/%	8.3	46.2	20.4	8.6	5.7	10.8
	汛期	第二次评价	1 532.6	河长/km	80.0	760.8	347.4	35.2	76.0	233.2
				占比/%	5.2	49.6	22.7	2.3	5.0	15.2
		本次评价	1 706.52	河长/km	162.51	883.15	346.75	144.96		169.15
				占比/%	9.5	51.8	20.3	8.5		9.9
	非汛期	第二次评价	1 532.6	河长/km	73.5	689.5	352.9	83.3		333.4
				占比/%	4.8	45.0	23.0	5.4		21.8
		本次评价	1 706.52	河长/km	151.8	732.81	453.3	91.06	93.5	184.05
				占比/%	8.9	42.9	26.6	5.3	5.5	10.8

续表 7.3-2

流域	水情期	第二次评价/ 本次评价	评价河长/ km	分类河长 及占比	Ⅰ类	Ⅱ类	Ⅲ类	Ⅳ类	Ⅴ类	劣Ⅴ类
全省	全年期	第二次评价	12 712.2	河长/km	641.4	2 700.3	1 264.7	1 738.2	686.0	5 681.6
				占比/%	5.1	21.2	9.9	13.7	5.4	44.7
		本次评价	12 708.62	河长/km	388.51	3 241.0	2 372.4	1 685.96	1 420.5	3 600.25
				占比/%	3.1	25.5	18.7	13.3	11.2	28.3
	汛期	第二次评价	12 647.0	河长/km	653.2	2 839.4	1 903.1	1 568.0	827.5	4 855.8
				占比/%	5.2	22.5	15.0	12.4	6.5	38.4
		本次评价	12 598.22	河长/km	484.71	3 136.75	2 535.95	2 170.56	1 029.1	3 241.15
				占比/%	3.8	24.9	20.1	17.2	8.2	25.7
	非汛期	第二次评价	12 583.6	河长/km	559.1	2 189.9	1 548.4	1 616.3	749.1	5 920.8
				占比/%	4.4	17.4	12.3	12.8	6.0	47.1
		本次评价	12 573.42	河长/km	389.8	3 224.21	2 282.8	1 840.36	1 168.5	3 667.75
				占比/%	3.1	25.6	18.2	14.6	9.3	29.2

非汛期共评价河长 12 573.4 km,其中Ⅰ～Ⅲ类河长 5 896.8 km,占总评价河长的 46.9%;Ⅳ类 1 840.4 km,占比 14.6%;Ⅴ类 1 168.5 km,占比 9.3%;劣Ⅴ类 3 667.8 km,占比 29.2%;非汛期超Ⅲ类标准河长比例为 53.1%。

评价结果表明,全省整体水污染形势不容乐观,三个水情期超Ⅲ类标准河长比例均在 50%以上,水质污染由重至轻依次为:海河、淮河、黄河、长江,汛期水质略好于非汛期。

7.3.2.2　水资源分区评价结果

1.海河流域

全年期共评价河长 1 439.4 km,其中Ⅰ～Ⅲ类河长 380.2 km,占评价河长的 26.4%;Ⅳ类 118.0 km,占比 8.2%;Ⅴ类 32.0 km,占比 2.2%;劣Ⅴ类 909.2 km,占比 63.2%;全年期超Ⅲ类标准河长比例高达 73.6%。

汛期共评价河长 1 439.4 km,其中Ⅰ～Ⅲ类河长 459.2 km,占评价河长的 31.9%;Ⅳ类 86.0 km,占比 6.0%;Ⅴ类 42.5 km,占比 2.9%;劣Ⅴ类 851.7 km,占比 59.2%;汛期超Ⅲ类标准河长比例为 68.1%。

非汛期共评价河长 1 439.4 km,其中Ⅰ～Ⅲ类河长 336.2 km,占评价河长的 23.4%;Ⅳ类 110.0 km,占比 7.6%;Ⅴ类 120.5 km,占比 8.4%;劣Ⅴ类 872.7 km,占比 60.6%;非汛期超Ⅲ类标准河长比例高达 76.6%。

评价结果表明:海河流域水污染严重,汛期水质稍好于非汛期。

2.黄河流域

全年期共评价河长 3 231.0 km,其中Ⅰ～Ⅲ类河长 2 036.9 km,占评价河长的 63.1%;Ⅳ类 180.8 km,占比 5.6%;Ⅴ类 305.3 km,占比 9.4%;劣Ⅴ类 708.0 km,占比 21.9%;全年期超Ⅲ类标准河长比例为 37.0%。

汛期共评价河长 3 217.0 km,其中Ⅰ～Ⅲ类河长 2 064.4 km,占评价河长的 64.2%;

Ⅳ类 388.7 km,占比 12.1%;Ⅴ类 141.3 km,占比 4.4%;劣Ⅴ类 622.6 km,占比 19.3%;汛期超Ⅲ类标准河长比例为 35.8%。

非汛期共评价河长 3 104.6 km,其中Ⅰ~Ⅲ类河长 2 058.9 km,占评价河长的 66.3%;Ⅳ类 227.8 km,占比 7.3%;Ⅴ类 181.8 km,占比 5.9%;劣Ⅴ类 636.1 km,占比 20.5%;非汛期超Ⅲ类标准河长比例为 33.7%。

评价结果表明:黄河流域水污染较轻,非汛期水质略好于汛期。

3. 淮河流域

全年期共评价河长 6 331.7 km,其中Ⅰ~Ⅲ类河长 2 307.4 km,占评价河长的 36.4%;Ⅳ类 1 240.2 km,占比 19.6%;Ⅴ类 985.1 km,占比 15.6%;劣Ⅴ类 1 799.0 km,占比 28.4%;全年期超Ⅲ类标准河长比例高达 63.6%。

汛期共评价河长 6 235.3 km,其中Ⅰ~Ⅲ类河长 2 241.4 km,占评价河长的 35.9%;Ⅳ类 1 550.9 km,占比 24.9%;Ⅴ类 845.3 km,占比 13.6%;劣Ⅴ类 1 597.7 km,占比 25.6%;汛期超Ⅲ类标准河长比例为 64.1%。

非汛期共评价河长 6 322.9 km,其中Ⅰ~Ⅲ类河长 2 163.8 km,占评价河长的 34.2%;Ⅳ类 1 411.5 km,占比 22.3%;Ⅴ类 772.7 km,占比 12.2%;劣Ⅴ类 1 974.9 km,占比 31.3%;非汛期超Ⅲ类标准河长比例为 65.8%。

评价结果表明:淮河流域水污染较重,汛期水质略好于非汛期。

4. 长江流域

全年期共评价河长 1 706.52 km,其中Ⅰ~Ⅲ类河长 1 277.41 km,占评价河长的 74.9%;Ⅳ类 146.96 km,占比 8.6%;Ⅴ类 98.1 km,占比 5.7%;劣Ⅴ类 184.05 km,占比 10.8%;全年期超Ⅲ类标准河长比例为 25.1%。

汛期共评价河长 1 706.52 km,其中Ⅰ~Ⅲ类河长 1 392.41 km,占评价河长的 81.6%;Ⅳ类 144.96 km,占比 8.5%;劣Ⅴ类 169.15 km,占比 9.9%;汛期超Ⅲ类标准河长比例为 18.4%。

非汛期共评价河长 1 706.52 km,其中Ⅰ~Ⅲ类河长 1 337.91 km,占评价河长的 78.4%;Ⅳ类 91.06 km,占比 5.3%;Ⅴ类 93.5 km,占比 5.5%;劣Ⅴ类 184.05 km,占比 10.8%;非汛期超Ⅲ类标准河长比例为 21.6%。

评价结果表明:长江流域水污染较轻,汛期水质好于非汛期。

7.3.2.3　行政分区评价结果

按 18 个行政区统计,平顶山市、济源市和洛阳市水质较好,Ⅰ~Ⅲ类河长占比分别为 88.2%、86.7%和 83.6%;其次是三门峡市和南阳市,Ⅰ~Ⅲ类河长占比分别为 77.2%和 74.0%;再次是漯河市和信阳市,Ⅰ~Ⅲ类河长占比分别为 69.3%和 66.7%。水污染严重的行政区有驻马店市、周口市、商丘市,超Ⅲ类标准河长在 85.0%以上,其中驻马店市超Ⅲ类标准河长高达 94.5%。

全省河流水质状况分布见表 7.3-3~表 7.3-5、图 7.3-1。

7.3.2.4　与第二次评价对比分析

第二次评价河流 133 条,水质断面 482 个;本次评价河流 135 条,水质断面 564 个。本次评价与第二次评价河长基本一致,河流增加浊漳河和丹江。与第二次评价相比,海

表 7.3-3 河南省行政分区河流水质状况评价成果统计表（全年期）

行政分区	评价河长/km	全年期分类河长/km						主要污染项目		
		I 类	II 类	III 类	IV 类	V 类	劣V 类			
郑州市	684.6	0	154	22.6	156.2	160.6	191.2	化学需氧量	五日生化需氧量	氨氮
开封市	447.3	0	72.7	50	0	143	181.6	五日生化需氧量	氨氮	总磷
洛阳市	1 093.2	75.0	693.7	145.7	68.3	12.5	98.0	总磷	五日生化需氧量	氨氮
平顶山市	581.1	0	57.4	455.2	68.5	0	0	化学需氧量		
安阳市	589.76	0	76.94	90	5.0	34.5	383.32	化学需氧量	总磷	氨氮
鹤壁市	270.73	41.0	36.0	0	45	0	148.73	氨氮	化学需氧量	总磷
新乡市	966.06	40.0	338.66	0	68	121.5	397.9	化学需氧量	氨氮	五日生化需氧量
焦作市	351.9	0	123.0	14.0	0	21.8	193.1	化学需氧量	氨氮	五日生化需氧量
濮阳市	485.85	0	173.1	0	0	5.0	307.75	化学需氧量	氨氮	五日生化需氧量
许昌市	368.5	0	85	96.9	170.8	7.0	8.8	化学需氧量	五日生化需氧量	氨氮
漯河市	359.4	0	163	86.2	72.7	15.0	22.5	化学需氧量	氨氮	总磷
三门峡市	835.6	121.0	401.7	122.1	16	118	56.8	总磷	氨氮	
南阳市	1 590.27	111.51	673.25	391.7	87.96	138.1	187.75	氨氮	氨氮	五日生化需氧量
商丘市	711.1	0	0	94.0	65.2	261.3	290.6	五日生化需氧量	总磷	氨氮
信阳市	1 367.45	0	233.45	678.0	294.0	84.0	78.0	氨氮	总磷	高锰酸盐指数
周口市	996.7	0	107.5	107.7	354.5	203.3	331.4	总磷	氨氮	高锰酸盐指数
驻马店市	1 082.9	0	0	59.0	214.8	107.4	701.7	总磷	总磷	
济源市	211.4	0	173.8	9.5	7.0	0	21.1	氨氮	氨氮	五日生化需氧量

表 7.3-4　河南省行政分区河流水质状况评价成果统计表（汛期）

行政分区	评价河长/km	汛期分类河长/km						主要污染项目		
		I类	II类	III类	IV类	V类	劣V类			
郑州市	684.6	0	154.0	99.1	118.4	173.6	139.5	化学需氧量	五日生化需氧量	总磷
开封市	447.3	0	122.7	0	37.0	95.0	192.6	五日生化需氧量	氨氮	化学需氧量
洛阳市	1 093.2	51.0	738.1	132.8	94.3	0	77.0	氟化物	总磷	氨氮
平顶山市	581.1	0	60.0	289.1	232.0	0	0	化学需氧量	总磷	五日生化需氧量
安阳市	583.76	0	81.0	85.94	32.12	27.0	357.7	化学需氧量	总磷	氨氮
鹤壁市	270.73	41.0	36.0	45.0	20.08	0	128.65	总磷	化学需氧量	氨氮
新乡市	966.06	88.2	201.2	147.26	116.0	44.0	369.4	氨氮	五日生化需氧量	化学需氧量
焦作市	351.9	0	77.0	27.0	48.0	32.8	167.1	化学需氧量	五日生化需氧量	氨氮
濮阳市	485.85	0	168.3	4.8	30.9	5.0	276.85	化学需氧量	总磷	氨氮
许昌市	368.5	0	0	172.9	184.8	0	10.8	化学需氧量	五日生化需氧量	氨氮
漯河市	359.4	0	85.5	160.7	57.9	41.8	13.5	化学需氧量	氨氮	总磷
三门峡市	827.6	172.0	289.7	152.1	62.3	75.0	76.5	氨氮	高锰酸盐指数	氟化物
南阳市	1 550.27	132.51	792.15	366.8	85.96	0	172.85	总磷	五日生化需氧量	氨氮
商丘市	702.7	0	50.0	44.0	102.7	196.9	309.1	五日生化需氧量	化学需氧量	总磷
信阳市	1 367.45	0	339.0	730.45	225.0	20.0	53.0	总磷	氨氮	高锰酸盐指数
周口市	948.7	0	0	70.0	447.1	250.8	180.8	总磷	高锰酸盐指数	氨氮
驻马店市	1 082.9	0	42.0	11.0	268.0	67.2	694.7	总磷	氨氮	
济源市	211.4	0	164.8	9.5	16.0	0	21.1	总磷	氨氮	

表7.3-5 河南省行政分区河流水质状况评价成果统计表（非汛期）

行政分区	评价河长/km	非汛期分类河长/km						主要污染项目		
		I类	II类	III类	IV类	V类	劣V类			
郑州市	684.6	0	140.0	36.6	154.6	147.2	206.2	化学需氧量	五日生化需氧量	氨氮
开封市	447.3	0	72.7	0	62.0	8.0	304.6	氨氮	五日生化需氧量	总磷
洛阳市	1 093.2	92.0	676.7	145.7	74.3	12.5	92.0	总磷	氨氮	化学需氧量
平顶山市	581.1	0	116.9	341.2	123.0	0	0	化学需氧量	氨氮	
安阳市	519.16	0	54.94	68.0	83.5	0	312.72	总磷	氨氮	化学需氧量
鹤壁市	270.73	41.0	36.0	0	0	86.5	107.23	化学需氧量	氨氮	总磷
新乡市	890.26	40.0	338.66	0	48.5	112.5	350.6	化学需氧量	五日生化需氧量	氨氮
焦作市	351.9	0	56.5	80.5	0	6.8	208.1	化学需氧量	氨氮	五日生化需氧量
濮阳市	485.85	0	173.1	0	0	0	312.75	化学需氧量	氨氮	总磷
许昌市	359.7	0	99.6	84.3	168.8	7.0	0	化学需氧量	五日生化需氧量	
漯河市	359.4	0	193.0	56.2	72.7	23.5	14.0	化学需氧量	氨氮	总磷
三门峡市	835.6	95.0	427.7	122.1	37.0	75.0	78.8	总磷	氨氮	
南阳市	1 590.27	121.8	617.86	438.3	91.06	133.5	187.75	氨氮	总磷	五日生化需氧量
商丘市	711.1	0	0	0	273.6	91.0	346.5	五日生化需氧量	氨氮	总磷
信阳市	1 367.45	0	248.45	625.0	220.0	170.0	104.0	氨氮	总磷	高锰酸盐指数
周口市	996.7	0	0	107.5	339.5	135.8	413.9	总磷	氨氮	高锰酸盐指数
驻马店市	1 082.9	0	0	158.9	144.8	171.7	607.5	总磷	氨氮	
济源市	211.4	0	164.8	18.5	7.0	0	21.1	总磷	氨氮	五日生化需氧量

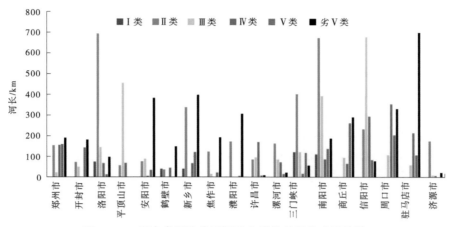

图 7.3-1 河南省行政分区河流水质状况评价成果统计

河、黄河、淮河和长江流域水质均有不同程度改善,I～Ⅲ类水所占比例分别增加 2.8%、21.8%、8.7%、2.2%。黄河、淮河和长江流域劣Ⅴ类水比例均有所减少,其中,黄河流域减少 13.2%,淮河流域减少 23.7%,长江流域减少 6.8%。海河流域劣Ⅴ类水比例增加0.3%,Ⅴ类水比例减少 3.3%。

按行政区统计,平顶山、漯河、周口、洛阳、许昌、郑州、开封、商丘、三门峡、济源、焦作、新乡、濮阳、鹤壁 14 市地表水质均有所改善,I～Ⅲ类河长占比分别增加 25.2%、66.4%、9.1%、13.1%、36.6%、5.7%、27.4%、7.0%、10.1%、65.2%、17.5%、33.7%、35.7%、5.4%。南阳、信阳、驻马店、安阳 4 市I～Ⅲ类河长占比有所减少,分别为 0.6%、1.0%、10.9%、4.2%。

7.3.3 水库水质状况

7.3.3.1 水质类别评价

1. 总体评价结果

对全省 36 座水库进行了现状水质评价,评价结果显示:全年期Ⅰ～Ⅲ类水质的水库22 座,占评价总数的 61.1%;Ⅳ类 8 座,占比 22.2%;Ⅴ类 2 座,占比 5.6%;劣Ⅴ类 4 座,占比 11.1%。水库水质超Ⅲ类标准的因子主要是总磷、化学需氧量和五日生化需氧量。

Ⅰ类:故县水库、石门水库、塔岗水库、丹江口水库,共 4 座。

Ⅱ类:南湾水库、泼河水库、鲇鱼山水库、小浪底水库、陆浑水库、青天河水库、宝泉水库、鸭河口水库、赵湾水库,共 9 座。

Ⅲ类:石山口水库、小龙山水库、五岳水库、板桥水库、昭平台水库、白龟山水库、孤石滩水库、石漫滩水库、尖岗水库,共 9 座。

Ⅳ类:薄山水库、宋家场水库、佛耳岗水库、彰武水库、丁店水库、李湾水库、坞罗水库、后寺河水库,共 8 座。

Ⅴ类:楚楼水库、河王水库,共 2 座。

劣Ⅴ类:宿鸭湖水库、汤河水库、南海水库、白沙水库,共 4 座。

2. 水资源分区评价结果

1)海河流域

评价 6 座水库,其中Ⅰ～Ⅱ类水质的水库 3 座,为石门水库、塔岗水库和宝泉水库,占评价数量的 50.0%；Ⅳ类 1 座，为彰武水库，占比 16.7%；劣Ⅴ类 2 座，为汤河水库、南海水库，占比 33.3%。

2）黄河流域

评价 6 座水库，其中Ⅰ～Ⅱ类水质的水库 4 座，为小浪底水库、故县水库、陆浑水库和青天河水库，占评价数量的 66.7%；Ⅳ类 2 座，为坞罗水库、后寺河水库，占比 33.3%。

3）淮河流域

评价 20 座水库，其中Ⅰ～Ⅲ类水质的水库 12 座，为南湾水库、石山口水库、小龙山水库、五岳水库、石漫滩水库、板桥水库、泼河水库、鲇鱼山水库、昭平台水库、白龟山水库、孤石滩水库和尖岗水库，占评价数量的 60.0%；Ⅳ类 4 座，为薄山水库、丁店水库、李湾水库、佛耳岗水库，占比 20.0%；Ⅴ类 2 座，为楚楼水库、河王水库，占比 10.0%；劣Ⅴ类 2 座，为宿鸭湖水库、白沙水库，占比 10.0%。

4）长江流域

评价 4 座水库，其中Ⅰ～Ⅱ类水质的水库 3 座，为丹江口水库、鸭河口水库和赵湾水库，占评价数量的 75.0%；Ⅳ类 1 座，为宋家场水库，占比 25.0%。

3. 行政分区评价结果

按行政区统计，洛阳、新乡、平顶山、焦作、南阳、信阳、济源 7 市参评水库均达到Ⅲ类及以上水质标准。郑州市参评 8 座水库，Ⅲ类 1 座，为尖岗水库，占评价数量的 12.5%；Ⅳ类 4 座，为丁店水库、李湾水库、坞罗水库、后寺河水库，占比 50.0%；Ⅴ类 2 座，为楚楼水库和河王水库，占比 25.0%；劣Ⅴ类 1 座，为白沙水库，占比 12.5%。安阳市参评 3 座水库，Ⅳ类 1 座，为彰武水库，占比 33.3%；劣Ⅴ类 2 座，为汤河水库和南海水库，占比 66.7%。许昌市佛尔岗水库参评，为Ⅳ类水质。

4. 按蓄水量评价结果

全省共评价水库蓄水量 74.68 亿 m^3，全年期Ⅰ～Ⅲ类水质占 92.1%，劣Ⅴ类占 4.0%，水库水质总体较好。汛期Ⅰ～Ⅲ类水质占 87.3%，劣Ⅴ类占 3.5%。非汛期Ⅰ～Ⅲ类水质占 92.7%，劣Ⅴ类占 1.0%。

海河流域共评价年平均蓄水量 1.57 亿 m^3，其中Ⅰ～Ⅲ类水质占 44.6%，劣Ⅴ类占 37.6%，水库水质较差。

黄河流域共评价年平均蓄水量 44.38 亿 m^3，其中Ⅰ～Ⅲ类水质占 99.9%，无Ⅴ类和劣Ⅴ类水质，水库水质总体较好。

淮河流域共评价年平均蓄水量 20.24 亿 m^3，其中Ⅰ～Ⅲ类水质占 77.5%，劣Ⅴ类占 11.7%，水库水质总体较好。

长江流域共评价年平均蓄水量 8.48 亿 m^3，其中Ⅰ～Ⅲ类水质占 95.1%，无Ⅴ类和劣Ⅴ类水质。水库水质总体较好。

驻马店市超Ⅲ类年蓄水量 4.06 亿 m^3，占比高达 69.3%；郑州市超Ⅲ类年平均蓄水量 0.453 亿 m^3，占比高达 71.3%。

河南省水库水质类别评价结果统计见表 7.3-6。

表 7.3-6　河南省水库水质类别评价结果统计（全年期）

行政分区/水资源分区	评价数量/座	分类数量及占比	I类	II类	III类	IV类	V类	劣V类	评价蓄水量/亿 m³	分类蓄水量及占比	I类	II类	III类	IV类	V类	劣V类
郑州市	8	数量/座			1	4	2	1	0.635 1	蓄水量/亿 m³			0.182 1	0.14	0.121 7	0.191 3
		占比/%			12.50	50.00	25.00	12.50		占比/%			28.70	22.00	19.20	30.10
洛阳市	3	数量/座	1	2					77.53	蓄水量/亿 m³	5	72.53				
		占比/%	33.30	66.70						占比/%	6.40	93.60				
平顶山市	4	数量/座			4				6.953	蓄水量/亿 m³			6.953			
		占比/%			100.00					占比/%			100.00			
安阳市	3	数量/座				1		2	0.87	蓄水量/亿 m³				0.28		0.59
		占比/%				33.30		66.70		占比/%				32.20		67.80
新乡市	3	数量/座	2	1					0.699 7	蓄水量/亿 m³	0.267 2	0.432 5				
		占比/%	66.70	33.30						占比/%	38.20	61.8				
焦作市	1	数量/座		1					0.148 3	蓄水量/亿 m³		0.148 3				
		占比/%		100.00						占比/%		100.00				
许昌市	1	数量/座				1			0.51	蓄水量/亿 m³				0.51		
		占比/%				100.00				占比/%				100.00		
南阳市	3	数量/座	1	2					8.067 1	蓄水量/亿 m³	3.35	4.717 1				
		占比/%	33.30	66.70						占比/%	41.50	58.50				

续表 7.3-6

行政分区/水资源分区	评价数量/座	分类数量及占比	I类	II类	III类	IV类	V类	劣V类	评价蓄水量/亿m³	分类蓄水量及占比	I类	II类	III类	IV类	V类	劣V类
信阳市	6	数量/座		3	3				6.754 3	蓄水量/亿m³		4.848 1	1.906 2			
		占比/%		50.00	50.00					占比/%		71.80	28.20			
驻马店市	4	数量/座			1	2		1	5.859	蓄水量/亿m³			1.796	1.877		2.186
		占比/%			25.00	50.00		25.00		占比/%			30.70	32.00		37.30
济源市	1	数量/座		1					33.35	蓄水量/亿m³		33.35				
		占比/%		100.00						占比/%		100.00				
全省	36	数量/座	4	9	9	8	2	4	74.676 5	蓄水量/亿m³	8.617 2	49.326 5	10.837 3	2.807	0.121 7	2.967 3
		占比/%	11.10	25.00	25.00	22.20	5.60	11.10		占比/%	11.50	66.00	14.50	3.80	0.20	4.00
海河	6	数量/座	2	1		1		2	1.569 7	蓄水量/亿m³	0.267 2	0.432 5		0.28		0.59
		占比/%	33.30	16.70		16.70		33.30		占比/%	17.00	27.60		17.80		37.60
黄河	6	数量/座	1	3		2			44.382 5	蓄水量/亿m³	5	39.328 3		0.054 2		
		占比/%	16.70	50.00		33.30				占比/%	11.30	88.60		0.10		
淮河	20	数量/座	0	3	9	4	2	2	20.242 2	蓄水量/亿m³		4.848 1	10.837 3	2.057 8	0.121 7	2.377 3
		占比/%	0	15.00	45.00	20.00	10.00	10.00		占比/%		24.00	53.50	10.20	0.60	11.70
长江	4	数量/座	1	2		1			8.482 1	蓄水量/亿m³	3.35	4.717 1		0.415		
		占比/%	25.00	50.00		25.00				占比/%	39.50	55.60		4.90		

7.3.3.2　营养状态评价

1. 总体评价结果

对除丹江口水库外的 35 座水库进行了营养状态评价,评价结果显示:中营养 12 座,占评价总数的 34.3%;轻度富营养 16 座,占比 45.7%;中度富营养 7 个,占比 20.0%。

中营养:南湾水库、板桥水库、泼河水库、小浪底水库、故县水库、陆浑水库、宝泉水库、石门水库、塔岗水库、鸭河口水库、宋家场水库、赵湾水库,共 12 座。

轻度富营养:石山口水库、小龙山水库、五岳水库、薄山水库、鲇鱼山水库、昭平台水库、白龟山水库、孤石滩水库、白沙水库、尖岗水库、丁店水库、楚楼水库、李湾水库、佛耳岗水库、坞罗水库、后寺河水库,共 16 座。

中度富营养:石漫滩水库、宿鸭湖水库、河王水库、青天河水库、汤河水库、南海水库、彰武水库,共 7 座。

2. 水资源分区评价结果

1) 海河流域

评价 6 座水库,其中中营养 3 座,为宝泉水库、石门水库、塔岗水库,占评价数量的 50.0%;中度富营养 3 座,为汤河水库、南海水库、彰武水库,占比 50.0%。

2) 黄河流域

评价 6 座水库,其中中营养 3 座,为小浪底水库、故县水库、陆浑水库,占评价数量的 50.0%;轻度富营养 2 座,为坞罗水库、后寺河水库,占比 33.3%;中度富营养 1 座,为青天河水库,占比 16.7%。

3) 淮河流域

评价 20 座水库,中营养 3 座,为南湾水库、板桥水库、泼河水库,占评价数量的 15.0%;轻度富营养 14 座,为石山口水库、小龙山水库、五岳水库、薄山水库、鲇鱼山水库、昭平台水库、白龟山水库、孤石滩水库、白沙水库、尖岗水库、丁店水库、楚楼水库、李湾水库、佛耳岗水库,占比 70.0%;中度富营养 3 座,为石漫滩水库、宿鸭湖水库、河王水库,占比 15.0%。

4) 长江流域

评价 3 座水库,为鸭河口水库、宋家场水库、赵湾水库,全部为中营养。

3. 行政分区评价结果

按行政区统计,洛阳市、新乡市、南阳市、济源市参评水库均为中营养。郑州市参评 8 座水库,轻度富营养 7 座,为白沙水库、尖岗水库、丁店水库、楚楼水库、李湾水库、坞罗水库、后寺河水库,占评价数量的 87.5%;中度富营养 1 座,为河王水库,占比 12.5%。平顶山市参评 4 座水库,轻度富营养 3 座,为昭平台水库、白龟山水库、孤石滩水库,占比 75.0%;中度富营养 1 座,为石漫滩水库,占比 25.0%。安阳市参评 3 座水库,为汤河水库、南海水库、彰武水库,均为中度富营养;焦作市参评 1 座水库,为青天河水库,为中度富营养。许昌市参评 1 座佛尔岗水库,为轻度富营养。信阳市参评 6 座水库,中营养 2 座,为南湾水库和泼河水库,占比 33.3%;轻度富营养 4 座,为石山口水库、小龙山水库、五岳水库、鲇鱼山水库,占比 66.7%。驻马店市参评 4 座水库,中营养 2 座,为板桥水库和宋家场水库,占比 50.0%;轻度富营养 1 座,为薄山水库,占比 25.0%;中度富营养 1 座,为宿鸭湖水库,占比25.0%。

4.按蓄水量评价结果

全省营养状态评价年平均蓄水量71.33亿m³,中营养54.56亿m³,占评价总蓄水量的76.5%;轻度富营养13.07亿m³,占比18.3%;中度富营养3.70亿m³,占比5.2%。

海河流域共评价年平均蓄水量1.57亿m³,中营养0.70亿m³,占44.6%;中度富营养0.87亿m³,占55.4%。

黄河流域共评价年平均蓄水量44.38亿m³,中营养44.18亿m³,占99.6%;轻度富营养0.054亿m³,占0.1%;中度富营养0.148亿m³,占0.3%。

淮河流域共评价年平均蓄水量20.24亿m³,中营养4.54亿m³,占22.4%;轻度富营养13.01亿m³,占64.3%;中度富营养2.69亿m³,占13.3%。

长江流域营养状态评价年平均蓄水量5.13亿m³,中营养5.13亿m³,占100%。

河南省水库营养状况评价结果统计见表7.3-7。

表7.3-7　河南省水库营养状况评价结果统计

行政分区/水资源分区	评价数量/座	分类数量及占比	中营养	轻度富营养	中度富营养	评价蓄水量/亿m³	分类蓄水量及占比	中营养	轻度富营养	中度富营养
郑州市	8	数量/座		7	1	0.635 1	蓄水量/亿m³		0.524	0.111 1
		占比/%		87.50	12.50		占比/%		82.50	17.50
洛阳市	3	数量/座	3			77.53	蓄水量/亿m³	77.53		
		占比/%	100.00				占比/%	100.00		
平顶山市	4	数量/座		3	1	6.953	蓄水量/亿m³		6.565	0.388
		占比/%		75.00	25.00		占比/%		94.40	5.60
安阳市	3	数量/座			3	0.87	蓄水量/亿m³			0.87
		占比/%			100.00		占比/%			100.0
新乡市	3	数量/座	3			0.699 7	蓄水量/亿m³	0.699 7		
		占比/%	100.00				占比/%	100.00		
焦作市	1	数量/座			1	0.148 3	蓄水量/亿m³			0.148 3
		占比/%			100.00		占比/%			100.00
许昌市	1	数量/座		1		0.51	蓄水量/亿m³		0.51	
		占比/%		100.00			占比/%		100.00	
南阳市	2	数量/座	2			4.717 1	蓄水量/亿m³	4.717 1		
		占比/%	100.00				占比/%	100.00		
信阳市	6	数量/座	2	4		6.754 3	蓄水量/亿m³	2.748 1	4.006 2	
		占比/%	33.30	66.70			占比/%	40.70	59.30	

续表 7.3-7

行政分区/水资源分区	评价数量/座	分类数量及占比	中营养	轻度富营养	中度富营养	评价蓄水量/亿 m³	分类蓄水量及占比	中营养	轻度富营养	中度富营养
驻马店市	4	数量/座	2	1	1	5.859	蓄水量/亿 m³	2.211	1.462	2.186
		占比/%	50.00	25.00	25.00		占比/%	37.70	25.00	37.30
济源市	1	数量/座	1			33.35	蓄水量/亿 m³	33.35		
		占比/%	100.00				占比/%	100.00		
全省	36（1座重复）	数量/座	12	16	7	71.326 5	蓄水量/亿 m³	54.555 9	13.067 2	3.703 4
		占比/%	34.30	45.70	20.00		占比/%	76.50	18.30	5.20
海河	6	数量/座	3		3	1.569 7	蓄水量/亿 m³	0.699 7		0.87
		占比/%	50.00		50.00		占比/%	44.60		55.40
黄河	6	数量/座	3	2	1	44.382 5	蓄水量/亿 m³	44.18	0.054 2	0.148 3
		占比/%	50.00	33.30	16.70		占比/%	99.60	0.10	0.30
淮河	20	数量/座	3	14	3	20.242 2	蓄水量/亿 m³	4.544 1	13.013	2.685 1
		占比/%	15.00	70.00	15.00		占比/%	22.40	64.30	13.30
长江	3	数量/座	3			5.132 1	蓄水量/亿 m³	5.132 1		
		占比/%	100.00				占比/%	100.00		

7.3.3.3　与第二次评价对比分析

第二次评价水库 31 座,本次评价增加了小龙山水库、尖岗水库、小浪底水库、后寺河水库、宋家场水库、赵湾水库和丹江口水库 7 座水库,减少了窄口水库和群英水库(无水) 2 座水库。第二次评价Ⅰ~Ⅲ类水质 21 座,占比 66.7%;Ⅳ类 4 座,占比 12.9%;Ⅴ类 2 座,占比 6.5%;劣Ⅴ类 4 座,占比 12.9%。评价蓄水量 31.54 亿 m³,其中Ⅰ~Ⅲ类水质占比 87.8%;Ⅳ类占比 4.2%;Ⅴ类占比 1.4%;劣Ⅴ类占比 6.7%。本次评价,按数量统计,全省水库的水质状况Ⅰ~Ⅲ类水的比例下降 6.6%,劣Ⅴ类水比例减少 1.8%;按蓄水量统计,Ⅰ~Ⅲ类水的比例增加 4.2%,劣Ⅴ类水比例减少 2.7%,见表 7.3-8。

第二次评价的 31 座水库中,中营养 24 座,占 77.4%;富营养 7 座,占 22.6%;中营养 28.98 亿 m³,占 91.9%;富营养 2.56 亿 m³,占 8.1%。本次评价与第二次评价结果对比,石山口水库、五岳水库、薄山水库、鲇鱼山水库、昭平台水库、白龟山水库、孤石滩水库、白沙水库、丁店水库、楚楼水库、李湾水库由中营养转变为轻度富营养,石漫滩水库和南海水库由中营养转变为中度富营养。本次评价,富营养占比增加 15.4%,说明河南省水库的营养化状态有恶化趋势。

表 7.3-8　本次评价和第二次评价水库水质评价结果统计对比

本次评价/第二次评价	水情期	评价数量/座	分类数量及占比	I类	II类	III类	IV类	V类	劣V类	评价蓄水量/亿m³	分类蓄水量及占比	I类	II类	III类	IV类	V类	劣V类
本次评价	全年期	36	数量/座	4	9	9	8	2	4	74.676 5	蓄水量/亿m³	8.617 2	49.326	10.837 3	2.807	0.121 7	2.967 3
			占比/%	11.1	25.0	25.0	22.2	5.6	11.1		占比/%	11.5	66.0	14.5	3.8	0.2	4.0
本次评价	汛期	36	数量/座	4	11	5	10	3	3	74.676 5	蓄水量/亿m³	4.049 7	56.077	5.058 3	6.497 2	0.406 5	2.587 3
			占比/%	11.1	30.6	13.9	27.8	8.3	8.3		占比/%	5.4	75.1	6.8	8.7	0.5	3.5
本次评价	非汛期	36	数量/座	4	9	10	7	3	3	74.676 5	蓄水量/亿m³	8.617 2	49.326	11.252 3	2.392	2.307 7	0.781 3
			占比/%	11.1	25.0	27.8	19.4	8.3	8.3		占比/%	11.5	66.0	15.1	3.2	3.1	1.1
第二次评价	全年期	31	数量/座	3	13	5	4	2	4	31.543 9	蓄水量/亿m³	4.977 5	22.168	0.535 7	1.323 9	0.438 6	2.099 4
			占比/%	9.7	41.9	16.1	12.9	6.5	12.9		占比/%	15.8	70.3	1.7	4.2	1.4	6.7
第二次评价	汛期	31	数量/座	2	14	9	2		4	33.868 4	蓄水量/亿m³	4.280 6	22.440 5	4.014 7	0.485		2.647 3
			占比/%	6.5	45.2	29.0	6.5		12.9		占比/%	12.60	66.3	11.9	1.4		7.8
第二次评价	非汛期	31	数量/座	4	12	3	2	4	6	30.159 4	蓄水量/亿m³	1.400 7	24.396 1	0.462 8	0.215 4	1.604	2.080 4
			占比/%	12.9	38.7	9.7	6.5	12.9	19.4		占比/%	4.6	80.9	1.5	0.7	5.3	6.9

7.3.4　重点河流水质状况

河南省重点河流共 20 条,其中,海河流域 4 条,分别是浊漳河、卫河干流、马颊河和徒骇河;黄河流域 4 条,分别是黄河中游干流、洛河、伊河和沁河;淮河流域 10 条,分别是淮河干流、洪河、汝河、史河、灌河、沙河、颍河、涡河、浍河、包河;长江流域 2 条,分别是白河和唐河。重点河流水质类别评价结果见表 7.3-9。

表 7.3-9　河南省各流域重点河流水质类别评价结果统计

流域	重点河流	评价河长/km	分类河长及占比	I 类	II 类	III 类	IV 类	V 类	劣 V 类
海河	浊漳河	22	河长/km		22.0				
			占比/%		100.0				
	卫河干流	226	河长/km						226.0
			占比/%						100.0
	马颊河	66.20	河长/km					5.0	61.2
			占比/%					7.6	92.4
	徒骇河	16.20	河长/km						16.2
			占比/%						100.0
黄河	黄河中游(河口镇至花园口)	427.5	河长/km		318.9	33.6		75.0	
			占比/%		74.6	7.9		17.5	
	洛河	339.2	河长/km	40.0	229.4	38.3		31.5	
			占比/%	11.8	67.6	11.3		9.3	
	伊河	264.8	河长/km		197.9	66.9			
			占比/%		74.7	25.3			
	沁河	102.8	河长/km		88.8	14.0			
			占比/%		86.4	13.6			
淮河	淮河	392.4	河长/km		28.0	360.7			3.7
			占比/%		7.1	91.9			0.9
	洪河	236.6	河长/km					34.0	202.6
			占比/%					14.4	85.6
	汝河	231.2	河长/km			42.0	82.5	106.7	
			占比/%			18.2	35.7	46.2	

续表 7.3-9

流域	重点河流	评价河长/km	分类河长及占比	I类	II类	III类	IV类	V类	劣V类
淮河	史河	99.3	河长/km		15.0	84.3			
			占比/%		15.1	84.9			
	灌河	133	河长/km		66.0	5.0		42.0	20.0
			占比/%		49.6	3.8		31.6	15.0
	沙河	350	河长/km		144.5	205.5			
			占比/%		41.3	58.7			
	颍河	323.5	河长/km		90.0	51.8	30.0	113.3	38.4
			占比/%		27.8	16.0	9.3	35.0	11.9
	涡河	183.5	河长/km				99.5	57.0	27.0
			占比/%				54.2	31.1	14.7
	浍河	132	河长/km				32.2	63.4	36.4
			占比/%				24.4	48.0	27.6
	包河	115	河长/km				8.0	19.0	88.0
			占比/%				7.0	16.5	76.5
长江	白河	314.36	河长/km	80.0	135.0	88.06	6.3		5.0
			占比/%	25.4	42.9	28.0	2.0		1.6
	唐河	190.46	河长/km		26.8	38.0	43.66	4.6	77.4
			占比/%		14.1	20.0	22.9	2.4	40.6

7.3.4.1　海河流域

浊漳河评价河长 22.0 km,水质类别为 II 类,水质状况较好。

卫河干流、马颊河和徒骇河分别评价河长 226 km、66.2 km 和 16.2 km,水质均为劣 V 类,水质较差。

7.3.4.2　黄河流域

黄河干流评价河长 427.5 km,其中 II～III 类水河长 352.5 km,占 82.5%;V 类水河长 75 km,占 17.5%。洛河评价河长 339.2 km,其中 I～III 类水河长 307.7 km,占 90.7%;V 类水河长 31.5 km,占 9.3%。伊河评价河长 264.8 km,沁河评价河长 102.8 km,均全程达到 II 类或 III 类。

黄河流域重点河流水质状况较好,III 类及以上河长比例达到 90.6%。

7.3.4.3　淮河流域

淮河干流评价河长 392.4 km,其中 II～III 类水河长 388.7 km,占 99.1%;仅桐柏县尚楼公路桥断面为劣 V 类,代表河长 3.7 km,占 0.9%。史河评价河长 99.3 km,沙河评价河长 350 km,均全程水质达到 Ⅱ 或 Ⅲ 类。

洪河评价河长 236.6 km,其中 Ⅴ 类水河长 34 km,占 14.4%;劣 Ⅴ 类水河长 202.6 km,占 85.6%。

汝河评价河长 231.2 km,其中 Ⅲ 类水河长 42 km,占 18.2%;Ⅳ 类水河长 82.5 km,占 35.7%;Ⅴ 类水河长 106.7 km,占 46.1%。

灌河评价河长 133 km,其中 Ⅱ ～ Ⅲ 类水河长 71 km,占 53.4%;Ⅴ 类水河长 42 km,占 31.6%;劣 Ⅴ 类水河长 20 km,占 15.0%。

颍河评价河长 323.5 km,其中 Ⅱ ～ Ⅲ 类水河长 141.8 km,占 43.8%;Ⅳ 类水河长 30 km,占 9.3%;Ⅴ 类水河长 113.3 km,占 35.0%;劣 Ⅴ 类水河长 38.4 km,占 11.9%。许昌市、漯河市和登封大金店河段水质较好,其他河段水质较差。

涡河评价河长为 183.5 km,其中 Ⅳ 类水河长 99.5 km,占 54.2%;Ⅴ 类水河长 57.0 km,占 31.1%;劣 Ⅴ 类水河长 27 km,占 14.7%。

浍河评价河长为 132 km,其中 Ⅳ 类水河长 32.2 km,占 24.4%;Ⅴ 类水河长 63.4 km,占 48.0%;劣 Ⅴ 类水河长 36.4 km,占 27.6%。

包河评价河长为 115.0 km,其中 Ⅳ 类水河长 8 km,占 7.0%;Ⅴ 类水河长 19.0 km,占 16.5%;劣 Ⅴ 类水河长 88.0 km,占 76.5%。

淮河流域重点河流中,淮河干流、史河和沙河水质状况较好,Ⅲ 类及以上河长比例达到 99.6%。洪河全程为 Ⅴ 类或劣 Ⅴ 类水;浍河和包河 Ⅴ 类和劣 Ⅴ 类水河长占 98.7%,水污染严重。汝河、灌河、颍河、涡河 Ⅴ 类和劣 Ⅴ 类水河长占比均超过 45%,水污染形势不容乐观。

7.3.4.4　长江流域

白河评价河长 314.36 km,其中 Ⅰ ～ Ⅲ 类水河长 303.06 km,占 96.4%;Ⅳ 类水河长 6.3 km,占 2.0%;劣 Ⅴ 类水河长 5.0 km,占 1.6%;除白河第四橡胶坝内、南阳市卧龙区丁奉店村、南阳市上范营断面水质较差外,其他河段水质良好。

唐河评价河长 190.46 km,其中 Ⅱ ～ Ⅲ 类水河长 64.8 km,占 34.0%;Ⅳ 类水河长 43.66 km,占 22.9%;Ⅴ 类水河长 4.6 km,占 2.4%;劣 Ⅴ 类水河长 77.4 km,占 40.6%。

7.4　水功能区水质达标评价

7.4.1　水功能区划情况

7.4.1.1　省级水功能区划

2004 年河南省政府批复《河南省水功能区划》,全省共划分水功能区 482 个(不重复统计),代表河长 13 069.41 km,其中,保护区 40 个,代表河长 1 728.6 km;保留区 26 个,代表河长 1 900.3 km;缓冲区 30 个,代表河长 648.41 km;饮用水源区 40 个,代表河长 1 107.1 km;工业用水区 8 个,代表河长 190.9 km;农业用水区 132 个,代表河长 4 649.4 km;渔业用水区 10 个,代表河长 403.7 km;景观娱乐用水区 30 个,代表河长 263.9 km;排污控制区 115 个,代表河长 1 349.4 km;过渡区 51 个,代表河长 827.7 km。

海河流域省级水功能区 63 个,代表河长 1 563.5 km,其中,保护区 2 个,代表河长 103.0 km;缓冲区 4 个,代表河长 60.2 km;饮用水源区 7 个,代表河长 197.7 km;工业用水区 1 个,代表河长 14.0 km;农业用水区 21 个,代表河长 655.3 km;渔业用水区 1 个,代表河长 36.0 km;景观娱乐用水区 4 个,代表河长 37.5 km;排污控制区 21 个,代表河长 431.3 km;过渡区 2 个,代表河长 28.5 km。

黄河流域省级水功能区 121 个,代表河长 3 341.8 km,其中,保护区 14 个,代表河长 384.6 km;保留区 6 个,代表河长 294.0 km;缓冲区 6 个,代表河长 189.2 km;饮用水源区 11 个,代表河长 651.7 km;工业用水区 4 个,代表河长 150.7 km;农业用水区 28 个,代表河长 860.7 km;渔业用水区 2 个,代表河长 109.0 km;景观娱乐用水区 7 个,代表河长 67.3 km;排污控制区 22 个,代表河长 260.5 km;过渡区 21 个,代表河长 374.1 km。

淮河流域省级水功能区 259 个,代表河长 6 621.2 km,其中,保护区 14 个,代表河长 565.8 km;保留区 9 个,代表河长 903.9 km;缓冲区 17 个,代表河长 339.1 km;饮用水源区 18 个,代表河长 227.7 km;工业用水区 2 个,代表河长 21.6 km;农业用水区 83 个,代表河长 3 133.4 km;渔业用水区 7 个,代表河长 258.7 km;景观娱乐用水区 17 个,代表河长 149.8 km;排污控制区 68 个,代表河长 627.3 km;过渡区 24 个,代表河长 393.9 km。

长江流域省级水功能区 39 个,代表河长 1 542.91 km,其中,保护区 10 个,代表河长 675.2 km;保留区 11 个,代表河长 702.4 km;缓冲区 3 个,代表河长 59.91 km;饮用水源区 4 个,代表河长 30.0 km;工业用水区 1 个,代表河长 4.6 km;景观娱乐用水区 2 个,代表河长 9.3 km;排污控制区 4 个,代表河长 30.3 km;过渡区 4 个,代表河长 31.2 km。

河南省水功能区分类统计见表 7.4-1。

表 7.4-1　河南省各流域省级水功能区分类统计

流域	水功能区类型	个数/个	河长/km
海河	保护区	2	103.0
	保留区		
	缓冲区	4	60.2
	一级水功能区小计	6	163.2
	饮用水源区	7	197.7
	工业用水区	1	14.0
	农业用水区	21	655.3
	渔业用水区	1	36.0
	景观娱乐用水区	4	37.5
	过渡区	2	28.5
	排污控制区	21	431.3
	二级水功能区小计	57	1 400.3
	水功能区合计	63	1 563.5

续表 7.4-1

流域	水功能区类型	个数/个	河长/km
黄河	保护区	14	384.6
	保留区	6	294.0
	缓冲区	6	189.2
	一级水功能区小计	26	867.8
	饮用水源区	11	651.7
	工业用水区	4	150.7
	农业用水区	28	860.7
	渔业用水区	2	109.0
	景观娱乐用水区	7	67.3
	过渡区	21	374.1
	排污控制区	22	260.5
	二级水功能区小计	95	2 474.0
	水功能区合计	121	3 341.8
淮河	保护区	14	565.8
	保留区	9	903.9
	缓冲区	17	339.1
	一级水功能区小计	40	1 808.8
	饮用水源区	18	227.7
	工业用水区	2	21.6
	农业用水区	83	3 133.4
	渔业用水区	7	258.7
	景观娱乐用水区	17	149.8
	过渡区	24	393.9
	排污控制区	68	627.3
	二级水功能区小计	219	4 812.4
	水功能区合计	259	6 621.2

续表 7.4-1

流域	水功能区类型	个数/个	河长/km
长江	保护区	10	675.2
	保留区	11	702.4
	缓冲区	3	59.91
	一级水功能区小计	24	1 437.51
	饮用水源区	4	30.0
	工业用水区	1	4.6
	农业用水区		
	渔业用水区		
	景观娱乐用水区	2	9.3
	过渡区	4	31.2
	排污控制区	4	30.3
	二级水功能区小计	15	105.4
	水功能区合计	39	1 542.91
全省	保护区	40	1 728.6
	保留区	26	1 900.3
	缓冲区	30	648.41
	一级水功能区小计	96	4 277.31
	饮用水源区	40	1 107.1
	工业用水区	8	190.9
	农业用水区	132	4 649.4
	渔业用水区	10	403.7
	景观娱乐用水区	30	263.9
	过渡区	51	827.7
	排污控制区	115	1 349.4
	二级水功能区小计	386	8 792.1
	水功能区合计	482	13 069.41

7.4.1.2　国家重要水功能区

根据《国务院关于全国重要江河湖泊水功能区划（2011—2030 年）的批复》（国函〔2011〕167 号），涉及河南省 248 个，除海河流域的浊漳河豫冀缓冲区和长江流域的汉江丹江口水库保护区外，其余均为河南省省级水功能区。

河南省重要水功能区代表河长 6 552.01 km，其中，保护区 18 个，代表河长 679.5 km；保留区 9 个，代表河长 700.4 km；缓冲区 29 个，代表河长 573.41 km；饮用水源区 23 个，代表河长 748.0 km；工业用水区 4 个，代表河长 125.9 km；农业用水区 61 个，代表河长 2 330.8 km；渔业用水区 6 个，代表河长 341.2 km；景观娱乐用水区 17 个，代表河长 173.1 km；排污控制区 54 个，代表河长 473.7 km；过渡区 27 个，代表河长 406.0 km。

海河流域重要水功能区 20 个，代表河长 430.4 km，其中，缓冲区 4 个，代表河长 59.2 km；农业用水区 9 个，代表河长 289.3 km；景观娱乐用水区 2 个，代表河长 21.5 km；排污控制区 5 个，代表河长 60.4 km。

黄河流域重要水功能区 66 个，代表河长 1 854.3 km，其中，保护区 4 个，代表河长 62.3 km；保留区 1 个，代表河长 29.5 km；缓冲区 6 个，代表河长 189.2 km；饮用水源区 9 个，代表河长 602.2 km；工业用水区 1 个，代表河长 99.7 km；农业用水区 14 个，代表河长 390.2 km；渔业用水区 2 个，代表河长 109.0 km；景观娱乐用水区 3 个，代表河长 35.0 km；排污控制区 13 个，代表河长 114.1 km；过渡区 13 个，代表河长 223.1 km。

淮河流域重要水功能区 133 个，代表河长 3 495.9 km，其中，保护区 8 个，代表河长 303.5 km；保留区 3 个，代表河长 378.5 km；缓冲区 16 个，代表河长 265.1 km；饮用水源区 10 个，代表河长 115.8 km；工业用水区 2 个，代表河长 21.6 km；农业用水区 38 个，代表河长 1 651.3 km；渔业用水区 4 个，代表河长 232.2 km；景观娱乐用水区 10 个，代表河长 107.3 km；排污控制区 32 个，代表河长 268.9 km；过渡区 10 个，代表河长 151.7 km。

长江流域重要水功能区 29 个，代表河长 771.41 km，其中，保护区 6 个，代表河长 313.7 km；保留区 5 个，代表河长 292.4 km；缓冲区 3 个，代表河长 59.91 km；饮用水源区 4 个，代表河长 30.0 km；工业用水区 1 个，代表河长 4.6 km；景观娱乐用水区 2 个，代表河长 9.3 km；排污控制区 4 个，代表河长 30.3 km；过渡区 4 个，代表河长 31.2 km。

河南省重要水功能区分类统计见表 7.4-2。

7.4.2　评价基本要求

7.4.2.1　评价范围

本次评价省级水功能区 482 个，国家重要水功能区 248 个，其中，246 个重复。

7.4.2.2　评价标准

《地表水环境质量标准》（GB 3838—2002）、《地表水资源质量评价技术规程》（SL 395—2007）。

7.4.2.3　评价项目

全指标评价项目为 GB 3838—2002 表 1 的基本项目：pH、溶解氧、高锰酸盐指数、化学需氧量（COD）、五日生化需氧量、氨氮、总磷、铜、锌、氟化物、硒、砷、汞、镉、铬（六价）、铅、氰化物、挥发酚、石油类、阴离子表面活性剂、硫化物,共 21 项。饮用水水源区增加氯化物、硫酸盐、硝酸盐氮、铁和锰 5 项。

双指标评价项目为高锰酸盐指数(或 COD)和氨氮。

表 7.4-2 河南省各流域重要水功能区分类统计

流域	水功能区类型	个数/个	河长/km
海河	保护区		
	保留区		
	缓冲区	4	59.2
	一级水功能区合计	4	59.2
	饮用水源区		
	工业用水区		
	农业用水区	9	289.3
	渔业用水区		
	景观娱乐用水区	2	21.5
	过渡区		
	排污控制区	5	60.4
	二级水功能区合计	16	371.2
	水功能区合计	20	430.4
黄河	保护区	4	62.3
	保留区	1	29.5
	缓冲区	6	189.2
	一级水功能区合计	11	281
	饮用水源区	9	602.2
	工业用水区	1	99.7
	农业用水区	14	390.2
	渔业用水区	2	109.0
	景观娱乐用水区	3	35.0
	过渡区	13	223.1
	排污控制区	13	114.1
	二级水功能区合计	55	1 573.3
	水功能区合计	66	1 854.3

续表 7.4-2

流域	水功能区类型	个数/个	河长/km
淮河	保护区	8	303.5
	保留区	3	378.5
	缓冲区	16	265.1
	一级水功能区合计	27	947.1
	饮用水源区	10	115.8
	工业用水区	2	21.6
	农业用水区	38	1 651.3
	渔业用水区	4	232.2
	景观娱乐用水区	10	107.3
	过渡区	10	151.7
	排污控制区	32	268.9
	二级水功能区合计	106	2 548.8
	水功能区合计	133	3 495.9
长江	保护区	6	313.7
	保留区	5	292.4
	缓冲区	3	59.91
	一级水功能区合计	14	666.01
	饮用水源区	4	30.0
	工业用水区	1	4.6
	农业用水区		
	渔业用水区		
	景观娱乐用水区	2	9.3
	过渡区	4	31.2
	排污控制区	4	30.3
	二级水功能区合计	15	105.4
	水功能区合计	29	771.41

续表 7.4-2

流域	水功能区类型	个数/个	河长/km
全省	保护区	18	679.5
	保留区	9	700.4
	缓冲区	29	573.41
	一级水功能区合计	56	1 953.31
	饮用水源区	23	748.0
	工业用水区	4	125.9
	农业用水区	61	2 330.8
	渔业用水区	6	341.2
	景观娱乐用水区	17	173.1
	过渡区	27	406.0
	排污控制区	54	473.7
	二级水功能区合计	192	4 598.7
	水功能区合计	248	6 552.01

7.4.2.4　评价方法

单次水功能区达标评价是根据水功能区管理目标规定的评价内容进行评价,所有参评水质项目均满足水质类别管理目标要求的水功能区为水质达标水功能区。

本次对水功能区进行年度达标评价。首先对各水功能区进行单次达标评价,全年期内达标率不小于80%的水功能区为达标水功能区。水功能区达标率应按下式计算:

$$FD = (FG/FN) \times 100\%$$

式中　FD——达标率;

　　　FG——达标次数;

　　　FN——评价次数。

水功能区超标项目根据水质项目超标率确定。超标率大于20%的水质项目为超标项目。水功能区超标项目按超标率由高至低排序,排序列前三位的超标项目为主要超标项目。水质项目超标率按下式计算:

$$FC_i = (1 - FG_i / FN_i) \times 100\%$$

式中　FC_i——超标率;

　　　FG_i——达标次数;

　　　FN_i——评价次数。

水功能区达标评价分全指标达标评价和双指标达标评价。

双指标评价依据《全国重要江河湖泊水功能区达标评价技术方案》,采用高锰酸盐指数(或化学需氧量)和氨氮双因子评价,在 COD 大于 30 mg/L 的水域选用化学需氧量,在 COD 不大于 30 mg/L 的水域选用高锰酸盐指数。

7.4.3 水功能区达标状况

7.4.3.1 省级水功能区评价结果

全省共482个省级水功能区,除114个排污控制区、19个断流水功能区不参加达标评价外,共对349个水功能区进行了达标评价。

全因子评价,达标139个,达标比例39.8%;评价河长11 203.01 km,达标河长4 752.09 km,达标比例为42.4%;评价蓄水量85.13亿 m³,达标蓄水量67.48亿 m³,达标比例为79.3%。

1.水资源分区

海河流域63个水功能区,20个排污控制区和5个断流不参与达标评价,共38个水功能区参与达标评价。全因子评价,达标3个,达标比例7.9%;双因子评价,达标8个,达标比例21.1%。

黄河流域121个水功能区,22个排污控制区和7个断流不参与达标评价,共92个水功能区参与达标评价。全因子评价,达标52个,达标比例56.5%;双因子评价,达标65个,达标比例70.7%。

淮河流域259个水功能区,68个排污控制区和7个断流不参与达标评价,共184个水功能区参与达标评价。全因子评价,达标59个,达标比例32.1%;双因子评价,达标109个,达标比例59.2%。

长江流域39个水功能区,4个排污控制区不参与达标评价,共35个水功能区参与达标评价。全因子评价,达标25个,达标比例71.4%;双因子评价,达标27个,达标比例77.1%。

各流域水功能区达标比例由高到低依次为:长江、黄河、淮河、海河,海河流域达标比例最低。河南省各流域省级水功能区达标成果统计见表7.4-3。

表7.4-3 河南省各流域省级水功能区达标成果统计表

流域	个数达标评价/个			河流长度达标评价/km		
	评价个数	达标个数	个数达标比例/%	评价河长	达标河长	河长达标比例/%
海河	38	3	7.9	1 018.6	109.0	10.9
黄河	92	52	56.5	2 867.3	1 649.1	57.5
淮河	184	59	32.1	5 804.5	1 810.0	31.2
长江	35	25	71.4	1 512.61	1 183.99	78.3
全省	349	139	39.8	11 203.01	4 752.09	42.4

2.行政分区

18个行政区中,水功能区水质达标状况较好的是洛阳市和许昌市,其次是南阳市、漯河市、三门峡市、济源市,以上行政区水功能区达标比例为60%~75%。商丘市、周口市、安阳市、濮阳市、郑州市、新乡市,达标比例均低于20%;开封市和驻马店市水功能区达标比例最低,分别为5.6%、5.7%。

河南省行政分区省级水功能区达标比例统计见图 7.4-1、表 7.4-4。

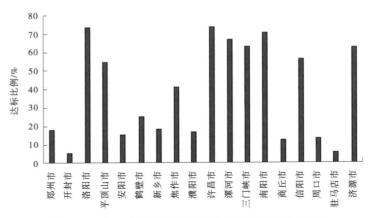

图 7.4-1　河南省行政分区省级水功能区达标比例统计

表 7.4-4　河南省行政分区省级水功能区达标成果统计

行政分区	个数达标评价/个			河流长度达标评价/km		
	评价个数	达标个数	个数达标比例/%	评价河长	达标河长	河长达标比例/%
郑州市	22	4	18.2	517.5	78.1	15.1
开封市	18	1	5.6	407.8	50.0	12.3
洛阳市	38	28	73.7	1 051.2	797.5	75.9
平顶山市	22	12	54.6	499.6	195.1	39.1
安阳市	13	2	15.4	259.06	39.5	15.3
鹤壁市	8	2	25.0	225.18	77.0	34.2
新乡市	27	5	18.5	858.46	171.2	19.9
焦作市	17	7	41.2	231.6	121.0	52.3
濮阳市	12	2	16.7	450.8	104.5	23.2
许昌市	19	14	73.7	322.3	189.8	58.9
漯河市	15	10	66.7	309.4	248.4	80.3
三门峡市	27	17	63.0	802.6	570.2	71.0
南阳市	41	29	70.7	1 410.61	1 035.99	73.4
商丘市	24	3	12.5	691.9	106.0	15.3
信阳市	32	18	56.3	1 297.8	653.5	50.4
周口市	30	4	13.3	905.4	213.0	23.5
驻马店市	35	2	5.7	1 077.4	78.5	7.3
济源市	8	5	62.5	169.6	148.3	87.4
全省(不重复统计)	349	139	39.8	11 203.01	4 752.09	42.4

　　3.按水功能区类型统计

　　(1)保护区。对 38 个保护区进行评价分析,评价河长 1 649.4 km。大多数保护区水资源开发利用程度低,水质良好,评价河长达标比例 65.0%。

　　(2)保留区。对 25 个保留区进行评价分析,评价河长 1 858.9 km。全年达标个数占保留区评价个数的 60.0%;达标河长占评价河长的 57.2%。保留区内水资源开发利用程度也不高,大部分水功能区水质良好。

　　(3)缓冲区。对 28 个缓冲区进行评价分析,评价河长 634.91 km。缓冲区为省与省之间的水功能区衔接区域,评价结果表明全年达标个数仅占缓冲区评价个数的 21.4%,水质较差。

　　(4)饮用水源区。对 38 个饮用水源区进行评价分析,评价河长 1 043.6 km,全年达标个数占饮用水源区评价个数的 52.6%;河长达标比例为 44.4%。

　　(5)工业用水区。对 8 个工业用水区进行评价分析,评价河长 190.9 km。全年达标个数占评价个数的 37.5%;河长达标比例为 72.7%。

　　(6)农业用水区。对 122 个农业用水区进行评价分析,评价河长 4 327.2 km,评价结果显示,该类水功能区达标状况相对较差,全年个数达标比例为 32.0%;达标河长占评价河长的 30.7%。

　　(7)渔业用水区。对 10 个渔业用水区进行评价分析,评价河长 403.7 km,达标河长占评价河长的 38.9%;全年个数达标比例为 40.0%。

　　(8)景观娱乐用水区。景观娱乐用水区一般位于城镇河段,由于不少城市还处于规划之中,因此现状年该类水功能区仍然接纳污废水,水质状况较差,劣于 Ⅴ 类的占 46.4%。全省对 28 个景观娱乐用水区进行达标评价分析,评价河长 245.7 km,达标个数仅占景观娱乐用水区评价个数的 25.0%;河长达标比例 30.1%。

　　(9)过渡区。对 51 个过渡区进行评价分析,评价河长 827.7 km,全年达标个数占过渡区评价个数的 43.1%;河长达标比例为 40.1%。过渡区一般位于排污控制区的下游,水质差,有 41.2%水质劣于 Ⅴ 类标准;仅有 37.2%水质较好。

　　综上所述,各类水功能区中,保护区和保留区水质较好,其次是饮用水水源区、过渡区、渔业用水区,其他水功能区水质较差,达标比例在 40%以下(见表 7.4-5)。

7.4.3.2　重要水功能区评价结果

　　河南省共有 248 个重要水功能区,除 53 个排污控制区、8 个断流水功能区不参加评价外,共对 187 个水功能区进行了达标评价。

　　全因子评价,达标 85 个,达标比例 45.5%;评价河长 5 916.31 km,达标河长 2 934.19 km,达标比例占 49.6%;评价蓄水量 78.60 亿 m^3,达标蓄水量 67.86 亿 m^3,达标比例占 86.3%。

　　双因子评价,达标 118 个,达标比例 63.1%

　　1.水资源分区

　　海河流域 20 个重要水功能区,除 4 个排污控制区外,共 16 个重要水功能区参与达标评价。全因子评价,达标 1 个,达标比例 6.3%;双因子评价,达标 1 个,达标比例 6.3%。

表 7.4-5　河南省省级水功能区达标成果统计表（水功能区类型）

水功能区类型	个数达标评价/个			河流长度达标评价/km		
	评价个数	达标个数	个数达标比例/%	评价河长	达标河长	河长达标比例/%
保护区	38	23	60.5	1 649.4	1 071.5	65.0
保留区	25	15	60.0	1 858.9	1 063	57.2
缓冲区	28	6	21.4	634.91	123.49	19.4
其中省界缓冲区	23	4	17.4	468.11	70.99	15.2
一级水功能区小计	91	44	48.4	4 143.21	2 257.99	54.5
饮用水源区	38	20	52.6	1 043.6	462.9	44.4
工业用水区	8	3	37.5	190.9	138.7	72.7
农业用水区	122	39	32.0	4 327.2	1 329.4	30.7
渔业用水区	10	4	40.0	403.7	157.2	38.9
景观娱乐用水区	28	7	25.0	245.7	74	30.1
过渡区	51	22	43.1	827.7	331.9	40.1
排污控制区	1	0	0	21	0	0
二级水功能区小计	257	95	37.0	7 038.8	2 494.1	35.43
合计	349	139	39.8	11 203.01	4 752.09	42.4

　　黄河流域 66 个重要水功能区，除 13 个排污控制区、2 个断流水功能区外，共 51 个重要水功能区参与达标评价。全因子评价，达标 34 个，达标比例 66.7%；双因子评价，达标 40 个，达标比例 78.4%。

　　淮河流域 133 个重要水功能区，除 32 个排污控制区、6 个断流水功能区外，共 95 个重要水功能区参与达标评价。全因子评价，达标 31 个，达标比例 32.6%；双因子评价，达标 57 个，达标比例 60.0%。

　　长江流域 29 个重要水功能区，除 4 个排污控制区外，共 25 个重要水功能区参与达标评价。全因子评价，达标 19 个，达标比例 76%；双因子评价，达标 21 个，达标比例 84%。

　　各流域水功能区达标比例由高到低依次为：长江、黄河、淮河、海河，海河流域达标比例最低。河南省各流域国家重要水功能区达标成果统计见表 7.4-6。

表 7.4-6　河南省各流域国家重要水功能区达标成果统计

| 流域 | 全因子评价 | | | | | | 水功能区限制纳污红线主要控制项目达标评价 | | |
| | 个数达标评价/个 | | | 河流长度达标评价/km | | | | | |
	评价个数	达标个数	个数达标比例/%	评价河长	达标河长	河长达标比例/%	评价个数	达标个数	个数达标比例/%
海河	16	1	6.3	391	22	5.6	16	1	6.3
黄河	51	34	66.7	1 705.2	1 050.6	61.6	51	39	76.5
淮河	95	31	32.6	3 079	1 262.6	41.0	95	57	60.0
长江	25	19	76	741.11	598.99	80.8	25	21	84.0
全省	187	85	45.5	5 916.31	2 934.19	49.6	187	118	63.1

2. 行政分区

18 个行政区中,水功能区水质达标状况较好的是洛阳市和许昌市,其次是信阳市、南阳市、漯河市、济源市,以上地级行政区水功能区达标比例为 67%~96%。水功能区水质达标状况最差的是开封市和鹤壁市,水功能区均不达标;其次是驻马店市、商丘市、周口市、新乡市、濮阳市,达标比例都在 20% 以下。河南省行政分区重要水功能区达标比例统计情况见图 7.4-2、表 7.4-7。

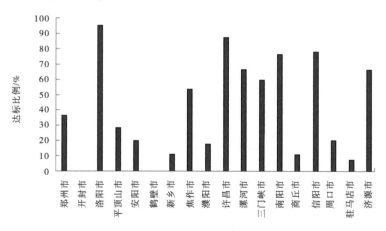

图 7.4-2　河南省行政分区重要水功能区达标比例统计

7.4.3.3　与第二次评价对比分析

第二次评价仅进行了省级水功能区评价,本次评价与第二次评价相比,海河流域水功能区达标比例下降 10.1%,黄河、淮河和长江流域水功能区达标比例均上升,分别上升 6.5%、5.6%、20.1%,见表 7.4-8。

表 7.4-7　河南省行政分区国家重要水功能区达标成果统计

| 行政分区 | 全因子评价 | | | | | | 水功能区限制纳污红线主要控制项目达标评价 | | |
| | 个数达标评价/个 | | | 河流长度达标评价/km | | | | | |
	评价个数	达标个数	个数达标比例/%	评价河长	达标河长	河长达标比例/%	评价个数	达标个数	个数达标比例/%
郑州市	11	4	36.4	296.2	78.1	26.4	11	5	45.5
开封市	10	0	0	245.1	0	0	10	3	30.0
洛阳市	21	20	95.2	565.7	544.4	96.2	21	21	100
平顶山市	7	2	28.6	253.5	62.5	24.7	7	7	100
安阳市	5	1	20.0	102.6	22	21.4	5	1	20.0
鹤壁市	4	0	0	103.6	0	0	4	0	0
新乡市	9	1	11.1	339.5	41.2	12.1	9	4	44.4
焦作市	13	7	53.9	185.1	121	65.4	13	8	61.5
濮阳市	11	2	18.2	382.4	104.5	27.3	11	3	27.3
许昌市	8	7	87.5	112	107.5	96.0	8	8	100
漯河市	9	6	66.7	245.5	202	82.3	9	9	100
三门峡市	10	6	60.0	331.6	197.7	59.6	10	7	70.0
南阳市	30	23	76.7	789.11	640.99	81.2	30	26	86.7
商丘市	18	2	11.1	460.5	56	12.2	18	4	22.2
信阳市	14	11	78.6	596.8	507.5	85.0	14	13	92.9
周口市	20	4	20.0	579.3	213	36.8	20	7	35.0
驻马店市	13	1	7.7	458.3	19.5	4.3	13	10	76.9
济源市	6	4	66.7	104.7	91.8	87.7	6	5	83.3
全省（不重复统计）	187	85	45.5	5 916.31	2 934.19	49.6	187	118	63.1

表 7.4-8　第二次评价与本次评价达标比例对比

流域	第二次评价/本次评价	个数达标评价/个			河流长度达标评价/km			水库蓄水量达标评价/亿 m³		
		评价个数	达标个数	个数达标比例/%	评价河长	达标河长	河长达标比例/%	评价蓄水量	达标蓄水量	蓄水量达标比例/%
海河	本次评价	38	3	7.9	1 018.6	109	10.5	1.359 7	0	0
	第二次评价	61	11	18.0	1 384	361	26.1	1.060 2	0.204 1	19.3
黄河	本次评价	92	52	56.5	2 867.3	1 649.1	57.5	58.502 5	58.448 3	99.9
	第二次评价	124	62	50.0	3 345	1 575	47.1	8.646 9	8.646 9	100
淮河	本次评价	184	59	32.1	5 804.5	1 810	31.2	20.131 1	3.896 3	19.4
	第二次评价	283	75	26.5	6 486	1 902	29.3	16.554 7	14.462 7	87.4
长江	本次评价	35	25	71.4	1 512.61	1 183.99	78.3	5.132 1	5.132 1	100
	第二次评价	39	20	51.3	1 533	1 042	68.0	5.281 7	5.281 7	100
全省	本次评价	349	139	39.8	11 203.01	4 752.09	42.4	85.125 4	67.476 7	79.3
	第二次评价	507	168	33.1	12 747	4 880	38.3	31	22	71.0

7.5　地表水饮用水水源地水质

7.5.1　基本要求

7.5.1.1　评价范围

本次评价对列入《全国重要饮用水水源地名录（2016 年）》的 17 个地表水饮用水水源地、县城及县以上的 43 个城市地表水集中式饮用水水源地进行了调查评价。

评价的 60 个地表水水源地中，海河流域 4 个，包括国家重要水源地 2 个和非重要水源地 2 个；黄河流域 21 个，包括国家重要水源地 8 个和非重要水源地 13 个；淮河流域 30 个，包括国家重要水源地 10 个和非重要水源地 20 个；长江流域 5 个，均为非重要水源地。

7.5.1.2　评价项目和评价方法

评价项目为《地表水环境质量标准》（GB 3838—2002）中的基本项目和集中式生活饮用水水源地补充项目。基本项目和补充项目均符合标准限值要求的水源地为单次水质合格水源地。全年水质合格率（水质合格次数占全年评价次数的百分比）大于等于 80% 的饮用水水源地为年度水质合格水源地。

7.5.2　水质状况

河南省共评价地表水集中式饮用水水源地 60 个，水质合格的 47 个，占评价总数的 78.3%；水质不合格的水源地主要超标（超Ⅲ类标准）项目为总磷、硫酸盐、五日生化需氧量。评价地表水水源地年总供水量 23.49 亿 m³,合格供水量 22.55 亿 m³,供水量水质合格比例为 96.0%。

17 个重要饮用水水源地中,14 个合格,合格比例 82.4%;43 个非重要饮用水水源地中,33 个的合格,合格比例 76.7%。

海河流域共评价 4 个地表水集中式饮用水水源地,合格 4 个,合格比例 100%;黄河流域 21 个,合格 17 个,合格比例 81.0%;淮河流域 30 个,合格 22 个,合格比例 73.3%;长江流域 5 个,合格 4 个,合格比例 80%。地表水集中式饮用水水源地水质评价统计见表 7.5-1。

表 7.5-1　地表水集中式饮用水水源地水质评价统计

流域	水资源二级区	水资源三级区	水源地个数	主要超标项目	合格水源地个数	年合格供水量/万 m³
海河	海河南系	漳卫河山区	3	总磷	3	12 220.5
海河	海河南系	漳卫河平原	1		1	456
海河小计			4		4	12 676.5
黄河	龙门至三门峡	龙门至三门峡干流区间	5	总磷	4	4 400
黄河	三门峡至花园口	沁丹河	1	硫酸盐	0	630
黄河	三门峡至花园口	伊洛河	5	化学需氧量、硫酸盐、总磷	3	4 513.81
黄河	三门峡至花园口	小浪底至花园口干流区间	8		8	38 491.89
黄河	花园口以下	花园口以下干流区间	2		2	8 677
黄河小计			21	硫酸盐、化学需氧量、总磷	17	56 712.7
淮河	淮河上游	王家坝以上南岸	11	高锰酸盐指数、化学需氧量	11	46 463.9
淮河	淮河上游	王家坝以上北岸	2	总磷	0	4 218
淮河	淮河中游	王蚌区间北岸	13	总磷、挥发酚、五日生化需氧量	8	17 276.14
淮河	淮河中游	蚌洪区间北岸	1	五日生化需氧量	0	2 033
淮河	淮河中游	王蚌区间南岸	3		3	18 421
淮河小计			30	总磷、五日生化需氧量、化学需氧量	22	88 412.04
长江	汉江	丹江口以上	1		1	4 800
长江	汉江	唐白河	4	总磷	3	62 915
长江小计			5		4	67 715
全省			60	总磷、硫酸盐、五日生化需氧量	47	225 516.24

　　2019 年,地表水饮用水水源地水质显著改善,合格水源地 54 个,占评价总数的 90.0%。

　　按行政区统计,开封、洛阳、安阳、鹤壁、新乡、濮阳、许昌、漯河、南阳、信阳、周口、济源 12 市的参评水源地均合格;平顶山、商丘、驻马店 3 市的参评水源地均不合格;郑州市参评水源地 13 个,合格 8 个,合格比例 61.5%;焦作市参评水源地 2 个,合格 1 个,合格比例 50%;三门峡市参评水源地 7 个,合格 6 个,合格比例 85.7%。河南省行政分区地表水集中式饮用水水源地水质评价统计见表 7.5-2。

表 7.5-2　河南省行政分区地表水集中式饮用水水源地水质评价统计

行政分区	水源地个数	主要超标项目	合格水源地个数	年合格供水量/万 m^3
郑州市	13	化学需氧量、总磷、氟化物	8	36 540.89
开封市	1		1	6 846.00
洛阳市	1		1	5.00
平顶山市	2	挥发酚、五日生化需氧量、总磷	0	5 485.80
安阳市	2		2	2 120.50
鹤壁市	1		1	10 100.00
新乡市	1		1	1 700.00
焦作市	2	硫酸盐	1	1 086.00
濮阳市	1		1	1 831.00
许昌市	2		2	9 078.78
漯河市	1		1	2 135.56
三门峡市	7	硫酸盐、总磷	6	8 908.81
南阳市	6		6	68 737.00
商丘市	1	五日生化需氧量	0	2 033.00
信阳市	12	高锰酸盐指数、化学需氧量	12	63 497.9
周口市	1		1	200.00
驻马店市	3	总磷	0	4 583.00
济源市	3		3	627.00
全省	60	总磷、硫酸盐、五日生化需氧量	47	225 516.24

7.6　地表水质量变化分析

7.6.1　基本要求

7.6.1.1　分析范围

对全省重要水功能区 2010—2016 年的监测数据进行整理,筛选出有持续监测数据的 108 个水质站,涉及 105 个重要水功能区。本次评价对 105 个重要水功能区进行了 2010—2016 年水功能区质量变化趋势分析。

7.6.1.2　分析方法

采用肯达尔(Kendall)检验法进行水质变化趋势分析,包括水质项目浓度调节和流量调节变化趋势分析。本次评价项目为高锰酸盐指数、氨氮、总磷,涉及湖库水体的水功能区增加总氮项目。

7.6.2　趋势变化分析

7.6.2.1　水质项目浓度调节趋势分析

本次评价的 105 个水功能区中进行高锰酸盐指数、氨氮项目浓度调节趋势分析 105 个,进行总磷项目浓度调节趋势分析 104 个,进行总氮项目浓度调节趋势分析 9 个。评价结果显示:

高锰酸盐指数项目高度显著上升个数 16 个,显著上升个数 11 个,无明显升降趋势个数 30 个,显著下降个数 6 个,高度显著下降个数 42 个。高锰酸盐指数呈上升趋势的水功能区 27 个,占比 25.7%;无明显升降趋势的水功能区 30 个,占比 28.6%;呈下降趋势的水功能区 42 个,占比 40%。

氨氮项目高度显著上升个数 12 个,显著上升个数 9 个,无明显升降趋势个数 27 个,显著下降个数 7 个,高度显著下降个数 50 个。氨氮项目呈上升趋势的水功能区 27 个,占比 20%;无明显升降趋势的水功能区 27 个,占比 25.7%;呈下降趋势的水功能区 57 个,占比 54.3%。

总磷项目高度显著上升个数 13 个,显著上升个数 13 个,无明显升降趋势个数 46 个,显著下降个数 10 个,高度显著下降个数 22 个。总磷项目呈上升趋势的水功能区 26 个,占比 25%;无明显升降趋势的水功能区 46 个,占比 44.2%;呈下降趋势的水功能区 32 个,占比 30.8%。

总氮项目高度显著上升个数 4 个,显著上升个数 1 个,无明显升降趋势个数 4 个。总氮项目呈上升趋势的 5 个,占比 55.6%;呈无明显升降趋势的 4 个,占比 44.4%。

7.6.2.2　水质项目流量调节趋势分析

本次评价对 43 个具有流量数据的水功能区进行了高锰酸盐指数和氨氮项目流量调节浓度变化趋势分析。评价结果显示:

高锰酸盐指数项目高度显著上升个数 4 个,显著上升个数 1 个,无明显升降趋势个数

12 个,显著下降个数 26 个。高锰酸盐指数呈上升趋势的水功能区 5 个,占比 11.6%;无明显升降趋势的水功能区 12 个,占比 27.9%;呈下降趋势的水功能区 26 个,占比 60.5%。

氨氮项目高度显著上升个数 2 个,显著上升个数 5 个,无明显升降趋势个数 8 个,显著下降个数 3 个,高度显著下降个数 25 个。氨氮项目呈上升趋势的水功能区 7 个,占比 16.3%;无明显升降趋势的水功能区 8 个,占比 18.6%;呈下降趋势的水功能区 28 个,占比 65.1%。

7.6.2.3　总体趋势分析

从单项水质趋势来看,除总氮上升趋势占比较大,其余各项均以下降趋势和无明显变化趋势所占百分比为多,其下降趋势占比都多于上升趋势占比,说明河流的主要污染物浓度总体呈下降趋势,河流水质状况总体呈向好趋势,水库水质状况有下降趋势。

第8章　地下水资源质量

地下水资源质量是指地下水的物理、化学和生物性质的总称。本次地下水资源质量评价内容包括地下水天然水化学特征分析、地下水资源质量现状评价、地下水饮用水水源地水质评价和地下水质量变化趋势分析四个部分。

8.1　评价基础

本次评价收集了国家地下水监测工程井712眼、流域监测井214眼、国土部门常规监测井40眼及地市补充监测井40眼的水质资料。通过对监测井布设情况及监测数据资料的完整性、代表性、合理性审查,确定了本次评价的各项目所采用的监测井。地下水水化学评价选用635眼,地下水资源质量现状评价选用761眼,地下水质量变化趋势分析选用96眼。

根据国家饮用水水源地名录和水利普查水源地名录,收集了各地市水利、环保、城建等部门相关资料,通过对资料的代表性、合理性审查分析,共对107处地下水饮用水水源地水质情况进行了评价,其中列入《全国重要饮用水水源地名录(2016年)》的水源地8处。

本次地下水资源质量评价主要为平原区浅层地下水,评价面积84 657 km²。评价现状水平年为2016年,无2016年地下水质监测资料的地区,用2015年或2017年的监测资料代替,无监测资料的地区按照《地下水监测规范》(SL 183—2005)的相关要求进行补充监测。

8.2　地下水天然水化学特征

8.2.1　基本要求

8.2.1.1　评价范围

本次评价地下水天然水化学特征共选用地下水监测井635眼,平均每133 km²一眼,其中国家地下水监测工程监测井613眼、2018年补充监测井10眼和国土部门常规监测井12眼,年监测次数均为1次。监测井分布较均匀,具有较好的代表性。

8.2.1.2　评价项目

地下水天然水化学特征评价项目为钾和钠、钙、镁、重碳酸盐、氯化物、硫酸盐、总硬度、矿化度、pH共9项。

8.2.1.3　评价内容和方法

本次评价主要包括pH、总硬度、矿化度分布和水化学类型。

水化学类型的划分采用舒卡列夫分类法(见表 8.2-1),即根据地下水中 6 种主要离子(Na^+、$1/2Ca^{2+}$、$1/2Mg^{2+}$、HCO_3^-、$1/2SO_4^{2-}$、Cl^-,K^+合并于 Na^+)含量大于 25%mg/mol 的阴离子和阳离子进行组合,可组合出 49 型,再按矿化度的大小进行分组,可分为 A 组(矿化度≤1.5 g/L)、B 组(1.5 g/L≤矿化度≤10 g/L)、C 组(10 g/L≤矿化度≤40 g/L)、D 组(矿化度≥40 g/L)。然后对 49 型水进行分区,分区标准为:1 区(1~3 型)、2 区(4~6 型)、3 区(7 型)、4 区(8~10 型、15~17 型、22~24 型)、5 区(11~13 型、18~20 型、25~27 型)、6 区(14 型、21 型、28 型)、7 区(29~31 型、36~38 型)、8 区(32~34 型、39~41 型)、9 区(35 型、42 型)、10 区(43~45 型)、11 区(46~48 型)、12 区(49 型)。

表 8.2-1　舒卡列夫分类

超过 25%mg/mol 的离子	HCO_3^-	$HCO_3^-+SO_4^{2-}$	$HCO_3^-+SO_4^{2-}+Cl^-$	$HCO_3^-+Cl^-$	SO_4^{2-}	$SO_4^{2-}+Cl^-$	Cl^-
Ca^{2+}	1	8	15	22	29	36	43
$Ca^{2+}+Mg^{2+}$	2	9	16	23	30	37	44
Mg^{2+}	3	10	17	24	31	38	45
Na^++Ca^{2+}	4	11	18	25	32	39	46
$Na^++Ca^{2+}+Mg^{2+}$	5	12	19	26	33	40	47
Na^++Mg^{2+}	6	13	20	27	34	41	48
Na^+	7	14	21	28	35	42	49

8.2.2　水化学特征分析

8.2.2.1　地下水水化学类型

河南省地下水水化学类型主要为 HCO_3^- 型(包括 1~7 型,1~3 区),占评价总井数的 67.9%,占评价区面积的 83.7%;$HCO_3^-+SO_4^{2-}$、$HCO_3^-+SO_4^{2-}+Cl^-$ 和 $HCO_3^-+Cl^-$ 型(包括 8~14 型、15~21 型、22~28 型,4~6 区),占评价总井数的 27.6%,占评价区面积的 12.9%;SO_4^{2-} 和 $SO_4^{2-}+Cl^-$ 型(包括 29~35 型、36~42 型,7~9 区),占评价总井数的 4.5%,占评价区面积的 3.4%;Cl^- 型(包括 43~49 型,10~12 区)未发现。按矿化度大小分组主要为 A 组,占评价总井数的 90.1%,少数为 B 组占评价总井数的 9.9%,未发现高矿化度的 C 组和 D 组。

所辖四流域水化学类型的分布状态以 HCO_3^- 型为主,其监测井数占各流域评价总井数均在 45.0% 以上,其分布面积占各流域评价区面积均在 67.0% 以上,按百分比由大到小排列,依次为:长江流域、淮河流域、黄河流域和海河流域。

在 18 个行政区中,16 个以 HCO_3^- 型为主,其分布面积占各市评价区面积的百分比最低为三门峡市,占 66.0%,最高为平顶山市,占 100%;而济源市、焦作市则以 $HCO_3^-+SO_4^{2-}$、$HCO_3^-+SO_4^{2-}+Cl^-$ 和 $HCO_3^-+Cl^-$ 型居多,分别占 75.1%、66.3%。河南省地下水水化学类型面积统计及井数布设情况见表 8.2-2~表 8.2-5。

表 8.2-2　河南省各流域平原区浅层地下水水化学类型井数布设百分比统计

流域	监测井数	井数布设百分比/%											
		1区	2区	3区	4区	5区	6区	7区	8区	9区	10区	11区	12区
海河	148	25.4	28.2	1.3	11.4	25.6	1.3	2	4.1	0.7	0	0	0
黄河	110	14.5	29.2	1.8	14.5	29.1	2.7	0	8.2	0	0	0	0
淮河	333	28.8	42.8	6.6	5.1	9.8	4.5	0	2.1	0.3	0	0	0
长江	44	71.4	19.1	0	7.1	0	0	0	0	2.4	0	0	0
全省	635	28.4	35.4	4.1	8.3	16.2	3.1	0.5	3.5	0.5	0	0	0

表 8.2-3　河南省各流域平原区浅层地下水水化学类型分区面积统计

分区面积/km²

流域	监测井数	HCO_3^-				$HCO_3^-+SO_4^{2-}$、$HCO_3^-+SO_4^{2-}+Cl^-$、$HCO_3^-+Cl^-$				SO_4^{2-}、$SO_4^{2-}+Cl^-$				Cl^-				合计
		1区	2区	3区	小计	4区	5区	6区	小计	7区	8区	9区	小计	10区	11区	12区	小计	
海河	148	2 345.2	3 924.5	0	6 269.7	375.5	2 082.7	0	2 458.2	162	357.1	47	566.1	0	0	0	0	9 294
黄河	110	2 588.6	7 049.9	82	9 720.5	420.4	2 470.8	43.8	2 935	0	810.5	0	810.5	0	0	0	0	13 466
淮河	333	17 592.3	29 773.1	1 132	48 497.4	0	4 038	1 143.2	5 181.2	0	1 488.4	0	1 488.4	0	0	0	0	55 167
长江	44	4 902.1	1 464.8	0	6 366.9	363.1	0	0	363.1	0	0	0	0	0	0	0	0	6 730
全省	635	27 428.2	42 212.3	1 214	70 854.5	1 159	8 591.5	1 187	10 937.5	162	2 656	47	2 865	0	0	0	0	84 657

表 8.2-4　河南省行政分区平原区浅层地下水水化学类型井数布设百分比统计

行政分区	监测井数	井数布设百分比/%											
		1区	2区	3区	4区	5区	6区	7区	8区	9区	10区	11区	12区
郑州市	37	40.5	29.8	0	21.6	8.1	0	0	0	0	0	0	0
开封市	55	21.4	48.2	12.5	3.6	10.7	1.8	0	0	1.8	0	0	0
洛阳市	10	60.0	10	0	10	20	0	0	0	0	0	0	0
平顶山市	11	90.9	0	0	9.1	0	0	0	0	0	0	0	0
安阳市	52	21.2	30.8	5.8	15.4	21.1	3.8	0	0	1.9	0	0	0
鹤壁市	16	50.0	18.8	0	18.8	12.4	0	0	0	0	0	0	0
新乡市	67	22.4	32.8	0	3	31.3	3.0	1.5	6.0	0	0	0	0
焦作市	53	18.9	18.9	0	11.3	39.6	0	1.9	9.4	0	0	0	0
濮阳市	46	8.7	43.3	2.2	8.7	21.8	2.2	2.2	10.9	0	0	0	0
许昌市	31	35.5	41.9	3.2	6.5	12.9	0	0	0	0	0	0	0
漯河市	31	38.7	38.7	3.2	3.2	9.8	3.2	0	3.2	0	0	0	0
三门峡市	4	0	25	0	0	75	0	0	0	0	0	0	0
南阳市	43	74.4	16.3	0	7	0	0	0	0	2.3	0	0	0
商丘市	66	4.5	53.2	9.1	4.5	13.6	10.6	0	4.5	0	0	0	0
信阳市	8	25	62.5	0	0	12.5	0	0	0	0	0	0	0
周口市	56	17.9	41	10.7	3.6	10.7	10.7	0	5.4	0	0	0	0
驻马店市	45	44.4	44.5	2.2	6.7	2.2	0	0	0	0	0	0	0
济源市	4	0	0	0	100	0	0	0	0	0	0	0	0
全省	635	28.4	35.4	4.1	8.3	16.2	3.1	0.5	3.5	0.5	0	0	0

表8.2-5 河南省行政分区平原区浅层地下水水化学类型分区面积统计

| 行政分区 | 监测井数 | 评价区面积/km² | | | | | | | | | | | | | | | | 合计 |
| | | HCO₃⁻ | | | | HCO₃⁻+SO₄²⁻、HCO₃⁻+SO₄²⁻+Cl⁻、HCO₃⁻+Cl⁻ | | | | SO₄²⁻、SO₄²⁻+Cl⁻ | | | | Cl⁻ | | | | |
		1区	2区	3区	小计	4区	5区	6区	小计	7区	8区	9区	小计	10区	11区	12区	小计	
郑州市	37	1 237.1	444.8	0	1 681.9	7.4	111.7	0	119.1	0	0	0	0	0	0	0	0	1 801
开封市	55	1 419.5	4 272.3	314.8	6 006.6	0	201.8	52.6	254.4	0	0	0	0	0	0	0	0	6 261
洛阳市	10	1 140.7	453.7	0	1 594.4	0	107.6	0	107.6	0	0	0	0	0	0	0	0	1 702
平顶山市	11	1 904.2	77.8	0	1 982	0	0	0	0	0	0	0	0	0	0	0	0	1 982
安阳市	52	757.4	2 379.4	82	3 218.8	375.5	741.7	0	1 117.2	0	2	47	49	0	0	0	0	4 385
鹤壁市	16	848.3	501	0	1 349.3	0	3.7	0	3.7	0	0	0	0	0	0	0	0	1 353
新乡市	67	1 696.2	3 319.2	0	5 015.4	0	1 327.7	43.8	1 371.5	39	263.1	0	302.1	0	0	0	0	6 689
焦作市	53	334.1	326.6	0	660.7	183.1	1 706.5	0	1 889.6	64.2	235.5	0	299.7	0	0	0	0	2 850
濮阳市	46	84.4	3 060.9	0	3 145.3	0	368.4	0	368.4	58.8	615.5	0	674.3	0	0	0	0	4 188
许昌市	31	1 367.5	1 404.2	0	2771.7	0	58.3	288	346.3	0	0	0	0	0	0	0	0	3 118
漯河市	31	903.3	1 326.8	48.5	2 278.6	0	222.9	165.8	388.7	0	26.7	0	26.7	0	0	0	0	2 694
三门峡市	4	0	360.8	0	360.8	363.1	186.2	0	186.2	0	0	0	0	0	0	0	0	547
南阳市	43	4 902.1	1 338.8	0	6 240.9	0	0	0	363.1	0	0	0	0	0	0	0	0	6 604
商丘市	66	771.4	7 803.4	208.2	8 783	0	622.2	180.8	803	0	1 114	0	1 114	0	0	0	0	10 700
信阳市	8	2 071.1	2 315.4	0	4 386.5	0	2 236.5	0	2 236.5	0	0	0	0	0	0	0	0	6 623
周口市	56	2 030	8 118.4	505.9	10 654.3	0	501	456	957	0	347.7	0	347.7	0	0	0	0	11 959
驻马店市	45	5 960.9	4 684.2	54.6	10 699.7	0	195.3	0	195.3	0	51.5	0	51.5	0	0	0	0	10 895
济源市	4	0	24.6	0	24.6	229.9	0	0	229.9	0	0	0	0	0	0	0	0	306
全省	635	27 428.2	42 212.3	1 214	70 854.5	1 159	8 591.5	1 187	10 937.5	162	2 656	47	2 865	0	0	0	0	84 657

8.2.2.2　矿化度

河南省评价面积的 77.4% 矿化度小于等于 1 g/L,19.1% 在 1~2 g/L,大于 2 g/L 的仅占 3.5%。分布情况大致是临近山区小,黄泛平原大;由南向北、由西向东逐渐增大。省辖四流域按各流域小于等于 1 g/L 面积所占百分比由大到小排列依次为:长江流域、淮河流域、海河流域、黄河流域。18 个行政区中,除濮阳市、商丘市、新乡市、周口市小于等于 1 g/L 面积所占百分比较小,分别为 46.8%、56.1%、60.9%、62.7% 外,其余 14 市小于等于 1 g/L 面积所占百分比均在 70% 以上,见表 8.2-6、表 8.2-7。

表 8.2-6　河南省各流域平原区浅层地下水矿化度面积分布统计

流域	监测井数	评价区面积/km²							
		M≤300 mg/L	300 mg/L< M≤500 mg/L	500 mg/L< M≤1 000 mg/L	1 000 mg/L< M≤2 000 mg/L	2 000 mg/L< M≤3 000 mg/L	3 000 mg/L< M≤5 000 mg/L	M> 5 000 mg/L	合计
海河	148	146.1	1 497.4	4 641.6	2 579.8	348.4	80.7	0	9 294
黄河	110	0	1 499.1	8 119.9	2 986.0	608.9	252.1	0	13 466
淮河	333	6 605.6	11 958.9	24 956.4	10 304.5	1 282.5	59.1	0	55 167
长江	44	1 482.1	4 022.0	628.0	288.7	153.8	155.4	0	6 730
全省	635	8 233.8	18 977.4	38 345.9	16 159.0	2 393.6	547.3	0	84 657

表 8.2-7　河南省行政分区平原区浅层地下水矿化度面积分布统计

行政分区	监测井数	评价区面积/km²							
		M≤300 mg/L	300 mg/L< M≤500 mg/L	500 mg/L< M≤1 000 mg/L	1 000 mg/L< M≤2 000 mg/L	2 000 mg/L< M≤3 000 mg/L	3 000 mg/L< M≤5 000 mg/L	M> 5 000 mg/L	合计
郑州市	37	213.4	259.7	1 327.9	0	0	0	0	1 801
开封市	55	119.7	823.6	3 626.4	1 498.6	181.8	10.9	0	6 261
洛阳市	10	0	646.9	1 055.1	0	0	0	0	1 702
平顶山市	11	353.6	1 063.7	541.8	22.9	0	0	0	1 982
安阳市	52	49.0	836.4	2 409.1	1 090.5	0	0	0	4 385
鹤壁市	16	0	373.9	890.5	88.6	0	0	0	1 353
新乡市	67	97.1	142.7	3 830.5	2 300.9	260.7	57.1	0	6 689
焦作市	53	0	440.8	1 584.0	666.9	141.9	16.4	0	2 850
濮阳市	46	0	61.3	1 897.8	1 414.9	554.7	259.3	0	4 188
许昌市	31	0	732.3	2 024.5	361.2	0	0	0	3 118

续表 8.2-7

行政分区	监测井数	评价区面积/km²							
		$M \leqslant$ 300 mg/L	300 mg/L< $M \leqslant$ 500 mg/L	500 mg/L< $M \leqslant$ 1 000 mg/L	1 000 mg/L< $M \leqslant$ 2 000 mg/L	2 000 mg/L< $M \leqslant$ 3 000 mg/L	3 000 mg/L< $M \leqslant$ 5 000 mg/L	$M>$ 5 000 mg/L	合计
漯河市	31	142.6	1 281.7	880.1	389.6	0	0	0	2 694
三门峡市	4	0	414.7	132.3	0	0	0	0	547
南阳市	43	1 436.7	3 941.4	628.0	288.7	153.8	155.4	0	6 604
商丘市	66	0	292.5	5 710.2	4 158.5	512.1	26.7	0	10 700
信阳市	8	3 248.4	1 102.2	2 272.4	0	0	0	0	6 623
周口市	56	0	326.1	7 174.5	3 847.8	588.6	21.5	0	11 959
驻马店市	45	2 573.3	6 237.0	2 054.8	29.9	0	0	0	10 895
济源市	4	0	0	306.0	0	0	0	0	306
全省	635	8 233.8	18 977.4	38 345.9	16 159.0	2 393.6	547.3	0	84 657

8.2.2.3　总硬度

河南省总硬度含量小于 150 mg/L 的占评价区总面积的 1.1%;150~300 mg/L 的占 28.8%;300~450 mg/L 的占 36.7%;450~650 mg/L 的占 25.4%;大于 650 mg/L 的占 8.0%。总硬度的分布情况与矿化度相同,大致为南部小、北部大,临近山区小、黄泛平原大。省辖四流域按大于 450 mg/L 所占面积的百分比由大到小依次为:海河流域、黄河流域、淮河流域、长江流域。18 个行政区中,有济源、焦作、濮阳、新乡、安阳、信阳、商丘、周口、驻马店大于 450 mg/L 面积所占百分比大于全省平均数,见表 8.2-8、表 8.2-9。

表 8.2-8　河南省各流域平原区浅层地下水总硬度面积分布统计

流域	监测井数	评价区面积/km²					
		$N \leqslant$ 150 mg/L	150 mg/L< $N \leqslant$ 300 mg/L	300 mg/L< $N \leqslant$ 450 mg/L	450 mg/L< $N \leqslant$ 650 mg/L	$N>$ 650 mg/L	合计
海河	160	30.1	670.0	3 316.2	3 331	1 946.7	9 294
黄河	147	38.9	2 109.9	4 229.6	5 165.5	1 922.1	13 466
淮河	397	830.5	17 687.9	20 865	12 933.1	2 850.5	55 167
长江	57	43.4	3 872.0	2 658.4	99.7	56.5	6 730
全省	761	942.9	24 339.8	31 069.2	21 529.3	6 775.8	84 657

表 8.2-9　河南省行政分区平原区浅层地下水总硬度面积分布统计

行政分区	监测井数	评价区面积/km²					
		$N \leqslant$ 150 mg/L	150 mg/L< $N \leqslant$ 300 mg/L	300 mg/L< $N \leqslant$ 450 mg/L	450 mg/L< $N \leqslant$ 650 mg/L	$N>$ 650 mg/L	合计
郑州市	33	0	661.5	955.0	184.5	0	1 801
开封市	55	0	786.2	3 609.1	1 499.7	366.0	6 261
洛阳市	22	0	1 017.5	568.8	115.7	0	1 702
平顶山市	13	0	581.7	838.1	526.3	35.9	1 982
安阳市	50	0	364.9	1 523.2	1 877.8	618.1	4 385
鹤壁市	17	0	152.2	656.8	544.0	0	1 353
新乡市	79	0	390.4	1 792.6	2 981.8	1 524.2	6 689
焦作市	64	0	223.1	1 160.0	734.0	732.9	2 850
濮阳市	59	69	155.7	1 206.9	1 811.4	946.0	4 188
许昌市	40	0	381.2	2 161.6	532.4	42.8	3 118
漯河市	37	0	1 083.3	1 051.8	346.7	212.2	2 694
三门峡市	4	0	436.7	110.3	0	0	547
南阳市	56	43.4	3 746.0	2 658.4	99.7	56.5	6 604
商丘市	85	0	347.8	3 806.3	5 484.8	1 061.1	10 700
信阳市	12	787.6	5 772.7	54.5	8.2	0	6 623
周口市	75	42.9	1 857.5	4 826.8	4 170.8	1 061.0	11 959
驻马店市	56	0	6 381.4	4 064.5	377.6	71.5	10 895
济源市	4	0	0	24.5	233.9	47.6	306
全省	761	942.8	24 339.8	31 069.2	21 529.3	6 775.8	84 657

8.2.2.4　pH

河南省地下水 pH 值绝大部分在 6.5~8.5,占评价总面积的 99.9%,而 5.5~6.5 和 8.5~9.0 的仅占 0.1%。省辖四流域中,海河流域、淮河流域、黄河流域、长江流域 pH 值在 6.5~8.5 的分别占 99.61%、99.95%、99.98%、100%。18 个地市中,焦作市有 pH 值小于 6.5 的监测井,焦作市、开封市、濮阳市、许昌市和周口市有 pH 值大于 8.5 的井,其余 12 市 pH 值均在 6.5~8.5,见表 8.2-10、表 8.2-11。

表 8.2-10　河南省各流域平原区浅层地下水 pH 面积分布统计

流域	监测井数	评价区面积/km²					
		pH<5.5	5.5≤pH<6.5	6.5≤pH≤8.5	8.5<pH≤9.0	pH>9.0	合计
海河	160	0	17.3	9 258.1	18.6	0	9 294
黄河	147	0	0	13 463.5	2.5	0	13 466
淮河	397	0	0	55 140.3	26.7	0	55 167
长江	57	0	0	6 730.0	0	0	6 730
全省	761	0	17.3	84 591.9	47.8	0	84 657

表 8.2-11　河南省行政分区平原区浅层地下水 pH 面积分布统计

行政分区	监测井数	评价区面积/km²					
		pH<5.5	5.5≤pH<6.5	6.5≤pH≤8.5	8.5<pH≤9.0	pH>9.0	合计
郑州市	33	0	0	1 801	0	0	1 801
开封市	55	0	0	6 241.1	19.9	0	6 261
洛阳市	22	0	0	1 702	0	0	1 702
平顶山市	13	0	0	1 982	0	0	1 982
安阳市	50	0	0	4 385	0	0	4 385
鹤壁市	17	0	0	1 353	0	0	1 353
新乡市	79	0	0	6 689	0	0	6 689
焦作市	64	0	17.3	2 828.2	4.5	0	2 850
濮阳市	59	0	0	4 171.4	16.6	0	4 188
许昌市	40	0	0	3 114.9	3.1	0	3 118
漯河市	37	0	0	2 694	0	0	2 694
三门峡市	4	0	0	547	0	0	547
南阳市	56	0	0	6 604	0	0	6 604
商丘市	85	0	0	10 700	0	0	10 700
信阳市	12	0	0	6 623	0	0	6 623
周口市	75	0	0	11 955.3	3.7	0	11 959
驻马店市	56	0	0	10 895	0	0	10 895
济源市	4	0	0	306	0	0	306
全省	761	0	17.3	84 591.9	47.8	0	84 657

8.3　地下水资源质量现状评价

8.3.1　评价基本要求

8.3.1.1　资料来源及代表性分析

河南省地下水水资源质量现状评价共选用地下水监测井 761 眼,平均 111 km² 一眼,其中国家地下水监测工程 517 眼、流域监测井 193 眼、国土部门常规监测井及地市补充监测井 51 眼,除流域监测井每年 12 次或 4 次外,其他监测井年监测次数均为 1 次。地下水水质监测井分布较为均匀,并且在监测的过程中,从采样到分析测试都实行了质量控制,监测数据有较好的代表性。

8.3.1.2　评价标准、方法及项目

本次地下水水质类别评价标准采用《地下水质量标准》(GB/T 14848—2017)进行评价,评价方法采用单项指标评价法,即最差的项目赋全权,又称一票否决法来确定地下水水质类别。单井各评价指标的全年代表值分别采用现状年内多次监测值的算术平均值。

地下水水质类别评价项目包括酸碱度、总硬度、溶解性总固体、硫酸盐、氯化物、铁、锰、挥发性酚类(以苯酚计)、耗氧量(COD_{Mn} 法,以 O_2 计)、氨氮(以 N 计)、亚硝酸盐、硝酸盐、氰化物、氟化物、汞、砷、镉、铬(六价)18 个项目。

8.3.2　单井评价

8.3.2.1　单项水质类别评价

根据水质监测井各监测项目的监测值,依照《地下水质量标准》(GB/T 14848—2017)确定其水质类别,然后按照超Ⅲ类水标准进行评价,并按流域和行政区进行统计分析。

评价结果表明:在 18 个监测项目中,所有监测井的氰化物、汞、铬(六价)3 个监测项目均未超Ⅲ类水质标准,其余项目按超Ⅲ类水质标准的监测井数百分比由高到低依次为:锰、铁、总硬度、氟化物、溶解性总固体、硫酸盐、氨氮、氯化物、砷、硝酸盐、挥发性酚类、镉、耗氧量、pH、亚硝酸盐。

1. 锰

全省Ⅰ~Ⅲ类水质占 41.9%,超Ⅲ类水质标准为 58.1%。各流域超Ⅲ类水质标准均在 30%以上,最高为淮河流域 69.0%,最低为长江流域 33.3%。全省 18 个行政区中,三门峡市未超Ⅲ类水质标准,商丘、开封、濮阳、周口、驻马店、信阳、平顶山、新乡、许昌、漯河、郑州、安阳 12 市超Ⅲ类水质标准在 40%以上,商丘市最高为 82.4%。

2. 铁

全省Ⅰ~Ⅲ类水质占 57.0%,超Ⅲ类水质标准为 43.0%。长江流域超Ⅲ类水质标准为 12.3%,其余三流域均在 30%以上,最高为黄河流域 55.1%。全省 18 个行政区中,三门峡市未超Ⅲ类水质标准,安阳、新乡、开封、商丘、濮阳、周口、济源、平顶山、信阳、许昌 10 市超Ⅲ类水质标准在 40%以上,安阳市最高为 68.0%。

3. 总硬度

全省Ⅰ~Ⅲ类水质占 61.5%，超Ⅲ类水质标准为 38.5%。长江流域超Ⅲ类水质标准低于 10%，其余三流域超Ⅲ类水质标准均在 30% 以上，最高为海河流域 52.5%。全省 18 个行政区中，除三门峡市、信阳市未超Ⅲ类水质标准外，济源、新乡、濮阳、焦作、商丘、安阳、周口 7 个市超Ⅲ类水质标准在 40% 以上，最高为济源市 100%。

4. 氟化物

全省Ⅰ~Ⅲ类水质占 72.1%，超Ⅲ类水质标准为 27.9%。长江流域超Ⅲ类水质标准最低为 3.5%，其余三流域超Ⅲ类水质标准均在 10% 以上，最高为淮河流域 41.3%。全省 18 个行政区中，济源、洛阳、三门峡、信阳、驻马 5 个市均未超Ⅲ类水质标准，商丘、周口、开封和许昌 4 个市超Ⅲ类水质标准在 40% 以上，最高为商丘市 76.5%。

5. 溶解性总固体

全省Ⅰ~Ⅲ类水质占 78.8%，超Ⅲ类水质标准为 21.2%。各流域超Ⅲ类水质标准均低于 30%，最高为黄河流域 29.3%，最低为长江流域 1.8%。全省 18 个行政区中，鹤壁市、济源市和信阳市未超Ⅲ类水质标准，其余 15 市超Ⅲ类水质标准均低于 40.0%，最高为新乡市 39.2%，最低为驻马店市 1.8%。

6. 硫酸盐

全省Ⅰ~Ⅲ类水质占 85.4%，超Ⅲ类水质标准为 14.6%。各流域超Ⅲ类水质标准均低于 25%，最高为海河流域 23.8%，最低为长江流域 1.8%。全省 18 个行政区中，鹤壁市、信阳市和驻马店市未超Ⅲ类水质标准，其余 15 市超Ⅲ类水质标准均低于 40.0%，最高为焦作市 37.5%，最低为南阳市 1.8%。

7. 氨氮

全省Ⅰ~Ⅲ类水质占 89.1%，超Ⅲ类水质标准为 10.9%。各流域超Ⅲ类水质标准均低于 20%，最高为黄河流域 15.6%，最低为淮河流域 8.1%。全省 18 个行政区中，济源市、洛阳市、三门峡市和许昌市未超Ⅲ类水质标准，其余 14 市超Ⅲ类水质标准均低于 50.0%，最高为平顶山市 46.2%，最低为商丘市 2.4%。

8. 氯化物

全省Ⅰ~Ⅲ类水质占 91.1%，超Ⅲ类水质标准为 8.9%。各流域超Ⅲ类水质标准均低于 15%，最高为海河流域 12.5%，最低为长江流域 1.8%。全省 18 个行政区中，鹤壁市、济源市、三门峡市、信阳市和郑州市未超Ⅲ类水质标准，其余 13 市超Ⅲ类水质标准均低于 20.0%，最高为濮阳市 18.6%，最低为南阳市、驻马店市，均为 1.8%。

9. 砷

全省Ⅰ~Ⅲ类水质占 91.9%，超Ⅲ类水质标准为 8.1%。长江流域未超Ⅲ类水质标准，其他 3 个流域超Ⅲ类水质标准均高于 5%，最高为黄河流域 14.3%。全省 18 个行政区中，鹤壁市、济源市、焦作市、洛阳市、漯河市、南阳市、平顶山市、三门峡市和信阳市未超Ⅲ类水质标准，其余 9 市超Ⅲ类水质标准均低于 30%，最高为新乡市 29.1%，最低为驻马店市 1.8%。

10. 硝酸盐

全省Ⅰ~Ⅲ类水质占 93.0%，超Ⅲ类水质标准占 7.0%。各流域超Ⅲ类水质标准均低于 12%，最高为海河流域 11.3%，最低为黄河流域 4.8%。全省 18 个行政区中，济源市、濮阳市、三门峡市和信阳市未超Ⅲ类水质标准,其余 14 市超Ⅲ类水质标准均低于 30%,最高为鹤壁市 23.5%,最低为安阳市 2.0%。

11. 挥发性酚类、镉、耗氧量、pH、亚硝酸盐

挥发性酚类、镉、耗氧量、pH、亚硝酸盐 5 个项目超Ⅲ类水质标准均低于 5%,分别为挥发性酚类 2.4%、镉 2.2%、耗氧量 2.1%、pH1.4%、亚硝酸盐 0.7%。

评价结果见表 8.3-1、表 8.3-2。

8.3.2.2 单井综合评价

根据水质监测井各监测项目的评价结果来确定监测井的水质类别,并按流域、市级行政区进行统计、分析。

评价结果表明在全省平原区的 761 眼地下水水质监测井中,Ⅱ类水有 16 眼,占 2.1%;Ⅲ类水有 106 眼,占 13.9%;Ⅳ类水有 448 眼,占 58.9%;Ⅴ类水有 191 眼,占 25.1%,超Ⅲ类水质标准监测井共有 639 眼,占全部水质监测井的 84.0%。

在省辖四流域中,淮河流域地下水超Ⅲ类水质标准的井数占到 87.9%,其次是黄河流域占 86.4%,海河流域占 85.6%,长江流域地下水水质稍好,超Ⅲ类水质标准的井数占 45.6%。

河南省 18 个行政区中,南阳、洛阳、三门峡 3 市水质符合Ⅲ类及以上水质标准的监测井占比在 50% 以上,漯河、信阳、郑州、驻马店和平顶山 5 市水质符合Ⅲ类及以上水质标准的监测井占比在 20% 以上,其他地市符合Ⅲ类及以上水质标准的监测井占比在 20% 以下,见表 8.3-3、表 8.3-4,图 8.3-1、图 8.3-2。

8.3.3 与第二次评价对比分析

第二次评价地下水水质类别评价标准采用《地下水质量标准》(GB/T 14848—1993),评价水质监测井 275 眼,评价项目 16 项,分别为 pH、矿化度、总硬度、氨氮、挥发性酚类、耗氧量、硫酸盐、氯化物、铁、硝酸盐氮、亚硝酸盐氮、氟化物、氰化物、汞、砷化物、六价铬。

本次评价地下水水质类别评价标准采用《地下水质量标准》(GB/T 14848—2017),评价水质监测井 761 眼,评价项目 18 项,分别为 pH、总硬度、溶解性总固体、硫酸盐、氯化物、铁、锰、挥发性酚类、耗氧量、氨氮、亚硝酸盐、硝酸盐、氰化物、氟化物、汞、砷、镉、六价铬。

按第二次调查评价时的同项目、同标准确定水质类别,并按照超Ⅲ类水标准监测井数百分比与第二次评价进行对比分析。

8.3.3.1 单井单项评价

与第二次评价相比,全省铁超Ⅲ类水标准占比增加 28%;氟化物、亚硝酸盐、硫酸盐、氨氮 4 个项目超Ⅲ类水标准占比增加 10%~20%;硝酸盐、氯化物、总硬度、pH、矿化度 5 个项目超Ⅲ类水标准占比增加 1%~3%;氰化物、六价铬 2 个项目与第二次评价结论一样,均未超Ⅲ类水标准;耗氧量、挥发性酚类、砷、汞 4 个项目超Ⅲ类水标准占比均有所减少,其中耗氧量超Ⅲ类水标准占比减少 4.1%。

省辖四流域中,海河流域监测井数增加 105 眼,其中挥发酚最高减少 2.9%,硫酸盐最高增加 23.8%。黄河流域监测井数增加 102 眼,其中耗氧量最高减少 11.5%,铁最高增加 32.9%。淮河流域监测井数增加 244 眼,其中耗氧量最高减少 3.7%,铁最高增加 36.7%。

表 8.3-1 河南省各流域平原区浅层地下水水质监测项目超Ⅲ类水质标准占比统计

流域	监测井数/眼	pH	总硬度	溶解性总固体	硫酸盐	氯化物	铁	锰	挥发性酚类	耗氧量	氨氮	亚硝酸盐	硝酸盐	氰化物	氟化物	汞	砷	镉	六价铬
		超Ⅲ类水质井数占比/%																	
海河	160	3.8	52.5	27.5	23.8	12.5	43.8	45.6	4.4	1.9	13.8	1.3	11.3	0	11.9	0	8.1	4.4	0
黄河	147	0.7	51.0	29.3	20.4	10.2	55.1	51.7	4.8	4.1	15.6	0	4.8	0	18.4	0	14.3	4.8	0
淮河	397	1.0	33.0	18.4	10.6	8.1	42.6	69.0	1.0	1.5	8.1	0.8	5.5	0	41.3	0	7.1	0.8	0
长江	57	0	5.3	1.8	1.8	1.8	12.3	33.3	0	1.8	10.5	0	10.5	0	3.5	0	0	0	0
全省	761	1.4	38.5	21.2	14.6	8.9	43.0	58.1	2.4	2.1	10.9	0.7	7.0	0	27.9	0	8.1	2.2	0

表 8.3-2 河南省行政分区平原区浅层地下水水质监测项目超Ⅲ类水质标准占比统计

行政分区	监测井数/眼	pH	总硬度	溶解性总固体	硫酸盐	氯化物	铁	锰	挥发性酚类	耗氧量	氨氮	亚硝酸盐	硝酸盐	氰化物	氟化物	汞	砷	镉	六价铬
		超Ⅲ类水质井数占比/%																	
郑州市	33	0	33.3	9.1	3.0	0	36.4	45.5	6.1	18.2	15.2	0	6.1	0	3	0	12.1	0	0
开封市	55	1.8	32.7	25.5	9.1	9.1	58.2	81.8	0	1.8	3.6	0	5.5	0	49.1	0	20.0	0	0
洛阳市	22	0	18.2	4.5	4.5	4.5	27.3	18.2	0	0	0	0	13.6	0	0	0	0	0	0
平顶山市	13	0	23.1	7.7	7.7	7.7	46.2	61.5	0	23.1	46.2	7.7	15.4	0	7.7	0	0	0	0
安阳市	50	0	46.0	20.0	16.0	12.0	68.0	42.0	4.0	2.0	18.0	0	2.0	0	6.0	0	12.0	10.0	0
鹤壁市	17	0	35.3	0	0	0	29.4	23.5	5.9	0	5.9	0	23.5	0	5.9	0	0	0	0

续表 8.3-2

行政分区	监测井数/眼	超Ⅲ类水质井数占比/%																	
		pH	总硬度	溶解性总固体	硫酸盐	氯化物	铁	锰	挥发性酚类	耗氧量	氨氮	亚硝酸盐	硝酸盐	氰化物	氟化物	汞	砷	镉	六价铬
新乡市	79	0	59.5	39.2	26.6	17.7	59.5	59.5	12.7	1.3	30.4	2.5	11.4	0	17.7	0	29.1	2.5	0
焦作市	64	6.3	54.7	35.9	37.5	4.7	39.1	31.3	0	1.6	6.3	0	9.4	0	12.5	0	0	3.1	0
濮阳市	59	5.1	59.3	30.5	18.6	18.6	50.8	81.4	0	0	11.9	0	0	0	32.2	0	6.8	8.5	0
许昌市	40	2.5	30.0	7.5	2.5	5.0	40.0	52.5	0	0	0	0	7.5	0	45.0	0	2.5	0	0
漯河市	37	0	27.0	10.8	8.1	10.8	10.8	45.9	0	0	2.7	0	8.1	0	10.8	0	0	0	0
三门峡市	4	0	0	25.0	25.0	0	0	0	0	0	0	0	0	0	0	0	0	0	0
南阳市	56	0	5.4	1.8	1.8	1.8	12.5	33.9	0	1.8	10.7	0	10.7	0	3.6	0	0	0	0
商丘市	85	0	51.8	34.1	23.5	12.9	54.1	82.4	3.5	0	2.4	0	3.5	0	76.5	0	4.7	2.4	0
信阳市	12	8.3	0	0	0	0	41.7	66.7	0	0	16.7	0	0	0	0	0	0	0	0
周口市	75	1.3	44.0	28.0	16.0	10.7	50.7	73.3	0	2.7	14.7	2.7	5.3	0	65.3	0	10.7	1.3	0
驻马店市	56	0	8.9	1.8	0	1.8	21.4	69.6	0	0	5.4	0	7.1	0	0	0	1.8	0	0
济源市	4	0	100	0	25.0	0	50.0	25.0	0	0	0	0	0	0	0	0	0	0	0
全省	761	1.4	38.5	21.2	14.6	8.9	43	58.1	2.4	2.1	10.9	0.7	7	0	27.9	0	8.1	2.2	0

表 8.3-3　河南省各流域平原区浅层地下水水质监测井综合评价类别统计

| 流域 | 监测井数 | 水质类别 | | | | | | | | | | 超Ⅲ类水质标准占比/% |
| | | Ⅰ | | Ⅱ | | Ⅲ | | Ⅳ | | Ⅴ | | |
		井数/眼	占比/%	井数/眼	占比/%	井数/眼	占比/%	井数/眼	占比/%	井数/眼	占比/%	
海河	160	0	0	2	1.3	21	13.1	83	51.9	54	33.8	85.6
黄河	147	0	0	4	2.7	16	10.9	77	52.4	50	34.0	86.4
淮河	397	0	0	4	1.3	44	11.1	266	67.0	83	20.9	87.9
长江	57	0	0	6	10.5	25	43.9	22	38.6	4	7.0	45.6
全省	761	0	0	16	2.1	106	13.9	448	58.9	191	25.1	84.0

表 8.3-4　河南省行政分区平原区浅层地下水水质监测井综合评价类别统计

| 行政分区 | 监测井数 | 水质类别 | | | | | | | | | | 超Ⅲ类水质标准占比/% |
| | | Ⅰ | | Ⅱ | | Ⅲ | | Ⅳ | | Ⅴ | | |
		井数/眼	占比/%	井数/眼	占比/%	井数/眼	占比/%	井数/眼	占比/%	井数/眼	占比/%	
郑州市	33	0	0	0	0	9	27.3	18	54.5	6	18.2	72.7
开封市	55	0	0	0	0	1	1.8	37	67.3	17	30.9	98.2
洛阳市	22	0	0	2	9.1	9	40.9	9	40.9	2	9.1	50.0
平顶山市	13	0	0	0	0	3	23.1	5	38.5	5	38.5	76.9
安阳市	50	0	0	0	0	6	12.0	33	66.0	11	22.0	88.0
鹤壁市	17	0	0	0	0	3	17.6	11	64.7	3	17.6	82.4
新乡市	79	0	0	1	1.3	7	8.9	27	34.2	44	55.7	89.9
焦作市	64	0	0	2	3.1	9	14.1	32	50.0	21	32.8	82.8
濮阳市	59	0	0	0	0	1	1.7	40	67.8	18	30.5	98.3
许昌市	40	0	0	0	0	5	12.5	29	72.5	6	15.0	87.5
漯河市	37	0	0	4	10.8	10	27.0	19	51.4	4	10.8	62.2
三门峡市	4	0	0	1	25.0	1	25.0	2	50.0	0	0	50.0
南阳市	56	0	0	6	10.7	24	42.9	22	39.3	4	7.1	46.4
商丘市	85	0	0	0	0	0	0	59	69.4	26	30.6	100
信阳市	12	0	0	0	0	3	25.0	8	66.7	1	8.3	75.0
周口市	75	0	0	0	0	1	1.3	54	72.0	20	26.7	98.7
驻马店市	56	0	0	0	0	14	25.0	39	69.6	3	5.4	75.0
济源市	4	0	0	0	0	0	0	4	100	0	0	100
全省	761	0	0	16	2.1	106	13.9	448	58.9	191	25.1	84.0

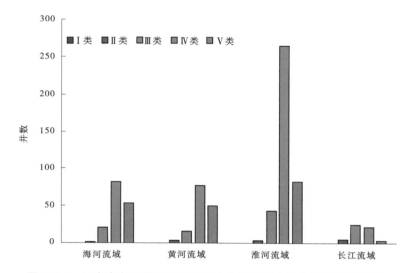

图 8.3-1　河南省各流域平原区地下水水质监测井综合评价类别统计

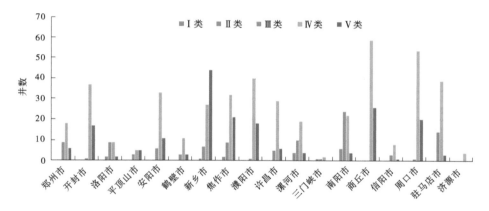

图 8.3-2　河南省行政分区平原区地下水水质监测井综合评价类别统计

长江流域监测井数增加 35 眼,其中总硬度最高减少 8.3%,亚硝酸盐最高增加 38.7%,见表 8.3-5。

全省 18 个省辖市中,矿化度超Ⅲ类水标准占比平顶山市减少 29.8%,三门峡市最高增加 25.0%;总硬度超Ⅲ类水标准占比平顶山市最高减少 51.9%,济源市最高增加100%;氨氮超Ⅲ类水标准占比三门峡和济源 2 市最高减少 33.3%,平顶山市最高增加53.8%;耗氧量超Ⅲ类水标准占比濮阳市最高减少 25.9%,平顶山市最高增加 23.1%;硫酸盐超Ⅲ类水标准占比信阳市最高减少 3.7%,焦作市最高增加 37.5%;氯化物超Ⅲ类水标准占比焦作市最高减少 7.8%,漯河市最高增加 10.8%;铁超Ⅲ类水标准占比商丘市最高增加 54.1%;硝酸盐超Ⅲ类水标准占比洛阳市最高减少 5.2%,鹤壁市最高增加23.5%;亚硝酸盐超Ⅲ类水标准占比濮阳市减少 7.6%,焦作市最高增加 61.5%;氟化物超Ⅲ类水标准占比焦作市减少 12.5%,商丘市最高增加 56.5%,见表 8.3-6。

表 8.3-5　河南省各流域第二次评价与本次评价地下水水质监测项目超Ⅲ类水标准对比

流域	第二次评价/本次评价	监测井数/眼	pH	矿化度	总硬度	氨氮	挥发酚	耗氧量	硫酸盐	氯化物	铁	硝酸盐氮	亚硝酸盐氮	氟化物	氰化物	汞	砷	六价铬
									超标井数占比/%									
海河	第二次评价	55	0	21.8	49.1	38.2	7.3	1.8	0	5.5	34.6	0	21.8	10.9	0	1.8	3.6	0
海河	本次评价	160	3.8	27.5	52.5	40.0	4.4	1.9	23.8	12.5	43.8	11.3	38.1	11.9	0	0	1.9	0
黄河	第二次评价	45	0	31.1	46.7	37.7	11.1	15.6	0	15.6	22.2	8.9	8.9	8.9	0	0	2.2	0
黄河	本次评价	147	0.7	29.3	51.0	43.5	4.8	4.1	20.4	10.2	55.1	4.8	21.8	18.4	0	0	0.7	0
淮河	第二次评价	153	0	19.0	33.3	17.0	3.3	5.2	2.6	4.6	5.9	2.6	15.7	8.5	0	0	0	0
淮河	本次评价	397	1.0	18.4	33.0	34.8	1.0	1.5	10.6	8.1	42.6	5.5	33.2	41.3	0	0	0	0
长江	第二次评价	22	0	0	13.6	9.1	0	4.5	0	0	9.1	13.6	22.7	0	0	0	0	0
长江	本次评价	57	0	1.8	5.3	24.6	0	1.8	1.8	1.8	12.3	10.5	61.4	3.5	0	0	0	0
全省	第二次评价	275	0	20.0	37	24.0	5.1	6.2	1.5	6.2	15	4.0	16	8.4	0	0.4	1.1	0
全省	本次评价	761	1.4	21.2	38.5	36.8	2.4	2.1	14.6	8.9	43.0	7.0	34.2	27.9	0	0	0.5	0

表 8.3-6　河南省行政分区第二次评价与本次评价地下水水质监测项目超Ⅲ类水标准对比

行政分区	第二次评价/本次评价	监测井数/眼	超标井数占比/%															
			pH	矿化度	总硬度	氨氮	挥发酚	耗氧量	硫酸盐	氯化物	铁	硝酸盐氮	亚硝酸盐氮	氟化物	氧化物	汞	砷	六价铬
郑州市	第二次评价	12	0	8.3	33.3	0	16.7	0	0	0	8.3	8.3	8.3	0	0	0	0	0
	本次评价	33	0	9.1	33.3	30.3	6.1	18.2	3.0	0	36.4	6.1	21.2	3.0	0	0	0	0
开封市	第二次评价	13	0	15.4	53.8	7.7	0	7.7	7.7	7.7	23.1	0	0	38.5	0	0	0	0
	本次评价	55	1.8	25.5	32.7	49.1	0	1.8	9.1	9.1	58.2	5.5	38.2	49.1	0	0	0	0
洛阳市	第二次评价	16	0	12.5	31.3	12.5	0	0	0	0	0	18.8	6.3	0	0	0	0	0
	本次评价	22	0	4.5	18.2	13.6	0	0	4.5	4.5	27.3	13.6	13.6	0	0	0	0	0
平顶山市	第二次评价	8	0	37.5	75.0	0	0	0	0	0	0	0	0	0	0	0	0	0
	本次评价	13	0	7.7	23.1	53.8	0	23.1	7.7	7.7	46.2	15.4	61.5	7.7	0	0	0	0
安阳市	第二次评价	13	0	15.4	30.8	46.2	0	7.7	0	7.7	53.8	0	0	0	0	0	15.4	0
	本次评价	50	0	20.0	46.0	40.0	4.0	2.0	16.0	12.0	68.0	2.0	22.0	6.0	0	0	4.0	0
鹤壁市	第二次评价	14	0	7.1	42.9	14.3	0	0	0	0	14.3	0	28.6	7.1	0	0	0	0
	本次评价	17	0	0	35.3	47.1	5.9	0	0	7.1	29.4	23.5	47.1	5.9	0	0	0	0
新乡市	第二次评价	14	0	28.6	35.7	57.1	21.4	1.3	26.6	17.7	21.4	0	14.3	21.4	0	0	0	0
	本次评价	79	0	39.2	59.5	62.0	12.7	0	0	12.5	59.5	11.4	27.8	17.7	0	0	2.5	0
焦作市	第二次评价	8	6.3	50.0	62.5	12.5	0	1.6	37.5	4.7	25.0	0	12.5	25.0	0	0	0	0
	本次评价	64	0	35.9	54.7	34.4	22.0	25.9	0	25.9	39.1	9.4	46.9	12.5	0	0	0	0
濮阳市	第二次评价	27	0	48.1	81.5	63.0	0	0	0	25.9	48.1	3.7	29.6	14.8	0	3.7	3.7	0
	本次评价	59	5.1	30.5	59.3	42.4	0	0	18.6	18.6	50.8	0	22.0	32.2	0	0	0	0

续表 8.3-6

行政分区	第二次评价/本次评价	监测井数/眼	超标井数占比/%															
			pH	矿化度	总硬度	氨氮	挥发酚	耗氧量	硫酸盐	氯化物	铁	硝酸盐氮	亚硝酸盐氮	氟化物	氰化物	汞	砷	六价铬
许昌市	第二次评价	15	0	0	33.3	13.3	0	0	0	0	0	0	20.0	0	0	0	0	0
	本次评价	40	2.5	7.5	30.0	25.0	0	0	2.5	5.0	40.0	7.5	55.0	45.0	0	0	0	0
漯河市	第二次评价	11	0	18.2	36.4	0	0	0	0	0	0	9.1	9.1	0	0	0	0	0
	本次评价	37	0	10.8	27.0	13.5	0	0	8.1	10.8	10.8	8.1	32.4	10.8	0	0	0	0
三门峡市	第二次评价	3	0	0	0	33.3	0	0	0	0	0	0	0	0	0	0	0	0
	本次评价	4	0	25.0	0	0	0	0	25.0	0	0	0	25.0	0	0	0	0	0
南阳市	第二次评价	21	0	0	14.3	14.3	0	4.8	0	0	9.5	14.3	19.0	0	0	0	0	0
	本次评价	56	0	1.8	5.4	25.0	0	1.8	1.8	1.8	12.5	10.7	62.5	3.6	0	0	0	0
商丘市	第二次评价	25	0	40.0	40.0	24.0	0	4	8	12.0	0	0	16.0	20	0	0	0	0
	本次评价	85	0	34.1	51.8	34.1	3.5	0	23.5	12.9	54.1	3.5	30.6	76.5	0	0	0	0
信阳市	第二次评价	27	0	0	0	18.5	7.4	11.1	3.7	0	11.1	0	11.1	0	0	0	0	0
	本次评价	12	8.3	0	0	33.3	0	0	0	0	41.7	0	25.0	0	0	0	0	0
周口市	第二次评价	21	0	33.3	42.9	38.1	4.8	0	16.0	9.5	9.5	0	28.6	14.3	0	0	0	0
	本次评价	75	1.3	28.0	44.0	44.0	0	2.7	0	10.7	50.7	5.3	29.3	65.3	0	0	0	0
驻马店市	第二次评价	24	0	16.7	29.2	20.8	0	8.3	0	4.2	4.2	8.3	20.8	0	0	0	0	0
	本次评价	56	0	1.8	8.9	25.0	0	0	0	1.8	21.4	7.1	26.8	0	0	0	0	0
济源市	第二次评价	3	0	0	0	33.3	0	0	0	0	33.0	0	0	0	0	0	0	0
	本次评价	4	0	0	100	0	0	0	25	0	50	0	25	0	0	0	0	0
全省	第二次评价	275	0	20	37	24	5.1	6.2	1.5	6.2	15	4	16	8.4	0	0.4	1.1	0
	本次评价	761	1.4	21.2	38.5	36.8	2.4	2.1	14.6	8.9	43.0	7	34.2	27.9	0	0	0.5	0

8.3.3.2　单井综合评价

全省平原区浅层地下水超Ⅲ类水质标准的监测井占比与第二次评价相比增加 25%。各流域超Ⅲ类水质标准的监测井占比与第二次评价相比均有所增加。

按流域统计,按照超Ⅲ类水质标准增加的比例,从高到低依次为长江流域 43.6%,淮河流域 27.4%,黄河流域 25.6%,海河流域 9.3%。

按行政区统计,焦作市超Ⅲ类水质标准占比与第二次评价时相比无变化,其余 17 市超Ⅲ类水质标准占比与第二次评价相比均有所增加,其中济源市增加最多,为 66.7%,平顶山市、濮阳市、驻马店市增加量均小于 10%。

本次评价的 761 眼监测井与第二次评价同标准、同项目进行评价,超Ⅲ类水质标准的占比为 84.0%,如表 8.3-7、表 8.3-8 所示。

表 8.3-7　河南省各流域第二次评价与本次评价地下水水质监测井综合评价对比

流域	第二次评价/本次评价	监测井数/眼	水质类别										超Ⅲ类水质标准占比/%
			Ⅰ		Ⅱ		Ⅲ		Ⅳ		Ⅴ		
			井数/眼	占区内监测井/%	井数/眼	占区内监测井/%	井数/眼	占区内监测井/%	井数/眼	占区内监测井/%	井数/眼	占区内监测井/%	
海河	第二次评价	55	0	0	0	0	12	21.8	17	30.9	26	47.3	78.2
	本次评价	160	0	0	2	1.3	18	11.3	56	35.0	84	52.5	87.5
黄河	第二次评价	45	0	0	1	2.2	16	35.6	9	20.0	19	42.2	62.2
	本次评价	147	0	0	2	1.4	16	10.9	55	37.4	74	50.3	87.8
淮河	第二次评价	153	0	0	5	3.3	64	41.8	42	27.5	42	27.5	55.0
	本次评价	397	0	0	9	2.3	61	15.4	178	44.8	149	37.5	82.4
长江	第二次评价	22	0	0	0	0	15	68.2	2	9.1	5	22.7	31.8
	本次评价	57	0	0	3	5.3	11	19.3	33	57.9	10	17.5	75.4
全省	第二次评价	275	0	0	6	2.2	107	38.9	70	25.5	92	33.5	59.0
	本次评价	761	0	0	16	2.1	106	13.9	322	42.3	317	41.7	84.0

表 8.3-8　　河南省行政分区第二次评价与本次评价地下水水质监测井综合评价类别对比

行政分区	第二次评价/本次评价	监测井数眼	水质类别										超Ⅲ类水质标准占比/%
			Ⅰ		Ⅱ		Ⅲ		Ⅳ		Ⅴ		
			井数/眼	占区内监测井/%	井数/眼	占区内监测井/%	井数/眼	占区内监测井/%	井数/眼	占区内监测井/%	井数/眼	占区内监测井/%	
郑州市	第二次评价	12	0	0	0	0	6	50.0	2	16.7	4	33.3	50.0
	本次评价	33	0	0	2	6.1	9	27.3	10	30.3	12	36.4	66.7
开封市	第二次评价	13	0	0	0	0	4	30.8	5	38.5	4	30.8	69.3
	本次评价	55	0	0	0	0	1	1.8	24	43.6	30	54.5	98.2
洛阳市	第二次评价	16	0	0	1	6.2	9	56.2	3	18.8	3	18.8	37.6
	本次评价	22	0	0	1	4.5	9	40.9	8	36.4	4	18.2	54.5
平顶山市	第二次评价	8	0	0	0	0	2	25.0	3	37.5	3	37.5	75.0
	本次评价	13	0	0	0	0	2	15.4	2	15.4	9	69.2	84.6
安阳市	第二次评价	13	0	0	0	0	3	23.1	2	15.4	8	61.5	76.9
	本次评价	50	0	0	0	0	6	12.0	21	42.0	23	46.0	88.0
鹤壁市	第二次评价	14	0	0	0	0	4	28.6	6	42.9	4	28.6	71.4
	本次评价	17	0	0	0	0	2	11.8	6	35.3	9	52.9	88.2
新乡市	第二次评价	14	0	0	0	0	3	21.4	4	28.6	7	50.0	78.6
	本次评价	79	0	0	1	1.3	6	7.6	18	22.8	54	68.4	91.1
焦作市	第二次评价	8	0	0	0	0	1	12.5	3	37.5	4	50.0	87.5
	本次评价	64	0	0	2	3.1	6	9.4	23	35.9	33	51.6	87.5
濮阳市	第二次评价	27	0	0	0	0	3	11.1	6	22.2	18	66.7	88.9
	本次评价	59	0	0	0	0	3	5.1	29	49.2	27	45.8	94.9
许昌市	第二次评价	15	0	0	0	0	6	40.0	7	46.7	2	13.3	60.0
	本次评价	40	0	0	0	0	5	12.5	23	57.5	12	30.0	87.5
漯河市	第二次评价	11	0	0	0	0	7	63.6	0	0	4	36.4	36.4
	本次评价	37	0	0	3	8.1	13	35.1	14	37.8	7	18.9	56.8
三门峡市	第二次评价	3	0	0	0	0	2	66.7	1	33.3	0	0	33.3
	本次评价	4	0	0	0	0	1	25.0	3	75.0	0	0	75.0
南阳市	第二次评价	21	0	0	0	0	15	71.4	1	4.8	5	23.8	28.6
	本次评价	56	0	0	3	5.4	10	17.9	33	58.9	10	17.9	76.8

续表 8.3-8

| 行政分区 | 第二次评价/本次评价 | 监测井数眼 | 水质类别 | | | | | | | | | | 超Ⅲ类水质标准占比/% |
| | | | Ⅰ | | Ⅱ | | Ⅲ | | Ⅳ | | Ⅴ | | |
			井数/眼	占区内监测井/%	井数/眼	占区内监测井/%	井数/眼	占区内监测井/%	井数/眼	占区内监测井/%	井数/眼	占区内监测井/%	
商丘市	第二次评价	25	0	0	0	0	5	20.0	11	44.0	9	36.0	80.0
	本次评价	85	0	0	0	0	4	4.7	40	47.1	41	48.2	95.3
信阳市	第二次评价	27	0	0	4	14.8	16	59.3	4	14.8	3	11.1	25.9
	本次评价	12	0	0	1	8.3	3	25.0	6	50.0	2	16.7	66.7
周口市	第二次评价	21	0	0	0	0	7	33.3	6	28.6	8	38.1	66.7
	本次评价	75	0	0	0	0	2	2.7	37	49.3	36	48.0	97.3
驻马店市	第二次评价	24	0	0	1	4.2	12	50.0	5	20.8	6	25.0	45.8
	本次评价	56	0	0	3	5.4	24	42.9	24	42.9	5	8.9	51.8
济源市	第二次评价	3	0	0	0	0	2	66.7	1	33.3	0	0	33.3
	本次评价	4	0	0	0	0	0	0	1	25.0	3	75.0	100
全省	第二次评价	275	0	0	6	2.2	107	38.9	70	25.5	92	33.5	59.0
	本次评价	761	0	0	16	2.1	106	13.9	322	42.3	317	41.7	84.0

8.4　地下水饮用水水源地水质

8.4.1　基本要求

8.4.1.1　评价范围

本次评价主要选用列入《国家饮用水水源地名录》和水利普查水源地名录的地下水水源地,以及名录以外的县城和城市地下水饮用水水源地、规模以上乡镇地下水饮用水水源地。全面收集各地市水利、环保、城建等部门相关资料,通过对资料的代表性、合理性审查分析,最终选用 107 处地下水饮用水水源地进行评价。

8.4.1.2　评价方法

地下水饮用水水源地单井现状水质评价方法与地下水质量评价相同,见 8.3.1 节。当地下水水源地内只有一眼地下水水质监测井时,将单井的水质类别作为地下水水源地的水质类别;当地下水水源地有两眼或两眼以上地下水水质监测井时,将各监测井中最差水质类别作为地下水水源地的水质类别。各监测井监测值超过《地下水质量标准》(GB/T 14848—2017)中的Ⅲ类标准限值的指标均为水源地的超标指标。

水质类别为Ⅰ～Ⅲ类的水源地为水质达标水源地。

8.4.2　水质状况

本次评价的 107 处地下水饮用水水源地,深层承压水 70 处,浅层地下水 37 处;海河流域 19 处,黄河流域 32 处,淮河流域 51 处,长江流域 5 处。评价结果显示:全省地下水饮用水水源地水质达标率为 98.1%,仅有 2 处不达标,超标项目分别为氨氮和锰;深层承压水水源地水质达标率为 97.1%,有 2 处不达标,水质类别均为Ⅳ类,超标项目分别为氨氮和锰;浅层地下水水源地水质达标率 100%。

按流域统计,海河流域达标率 94.7%,有 1 处水源地不达标,超标项目为氨氮;淮河流域达标率为 98.0%,有 1 处不达标,超标项目为锰;黄河流域与长江流域水源地达标率为 100%,如表 8.4-1 所示。

表 8.4-1　河南省各流域地下水饮用水水源地统计

流域	数量/处	年总供水量/万 m³	水质达标率/%
海河	19	13 020.91	94.7
黄河	32	20 601.02	100
淮河	51	20 372.21	98.0
长江	5	3 478.00	100
全省	107	57 472.14	98.1

按行政区统计,新乡市和信阳市各有 1 处不达标,其余 16 个市达标率为 100%。新乡市的饮用水水源地属于海河流域深层承压水,超标项目为氨氮;信阳市的饮用水水源地属于淮河流域深层承压水,超标项目为锰,见表 8.4-2。

表 8.4-2　河南省行政分区地下水饮用水水源地统计

行政分区	数量/处	年总供水量/万 m³	水质达标率/%
郑州市	3	7 317.50	100
开封市	1	298.61	100
洛阳市	18	14 590.32	100
平顶山市	6	351.00	100
安阳市	7	2 662.26	100
鹤壁市	2	162.07	100
新乡市	4	4 684.30	75.0
焦作市	5	5 720.00	100
濮阳市	6	1 224.78	100
许昌市	2	1 032.00	100
漯河市	4	0	100

续表 8.4-2

行政分区	数量/处	年总供水量/万 m³	水质达标率/%
三门峡市	6	1 598.20	100
南阳市	5	3 478.00	100
商丘市	4	2 418.00	100
信阳市	2	931.50	50.0
周口市	16	5 008.00	100
驻马店市	14	3 215.60	100
济源市	2	2 780.00	100
全省	107	57 472.14	98.1

8.5　地下水质量变化趋势分析

8.5.1　基本要求

8.5.1.1　分析范围

本次地下水质量变化趋势分析共选用 96 眼监测井,采用 2016 年和 2000 年及 2009 年前后地下水水质监测资料对比分析。本次评价选取第二次评价时的 275 眼地下水水质监测资料、第三次评价时的 761 眼地下水水质监测资料、2004—2010 年地下水水质监测资料、国土部门 2002—2017 年监测资料。个别井的个别项目缺少监测数据的,采用临近监测井数据进行替代。

8.5.1.2　分析方法

地下水趋势分析主要依照历年的水质监测数据,分析历年水质变化情况,计算趋势分析期间相应数值的年均变化量和年均变化率。该分析步骤如下:

首先,假设某选用监测井的某监测项目 i,其在起始监测年份(t_1)的监测值为 C_{i1},终止监测年份(t_2)的监测值为 C_{i2},则该监测项目监测值的年均变化量 ΔC_i 计算的数学表达式为:

$$\Delta C_i = \frac{C_{i2} - C_{i1}}{t_2 - t_1}$$

则该监测项目的年均变化率 R_C 则为:

$$R_C = \frac{\Delta C_i}{C_{i1}} \times 100\%$$

然后,根据计算结果,将地下水中监测项目 i 的变化趋势分成恶化($R_C>5\%$)、稳定($-5\%\leqslant R_C\leqslant 5\%$)和改善($R_C<-5\%$)三大类(如有分析结果为水质恶化,$R_C>5\%$,但水质类别前后均不超Ⅲ类水的情况出现,本次评价分析结论按水质稳定处理)。

8.5.2　趋势变化分析

本次评价进行趋势分析的监测项目有总硬度、矿化度、耗氧量、氨氮、硝酸盐、氟化物、氯化物、硫酸盐 8 项。

总硬度:在 96 眼监测井中,水质改善的有 3 眼,占 3.1%,水质恶化的有 12 眼,占 12.5%,其余均水质稳定。

矿化度:在 96 眼监测井中,水质改善的有 5 眼,占 5.2%,水质恶化的有 11 眼,占 11.5%,其余均水质稳定。

耗氧量:在 88 眼监测井中,水质改善的有 36 眼,占 40.9%,其余均水质稳定。

氨氮:在 94 眼监测井中,水质改善的有 34 眼,占 36.2%,水质恶化的有 5 眼,占 5.3%,其余均水质稳定。

硝酸盐:在 96 眼监测井中,水质改善的有 36 眼,占 37.5%,水质恶化的有 14 眼,占 14.6%,其余均水质稳定。

氟化物:在 95 眼监测井中,水质改善的有 21 眼,占 22.1%,水质恶化的有 11 眼,占 11.6%,其余均水质稳定。

氯化物:在 96 眼监测井中,水质改善的有 7 眼,占 7.3%,水质恶化的有 7 眼,占 7.3%,其余均水质稳定。

硫酸盐:在 96 眼监测井中,水质改善的有 4 眼,占 4.2%,水质恶化的有 7 眼,占 7.3%,其余均水质稳定。

从全省来看,耗氧量、硝酸盐、氨氮和氟化物 4 个项目改善的监测井较多,分别占 40.9%、37.5%、36.2%、22.1%,硫酸盐、氯化物、总硬度、矿化度 4 个项目比较稳定的监测井较多,占比均超过 83%。

从四流域来看,海河流域氨氮、硝酸盐、氟化物和耗氧量 4 个项目有改善的监测井较多,总硬度、矿化度和硝酸盐 3 个项目水质恶化的监测井较多;黄河流域硝酸盐、耗氧量和氨氮 3 个项目有改善的监测井较多,总硬度、矿化度和硫酸盐 3 个项目水质恶化的监测井较多;淮河流域耗氧量、硝酸盐、氨氮和氟化物 4 个项目有改善的监测井较多,氟化物和硝酸盐 2 个项目水质恶化的监测井较多;长江流域地下水水质多个项目相对比较稳定,硝酸盐和耗氧量 2 个项目有改善的监测井较多,氨氮和硝酸盐 2 个项目有部分监测井出现水质恶化情况。

全省和各流域地下水水质变化趋势分析统计结果见表 8.5-1、表 8.5-2、图 8.5-1。

表 8.5-1　河南省各流域平原区浅层地下水质量变化趋势统计

流域	项目	总硬度			矿化度			耗氧量			氨氮			硝酸盐			氟化物			氯化物			硫酸盐		
		恶化	稳定	改善	恶化	稳定	改善	恶化	稳定	改善	恶化	稳定	改善	恶化	稳定	改善	恶化	稳定	改善	恶化	稳定	改善	恶化	稳定	改善
海河 (19眼)	井数/眼	5	11	3	5	14	0	0	12	4	1	7	11	4	7	8	1	11	7	2	16	1	2	17	0
	占比/%	26.3	57.9	15.8	26.3	73.7	0	0	75	25	5.3	36.8	57.9	21.1	36.8	42.1	5.3	57.9	36.8	10.5	84.2	5.3	10.5	89.5	0
黄河 (21眼)	井数/眼	6	15	0	3	17	1	0	14	6	1	14	6	1	13	7	1	17	3	2	18	1	3	17	1
	占比/%	28.6	71.4	0	14.3	81.0	4.8	0	70	30	4.8	66.7	28.6	4.8	61.9	33.3	4.8	81.0	14.3	9.5	85.7	4.8	14.3	81	4.8
淮河 (49眼)	井数/眼	1	48	0	3	43	3	0	22	25	2	29	16	8	22	19	9	28	11	3	42	4	3	44	2
	占比/%	2.0	98.0	0	6.1	87.8	6.1	0	48.9	51.1	4.3	61.7	34.0	14.3	46.9	38.8	18.8	58.3	22.9	6.1	85.7	8.2	6.1	89.8	4.1
长江 (7眼)	井数/眼	0	7	0	0	6	1	0	4	1	1	5	1	1	4	2	0	7	0	0	6	1	0	6	1
	占比/%	0	100	0	0	85.7	14.3	0	80	20	14.3	71.4	14.3	14.3	57.1	28.6	0	100	0	0.0	85.7	14.3	0	85.7	14.3
全省 (96眼)	井数/眼	12	81	3	11	80	5	0	52	36	5	55	34	14	46	36	11	63	21	7	82	7	7	85	4
	占比/%	12.5	84.4	3.1	11.5	83.3	5.2	0	59.1	40.9	5.3	58.5	36.2	14.6	47.9	37.5	11.6	66.3	22.1	7.3	85.4	7.3	7.3	88.5	4.2

表 8.5-2　河南省行政分区平原区浅层地下水质量变化趋势统计

行政分区		总硬度			矿化度			耗氧量			氨氮			硝酸盐			氟化物			氯化物			硫酸盐		
		恶化	稳定	改善	恶化	稳定	改善	恶化	稳定	改善	恶化	稳定	改善	恶化	稳定	改善	恶化	稳定	改善	恶化	稳定	改善	恶化	稳定	改善
郑州市 (2眼)	井数/眼	0	2	0	0	2	0	0	0	1	0	1	1	0	1	1	0	2	0	0	1	1	0	2	0
	占比/%	0	100	0	0	100	0	0	0	100	0	50.0	50.0	0	50.0	50.0	0	100	0	0	50.0	50.0	0	100	0
开封市 (5眼)	井数/眼	0	5	0	1	4	0	0	4	1	1	1	3	1	1	3	1	3	1	2	2	1	1	4	0
	占比/%	0	100	0	20.0	80.0	0	0	80.0	20.0	20.0	20.0	60.0	20.0	20.0	60.0	20.0	60.0	20.0	40.0	40.0	20.0	20.0	80.0	0
洛阳市 (7眼)	井数/眼	1	6	0	1	5	1	0	3	4	0	5	2	1	3	3	0	7	0	1	5	1	1	5	1
	占比/%	14.3	85.7	0	14.3	71.4	14.3	0	42.9	57.1	0	71.4	28.6	14.3	42.9	42.9	0	100	0	14.3	71.4	14.3	14.3	71.4	14.3
平顶山市 (4眼)	井数/眼	0	4	0	0	3	1	0	4	0	0	3	1	2	1	1	0	3	1	0	3	1	0	3	1
	占比/%	0	100	0	0	75.0	25.0	0	100	0	0	75.0	25.0	50.0	25.0	25.0	0	75.0	25.0	0	75.0	25.0	0	75.0	25.0
安阳市 (5眼)	井数/眼	0	5	0	0	5	0	0	3	1	0	3	2	1	3	1	0	4	1	0	5	0	1	4	0
	占比/%	0	100	0	0	100	0	0	75.0	25.0	0	60.0	40.0	20.0	60.0	20.0	0	80.0	20.0	0	100	0	20.0	80.0	0
鹤壁市 (3眼)	井数/眼	2	1	0	1	2	0	0	1	0	0	3	0	0	3	0	0	2	1	0	3	0	0	3	0
	占比/%	66.7	33.3	0	33.3	66.7	0	0	100	0	0	100	0	0	100	0	0	66.7	33.3	0	100	0	0	100	0

续表 8.5-2

行政分区		总硬度			矿化度			耗氧量			氨氮			硝酸盐			氟化物			氯化物			硫酸盐		
		恶化	稳定	改善	恶化	稳定	改善	恶化	稳定	改善	恶化	稳定	改善	恶化	稳定	改善	恶化	稳定	改善	恶化	稳定	改善	恶化	稳定	改善
新乡市（9眼）	井数/眼	3	4	2	3	6	0	0	6	3	1	2	6	2	3	4	1	3	5	2	6	1	1	8	0
	占比/%	33.3	44.4	22.2	33.3	66.7	0	0	66.7	33.3	11.1	22.2	66.7	22.2	33.3	44.4	11.1	33.3	55.6	22.2	66.7	11.1	11.1	88.9	0
焦作市（7眼）	井数/眼	3	3	1	3	4	0	0	6	1	1	2	4	1	3	3	1	4	2	0	7	0	1	6	0
	占比/%	42.9	42.9	14.3	42.9	57.1	0	0	85.7	14.3	14.3	28.6	57.1	14.3	42.9	42.9	14.3	57.1	28.6	0	100	0	14.3	85.7	0
濮阳市（6眼）	井数/眼	2	4	0	0	6	0	0	5	1	0	3	3	0	3	3	0	5	1	1	5	0	0	6	0
	占比/%	33.3	66.7	0	0	100	0	0	83.3	16.7	0	50.0	50.0	0	50.0	50.0	0	83.3	16.7	16.7	83.3	0	0	100	0
许昌市（4眼）	井数/眼	0	4	0	0	4	0	0	4	0	0	4	0	0	2	2	1	2	1	0	4	0	0	4	0
	占比/%	0	100	0	0	100	0	0	100	0	0	100	0	0	50.0	50.0	25.0	50.0	25.0	0	100	0	0	100	0
漯河市（3眼）	井数/眼	0	3	0	0	3	0	0	2	1	0	2	1	1	0	2	1	1	1	0	3	0	0	3	0
	占比/%	0	100	0	0	100	0	0	66.7	33.3	0	66.7	33.3	33.3	0	66.7	33.3	33.3	33.3	0	100	0	0	100	0
三门峡市（2眼）	井数/眼	0	2	0	0	2	0	0	2	0	0	2	0	0	1	1	0	2	0	0	2	0	1	1	0
	占比/%	0	100	0	0	100	0	0	100	0	0	100	0	0	50.0	50.0	0	100	0	0	100	0	50.0	50.0	0

续表 8.5-2

行政分区	项目	总硬度			矿化度			耗氧量			氨氮			硝酸盐			氟化物			氯化物			硫酸盐		
		恶化	稳定	改善	恶化	稳定	改善	恶化	稳定	改善	恶化	稳定	改善	恶化	稳定	改善	恶化	稳定	改善	恶化	稳定	改善	恶化	稳定	改善
南阳市(6眼)	井数/眼	0	6	0	0	5	1	0	3	1	1	4	1	0	4	2	0	6	0	0	5	1	0	5	1
	占比/%	0	100	0	0	83.3	16.7	0	75.0	25.0	16.7	66.7	16.7	0	66.7	33.3	0	100	0	0	83.3	16.7	0	83.3	16.7
商丘市(8眼)	井数/眼	1	7	0	1	6	1	0	1	7	0	6	2	0	5	3	0	7	0	1	6	1	1	6	1
	占比/%	12.5	87.5	0	12.5	75.0	12.5	0	12.5	87.5	0	75.0	25.0	0	62.5	37.5	0	100	0	12.5	75.0	12.5	12.5	75.0	12.5
信阳市(4眼)	井数/眼	0	4	0	0	4	0	0	3	0	1	1	0	0	3	1	0	3	1	0	4	0	0	4	0
	占比/%	0	100	0	0	100	0	0	100	0	50.0	50.0	0	0	75.0	25.0	0	75.0	25.0	0	100	0	0	100	0
周口市(10眼)	井数/眼	0	10	0	1	8	1	0	1	9	0	3	7	2	3	5	6	3	1	0	10	0	0	10	0
	占比/%	0	100	0	10	80.0	10.0	0	10.0	90.0	0	30.0	70.0	20.0	30.0	50.0	60.0	30.0	10.0	0	100	0	0	100	0
驻马店市(10眼)	井数/眼	0	10	0	0	10	0	0	4	6	0	9	1	3	6	1	0	5	5	0	10	0	0	10	0
	占比/%	0	100	0	0	100	0	0	40.0	60.0	0	90.0	10.0	30.0	60.0	10.0	0	50.0	50.0	0	100	0	0	100	0
济源市(1眼)	井数/眼	0	1	0	0	1	0	0	1	0	0	1	0	0	1	0	0	1	0	0	1	0	0	1	0
	占比/%	0	100	0	0	100	0	0	100	0	0	100	0	0	100	0	0	100	0	0	100	0	0	100	0
全省(96眼)	井数/眼	12	81	3	11	80	5	0	52	36	5	55	34	14	46	36	11	63	21	7	82	7	7	85	4
	占比/%	12.5	84.4	3.1	11.5	83.3	5.2	0	59.1	40.9	5.3	58.5	36.2	14.6	47.9	37.5	11.6	66.3	22.1	7.3	85.4	7.3	7.3	88.5	4.2

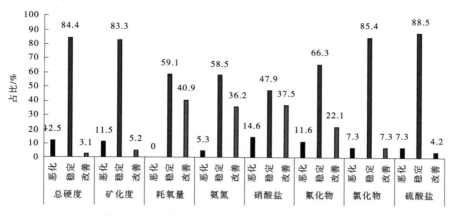

图 8.5-1　河南省平原区地下水质量变化趋势统计

第 9 章　水资源开发利用

本次水资源开发利用调查评价主要统计 2010—2016 年开发利用基础数据,通过开展主要供水水源供水量评价、各行业用水量与损耗量分析评价,分析用水水平和用水效率,评价成果对河南省调整经济发展布局、水资源综合规划、水资源管理等工作都具有重要意义。

9.1　评价基础

9.1.1　资料来源及评价系列

本次评价水资源开发利用调查资料来源主要以收集整理当地历年统计年鉴、历年水资源公报以及水中长期规划成果资料,分析整理水资源三级区套地级行政区和重点流域与用水密切关联的主要社会经济发展指标;复核并分析供水量、用水量的组成及其变化趋势。

与用水密切相关的经济社会发展指标主要包括常住人口、地区生产总值(GDP)、工业增加值、耕地面积、灌溉面积、粮食产量、鱼塘补水面积以及大、小牲畜年末存栏数等。

本次评价系列为 2010—2016 年,现状年为 2016 年。为进一步分析河南省供水、用水变化趋势,把资料分析系列延长到 2001 年。

9.1.2　社会经济

2016 现状年河南省总人口数 10 788 万人,常住人口数 9 533 万人,其中城镇人口 4 652 万人,农村人口 4 881 万人,城镇化率 48.8%;地区生产总值(当年价)40 732 亿元,人均 4.273 万元;工业增加值(当年价)17 528 亿元,人均 1.839 万元;耕地面积 12 167 万亩,折合人均耕地面积 1.276 亩;有效灌溉面积 8 039 万亩,实际耕地灌溉面积 6 675 万亩;全省鱼塘补水面积 129 万亩;大牲畜年末存栏 537 万头,小牲畜年末存栏 6 130 万头。

现状年全省各行政区社会经济发展情况:常住人口总数最多的是南阳市 1 007 万人,其次是郑州市 972 万人,常住人口总数在 300 万人以下的有鹤壁、漯河、三门峡和济源,其中济源市 74 万人最少。在城镇化发展水平上,各有差异,城镇化率超过 50% 的有郑州、洛阳、平顶山、鹤壁、新乡、焦作、三门峡和济源 8 市,其中郑州市作为河南省省会城市,其城镇化水平最高,达 71.0%;周口市城镇化率最低为 39.5%。

全省耕地面积最多的是南阳市,为 1 578 万亩,折合人均耕地 1.567 亩;其次是驻马店市 1 418 万亩,折合人均耕地 2.030 亩;耕地面积最少的是济源市 69 万亩,折合人均耕地 0.927 亩。人均占有耕地面积以驻马店最高,人均 2.030 亩,郑州市最低,人均 0.487 1 亩。

地区生产总值指标以郑州市 8 114 亿元为最高,占全省总量的 19.9%,其次是洛阳市 3 820 亿元,占全省总量的 9.4%;地区生产总值低于 1 000 亿元的有鹤壁市和济源市,其中济源市 539 亿元最低。各行政区人均地区生产总值范围在 2.568 万~8.344 万元,其中郑州市最高,为8.344万元,其次是济源市7.283万元,周口市最低,为2.568万元。

工业增加值指标总量超过1 000亿元的有郑州、洛阳、许昌、焦作、南阳5市,其中郑州市最高,为3 332亿元;其余13个市在326亿~1 000亿元,济源市最低,为326亿元。人均工业增加值范围在0.960万~4.410万元,济源市4.410万元为最高,郑州市次之,人均3.426万元,驻马店市最低,人均为0.960万元。

现状年全省鱼塘补水面积总计129万亩,分布在河南东南部、南部几个水量较为丰沛地区及沿黄地带,如周口、驻马店、信阳、南阳、商丘、开封、郑州等市。

大小牲畜年末存栏头数,大牲畜主要指牛、马、驴、骡和骆驼,小牲畜主要指猪和羊,不含鸡、鸭等家禽。现状年全省大牲畜年末存栏总头数537万头,主要分布在开封、洛阳、南阳、驻马店等市。小牲畜年末存栏总头数6 130万头,驻马店市、周口市、南阳市、商丘市等以种植业养殖业为主的地区数量最多。

河南省2016年社会经济发展情况见表9.1-1,评价期社会经济发展情况见表9.1-2。

表 9.1-1　河南省 2016 年社会经济发展情况

行政分区	常住人口/万人			地区生产总值/亿元	工业增加值/亿元	耕地面积/万亩	实际耕地灌溉/万亩	鱼塘补水面积/万亩	大牲畜数量/万头	小牲畜数量/万头
	城镇	农村	合计							
郑州市	691	282	972	8 114	3 332	474	244	13	13	183
开封市	209	246	455	1 755	645	624	361	7	48	436
洛阳市	370	310	680	3 820	1 542	646	167	2	48	249
平顶山市	253	245	498	1 825	812	481	170	0	28	361
安阳市	249	264	513	2 030	836	611	414	1	9	232
鹤壁市	92	69	161	772	460	179	125	0	3	114
新乡市	290	285	574	2 167	926	709	522	2	21	313
焦作市	200	154	355	2 095	1 161	293	237	1	8	160
濮阳市	152	210	363	1 450	760	424	338	3	13	196
许昌市	216	222	438	2 378	1 299	504	306	5	12	299
漯河市	130	134	264	1 082	632	285	216	0	8	240
三门峡市	120	106	226	1 326	676	264	58	1	25	118
南阳市	433	574	1 007	3 115	1 175	1 578	623	19	117	716
商丘市	291	437	728	1 989	699	1 062	796	23	40	566
信阳市	286	358	644	2 038	660	1 261	581	16	16	380
周口市	349	534	882	2 265	920	1 284	860	20	35	755
驻马店市	278	421	699	1 973	668	1 418	627	16	90	761
济源市	44	30	74	539	326	69	30	0	2	51
全省	4 652	4 881	9 533	40 732	17 528	12 167	6 675	129	537	6 130

表 9.1-2　2010—2016 年河南省社会经济发展情况

年份	2010 年	2011 年	2012 年	2013 年	2014 年	2015 年	2016 年
城镇人口/万人	3 651	3 817	4 007	4 141	4 291	4 472	4 652
农村人口/万人	5 754	5 572	5 400	5 273	5 147	5 009	4 881
常住人口总数/万人	9 405	9 389	9 407	9 414	9 438	9 481	9 533
地区生产总值/亿元	23 241	27 221	29 662	32 558	35 241	37 253	40 732
工业增加值/亿元	12 074	14 283	15 171	16 466	16 246	16 417	17 528
耕地面积/万亩	12 265	12 242	12 236	12 211	12 189	12 159	12 167
实际耕地灌溉面积/万亩	6 805	7 041	7 151	6 522	6 698	6 745	6 675
鱼塘补水面积/万亩	154	146	154	152	136	128	129
大牲畜数量/万头	1 045	988	940	935	867	794	537
小牲畜数量/万头	6 404	6 464	6 725	6 611	6 567	6 300	6 130

评价期内全省常住人口总数平均 9 438 万人,呈现稳中微增趋势,其中农村常住人口数逐年持续下降,从 2010 年的 5 754 万人下降到 2016 年的 4 881 万人,年均下降率2.7%;城镇常住人口数持续增加,从 2010 年的 3 651 万人增加到 2016 年的 4 652 万人,年均增长率为 4.1%。人口结构变化表现为城镇化率逐年持续增长。

全省地区生产总值和工业增加值呈现逐年增长态势,其中地区生产总值年均增速为9.8%,呈现较快的增长速度;工业增加值年均增速为 6.4%,但在 2013 年之后工业增加值增速有所放缓。

全省耕地面积总数基本维持在 1.2 亿亩左右,有微降趋势。实际耕地灌溉面积数变化受降水等多种因素影响,逐年有所不同。其他经济发展指标如牲畜养殖数量及鱼塘补水面积均呈现下降趋势。全省主要经济发展指标具体变化趋势见图 9.1-1~图 9.1-3。

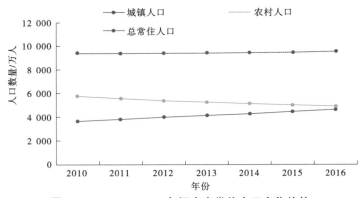

图 9.1-1　2010—2016 年河南省常住人口变化趋势

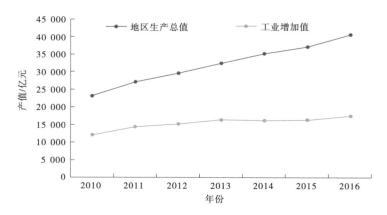

图 9.1-2 2010—2016 年河南省产值变化趋势

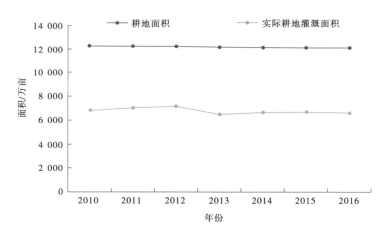

图 9.1-3 2010—2016 年河南省耕地灌溉面积变化趋势

9.2 供水量

供水量是指各种水源为河道外取用水户提供的包括输水损失在内的水量之和,按受水区统计,对于跨流域跨省的调水工程,以省收水口作为供水量的计量点,水源至收水口之间的输水损失另外统计。在受水区内,按取水水源分为地表水源供水量、地下水源供水量和其他水源供水量 3 种类型统计。

地表水源供水量按蓄、引、提、调四种形式统计,为避免重复统计,规定从水库、塘坝中引水或提水均属于蓄水工程供水量;从河道或湖泊中自流引水的,无论有闸或无闸,均属引水工程供水量;利用扬水站从河道或湖泊直接取水的,均属于提水工程供水量;跨流域调水是指无天然河流联系的独立流域之间的调配水量,不包括在蓄、引、提水量中。

地下水源供水量是指水井工程的开采量,按浅层水和深层承压水分别统计。浅层水是指埋藏相对较浅,与当地大气降水和地表水体有直接水力联系的潜水以及与潜水有密切联系的承压水,即容易更新的地下水。深层承压水是指地质时期形成的地下水,埋藏相对较深,与当地大气降水和地表水体没有密切水力联系且难以补给更新的承压水。

其他水源供水量包括污水处理回用、集雨工程利用、微咸水利用的供水量。污水处理回用量指经过城市污水处理厂集中处理后的直接回用量,不包括企业内部废物水处理的重复利用量;集雨工程利用量是指通过修建集雨场地和微型蓄雨工程(水窖、水柜等)取得的供水量;微咸水利用量是指矿化度为 2~5 g/L 的地下水利用量,目前河南省未对微咸水利用量单独统计。

9.2.1 供水量及其构成

9.2.1.1 行政分区

现状年 2016 年全省供水总量为 228.2 亿 m³。按供水水源分类,地表水源供水量105.6 亿 m³,占总供水量的 46.3%;地下水源供水量 119.8 亿 m³,占 52.5%;其他水源供水量 2.819 亿 m³,占 1.2%。河南省 2016 年供水水源组成见图 9.2-1。

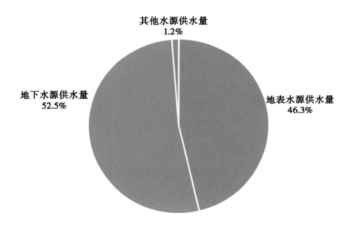

图 9.2-1　河南省 2016 年供水水源组成

按供水工程分类,蓄水工程供水 35.78 亿 m³,引水工程供水 30.62 亿 m³,提水工程供水 13.92 亿 m³,跨流域调水工程供水 25.29 亿 m³,分别占总供水量的 15.7%、13.4%、6.1% 和 11.1%;地下水井工程开采浅层地下水 111.0 亿 m³、开采深层承压水 8.775 亿 m³,分别占总供水量的 48.7% 和 3.8%;其他水源工程供水量 2.819 亿 m³,占总供水量的1.2%。河南省 2016 年供水工程组成见图 9.2-2。

全省各行政区现状年 2016 年供水总量在 15 亿 m³ 以上的有郑州、开封、新乡、南阳、商丘、信阳和周口 7 市,其中南阳市最多,为 22.96 亿 m³,占全省供水总量的 10.1%;其次郑州市 19.53 亿 m³,占全省供水总量的 8.6%;供水总量不足 5 亿 m³ 的行政区有鹤壁、漯

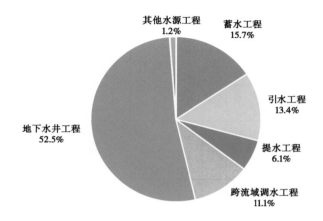

图 9.2-2　河南省 2016 年供水工程组成

河、三门峡、济源 4 市,济源市最少,为 2.117 亿 m³,占全省供水总量的 0.9%。

河南省各行政区 2016 年供水水源组成,开封、安阳、鹤壁、新乡、焦作、许昌、漯河、南阳、商丘、周口、驻马店等市以地下水源供水为主,地下水源供水量占当地总供水量的50%以上,其中周口市最高,为 77.7%;洛阳、平顶山、濮阳、三门峡、信阳、济源等市以地表水源供水量为主,地表水源供水量占当地供水总量的 50%以上,其中信阳市最高,达91.5%。南水北调受水区内的郑州、平顶山、安阳、鹤壁、濮阳、新乡、许昌、漯河、周口 9 市利用南水北调水源供水量总计为 7.459 亿 m³。河南省各行政区 2016 年供水量及水源组成见图 9.2-3 和表 9.2-1。

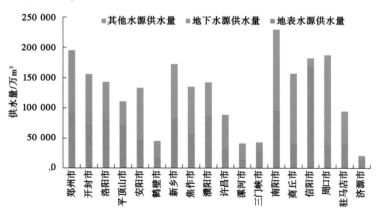

图 9.2-3　河南省各行政区 2016 年供水量及水源组成

表 9.2-1 河南省行政分区 2016 年供水量

单位：万 m³

行政分区	地表水源供水量					地下水源供水量			其他水源供水量			总供水量
	蓄	引	提	调	小计	浅层	深层	小计	污水回用	雨水利用	小计	
郑州市	9 726	2 586	9 181	68 982	90 475	87 844	5 778	93 622	9 475	1 765	11 240	195 337
开封市		6 150		64 766	70 916	78 093	7 063	85 156				156 072
洛阳市	12 793	46 882	19 704	200	79 579	61 136		61 136	2 377		2 377	143 092
平顶山市	58 576	3 648	5 602	1 696	69 522	40 106		40 106	1 400		1 400	111 028
安阳市	29 123	13 616	1 095	1 725	45 559	86 082	2 012	88 094				133 653
鹤壁市	5 280	1 339	4 976	4 309	15 904	27 834	1 676	29 510	286		286	45 700
新乡市	2 983	44 910	7 360	27 296	82 548	83 008	7 124	90 132				172 680
焦作市	8 610	35 042	1 642	10 974	56 268	78 967		78 967				135 235
濮阳市		50 610	1 200	32 890	84 700	52 800	5 000	57 800				142 500
许昌市	2 389	9 454	3 247	15 985	31 075	53 130	1 415	54 545	3 243		3 243	88 863
漯河市		5 260	3 497	4 000	12 757	28 547	593	29 140				41 897
三门峡市	14 370	6 596	5 974		26 940	16 175		16 175		413	413	43 528
南阳市	86 575	5 328	2 899		94 802	134 767		134 767				229 569
商丘市			21 179	20 000	41 179	100 730	12 888	113 618	2 069		2 069	156 866
信阳市	102 212	32 548	32 538	55	167 298	12 539	3 018	15 557				182 855
周口市		31 726	4 751		36 532	116 674	29 174	145 847	5 343		5 343	187 722
驻马店市	23 276	500	14 330		38 106	43 796	11 820	55 616	943		943	94 665
济源市	1 899	9 990	29		11 918	8 193	187	8 380	872		872	21 170
全省	357 812	306 185	139 204	252 878	1 056 078	1 110 420	87 747	1 198 167	26 008	2 178	28 186	2 282 431

9.2.1.2　水资源分区

河南省海河流域、黄河流域、淮河流域和长江流域 2016 年的供水量分别为 36.16 亿 m^3、50.70 亿 m^3、118.9 亿 m^3 和 22.48 亿 m^3，占全省供水总量的 15.8%、22.2%、52.1% 和 9.9%。四流域 2016 年供水量占比见图 9.2-4。

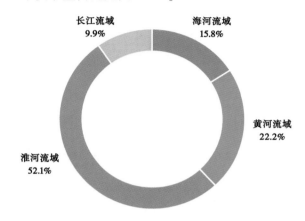

图 9.2-4　河南省四流域 2016 年供水量占比

从供水水源组成上看，海河流域以地下水源供水为主，地下水源供水量占流域供水总量的 59.3%；地表水源占 40.6%；其他水源供水量比重较小，仅占 0.1%。

黄河流域地表水源供水量占流域供水总量的 52.4%，地下水源供水占流域供水总量的 46.6%，其他水源供水量占 1.0%。

淮河流域地下水源供水量占流域供水总量的 51.9%，地表水源供水量占流域供水总量的 46.1%，其他水源供水量占 1.9%。

长江流域供水以地下水源为主，地下水源供水量占流域供水总量的 57.8%，其次是当地地表水供水，占流域供水总量的 42.2%，现状年无其他水源供水量。

河南省四流域 2016 年供水水源组成见图 9.2-5～图 9.2-8，供水量情况见表 9.2-2。

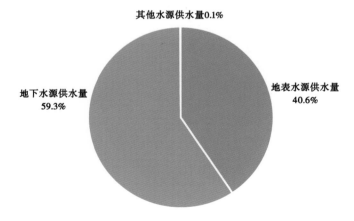

图 9.2-5　海河流域 2016 年供水结构

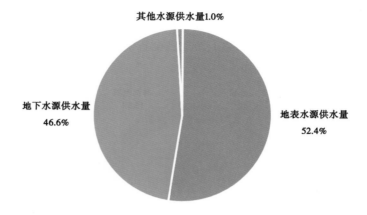

图 9.2-6　黄河流域 2016 年供水结构

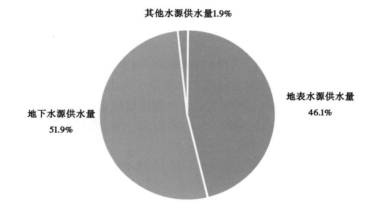

图 9.2-7　淮河流域 2016 年供水结构

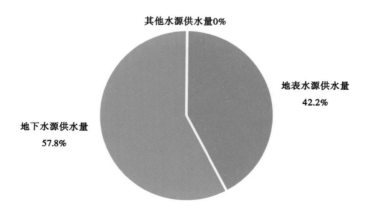

图 9.2-8　长江流域 2016 年供水结构

表 9.2-2　河南省水资源分区 2016 年供水量

单位：万 m³

	水资源分区	地表水供水量					地下水供水量			其他水源供水量			总供水量
		蓄	引	提	调	小计	浅层	深层	小计	污水回用	雨水利用	小计	
海河	漳卫河山区	10 967	9 395	5 066	4 425	29 853	52 203		52 203	253		253	82 309
	漳卫河平原	29 382	10 172	4 386	42 433	86 373	121 555	7 110	128 665	33		33	215 070
	徒骇马颊河		351	50	30 258	30 659	31 145	2 430	33 575				64 234
	小计	40 348	19 918	9 503	77 116	146 885	204 903	9 540	214 442	286		286	361 613
黄河	龙门至三门峡干流区间	8 619	2 513	3 114		14 246	11 121		11 121		108	108	25 475
	三门峡至小浪底区间	3 079	4 500	2 163		9 742	4 413	42	4 455	108	130	238	14 435
	沁丹河	812	19 510	341		20 664	31 266	48	31 314	872		872	52 849
	伊洛河	14 926	45 505	20 973		81 404	60 633		60 633	2 333	881	3 214	145 250
	小浪底至花园口干流区间	7 239	19 235	2 519		28 993	37 342	131	37 472	526	218	744	67 209
	金堤河和天然文岩渠	153	84 737	6 152	78	91 120	71 866	5 565	77 430				168 551
	花园口以下干流区间	85	19 196	247		19 529	12 573	1 150	13 724				33 252
	小计	34 913	195 197	35 509	78	265 697	229 213	6 936	236 149	3 840	1 336	5 176	507 022

续表 9.2-2

水资源分区		地表水源供水量					地下水源供水量			其他水源供水量			总供水量
		蓄	引	提	调	小计	浅层	深层	小计	污水回用	雨水利用	小计	
淮河	王家坝以上北岸	30 591	6 498	23 487		60 575	43 267	12 783	56 050	1 114		1 114	117 739
	王家坝以上南岸	67 679	17 383	19 848		104 909	12 014	757	12 770				117 679
	王蚌区间北岸	68 469	51 536	30 171	159 945	310 121	424 741	48 230	472 971	19 471	842	20 312	803 404
	王蚌区间南岸	30 586	9 353	3 897		43 836	2 477		2 477				46 313
	蚌洪区间北岸			11 523	3 546	15 069	48 157	6 784	54 941	1 040		1 040	71 049
	南四湖区			1 902	12 193	14 094	15 713	2 719	18 432	258		258	32 784
	小计	197 324	84 769	90 827	175 684	548 604	546 369	71 272	617 641	21 883	842	22 724	1 188 969
长江	丹江口以上	5 220	2 725	1 690		9 635	13 131		13 131				22 766
	唐白河	74 970	3 399	1 447		79 816	114 459		114 459				194 275
	丹江口以下干流	3 554	170	5		3 729	2 338		2 338				6 067
	武汉至湖口左岸	1 482	6	224		1 712	7		7				1 719
	小计	85 227	6 300	3 365		94 892	129 935		129 935				224 827
全省		357 812	306 185	139 204	252 878	1 056 078	1 110 420	87 747	1 198 167	26 008	2 178	28 186	2 282 431

9.2.1.3　供水量变化趋势分析

根据 2010—2016 年统计,河南省多年平均供水总量为 227.6 亿 m³,供水量最大年份 2013 年为 240.6 亿 m³,最小年份 2014 年为 209.3 亿 m³,二者相差 31.3 亿 m³。

从供水水源看,地表水源多年平均供水量为 97.35 亿 m³,占多年平均供水总量的 42.8%;地下水源多年平均供水量为 128.9 亿 m³,占 56.7%;其他水源多年平均供水量为 1.303 亿 m³,占 0.6%。

从供水工程供水量看,全省蓄水工程多年平均供水量为 31.76 亿 m³,占多年平均供水总量的 14.0%;引水工程多年平均供水量为 33.67 亿 m³,占 14.8%;提水工程多年平均供水量为 10.65 亿 m³,占 4.7%;全省浅层地下水多年平均供水量为 118.3 亿 m³,占 52.0%,深层承压水为 10.64 亿 m³,占 4.7%;其他水源多年平均供水量为 1.303 亿 m³,占 0.6%;跨流域调水工程多年平均供水量为 21.28 亿 m³,占 9.3%。

评价期内河南省跨流域调水工程供水量从 2010 年的 16.25 亿 m³ 增加到 2016 年的 25.29 亿 m³,年均增速 7.6%;其中南水北调跨流域调水工程自 2014 年通水以来供水量从 0.501 1 亿 m³ 增加到 2016 年的 7.459 亿 m³。除此之外,河南省中水利用工程供水量在近年内也呈现较快增长,评价期内中水利用量从 2010 年的 0.828 5 亿 m³ 增加到 2016 年的 2.601 亿 m³,年均增速高达 21.0%。

评价期河南省各水源工程供水量情况见表 9.2-3。

表 9.2-3　2010—2016 年河南省各水源工程供水量　　　　　单位:万 m³

水源工程类型		2010 年	2011 年	2012 年	2013 年	2014 年	2015 年	2016 年
地表水源供水量	蓄	300 291	300 121	312 130	330 316	285 328	336 994	357 812
	引	343 140	369 813	377 579	381 597	286 775	291 677	306 185
	提	80 711	88 960	96 396	104 782	120 608	114 919	139 204
	调	162 490	210 173	218 980	193 786	194 443	256 652	252 878
	小计	886 633	969 067	1 005 084	1 010 482	887 154	1 000 242	1 056 078
地下水源供水量	浅层	1 239 481	1 189 713	1 239 434	1 279 274	1 098 619	1 124 236	1 110 420
	深层	111 291	122 795	132 367	108 525	94 211	87 768	87 747
	小计	1 350 772	1 312 508	1 371 801	1 387 799	1 192 830	1 212 004	1 198 167
其他水源供水量	污水回用	8 285	8 423	8 783	7 007	11 182	13 532	26 008
	雨水利用	375	394	384	392	1 725	2 570	2 178
	小计	8 660	8 817	9 167	7 399	12 907	16 102	28 186
总供水量		2 246 064	2 290 392	2 386 052	2 405 680	2 092 891	2 228 348	2 282 431

2010—2016 年评价期内,供水呈现"两升一降"的趋势:地表水源、其他水源供水量呈上升趋势,地下水源供水量呈下降趋势。评价期内地表水源年均增速 3.0%,具有最明显变化趋势的是其他水源供水量,从评价初期的 0.866 0 亿 m³ 增加到 2.819 亿 m³,7 年内年均增速 21.7%,但其他水源供水量在河南省总供水结构中仅占 0.6%,增速快但总量占

比依然很小。随着河南省最严格水资源管理制度的实施及地下水超采区治理,其他水源的利用量仍会逐渐增加。

　　地下水源多年平均供水量在全省供水总量中占半数以上,尽管不同年份间全省地下水源供水量相差较大,但其总的变化趋势是逐渐减少的。评价期内全省地下水供水量年均降速为 1.9%,主要原因是南水北调工程通水后替代了部分地下水开采量,加之其他水源供水量特别是污水处理回用量的逐年快速增加。不同年份间地下水源供水量变幅较大原因在于农田灌溉用水以开采浅层地下水为主,且水量占比很大,而农田灌溉用水受降水年型影响密切所致。据多年统计资料分析,河南省地下水源供水量的变化趋势与农业用水开采量的变化趋势基本是一致的。

　　评价期内河南省地表、地下水源供水量变化趋势及其他水源供水量变化趋势见图 9.2-9、图 9.2-10。

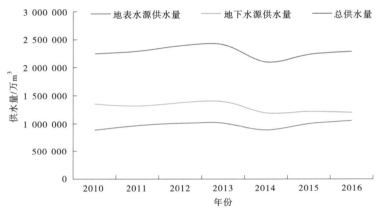

图 9.2-9　2010—2016 年河南省地表、地下水源供水量变化趋势

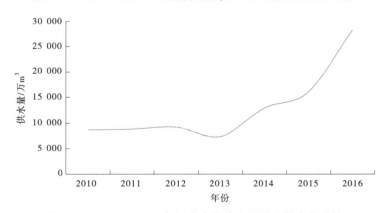

图 9.2-10　2010—2016 年河南省其他水源供水量变化趋势

　　2010—2016 年评价期内,河南省各水源工程供水量在供水总量中所占比例是有差异的,总体而言,地下水源供水量占比高于地表水源供水量,地表水源供水量占比高于其他水源供水量。随着水资源管理制度加强、供水工程的建设投产等工程及非工程措施的实施会对不同水源供水量的占比产生影响,进而逐渐改变本地区的供水结构。评价期内,河南省地下水源供水量占比逐渐下降,地表水源供水量占比逐渐上升,其他水源供水量占比升幅最为明显。评价期河南省各水源工程供水量在全省供水总量的占比变化趋势见图 9.2-11、图 9.2-12。

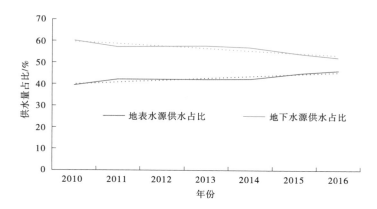

图 9.2-11　2010—2016 年河南省地表、地下水源供水量占比情况

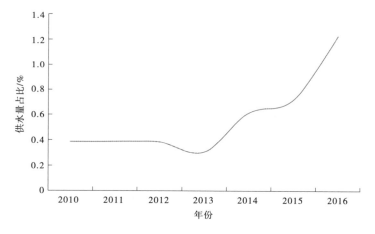

图 9.2-12　2010—2016 年河南省其他水源供水量占比情况

为了进一步分析河南省不同水源、不同工程供水量及总供水量的变化趋势,本次将评价系列延长至 2001 年。2001—2016 年河南省不同水源工程供水量变化趋势见图 9.2-13、图 9.2-14,不同水源工程供水量占比变化趋势见图 9.2-15、图 9.2-16。

对比 2001—2016 年与 2010—2016 年系列不同水源工程供水量变化趋势,两个系列供水总量、地表水源供水量以及其他水源供水量都呈增长趋势,且其他水源供水量增速非常明显;地下水源供水量均呈下降趋势;但总供水量在 2010—2016 年近期年份内的增速非常平缓。

在供水水源结构的变化上,两个系列相同水源供水量占比变化趋势基本一致:地表水源供水量占比和其他水源供水量占比都呈上升趋势,地下水源供水量占比呈下降趋势。说明河南省供水水源结构多年来逐渐在改变:地下水源在供水中的比重逐渐减少,地表水源和其他水源供水的比重逐渐增加,尤其是南水北调工程通水后加速了供水水源结构的调整。

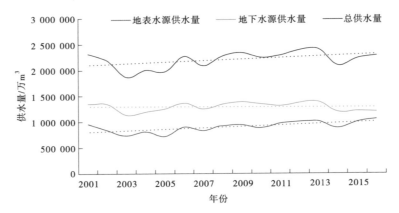

图 9.2-13　2001—2016 年河南省地表、地下水源供水量变化趋势

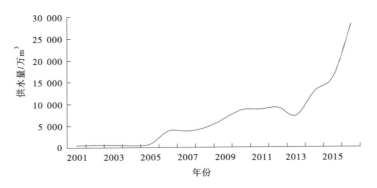

图 9.2-14　2001—2016 年河南省其他水源供水量变化趋势

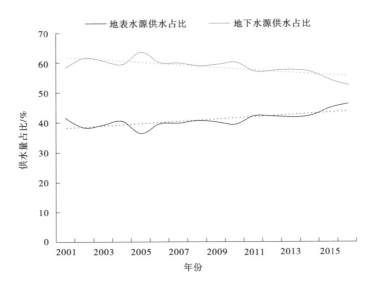

图 9.2-15　2001—2016 年河南省地表、地下水源供水量占比趋势

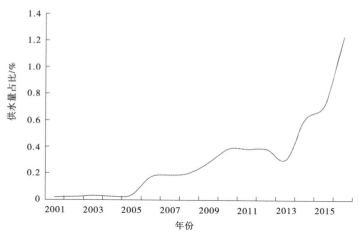

图 9.2-16　2001—2016 年河南省其他水源供水量占比趋势

9.2.2　重点流域供水量

　　本次评价中地表水源工程取水量、地下水源工程取水量、其他水源工程取水量均指以本重点流域为水源的相应水利工程提取并供出的水量。跨重点流域调入量是指从本重点流域之外为水源的水利工程供给本重点流域的水量；跨重点流域调出量是指从本重点流域为水源的水利工程供出到外流域的水量。本次评价有水量调入的重点流域主要分布在海河流域和淮河流域，有水量调出的重点流域主要分布在黄河流域和长江流域。河南省各重点流域 2016 年供水量评价成果见表 9.2-4。

表 9.2-4　河南省各重点流域 2016 年供水量评价成果　　　　　　单位：万 m³

重点流域	地表水源工程取水量	地下水源工程取水量	其他水源工程取水量	跨重点流域工程调水量		总供水量
				调入	调出	
卫河	62 393	179 229	286	51 684		293 592
徒骇马颊河	401	33 575		30 258		64 234
伊洛河	81 604	60 633	3 214		200	145 250
沁河	29 464	31 314	872		8 800	52 849
洪汝河	37 834	47 691	1 114			86 640
史灌河	46 736	2 477			2 900	46 313
沙颍河	134 961	334 100	19 541	97 607		586 208
涡河	15 215	138 871	771	62 338		217 196
包浍河	4 819	22 978	435	1 483		29 715
新汴河	6 703	31 963	605	2 063		41 334
丹江	92 408	15 469			79 044	28 833
唐白河	75 364	114 459		4 452		194 275

9.2.3 跨重点流域调水分析

现状年 2016 年河南省跨重点流域调入量卫河调入 5.168 亿 m^3、徒骇马颊河调入 3.026 亿 m^3,调入水源主要来自黄河和长江以及通过红旗渠、跃进渠工程从河北漳河的引水量;沙颍河调入 9.761 亿 m^3,调入水源来自黄河和长江;涡河调入 6.234 亿 m^3,包浍河调入 0.148 3 亿 m^3,新汴河调入 0.206 3 亿 m^3,调入水源均为黄河水源;唐白河调入 0.445 2 亿 m^3,调入水源来自丹江。

跨重点流域调出量伊洛河调出 0.020 亿 m^3,为淮河流域提供水源;沁河调出 0.880 亿 m^3 到海河流域,史灌河调出 0.290 亿 m^3 到白露河,丹江调出 7.904 亿 m^3,是南水北调工程供水源头。

9.3 用水量

用水量是指各类河道外取用水户取用的包括输水损失在内的水量之和。按用户特性分为农业用水、工业用水、生活用水和人工生态环境补水四大类进行统计。同一区域相同年份的用水量与供水量应相等。

农业用水是指耕地灌溉用水、林果地灌溉用水、草地灌溉用水、鱼塘补水和牲畜用水。

工业用水指工矿企业在生产过程中用于制造、加工、冷却、空调、净化、洗涤等方面的用水,按新取水量计,包括火(核)电和非火(核)电用水,不包括企业内部的重复利用量。水力发电等河道内用水不计入用水量。

生活用水指城镇生活用水和农村生活用水。其中城镇生活用水包括城镇居民生活用水和公共用水(含建筑业及服务业用水),农村生活用水指农村居民生活用水。

人工生态环境补水包括人工措施供给的城镇环境用水和部分河湖、湿地补水,不包括降水、地面径流自然满足的水量。按照城镇环境用水和河湖补水两大类进行统计。城镇环境用水包括绿地灌溉用水和环境卫生清洁用水两部分,其中城镇绿地灌溉用水指城区和镇区内用于绿化灌溉的水量;环卫清洁用水是指在城区和镇区用于环境卫生清洁(洒水、冲洗等)的水量。河湖补水量是指以生态保护、修复和建设为目标,通过水利工程补给河流、湖泊、沼泽及湿地的水量。

9.3.1 用水量与构成

9.3.1.1 行政分区

2016 年河南省用水总量为 228.2 亿 m^3,其中农业用水量 126.2 亿 m^3(农田灌溉用水 111.0 亿 m^3,林果地灌溉用水 2.818 亿 m^3,鱼塘补水 5.701 亿 m^3,牲畜用水 6.703 亿 m^3),占全省用水总量的 55.3%;工业用水量 50.18 亿 m^3(其中火核电用水 8.801 亿 m^3,一般工业用水 41.37 亿 m^3),占全省用水总量的 22.0%;生活用水量 38.06 亿 m^3(其中城镇居民生活及城镇公共用水 26.40 亿 m^3,农村居民生活用水 11.67 亿 m^3),占全省总用水量的 16.7%;生态环境用水量 13.77 亿 m^3(其中城镇环境用水 9.122 亿 m^3,河湖补水 4.645 亿 m^3),占全省用水总量的 6.0%。河南省 2016 年用水构成见图 9.3-1。

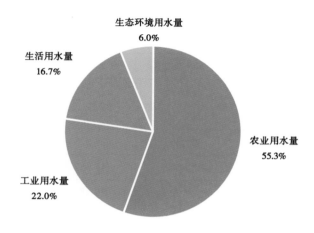

图 9.3-1　河南省 2016 年用水构成

全省各行政区现状年用水总量在 15 亿 m³ 以上的有郑州、开封、新乡、南阳、商丘、信阳和周口 7 市,其中南阳市最多,为 22.96 亿 m³,占全省用水总量的 10.1%;其次郑州市为 19.53 亿 m³,占全省用水总量的 8.6%;用水总量不足 5 亿 m³ 的有鹤壁、漯河、三门峡和济源市 4 市,其中济源市最低,为 2.117 亿 m³,仅占全省用水总量的 0.9%。

由于各地的自然条件、产业结构、经济发展水平、人口数量和生活习惯等各方面的差异,不同地市的用水量及用水构成各不相同:开封、安阳、鹤壁、新乡、焦作、濮阳、南阳、商丘、信阳、周口、驻马店 11 个粮食主产区的农业用水量占该市用水总量的 50% 以上;而郑州、洛阳、平顶山、三门峡等市的农业用水量不足当地用水总量的 30%,郑州市作为河南省省会城市,其生活和生态环境用水量较大,两项用水占郑州市总用水量的 43.8%,其他市该两项用水占比平均为 21.8%。河南省 2016 年用水量评价成果见表 9.3-1,用水构成见图 9.3-2。

表 9.3-1　河南省行政分区用水量　　　　　　　　　　　单位:万 m³

行政分区	农业用水量	工业用水量	生活用水量	生态环境用水量	总用水量
郑州市	54 978	54 704	58 703	26 952	195 337
开封市	96 541	21 995	17 935	19 601	156 072
洛阳市	48 646	53 259	27 687	13 500	143 092
平顶山市	34 441	58 990	15 236	2 361	111 028
安阳市	79 046	16 839	16 156	21 612	133 653
鹤壁市	30 335	6 322	7 784	1 259	45 700
新乡市	120 517	25 573	21 637	4 953	172 680
焦作市	85 880	31 428	12 869	5 058	135 235
濮阳市	96 600	28 000	15 800	2 100	142 500
许昌市	40 233	26 100	16 739	5 791	88 863

续表 9.3-1

行政分区	农业用水量	工业用水量	生活用水量	生态环境用水量	总用水量
漯河市	16 433	13 990	8 698	2 776	41 897
三门峡市	15 468	14 735	11 035	2 290	43 528
南阳市	132 266	55 710	35 393	6 200	229 569
商丘市	104 261	21 867	27 325	3 413	156 866
信阳市	107 004	25 142	35 357	15 351	182 855
周口市	130 207	27 726	28 185	1 605	187 722
驻马店市	60 405	12 811	19 453	1 996	94 665
济源市	9 120	6 560	4 637	853	21 170
全省	1 262 381	501 751	380 629	137 671	2 282 431

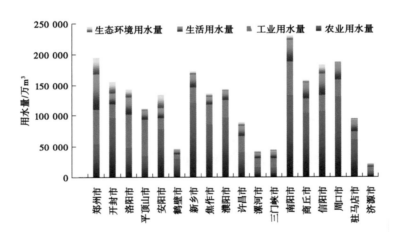

图 9.3-2　河南省行政分区 2016 年用水结构

9.3.1.2　水资源分区

　　按水资源分区统计用水量评价成果,海河流域、黄河流域、淮河流域和长江流域 2016 年用水量分别为 36.16 亿 m³、50.70 亿 m³、118.9 亿 m³ 和 22.48 亿 m³,分别占全省用水总量的 15.8%、22.2%、52.1%和 9.9%。河南省四大流域 2016 年用水量情况见图 9.3-3。

　　现状年海河流域农业用水占流域用水总量的 60.7%,是流域内第一用水大户,其次是工业用水占流域用水总量的 18.9%,生活用水占流域用水总量的 14.1%,环境用水占流域用水总量的 6.3%;黄河流域农业、工业、生活、生态环境用水分别占流域用水总量的 55.0%、24.6%、14.6%和 5.9%;淮河流域农业、工业、生活、生态环境用水分别占流域用水总量的 53.7%、21.3%、18.5%、6.6%;长江流域农业、工业、生活、生态环境用水分别占用水总量的 55.8%、25.0%、16.2%、3.0%。

　　整体上看,农业是四流域的第一用水大户,农业用水量均占各流域用水总量的 50%

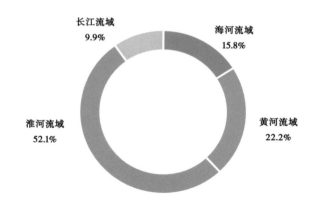

图 9.3-3　河南省四流域 2016 年用水量情况

以上,其中海河流域最高,达 60.7%,其次是长江流域占 55.8%,淮河流域最低,为 53.7%;工业用水量占比最高的是长江流域,为 25.0%,其次是黄河流域,占比 24.6%,最低的是海河流域,为 18.9%;生活用水淮河流域占比最高,为 18.5%,其次是长江流域的 16.2%,海河流域最低,占比为 14.1%;生态环境用水量占总用水量的比重最高的是淮河流域,占 6.6%,其次是海河流域和黄河流域,分别为 6.3% 和 5.9%,最低的是长江流域,为 3.0%。河南省各水资源分区 2016 年用水量情况见表 9.3-2,河南省四流域 2016 年用水结构情况见图 9.3-4~图 9.3-7。

表 9.3-2　河南省各水资源分区 2016 年用水量　　　　　单位:万 m³

	水资源分区	农业用水量	工业用水量	生活用水量	生态环境用水量	总用水量
海河	漳卫河山区	46 519	17 431	14 251	4 107	82 309
	漳卫河平原	139 538	31 560	26 384	17 588	215 070
	徒骇马颊河	33 594	19 289	10 382	970	64 234
	小计	219 651	68 280	51 017	22 666	361 613
黄河	龙门至三门峡干流区间	10 757	7 434	5 710	1 574	25 475
	三门峡至小浪底区间	3 565	6 326	2 588	1 956	14 435
	沁丹河	34 478	13 998	3 156	1 217	52 849
	伊洛河	46 998	54 898	31 135	12 219	145 250
	小浪底至花园口干流区间	34 465	18 483	11 760	2 502	67 209
	金堤河和天然文岩渠	122 241	20 725	16 032	9 553	168 551
	花园口以下干流区间	26 501	2 677	3 392	682	33 252
	小计	279 006	124 541	73 773	29 703	507 022

续表 9.3-2

水资源分区		农业用水量	工业用水量	生活用水量	生态环境用水量	总用水量
淮河	王家坝以上北岸	72 617	17 300	23 464	4 358	117 739
	王家坝以上南岸	65 408	18 843	22 943	10 484	117 679
	王蚌区间北岸	397 777	198 353	150 118	57 156	803 404
	王蚌区间南岸	32 707	3 656	7 580	2 370	46 313
	蚌洪区间北岸	44 595	12 348	12 420	1 686	71 049
	南四湖区	25 207	2 276	2 878	2 424	32 784
	小计	638 311	252 776	219 403	78 478	1 188 969
长江	丹江口以上	10 473	7 719	3 955	618	22 766
	唐白河	109 905	47 567	30 835	5 968	194 275
	丹江口以下干流	4 561	435	1 046	25	6 067
	武汉至湖口左岸	474	433	599	212	1 719
	小计	125 413	56 154	36 436	6 824	224 827
全省		1 262 381	501 751	380 629	137 671	2 282 431

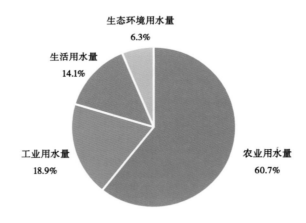

图 9.3-4　海河流域 2016 年用水结构

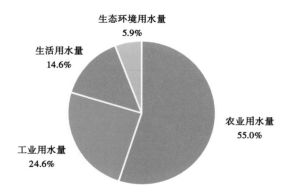

图 9.3-5 黄河流域 2016 年用水结构

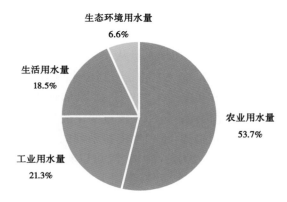

图 9.3-6 淮河流域 2016 年用水结构

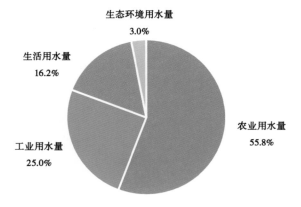

图 9.3-7 长江流域 2016 年用水结构

9.3.1.3 用水量变化趋势分析

根据 2010—2016 年统计,河南省多年平均用水量 227.6 亿 m^3,其中农业用水量 129.5 亿 m^3,占多年平均用水总量的 56.9%;工业用水量 55.41 亿 m^3,占 24.3%;生活用水量 33.63 亿 m³,占 14.8%;生态环境用水量 9.036 亿 m³,占 4.0%。2010—2016 年河南省各行业用水量情况见表 9.3-3。

表 9.3-3　2010—2016 年河南省各行业用水量　　　　　　　　　　单位:万 m³

年份	2010 年	2011 年	2012 年	2013 年	2014 年	2015 年	2016 年
农业用水量	1 310 996	1 301 785	1 349 485	1 412 290	1 171 852	1 257 717	1 262 381
工业用水量	554 980	567 924	605 125	594 935	528 894	525 146	501 751
生活用水量	306 694	318 139	325 206	337 438	333 624	352 359	380 629
生态环境用水	73 393	102 544	106 235	61 017	58 521	93 125	137 671
总用水量	2 246 064	2 290 392	2 386 052	2 405 680	2 092 890	2 228 348	2 282 431

2010—2016 年评价期,全省用水总量与供水总量的变化趋势是一致的,不同行业用水呈现两升两降趋势:农业用水、工业用水无论水量上还是在占比上均呈下降趋势,生活和生态环境用水均呈上升趋势。农业用水量从 2010 年的 131.1 亿 m³ 下降到 2016 年的 126.2 亿 m³,年均下降速度 0.6%;工业用水量从 55.50 亿 m³ 降到 50.18 亿 m³,年均降速 1.7%;而生活用水量从评价初期的 30.67 亿 m³ 增加到 38.06 亿 m³,年均增速 3.7%;生态环境用水增速最为明显,从 2010 年的 7.339 亿 m³ 增加到 2016 年的 13.77 亿 m³,年均增速达 11.1%,生态环境用水是河南省近年来增量变化最为显著的用水行业。

为了更好地分析用水量变化趋势,将用水资料系列向前延长到 2001 年,对比分析近期系列 2010—2016 年和长期系列 2001—2016 年,可以看出,农业用水无论从长期还是近期均呈现下降趋势,但近期下降趋势有所减缓;用水总量、工业用水、生活用水和生态环境用水长期系列均呈增长趋势,近期系列总用水量和工业用水量增速放缓,且工业用水有微降趋势;生活用水和生态环境用水两系列均呈较快增长态势。

2010—2016 年全省不同行业用水量变化趋势见图 9.3-8,2010—2016 年全省不同行业用水量占比情况见图 9.3-9,2001—2016 年全省不同行业用水量变化趋势见图 9.3-10,2001—2016 年不同行业用水量占比情况见图 9.3-11。

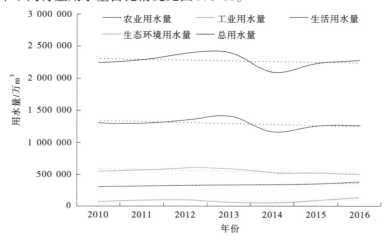

图 9.3-8　2010—2016 年河南省不同行业用水量变化趋势

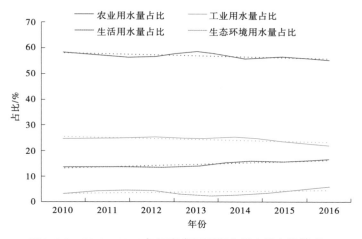

图 9.3-9 2010—2016 年河南省不同行业用水量占比情况

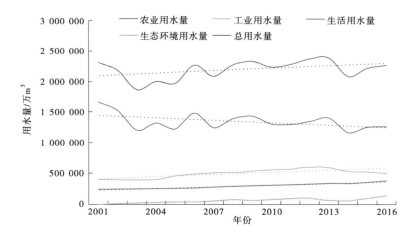

图 9.3-10 2001—2016 年河南省不同行业用水量变化趋势

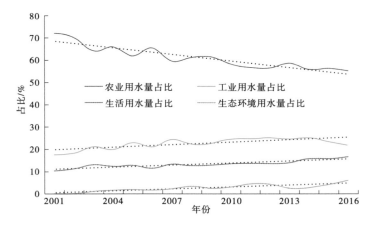

图 9.3-11 2001—2016 年河南省不同行业用水量占比情况

9.3.2　重点流域用水量

全省重点流域用水量按用水行业进行评价,基准年 2016 年重点流域的用水量成果见表 9.3-4。

表 9.3-4　河南省重点流域 2016 年用水量　　　　单位:万 m³

重点流域	农业用水量	工业用水量	生活用水量	生态环境用水量	总用水量
卫河	182 488	48 991	40 417	21 696	293 592
徒骇马颊河	33 594	19 289	10 382	970	64 234
伊洛河	46 999	54 898	31 135	12 219	145 251
沁河	34 478	13 998	3 156	1 217	52 849
洪汝河	52 862	13 564	17 916	2 299	86 640
史灌河	32 707	3 656	7 580	2 370	46 313
沙颍河	261 190	167 942	117 624	39 452	586 208
涡河	136 586	30 412	32 494	17 704	217 196
包浍河	18 651	5 164	5 194	705	29 715
新汴河	25 944	7 184	7 225	981	41 334
丹江	15 035	8 154	5 001	643	28 833
唐白河	109 905	47 567	30 835	5 968	194 275

9.4　用水消耗量

用水消耗量是指取用水户在取水、用水过程中,通过蒸腾蒸发、土壤吸收、产品吸附、居民和牲畜饮用等多种途径消耗掉而不能回归到地表水体和地下含水层的水量。

农业灌溉耗水量包括作物蒸腾、棵间蒸发、渠系水面蒸发和浸润损失等水量;工业耗水量包括输水损失和生产过程中的蒸发损失量、产品带走的水量、厂区生活耗水量等;生活耗水量包括输水损失以及居民家庭和公共用水消耗的水量;生态环境耗水量包括城镇绿地灌溉输水及使用中的蒸腾蒸发损失、环卫清洁输水及使用中的蒸发损失以及河湖人工补水的蒸发和渗漏损失等。

9.4.1　行政分区

2016 年河南省用水消耗总量 129.9 亿 m³,综合耗水率 56.9%,其中农业用水消耗量 90.32 亿 m³,综合耗水率 71.6%;工业用水消耗量 12.02 亿 m³,综合耗水率 24.0%;生活用水消耗量 18.40 亿 m³,综合耗水率 48.3%;生态环境用水消耗量 9.202 亿 m³,综合耗水率 66.8%。2016 年河南省行政分区不同行业用水消耗量评价成果见表 9.4-1。

表 9.4-1　河南省行政分区 2016 年用水消耗量　　　　单位:万 m³

行政分区	农业用水消耗量	工业用水消耗量	生活用水消耗量	生态环境用水消耗量	总用水消耗量
郑州市	38 072	14 248	22 899	18 414	93 634
开封市	65 207	5 698	9 460	12 524	92 890
洛阳市	32 482	14 602	12 221	10 202	69 507
平顶山市	22 605	9 957	8 201	1 496	42 258
安阳市	67 303	3 998	7 455	17 246	96 003
鹤壁市	24 808	2 339	3 356	920	31 424
新乡市	87 647	6 745	7 675	4 210	106 277
焦作市	65 736	7 345	5 830	3 541	82 451
濮阳市	63 798	5 891	7 884	1 575	79 147
许昌市	32 891	6 836	7 902	3 143	50 771
漯河市	10 406	5 151	4 447	2 221	22 225
三门峡市	10 367	3 830	5 378	1 834	21 409
南阳市	92 783	10 367	17 992	2 855	123 998
商丘市	83 030	5 108	16 420	2 389	106 947
信阳市	50 702	5 648	17 552	6 174	80 076
周口市	100 840	5 545	16 526	1 364	124 275
驻马店市	47 250	3 709	11 054	1 313	63 327
济源市	7 317	3 173	1 709	597	12 796
全省	903 244	120 189	183 962	92 020	1 299 416

9.4.2　水资源分区

2016 年河南省海河流域总用水消耗量 22.79 亿 m³,综合耗水率 63.0%,其中农业用水消耗量 17.12 亿 m³,综合耗水率 77.9%;工业用水消耗量 1.813 亿 m³,综合耗水率 26.6%;生活用水消耗量 2.079 亿 m³,综合耗水率 40.7%;生态环境用水消耗量 1.778 亿 m³,综合耗水率 78.5%。

黄河流域总用水消耗量 28.55 亿 m³,综合耗水率 56.3%,其中农业用水消耗量 19.67 亿 m³,综合耗水率 70.5%;工业用水消耗量 3.196 亿 m³,综合耗水率 25.7%;生活用水消耗量 3.391 亿 m³,综合耗水率 46.0%;生态环境用水消耗量 2.295 亿 m³,综合耗水率 77.3%。

淮河流域总用水消耗量 66.48 亿 m³,综合耗水率 55.5%,其中农业用水消耗量 44.63 亿 m³,综合耗水率 69.9%;工业用水消耗量 5.961 亿 m³,综合耗水率 23.6%;生活用水消耗量 11.08 亿 m³,综合耗水率 50.5%;生态环境用水消耗量 4.805 亿 m³,综合耗水率 61.2%。

长江流域总用水消耗量 12.12 亿 m³,综合耗水率 53.9%,其中农业用水消耗量 8.903

亿 m^3,综合耗水率 71.0%;工业用水消耗量 1.049 亿 m^3,综合耗水率 18.7%;生活用水消耗量 1.846 亿 m^3,综合耗水率 50.7%;生态环境用水消耗量 0.324 亿 m^3,综合耗水率 47.4%。

河南省各水资源分区 2016 年用水消耗量情况见表 9.4-2,四流域不同用水行业耗水率分布情况见图 9.4-1~图 9.4-5。

表 9.4-2　河南省各水资源分区 2016 年用水消耗量情况　　　单位:万 m^3

水资源分区		农业耗水量	工业耗水量	生活耗水量	生态环境耗水量	总耗水量
海河	漳卫河山区	35 485	5 647	5 660	3 098	49 889
	漳卫河平原	112 016	8 368	10 982	13 958	145 324
	徒骇马颊河	23 713	4 117	4 144	728	32 701
	小计	171 214	18 132	20 785	17 783	227 915
黄河	龙门至三门峡干流区间	7 280	1 965	2 772	1 261	13 277
	三门峡至小浪底区间	2 544	1 829	1 313	1 539	7 226
	沁丹河	26 456	4 059	1 673	852	33 040
	伊洛河	31 222	15 149	13 799	9 161	69 330
	小浪底至花园口干流区间	27 069	3 323	4 902	1 893	37 187
	金堤河和天然文岩渠	85 648	4 989	7 624	7 712	105 973
	花园口以下干流区间	16 481	651	1 824	531	19 487
	小计	196 700	31 964	33 908	22 948	285 520
淮河	王家坝以上北岸	51 070	4 650	12 964	2 342	71 026
	王家坝以上南岸	31 883	4 414	10 971	4 105	51 374
	王蚌区间北岸	294 867	46 518	73 428	37 871	452 683
	王蚌区间南岸	15 315	731	3 906	1 020	20 972
	蚌洪区间北岸	36 004	2 814	7 449	1 180	47 447
	南四湖区	17 160	482	2 094	1 531	21 268
	小计	446 298	59 608	110 812	48 051	664 770
长江	丹江口以上	6 809	1 638	2 006	514	10 968
	唐白河	78 979	8 665	15 478	2 608	105 731
	丹江口以下干流	3 004	95	703	21	3 823
	武汉至湖口左岸	239	87	269	95	690
	小计	89 031	10 485	18 457	3 238	121 211

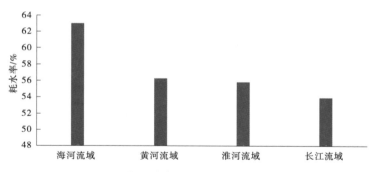

图 9.4-1　2016 年河南省四流域综合耗水率分布情况

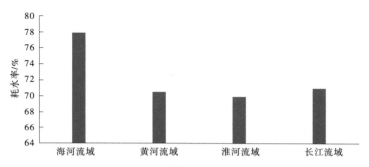

图 9.4-2　2016 年河南省四流域农业用水耗水率分布情况

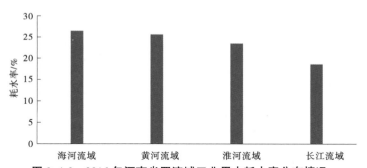

图 9.4-3　2016 年河南省四流域工业用水耗水率分布情况

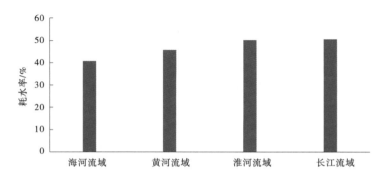

图 9.4-4　2016 年河南省四流域生活用水耗水率分布情况

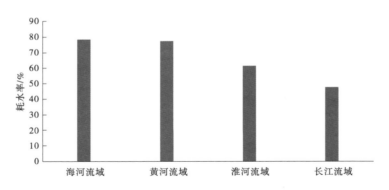

图 9.4-5　2016 年河南省四流域生态环境用水耗水率分布情况

9.4.3　用水消耗量变化趋势

在 2010—2016 年评价期内,全省用水消耗总量平均为 128.8 亿 m³,其中农业用水消耗量 92.63 亿 m³,占全省用水消耗总量的 71.9%;工业用水消耗量 12.92 亿 m³,占 10.0%;生活用水消耗量 17.14 亿 m³,占 13.3%;生态环境用水消耗量 6.153 亿 m³,占 4.8%。河南省评价期内各行业用水消耗量情况见表 9.4-3。

表 9.4-3　河南省 2010—2016 年用水消耗量情况　　　　　　　单位:万 m³

年份	2010 年	2011 年	2012 年	2013 年	2014 年	2015 年	2016 年
农业耗水量	933 392	926 626	970 056	1 011 535	836 439	903 069	903 244
工业耗水量	142 678	135 701	137 139	129 516	119 954	119 316	120 189
生活耗水量	169 059	166 855	166 296	169 884	170 221	173 196	183 962
生态环境耗水量	50 769	65 438	67 427	44 013	42 816	68 197	92 020
总耗水量	1 295 897	1 294 621	1 340 919	1 354 949	1 169 430	1 263 779	1 299 416

从评价期内各行业用水消耗量评价成果看,农业用水消耗量最大,评价期内年均消耗水量占全省用水消耗总量的 71.9%,从 2010 年的 93.34 亿 m³ 降至 2016 年的 90.32 亿 m³,呈下降趋势。农业用水消耗总量远远大于全省其他用水行业消耗量之和,是河南省节水潜力最大的用水行业,农业节水应作为河南省节水工作重点。

生活用水消耗量仅次于农业。评价期年均生活用水消耗量占全省用水消耗总量的 13.3%,从 2010 年的 16.91 亿 m³ 增至 2016 年的 18.40 亿 m³,呈上升趋势。

工业用水消耗量占全省总用水消耗量的 10.0%,评价期内该量呈下降趋势。

生态环境用水消耗量占比最少,但随着社会生态环境用水量的逐年快速增长,其用水消耗量也呈增长趋势。

河南省评价期内各行业用水消耗量变化趋势见图 9.4-6。

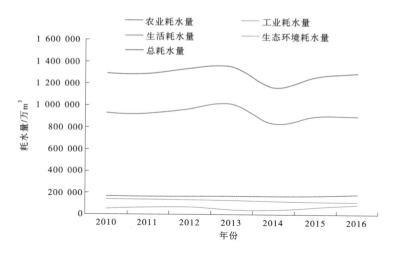

图 9.4-6　2010—2016 年河南省各用水行业耗水量变化趋势

9.5　用水效率与开发利用程度

9.5.1　用水效率及变化分析

本次选用人均用水量、万元 GDP 用水量、万元工业增加值用水量、农田灌溉亩均用水量、城镇生活人均用水量、农村居民生活人均用水量作为用水水平和效率评价的主要指标。

人均用水量是用水总量与常住人口的比值,反映特定区域的综合用水水平,指标受当地气候、人口密度、经济结构、作物组成、用水习惯、节水水平等众多因素影响。2016 现状年河南省人均用水量为 239 m^3。

本次评价万元 GDP 用水量是指一、二、三产用水量之和与生产总值的比值,是综合反映经济发展水平和水资源合理开发利用状况的重要指标,与当地水资源条件、经济发展水平、产业结构状况、节水水平、水资源管理水平和科技水平等密切相关。河南省 2016 年万元 GDP 用水量为 45 m^3。

万元工业增加值用水量是指单位工业增加值的用水量。与当地工业发展水平、节水水平、科技发展水平和水资源管理水平等众多因素相关。2016 年河南省万元工业增加值用水量为 29 m^3。

农田灌溉亩均用水量是反映农业用水效率的主要指标,受种植结构、灌溉习惯、水源条件、灌溉工程设施状况、降水量及时空分布等众多因素影响。2016 年河南省农田灌溉亩均用水量为 166 m^3。

城镇综合生活用水指标是指城镇居民生活用水、建筑业用水和服务业用水之和与常住城镇人口数的比值;农村居民生活用水指标是指农村居民生活用水量与农村居民常住人口数的比值。城镇生活用水水平与气候条件、水资源条件、城市规模、社会经济发展水平、居民生活水平和节水意识、生活节水措施的普及率等多因素有关。2016 年河南省城镇综合生活用水指标为 155 L/(人·d),农村居民生活用水指标为 65 L/(人·d)。

对 2010—2016 年各用水指标变化进行分析,农田灌溉亩均用水量受气候影响较大;而万元 GDP 用水量和万元工业增加值用水量指标变化呈逐年下降趋势;生活用水指标包括城镇人均综合生活用水量指标和农村居民人均生活用水量指标均呈逐年增长趋势。具体情况见表 9.5-1 和图 9.5-1。

表 9.5-1　河南省评价期内不同行业用水指标

年份	2010 年	2011 年	2012 年	2013 年	2014 年	2015 年	2016 年
人均用水量/(m³/人)	239	244	254	256	222	235	239
万元 GDP 用水量/(m³/万元)	82	70	67	63	50	49	45
万元工业增加值用水量/(m³/万元)	46	40	40	36	33	32	29
农田灌溉亩均用水量/(m³/亩)	167	162	165	191	154	164	166
城镇生活人均用水量/[L/(人·d)]	138	146	145	148	140	146	155
农村居民人均用水量/[L/(人·d)]	58	56	57	59	61	62	65

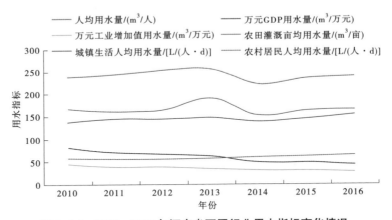

图 9.5-1　2010—2016 年河南省不同行业用水指标变化情况

9.5.2　开发利用程度

水资源开发利用程度是反映流域或区域水资源开发利用水平的一个重要指标,以水资源开发利用率表示。通常认为,水资源开发利用率是指流域或区域用水量占水资源总量的比率,体现的是水资源开发利用程度。国际上一般认为,对一条河流的开发利用不宜超过其水资源量的 40%。

本次评价,主要对地表水开发利用率、平原区浅层地下水开采率进行分析。地表水开发利用率为当地地表水源供水量占地表水资源量的百分比,为真实反映当地地表水资源的控制利用情况,在计算供水量时,扣除外流域调入水量并对过境水进行折算;浅层地下水开采率为浅层地下水开采量占地下水资源量的百分比。

2010—2016 年河南省平均地表水资源量 214.0 亿 m³,当地地表水源平均供水量为 59.82 亿 m³,地表水开发利用率为 28.0%;根据本次评价地下水计算成果,河南省 2001—2016 年系列平原区平均浅层地下水资源量为 118.5 亿 m³,平原区平均浅层地下水实际开采量为 93.34 亿 m³,浅层地下水开采率为 78.8%。

海河流域地表水开发利用率为 45.7%,平原区浅层地下水开采率为 126.8%;黄河流域地表水开发利用率为 37.6%,平原区浅层地下水开采率为 94.6%;淮河流域地表水开发利用率为 26.8%,平原区浅层地下水开采率为 65.3%;长江流域地表水开发利用率为 19.5%,平原区浅层地下水开采率为 94.3%。河南省四大流域水资源开发利用程度见表 9.5-2。

表 9.5-2　河南省及省辖四流域水资源开发利用程度　　　　%

流域	地表水开发利用率	平原区浅层地下水开采率
海河	45.7	126.8
黄河	37.6	94.6
淮河	26.8	65.3
长江	19.5	94.3
全省	28.0	78.8

一般来说,水资源开发利用程度与当地水资源丰沛程度、经济布局和人口密度存在正相关关系,地表水资源紧缺且经济发达、人口稠密地区的水资源开发利用程度较高,反之较低。从评价结果看,全省范围内,水资源开发利用程度总体呈现北高南低趋势,地表水开发利用率从海河流域、黄河流域、淮河流域到长江流域依次降低;浅层地下水开采率高值区主要分布在豫北平原、豫东地区和南阳盆地区域。河南省河川径流空间分布上的两个低值区豫北(金堤河、徒骇马颊河和卫河下游区域)以及豫西南(南阳盆地区域),其浅层地下水开采率是全省高值区。

9.6　水资源开发利用存在问题

(1)水资源禀赋条件差,供需矛盾突出。

河南地处南北气候过渡地带,区域内降水和径流地域分布差异较大、时空分布不均、年际变幅大。全省降水和河川径流量主要集中在汛期 6—9 月,连续 4 个月径流量占全年径流量的 48%~95%,且经常出现连丰连枯年份,水旱灾害频发,加剧了水资源开发利用的难度。根据统计,河南省人均、亩均占有水资源仅为全国的 1/5 左右,属水资源短缺地区,水资源的丰枯不均、来水与用水需求不相匹配,使得水资源供需矛盾更加突出,制约了区域经济社会的可持续发展。

（2）供水结构不合理，地下水超采问题突出。

从河南省供水结构变化趋势和区域水资源开发利用程度评价结果看，由于地表水资源条件限制，部分地区供水水源受限，生产生活只能开采地下水。2001—2016 年河南省地下水源供水量占比平均达 59%，地表水源供水占 40%，其他水源供水量占比不足 1%。长期以来，虽然地下水源供水量占比在供水结构中呈下降趋势，但到 2016 年现状年仍然占到供水总量的 52%。豫东开封、商丘、周口等地市地下水源供水量平均占到当地供水 70% 以上，其中周口市部分年份达到 90% 以上。

由于地下水长期大量开采，造成部分区域地下水位持续下降，在豫北形成大面积的浅层地下水超采区；豫东平原形成深层承压水超采区，郑州、开封、商丘等市的局部区域超采严重。

（3）水资源利用效率有待进一步提高。

河南省属于水资源短缺地区，特别是海河流域和黄河流域属于严重资源型缺水区，随着社会经济的发展，水资源的制约越发凸显，但在一些地方仍存在水资源浪费现象：农业灌溉存在大水漫灌、渠系老化、渠系跑冒、渗漏严重，灌溉水利用系数偏低；城市管网漏失率偏高；部分工业企业生产设施落后，水的重复利用率偏低，节水潜力很大。

（4）水污染问题较为突出，加剧了水资源供需矛盾。

河南省水污染防治工作虽然取得初步成效，点源污染已基本得到较好的控制和管理，但面源污染问题日益突出，水污染形势依然严峻。河南省主要河流全年期超Ⅲ类水质标准河长比例仍然过半，地下水水质达Ⅲ类标准比例较低，部分河流存在断流情况，水生态受损严重。一些河湖无法发挥其正常的水体功能，仍然面临水质污染和流量短缺双重问题，进一步加剧了区域水资源短缺的矛盾。

第 10 章　水生态调查评价

10.1　基本规定

本次水生态调查评价主要涉及河流、湿地生态环境用水及水生态空间变化情况等内容。河流水生态调查通过分析河道内径流情势变化、河道断流情况、河流生态敏感区分布,以及河流水域岸线开发利用等情况,评价河流水生态状况及其变化原因。

本次水生态调查评价重点评价 2001 年以来水生态变化情况。

10.2　河流水生态调查

10.2.1　河川径流变化

根据调查评价要求,结合河南省实际情况和数据支撑情况,选择流域面积较大且近二三十年来水文情势变化较大的 13 条河流开展河川径流变化情况调查。其中,省辖海河流域 2 条,为卫河、马颊河;黄河流域 5 条,为伊河、洛河、伊洛河、沁河、天然文岩渠;淮河流域 6 条,为洪汝河、史灌河、沙颍河、浍河、涡河、沱河。各条河流的径流变化情况如下。

10.2.1.1　海河流域

1. 卫河

卫河元村集站 1956—2016 年天然径流和实测径流对比情况如图 10.2-1 所示。可以看出,天然径流量和实测径流量均呈现下降趋势。实测径流量最高值出现在 1963 年,达到 536 270 万 m³,最低值出现在 2002 年,为 27 361.24 万 m³,仅为最高值的 5.1%。1956—1986 年大部分年份,天然径流量小于实测径流量,之后则相反。整体上,人类活动对卫河径流量的影响较为明显地从补水向耗损转变。

综上所述,卫河元村集站 1956—2016 年,天然径流量和实测径流量均呈现减少趋势。1956—1986 年,人类活动对径流量的影响以补水为主,之后以耗损为主。1987—2016 年,人类活动造成的平均径流量耗损量占平均天然径流量的 22.50%。

2. 马颊河

马颊河南乐站 1956—2016 年天然径流和实测径流对比情况如图 10.2-2 所示。可以看出,马颊河南乐站有多达 23 年流量为 0,年份主要集中在 1988—2009 年。实测径流量最高值出现在 1959 年,达到 32 100 万 m³。1956—1965 年,天然径流量小于实测径流量,自 1967 年之后,除个别年份外,天然径流量均大于实测径流量。

综上所述,1956—2016 年,马颊河南乐站断流现象频繁。1967—2016 年,人类活动对径流量的影响以耗损为主,平均径流量耗损量占平均天然径流量的 63.66%。可见,马颊河天然径流缺乏,同时,人类活动耗损量占比大。

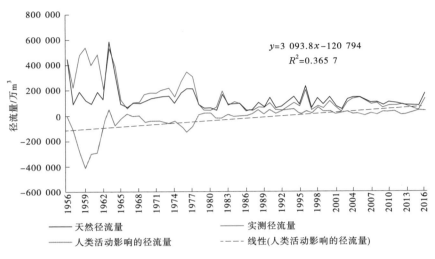

$$y=3\ 093.8x-120\ 794$$
$$R^2=0.365\ 7$$

图 10.2-1 卫河元村集站天然径流量与实测径流量对比

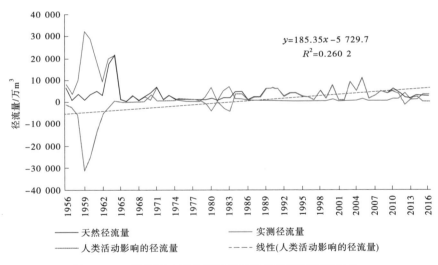

$$y=185.35x-5\ 729.7$$
$$R^2=0.260\ 2$$

图 10.2-2 马颊河南乐站天然径流量与实测径流量对比

10.2.1.2 黄河流域

1. 伊河

伊河龙门站 1956—2016 年天然径流和实测径流对比情况如图 10.2-3 所示。可以看出,天然径流量和实测径流量均呈现下降趋势。逐年实测径流量存在明显的阶段性丰枯变化特征,且变幅较大。实测径流量最高值出现在 1964 年,达到 315 000 万 m³,最低值出现在 2002 年,为 10 818.05 万 m³,仅为最高值的 3.43%。天然径流量均大于实测径流量,年际变化趋势一致。1970 年之前,天然径流和实测径流的差距并不明显,之后有上升趋势,整体呈现波动变化。

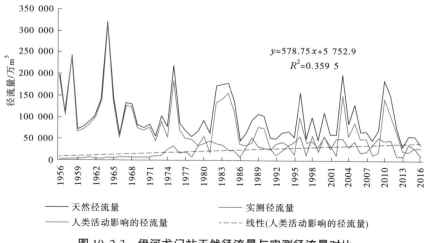

图 10.2-3　伊河龙门站天然径流量与实测径流量对比

综上所述,1956—2016 年,伊河龙门站天然径流量和实测径流量均呈现减少趋势,人类活动对径流量的影响以耗损为主,且有增加趋势。1980—2016 年间,人类活动造成的平均径流量耗损量占平均天然径流量的 36.76%。

2. 洛河

洛河白马寺站 1956—2016 年天然径流和实测径流对比情况如图 10.2-4 所示。可以看出,全年天然径流量和实测径流量均呈现下降趋势,波动变化。实测径流量最高值出现在 1964 年,达到 594 750 万 m³,最低值出现在 1995 年,为 433 00 万 m³,仅为最高值的 7.28%。天然径流量基本均大于实测径流量,年际变化趋势一致。人类活动影响的径流量基本均为正值,有上升趋势。

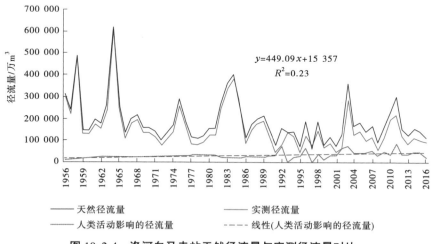

图 10.2-4　洛河白马寺站天然径流量与实测径流量对比

综上所述,1956—2016 年,洛河白马寺站天然径流量和实测径流量均呈减小趋势,人类活动对径流量的影响整体以耗损为主。1990—2016 年,人类活动造成的平均径流量耗损量占平均天然径流量的 25.40%。

3. 伊洛河

伊洛河黑石关站 1956—2016 年间天然径流和实测径流对比情况如图 10.2-5 所示。可以看出,全年天然径流量和实测径流量均呈现下降趋势。实测径流量最高值出现在 1964 年,达到 954 460 万 m³,最低值出现在 1995 年,为 55 520 万 m³,仅为最高值的 5.82%。天然径流量与实测径流量差别较小,2001 年以后二者相等。人类活动影响的径流量正负均有,正值主要出现在 1971—2000 年,整体有上升趋势。

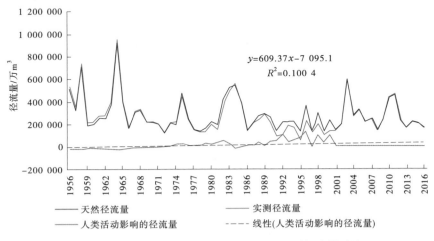

$$y=609.37x-7\ 095.1$$
$$R^2=0.100\ 4$$

图 10.2-5　伊洛河黑石关站天然径流量与实测径流量对比

综上所述,伊洛河黑石关站 1956—2016 年,天然径流量和实测径流量呈减小趋势,人类活动对河道径流量的影响在 1956—1970 年以补水为主,在 1971—2000 年以耗损为主,2001 年以后则呈现平衡状态。

4. 沁河

沁河武陟站 1956—2016 年间天然径流和实测径流对比情况如图 10.2-6 所示。可以看出,全年天然径流量和实测径流量均呈现下降趋势。逐年实测径流量存在明显的阶段性丰枯变化特征,且变幅较大。实测径流量最高值出现在 1956 年,达到 309 787 万 m³,最低值出现在 1991 年,为 1 119.02 万 m³,仅为最高值的 0.36%。天然径流量与实测径流量差别较为明显。人类活动影响的径流量整体有上升趋势。其中 1962—1964 年,人类活动影响的径流量为负值,其余年份均为正值。1965 年之后,人类活动影响的径流量均以耗损为主且维持在较高水平,人类活动造成的平均径流量耗损量占平均天然径流量的 51.43%。

综上所述,沁河武陟站 1956—2016 年,天然径流量和实测径流量呈减小趋势。人类活动对河道径流量的影响以耗损为主,且耗损量较大。

5. 天然文岩渠

天然文岩渠大车集站 1956—2016 年间天然径流和实测径流对比情况如图 10.2-7 所示。可以看出,全年天然径流量和实测径流量呈现下降趋势。实测径流量最高值出现在 1976 年,达到 86 596.04 万 m³,最低值出现在 1960 年和 1961 年,径流量为 0,1976—2016 年,整体下降趋势较为明显。1967—2007 年,人类活动对径流量的影响以补水为主,平均

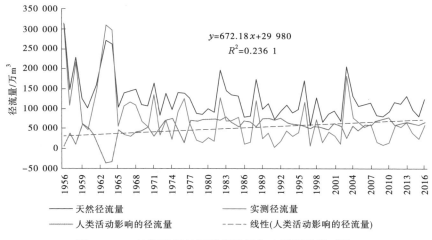

图 10.2-6　沁河武陟站天然径流量与实测径流量对比

净补水量占实测径流量的 62.72%。

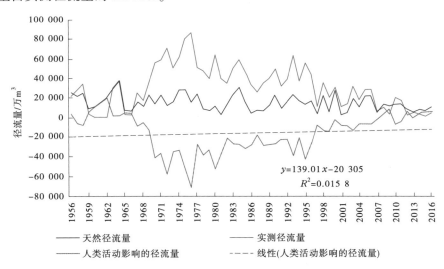

图 10.2-7　天然文岩渠大车集站天然径流量与实测径流量对比

综上所述,天然文岩渠大车集站 1976—2016 年,实测径流量减小趋势明显。河流缺乏天然径流,个别年份甚至出现断流,主要径流来源是人为补水。

10.2.1.3　淮河流域

1. 洪汝河

洪汝河班台站 1956—2016 年间天然径流和实测径流对比情况如图 10.2-8 所示。可以看出,全年天然径流量和实测径流量呈现波动变化,有下降趋势。实测径流量最高值出现在 1956 年,达到 734 100 万 m³,最低值出现在 1993 年,为 28 009.76 万 m³,仅为最高值的 3.82%。除个别年份外,天然径流量均大于实测径流量。

综上所述,1956—2016 年,洪汝河班台站实测径流量有减小趋势。除个别年份外,人类活动对径流量的影响均以耗损为主,年均耗损量较小,仅占天然径流量的 7.89%。

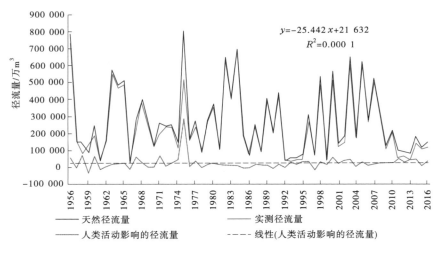

图 10.2-8 洪汝河班台站天然径流量与实测径流量对比

2. 史灌河

史灌河蒋家集站 1956—2016 年间天然径流和实测径流对比情况如图 10.2-9 所示。可以看出,全年天然径流量和实测径流量呈现波动变化,有下降趋势。实测径流量最高值出现在 1956 年,达到 617 267.69 万 m³,最低值出现在 1966 年,为 24 254.47 万 m³,仅为最高值的 3.93%。大部分年份,天然径流量均小于实测径流量。

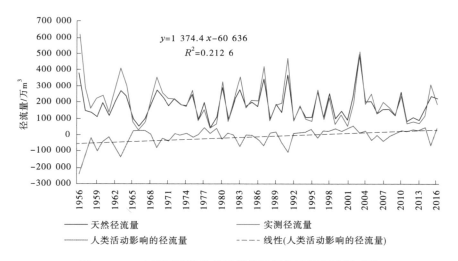

图 10.2-9 史灌河蒋家集站天然径流量与实测径流量对比

综上所述,1956—2016 年,史灌河蒋家集站实测径流量有减小趋势。人类活动对径流量的影响均以补水为主,在 1956—1991 年体现更为明显,年均补水量占实测径流量的16.24%。

3. 沙颍河

沙颍河周口站 1956—2016 年间天然径流和实测径流对比情况如图 10.2-10 所示。可以看出，全年天然径流量和实测径流量呈现波动变化，有下降趋势。实测径流量最高值出现在 1964 年，达到 1 188 999.9 万 m^3，最低值出现在 2014 年，为 50 648.72 万 m^3，仅为最高值的 4.26%。1956—1972 年，多数年份天然径流量均小于实测径流量，1973 年之后则相反。

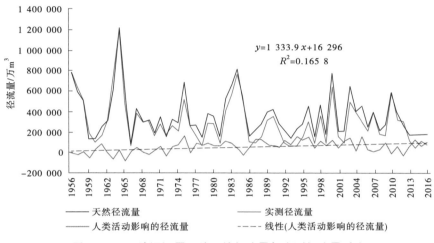

图 10.2-10　沙颍河周口站天然径流量与实测径流量对比

综上所述，1956—2016 年，沙颍河周口站实测径流量有减小趋势。人类活动对径流量的影响在波动变化中从补水向耗损转变，1973—2016 年，年均耗损量占天然径流量的 23.17%。

4. 浍河

浍河黄口集站 1956—2016 年间天然径流和实测径流对比情况如图 10.2-11 所示。可以看出，全年天然径流量和实测径流量呈现波动变化，实测径流量最高值出现在 1963 年，达到 67 150 万 m^3，1956—1962 年和 2010 年实测径流量为 0。除极个别年份外，天然径流量均大于实测径流量。

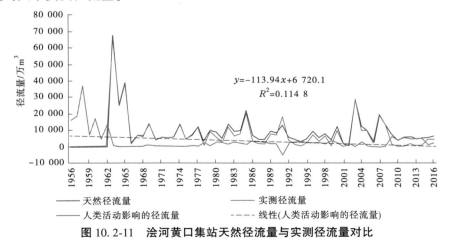

图 10.2-11　浍河黄口集站天然径流量与实测径流量对比

综上所述,1956—2016 年,浍河黄口集站人类活动对径流量的影响主要以耗损为主,年均耗损量占天然径流量的 30.32%。

5. 涡河

涡河玄武站 1956—2016 年间天然径流和实测径流对比情况如图 10.2-12 所示。可以看出,全年天然径流量和实测径流量呈现波动变化,有下降趋势。实测径流量最高值出现在 1964 年,达到 82 410 万 m³,最低值出现在 1956—1958 年、2013—2014 年,为 0。多数年份天然径流量均大于实测径流量,其中 1987—2016 年,天然径流量与实测径流量差值整体较大。

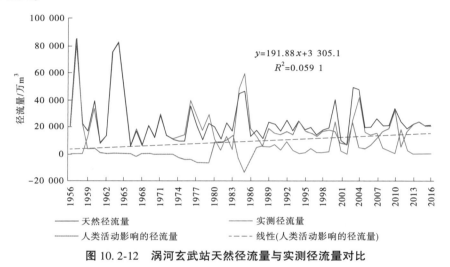

$$y=191.88x+3\ 305.1$$
$$R^2=0.059\ 1$$

———— 天然径流量　　　　　———— 实测径流量
———— 人类活动影响的径流量　　---- 线性(人类活动影响的径流量)

图 10.2-12　涡河玄武站天然径流量与实测径流量对比

综上所述,1956—2016 年,涡河玄武站实测径流量有减小趋势。人类活动对径流量的影响以耗损为主,1987—2016 年,年均耗损量占天然径流量比例高达 67.03%,连续多年呈现较强的耗损状态。

6. 沱河

沱河永城站 1956—2016 年间天然径流和实测径流对比情况如图 10.2-13 所示。可以看出,全年天然径流量和实测径流量呈现波动变化,有下降趋势。实测径流量最高值出现在 1963 年,达到 80 394 万 m³,最低值出现在 1993 年、1994 年、1996 年、1999 年,为 0。1956—1968 年多数年份,天然径流量与实测径流量相等,1970—2016 年多数年份,天然径流量大于实测径流量。

综上所述,1956—2016 年,沱河永城站实测径流量有减小趋势。人类活动对径流量的影响从相对稳定向耗损转变,1980—2016 年,年均耗损量占天然径流量比例高达 64.37%,连续多年呈现较强的耗损状态。

10.2.2　断流情况

10.2.2.1　断流总体情况

从 1980 年以来,河南省出现过断流情况的河流共 9 条,分属于海河、黄河、淮河、长江四流域,断流河流情况见表 10.2-1。

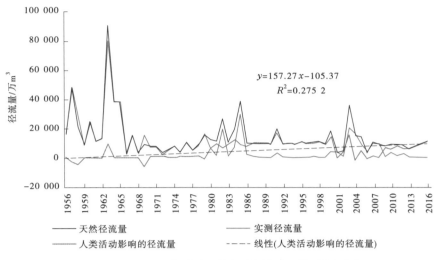

图 10.2-13　沱河永城站天然径流量与实测径流量对比

表 10.2-1　河南省断流河流总体情况

序号	流域	断流河流	断流年/a	断流次数/次	断流天数/d
1	海河	卫河	34	54	616
2		马颊河	24	141	3 748
3		共产主义渠	10	10	101
4	黄河	天然文岩渠	20	52	1 282
5		文岩渠	20	50	485
6		金堤河	25	96	3 902
7	淮河	北汝河	3	4	139
8		洪河	1	1	5
9	长江	湍河	1	1	4

　　河南省黄河流域和海河流域的河流断流情况比较严重,主要集中在金堤河和马颊河上,其次为天然文岩渠。

10.2.2.2　主要河流断流情况

1. 淮河流域

北汝河:有 3 年时间出现断流,总断流 4 次,最长断流河段长度为 59 km,年最长断流天数为 89 d,断流原因为上游天然来水不足。其中,2001 年以来断流 3 次,占总断流次数的 75%,断流天数 108 d,占总断流天数的 77.7%。从变化趋势来看,最长断流河段长度减少,但年断流天数有所增加。

洪河:有 1 年时间出现断流,总断流 1 次,最长断流河段长度为 14 km,年最长断流天数为 5 d,断流原因为上游天然来水不足。

2. 海河流域

卫河:有 34 年时间出现断流,总断流 54 次,最长断流河段长度为 205 km,年最长断流天数为 171 d(见图 10.2-14),断流原因为上游天然来水不足。2001 年以来断流 23 次,占总断流次数的 42.59%,断流天数 128 d,占总断流天数的 20.78%。从变化趋势来看,最长断流河段长度多数为 130 km,最长断流河段位置为淇门至元村集,年断流天数有所减少。

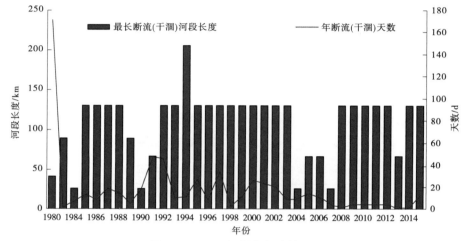

图 10.2-14 卫河历年断流情况

马颊河:有 24 年时间出现断流,总断流 141 次,最长断流河段长度为 44 km,年最长断流天数为 292 d(见图 10.2-15),断流原因为上游天然来水不足。2001 年以来,断流 80 次,占总断流次数的 56.74%,断流天数 2 258 d,占总断流天数的 60.24%。从变化趋势来看,最长断流河段长度保持不变为 44 km,断流河段位置均为濮阳至南乐,年断流天数有所增加。

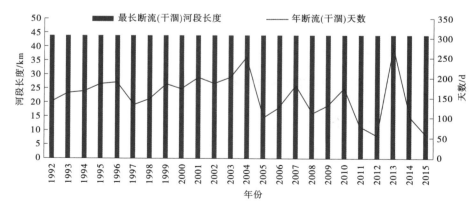

图 10.2-15 马颊河历年断流情况

共产主义渠:有 10 年时间出现断流,均在 2001 年以后,总断流 13 次,最长断流河段长度为 58 km,年最长断流天数为 25 d(见图 10.2-16),断流原因为上游天然来水不足,从变化趋势来看,最长断流河段长度基本保持为 58 km,断流河段位置主要为合河(共)至刘庄(二),年断流天数有所增加。

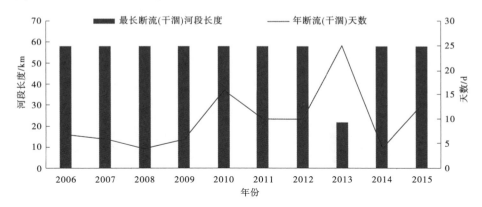

图 10.2-16　共产主义渠历年断流情况

3. 黄河流域

天然文岩渠:有 20 年时间出现断流,总断流 52 次,最长断流河段长度为 16.31 km,年最长断流天数为 135 d(见图 10.2-17),断流原因为水资源开发利用,枯水期上游来水减少。2001 年以来,断流 26 次,占总断流次数的 50%,断流天数 753 d,占总断流天数的58.74%。从变化趋势来看,最长断流河段长度有所减少,年断流天数有所增加。

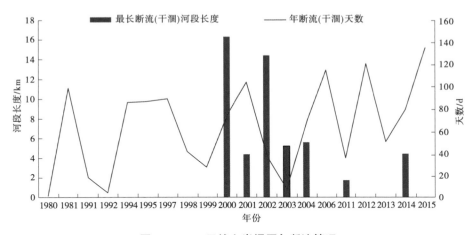

图 10.2-17　天然文岩渠历年断流情况

文岩渠:有 20 年时间出现断流,总断流 50 次,最长断流河段长度为 17.77 km,年最长断流天数为 72 d(见图 10.2-18),断流原因为水资源开发利用,枯水期上游来水减少。2001 年之后,断流 40 次,占总断流次数的 80%,断流天数 381 d,占总断流天数的78.56%。从变化趋势来看,最长断流河段长度有所减少,年断流天数有所减少。

金堤河:有 25 年时间出现断流,总断流 96 次,最长断流河段长度为 19.05 km,年最长断流天数为 350 d(见图 10.2-19),断流原因为上游天然来水不足、水资源开发利用过度、退水减少。2001 年以后,断流次数 57 次,占总断流次数的 59.37%,断流天数 2 163 d,占

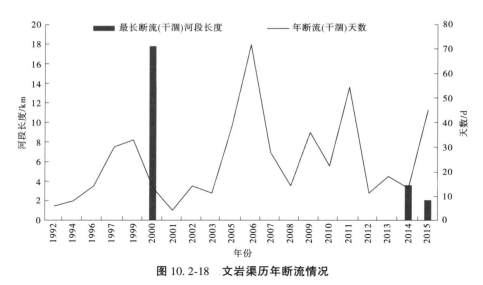

图 10.2-18　文岩渠历年断流情况

总断流天数的 55.43%。从变化趋势来看,最长断流河段长度有所减少,年断流天数有所减少。

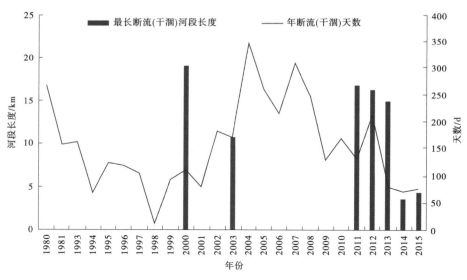

图 10.2-19　金堤河历年断流情况

4. 长江流域

湍河:湍河有 1 年时间出现断流,为 1995 年,总断流 1 次,最长断流河段长度为 78 km,年最长断流天数为 4 d,断流原因为上游天然来水不足。

10.2.3　河流生态敏感区分布情况

河南省涉及生态敏感区的河流共计 29 条,生态敏感区河段长度 1 992.4 km,分属于淮河、海河、黄河、长江四大流域,主要分布于黄河流域和长江流域,其次为淮河流域,涉及生态敏感区的河流情况见表 10.2-2。

表 10.2-2　涉及生态敏感区河流情况

序号	流域	河流名称	生态敏感区河段长度/km
1	海河(2 条)	淇河、安阳河	125.2
2	黄河(4 条)	伊河、洛河、黄河(三门峡至花园口)、黄河(龙门至三门峡)	672.5
3	淮河(14 条)	洪河、汝河、沙河、颍河、灌河、潢河、淮河、狮河、小潢河、泼河、臻头河、北汝河、澧河、废黄河	587.8
4	长江(9 条)	丹江、白河、唐河、湍河、老灌河、淇河、三夹河、赵河、刁河	606.9

从单个河流涉及生态敏感河段来看,黄河三门峡至花园口和黄河龙门至三门峡生态敏感区河段最长,均为 301 km,其次为老灌河 197 km,再次为淇河 110.2 km(见图 10.2-20)。

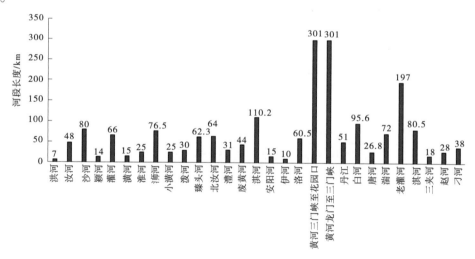

图 10.2-20　生态敏感区河段长度

10.2.4　河流水域岸线开发利用情况

共调查了全省 20 条河流干流及其一级支流的水域岸线开发利用情况,对全省四大流域主要河流的水域岸线开发利用情况进行汇总分析,具体情况见表 10.2-3。

对河南省主要河流岸线开发利用情况进行分析,可以看出,四大流域中海河流域的河流岸线开发利用率最高,左右岸利用率均为 25.96%;河流岸线利用率最小的是长江流域,长江流域河流岸线利用率为 11.32%;黄河流域和淮河流域河流岸线开发利用率相差不大,均为 13.7%左右。

表 10.2-3　河南省主要河流岸线开发利用情况

序号	河流名称	左岸			右岸		
		总长/km	开发利用长度/km	开发利用率/%	总长/km	开发利用长度/km	开发利用率/%
1	马颊河	66.2	0	0	66.2	0	0
2	卫河	230	81.1	35.26	230	81.1	35.26
3	徒骇河	16.2	0	0.00	16.2	0	0
海河小计		312.4	81.1	25.96	312.4	81.1	25.96
4	伊河	264.8	57.99	21.90	264.8	56.59	21.40
5	洛河	355.8	109.73	30.80	355.8	112.26	31.50
6	沁河	141.5	0.82	0.58	141.5	1.26	0.89
7	黄河	563.7	13.58	2.41	564.9	4.46	0.79
黄河小计		1 325.8	182.119	13.74	1 327	174.56	13.15
8	淮河(洪泽湖以上)	392.4	0.5	0.13	392.4	0.5	0.13
9	洪河	222.1	10	4.50	222.1	10	4.50
10	汝河	231.2	5	2.16	231.2	5	2.16
11	史河	93.3	2	2.14	93.3	2	2.14
12	灌河	133	1	0.75	133	1	0.75
13	颍河	317.7	130	40.92	317.7	130	40.92
14	沙河	350	111.5	31.86	350	111.5	31.86
15	涡河	184.5	0	0	184.5	0	0
16	包河	115	18	15.65	115	18	15.65
17	浍河	132	20	15.15	132	20	15.15
淮河小计		2 171.2	298	13.73	2 171.2	298	13.73
18	丹江	56	0	0	56	0	0
19	唐河	185.4	17.6	9.49	185.4	17.6	9.49
20	白河	309.7	44.8	14.47	309.7	44.8	14.47
长江小计		551.1	62.4	11.32	551.1	62.4	11.32
全省		4 360.5	623.619	14.30	4 361.7	616.06	14.12

10.3　湿　地

10.3.1　总体情况

重点调查河南省内面积较大的沼泽湿地、洪泛平原湿地等天然陆域湿地的分布情况、在 1956—2016 年间的湿地面积变化情况及变化原因等。

经调查,河南省目前共有沼泽湿地、洪泛平原湿地 16 个,其中沼泽湿地 10 个,洪泛平原湿地 6 个;其中,黄河流域有 8 个,分别为金堤河沼泽湿地、小浪底库区下游沼泽湿地、伊洛河湿地、河南黄河湿地国家级自然保护区、河南太行山猕猴国家级自然保护区、河南新乡黄河湿地鸟类国家级自然保护区、河南郑州黄河湿地省级自然保护区、三门峡库区湿地;淮河流域有 8 个,分别为泥河洼、虞城黄河故道、王庄沼泽、河南省淮阳龙湖国家湿地公园、袁庄东沼泽湿地、老村南湖沼泽湿地、练江河头南沼泽湿地、东安长岛沼泽地。

河南省主要沼泽湿地、洪泛平原湿地情况见表 10.3-1。

表 10.3-1　河南省主要天然陆域湿地基本情况

序号	湿地名称	湿地类型	涉及水资源二级区	流域
1	金堤河沼泽湿地	沼泽湿地	花园口以下	黄河
2	小浪底库区下游沼泽湿地	沼泽湿地	三门峡至花园口	黄河
3	伊洛河湿地	洪泛平原湿地	三门峡至花园口	黄河
4	河南黄河湿地国家级自然保护区	洪泛平原湿地	三门峡至花园口	黄河
5	河南太行山猕猴国家级自然保护区	洪泛平原湿地	三门峡至花园口	黄河
6	河南新乡黄河湿地鸟类国家级自然保护区	洪泛平原湿地	花园口以下	黄河
7	河南郑州黄河湿地省级自然保护区	洪泛平原湿地	三门峡至花园口	黄河
8	三门峡库区湿地	洪泛平原湿地	龙门至三门峡	黄河
9	泥河洼	沼泽湿地	淮河中游(王家坝至洪泽湖出口)	淮河
10	虞城黄河故道	沼泽湿地	淮河中游(王家坝至洪泽湖出口)	淮河
11	王庄沼泽	沼泽湿地	淮河中游(王家坝至洪泽湖出口)	淮河

续表 10.3-1

序号	湿地名称	湿地类型	涉及水资源二级区	流域
12	河南省淮阳龙湖 国家湿地公园	沼泽湿地	淮河中游（王家坝至 洪泽湖出口）	淮河
13	袁庄东沼泽湿地	沼泽湿地	淮河上游 （王家坝以上）	淮河
14	老村南湖沼泽湿地	沼泽湿地	淮河上游 （王家坝以上）	淮河
15	练江河头南沼泽湿地	沼泽湿地	淮河上游 （王家坝以上）	淮河
16	东安长岛沼泽地	沼泽湿地	淮河上游 （王家坝以上）	淮河

10.3.2　主要湿地变化情况

对河南省主要天然陆域湿地面积自 1980 年以来的变化情况进行调查，具体如表 10.3-2 所示。

表 10.3-2　河南省主要天然陆域湿地面积变化情况汇总

序号	湿地名称	湿地面积变化/km²			变化原因
		1980—2000 年	2001—2016 年	变化值	
1	金堤河沼泽湿地		0.220 4		
2	小浪底库区 下游沼泽湿地		0.605 5		
3	伊洛河湿地		10.513 1		
4	河南黄河湿地国家 级自然保护区		40.07		
5	河南太行山猕猴国家 级自然保护区		2.23		
6	河南新乡黄河 湿地鸟类国家 级自然保护区	143.2	99.4	−43.8	小浪底水库、西霞院水库修建后削减河流汛期洪水流量，河流两侧洪泛平原湿地因汛期水量减少而缺少维持湿地生态的基本水量，导致湿地面积减少

续表 10.3-2

序号	湿地名称	湿地面积变化/km²			变化原因
		1980—2000 年	2001—2016 年	变化值	
7	河南郑州黄河湿地省级自然保护区		75.62		
8	三门峡库区湿地	117.32	119.81	+2.49	三门峡水库淤积
9	泥河洼	99.95	17.02	−82.93	城镇化建设、围垦以及其他对湿地资源的不合理开发和利用
10	虞城黄河故道	23			
11	王庄沼泽	15.84			
12	河南省淮阳龙湖国家湿地公园	10.99	2.35	−8.64	城镇化建设、围垦以及其他对湿地资源的不合理开发和利用
13	袁庄东沼泽湿地		10.187 7		
14	老村南湖沼泽湿地		5.103 2		
15	练江河头南沼泽湿地		1.857 9		
16	东安长岛沼泽地		1.320 5		

由于多数湿地缺乏 2000 年以前的资料,仅有少数湿地可以对比 1980—2000 年和 2001—2016 年间的面积变化情况,对其中有对比数据的典型湿地进行重点分析。

10.3.2.1 河南新乡黄河湿地鸟类国家级自然保护区

1980—2000 年和 2001—2016 年间,河南新乡黄河湿地鸟类国家级自然保护区湿地面积由 143.2 km² 减少到 99.4 km²,湿地面积减少了 30.59%。湿地面积减少主要是由于上游小浪底水库、西霞院水库修建后削减河流汛期洪水流量,河流两侧洪泛平原湿地因汛期水量减少而缺少维持湿地生态的基本水量,导致湿地面积减少。

10.3.2.2 三门峡库区湿地

三门峡库区湿地面积在 1980—2000 年和 2001—2016 年间由 117.32 km² 变为 119.81 km²,湿地面积增加了 2.12%,主要是由于三门峡库区淤积导致湿地面积小幅增加。

10.3.2.3 泥河洼湿地

泥河洼湿地面积在 1980—2000 年和 2001—2016 年间由 99.95 km² 变为 17.02 km²,湿地面积减少 82.93 km²,减少幅度高达 82.97%。湿地面积减少的原因主要是农业开发、围垦、养殖业、工农业污染以及其他对湿地资源的不合理开发和利用。

10.3.2.4 河南省淮阳龙湖国家湿地公园

河南省淮阳龙湖国家湿地公园面积在 1980—2000 年和 2001—2016 年间由 10.99

km² 减少到 2.35 km²,湿地面积减少了 78.62%,主要是由于农业开发、围垦、养殖业、工农业污染以及其他对湿地资源的不合理开发和利用导致湿地面积大幅减少。

整体上可以看出,近 40 年来河南省陆域天然湿地面积在大量减少,由于开垦围垦、不合理开发利用、人工挖沟排水等人为因素导致湿地面积严重萎缩,此次调查湿地中,泥河洼湿地、河南新乡黄河湿地鸟类国家级自然保护区面积减少比例较大。

10.4　生态流量(水量)保障

10.4.1　评价范围和方法

依据《水规总院关于印发〈全国水资源调查评价生态水量调查评价补充技术细则〉的通知》(水总研二〔2018〕506 号),需采用 1956—2016 年水文系列的天然径流量分析计算生态需水目标,本次评价主要结合河南省已有生态流量研究成果以及有 1956—2016 年天然径流量的水文站点作为主要控制断面开展生态需水量评价。

本次生态需水量评价共涉及省辖黄河流域、淮河流域、海河流域 14 条河流的 14 个控制断面,其中黄河流域 5 个、淮河流域 7 个、海河流域 2 个。

本次评价控制断面都是水文站点,其中,Ⅰ类站 8 个、Ⅱ类站 2 个、Ⅲ类站 4 个(见表 10.4-1)。

表 10.4-1　生态需水量评价控制断面

序号	流域	流域面积/km²	河湖水系名称	断面名称	站点类型
1	黄河	18 881	伊洛河	黑石关	Ⅰ
2	黄河	13 532	沁河	武陟	Ⅰ
3	黄河	2 514	天然文岩渠	大车集	Ⅲ
4	黄河	11 891	洛河	白马寺	Ⅰ
5	黄河	5 318	伊河	龙门	Ⅰ
6	淮河	2 123	浍河	黄口集	Ⅱ
7	淮河	3 488	史灌河	蒋家集	Ⅰ
8	淮河	25 800	沙颍河	周口	Ⅰ
9	淮河	4 020	涡河	玄武	Ⅲ
10	淮河	3 032	沱河	永城	Ⅱ
11	淮河	12 103	洪汝河	班台	Ⅰ
12	淮河	2 050	潢河	潢川	Ⅲ
13	海河	14 286	卫河	元村集	Ⅰ
14	海河	1 166	徒骇马颊河	南乐	Ⅲ

本次生态需水量评价主要通过两种方式开展,一是已有生态流量研究成果的直接采用其成果;二是具有 1956—2016 年长系列天然径流量资料,采用水文学方法中的 Tennant 法计算基本生态需水量。

Tennant 法也叫蒙大拿法(Montana),是 Tennant 等 1964—1974 年对美国 3 个州的 11 条河流实施详细野外调查研究后,在 196 mi(英里,1 mi = 1 609.34 m)长的 58 个横断面上分析了 38 个不同流量下的物理、化学和生物信息对冷水和暖水渔业的影响后提出来的,是一种更多地依赖于河流流量统计的方法,建立在历史流量记录的基础上,将多年平均天然流量的简单百分比作为基流(见表 10.4-2)。

表 10.4-2　保护鱼类、野生动物、娱乐和相关环境资源的河流流量状况

流量的叙述性描述	推荐的基流标准(多年平均流量百分数)/%	
	10 月至翌年 3 月	4—9 月
极限或最大	200	200
最佳范围	60 ~ 100	60 ~ 100
极好	40	60
很好	30	50
良好	20	40
一般或较差	10	30
差或最小	10	10
极差	0 ~ 10	0 ~ 10

本次评价采用 Tennant 法计算时,汛期(7—10 月)取多年平均流量的 20% 作为生态需水量,非汛期(11 月至翌年 6 月)取多年平均流量的 10% 作为生态需水量,生态基流取最小值即 10%。

10.4.2　重点河流控制断面生态流量(水量)目标

根据河南省生态流量已有相关成果和 Tennant 法计算结果,确定了 14 条河流 14 个控制断面的基本生态需水目标,包括汛期、非汛期不同时段值、生态基流以及敏感期生态需水量等相关目标值。

依据生态需水量已有计算结果,部分控制断面分别利用 1956—2016 年和 1980—2016 年两个水文系列计算了生态需水量,对比两个时段计算结果,除潢河潢川断面外,其余控制断面采用 1956—2016 年较长水文系列计算的结果都大于 1980—2016 年水文系列计算结果,主要原因是长系列的水文数据都为天然径流量,1980 年前时段河流的天然径流量要大于 1980 年后时段,因此 1956—2016 年系列的水文数据更大,计算所得的生态需水结果也更大。为进一步保障河流生态流量,建议采用 1956—2016 年水文系列计算结果。

10.4.3　生态流量(水量)保障情况

10.4.3.1　基本生态需水满足程度评价

依据基本生态需水计算结果,结合河流控制断面实际流量情况,对基本生态需水满足程度进行了评估,评估方法如下:

$$生态需水满足程度 = \frac{实测径流}{生态需水目标} \times 100\%$$

如实测径流大于生态需水目标,则生态需水满足程度为100%;若实测径流小于生态需水目标,则生态需水不满足。

依据上述方法对基本生态需水满足程度进行了评估,评估结果见表10.4-3。

表10.4-3　河湖水系及其主要控制断面生态用水满足程度评价

序号	河湖水系名称	流域	控制断面	水文系列	生态基流/(m³/s)	敏感期生态需水量/(m³/s)	基本生态环境需水量/(m³/s)		
							不同时段值		全年值
							汛期	非汛期	
1	卫河	海河	元村集	有关成果	100		100	100	100
2	徒骇马颊河	海河	南乐	1956—2016年	100		100	100	100
3	伊洛河	黄河	黑石关	有关成果	98		94	100	100
4	沁河	黄河	武陟	有关成果	64		76	76	82
5	天然文岩渠	黄河	大车集	1956—2016年	74		85	84	90
6	天然文岩渠	黄河	大车集	1980—2016年	82		95	95	97
7	浍河	淮河	黄口集	有关成果	100		100	100	100
8	浍河	淮河	黄口集	1956—2016年	100		100	100	100
9	浍河	淮河	黄口集	1980—2016年	100		100	100	100
10	史灌河	淮河	蒋家集	有关成果	100		100	100	100
11	史灌河	淮河	蒋家集	1956—2016年	100		100	100	100
12	沙颍河	淮河	周口	有关成果	100		100	100	100
13	洛河	黄河	白马寺	有关成果	100		100	100	100
14	伊河	黄河	龙门	有关成果	100		100	100	100
15	涡河	淮河	玄武	1956—2016年	100		100	100	100
16	涡河	淮河	玄武	1980—2016年	100		100	100	100
17	沱河	淮河	永城	有关成果	100		100	81.7	100
18	沱河	淮河	永城	1956—2016年	100		100	100	100
19	沱河	淮河	永城	1980—2016年	100		100	100	100
20	洪汝河	淮河	班台	有关成果	100		100	100	100
21	潢河	淮河	潢川	1956—2016年	100	100	100	100	100
22	潢河	淮河	潢川	1980—2016年	100	100	100	100	100

根据表 10.4-3 可知,伊洛河黑石关、沁河武陟、天然文岩渠大车集断面生态基流不能满足,其满足程度分别为 98%、64% 和 74%(1956—2016 年结果);基本生态需水也是上述几个断面不能满足需求,另沱河永城断面非汛期也不能满足基本生态需水要求,满足程度为 81.7%。

10.4.3.2　生态需水不能保障的原因分析

水资源自然禀赋情况、水资源开发利用程度及效率、河川径流情势变化及现有水库闸坝调度运行管理方式都影响着河流生态需水是否能够满足。本次生态需水评价中不能满足生态基流和基本生态需水的河流主要涉及伊洛河、沁河、天然文岩渠和沱河,主要分布在黄河流域和淮河流域。

结合本次水资源调查评价相关成果,分析上述河流生态需水不能满足的主要原因如下:

(1)水资源总量和地表水资源总量呈下降趋势,从总量上难以保障生态需水。

根据河南省水资源总量和地表水资源总量变化趋势可知,河南省多年平均(1956—2016 年)水资源总量和地表水资源量,比第二次评价(1956—2000 年)分别减少 15.62 亿 m³、14.70 亿 m³,减少幅度分别为 3.86% 和 4.84%。其中海河流域、黄河流域和淮河流域水资源量都有不同程度的减少,流域水资源总量和地表水资源量的减少从总量上直接导致河流生态需水难以保障。

(2)河道内流量减小,直接导致河流生态需水难以保障。

根据伊洛河黑石关、沁河武陟、天然文岩渠大车集和沱河永城站 1956—2016 年径流情势分析变化可知,上述站点天然径流和实测径流整体都呈下降趋势。沁河和伊洛河上游入境水量减少,河道内自身的流量逐渐减小,加之农灌和景观需水等需求增加,河流生态需水难以保障。

10.4.3.3　生态需水不满足对河流生态系统的影响

河道基本生态需水量是指为维系和保护河流的最基本生态环境功能不受破坏,必须在河道内保留的最小水量的阈值。若河道生态基流或河道基本生态需水不能满足,首先对于水环境质量改善方面来讲,水体自净能力的强弱与水量的大小有直接关系。以一条河流为例,排入水体污染物总量不变,如果能够加大河流的水量,就可以大大增强水体的自净能力,起到提高水质的效果,若基本生态需水难以保障,则河流自净能力也丧失。其次,保障一定的水量,也是河流或者湖泊维持生态平衡的前提条件。水体中的水生动物、植物以及河流底泥中的微生物群落,甚至岸边的芦苇、杂草等都是整个水生态系统的一部分,水量难以保障,则水生生物赖以生存的环境不存在,导致生态系统失衡,难以发挥正常的生态系统功能。

第11章　主要污染物入河量

　　本次评价污染物入河量包含两部分:一是点污染源入河量的调查核算,二是典型区面污染源入河量调查估算。其中点源污染物入河量包括入河排污口监督性监测成果和点源入河量核算成果;面源调查估算分析则是围绕典型区开展农村生活、畜禽养殖规模、农田类型、水土流失面积、建成区面积等数据的调查,进行面源分析估算。

　　主要污染物为化学需氧量(COD)、氨氮、总氮和总磷。

11.1　入河排污口污染物入河量

11.1.1　基础资料

　　本次评价以 2016 年入河排污口实测数据为基础,部分地区进行了补充监测,并结合各流域补充的成果资料,进行污染物入河量的核算。

　　全省共有入河排污口 679 个,其中,海河流域 71 个,黄河流域 97 个,淮河流域 448 个,长江流域 63 个。

11.1.2　入河排污口分布

　　全省 679 个入河排污口中,规模以上入河排污口 582 个,规模以下 97 个;排入重要河流 163 个,排入非重要河流 516 个;直接排入水功能区 421 个,非直接入水功能区 258 个;连续排放 563 个,间歇排放 116 个;城镇污水处理厂 205 个。

　　按照流域统计,海河流域入河排污口 71 个,黄河流域 97 个,淮河流域 448 个,长江流域 63 个。各水资源三级区入河排污口分布见表 11.1-1。

表 11.1-1　河南省水资源三级区入河排污口分布

流域	水资源三级区	入河排污口个数	规模以上排污口		入功能区排污口		污水处理厂排污口	
			个数	占比/%	个数	占比/%	个数	占比/%
海河	漳卫河山区	12	12	100	12	100	2	16.7
海河	漳卫河平原	52	51	98.1	44	84.6	20	38.5
海河	徒骇马颊河	7	7	100	5	71.4	6	85.7
	海河小计	71	70	98.6	61	85.9	28	39.4
黄河	龙门至三门峡干流区间	7	7	100	6	85.7	3	42.9

续表 11.1-1

流域	水资源三级区	入河排污口个数	规模以上排污口		入功能区排污口		污水处理厂排污口	
			个数	占比/%	个数	占比/%	个数	占比/%
黄河	三门峡至小浪底区间	1	1	100	1	100	1	100
黄河	沁丹河	4	4	100	2	50	1	25
黄河	伊洛河	55	52	94.5	50	90.9	20	36.4
黄河	小浪底至花园口干流区间	15	13	86.7	10	66.7	4	26.7
黄河	金堤河和天然文岩渠	15	15	100	10	66.7	9	60.0
黄河小计		97	92	94.8	79	81.4	38	39.2
淮河	王家坝以上北岸	60	60	100	43	71.7	23	38.3
淮河	王家坝以上南岸	36	30	83.3	29	80.6	6	16.7
淮河	王蚌区间北岸	287	236	82.2	153	53.3	72	25.1
淮河	王蚌区间南岸	9	9	100	6	66.7	3	33.3
淮河	蚌洪区间北岸	56	31	55.4	22	39.3	10	17.9
淮河小计		448	366	81.7	253	56.5	114	25.4
长江	丹江口以上	10	5	50.0	4	40.0	8	80.0
长江	唐白河	53	49	92.5	24	45.3	17	32.1
长江小计		63	54	85.7	28	44.4	25	39.7
全省		679	582	85.7	421	62.0	205	30.2

　　按行政分区统计,入河排污口较多的是商丘市、郑州市、周口市,分别为 98 个、87 个、80 个;较少的是鹤壁市、济源市、漯河市,分别为 9 个、10 个、10 个。各行政区入河排污口分布见表 11.1-2。

表 11.1-2　河南省行政分区入河排污口分布

行政分区	流域	入河排污口个数	规模以上排污口		直接入功能区排污口		污水处理厂排污口	
			个数	占比/%	个数	占比/%	个数	占比/%
郑州市	黄河	11	11	100	11	100	1	9.1
郑州市	淮河	76	69	90.8	57	75.0	20	26.3
郑州市小计		87	80	92.0	68	78.2	21	24.1
开封市	淮河	43	37	86.0	21	48.8	7	16.3
开封市小计		43	37	86.0	21	48.8	7	16.3

续表 11.1-2

行政分区	流域	入河排污口个数	规模以上排污口		直接入功能区排污口		污水处理厂排污口	
			个数	占比/%	个数	占比/%	个数	占比/%
洛阳市	黄河	33	30	90.9	31	93.9	15	45.5
洛阳市	淮河	7	2	28.6	7	100	1	14.3
洛阳市小计		40	32	80.0	38	95.0	16	40.0
平顶山市	淮河	17	17	100	12	70.6	8	47.1
平顶山市小计		17	17	100	12	70.6	8	47.1
安阳市	海河	29	28	96.6	29	100	8	27.6
安阳市	黄河	2	2	100	1	50.0	1	50.0
安阳市小计		31	30	96.7	30	96.7	9	30.0
鹤壁市	海河	9	9	100	8	88.9	2	22.2
鹤壁市小计		9	9	100	8	88.9	2	22.2
新乡市	海河	20	20	100	16	80.0	8	40.0
新乡市	黄河	10	10	100	7	70.0	5	50.0
新乡市小计		30	30	100	23	76.7	13	43.3
焦作市	海河	6	6	100	3	50.0	4	66.7
焦作市	黄河	7	7	100	6	85.7	4	57.1
焦作市小计		13	13	100	9	69.2	8	61.5
濮阳市	海河	7	7	100	5	71.4	6	85.7
濮阳市	黄河	3	3	100	2	66.7	3	100
濮阳市小计		10	10	100	7	70.0	9	90.0
许昌市	淮河	20	20	100	11	55.0	13	65.0
许昌市小计		20	20	100	11	55.0	13	65.0
漯河市	淮河	10	10	100	4	40.0	8	80.0
漯河市小计		10	10	100	4	40.0	8	80.0
三门峡市	黄河	21	19	90.5	17	81.0	8	38.1
三门峡市小计		21	19	90.5	17	81.0	8	38.1
南阳市	淮河	7	5	71.4	3	42.9	1	14.3
南阳市	长江	60	51	85.0	26	43.3	23	38.3
南阳市小计		67	56	83.6	29	43.3	24	35.8
商丘市	淮河	98	53	54.1	34	34.7	16	16.3
商丘市小计		98	53	54.1	34	34.7	16	16.3

续表 11.1-2

行政分区	流域	入河排污口个数	规模以上排污口		直接入功能区排污口		污水处理厂排污口	
			个数	占比/%	个数	占比/%	个数	占比/%
信阳市	淮河	50	46	92.0	41	82.0	12	24.0
信阳市小计		50	46	92.0	41	82.0	12	24.0
周口市	淮河	80	67	83.8	34	42.5	13	16.3
周口市小计		80	67	83.8	34	42.5	13	16.3
驻马店市	淮河	40	40	100	29	72.5	15	37.5
驻马店市	长江	3	3	100	2	66.7	2	66.7
驻马店市小计		43	43	100	31	72.1	17	39.5
济源市	黄河	10	10	100	4	40.0	1	10.0
济源市小计		10	10	100	4	40.0	1	10.0
全省		679	582	85.7	421	61.9	205	30.2
海河		71	70	98.6	61	85.9	28	39.4
黄河		97	92	94.8	79	81.4	38	39.2
淮河		448	366	81.7	253	56.5	114	25.4
长江		63	54	85.7	28	44.4	25	39.7

按水功能区类型统计,全省 679 个入河排污口中,有 421 个直接排入水功能区,其中进入排污控制区的最多,共 211 个,进入渔业用水区的最少,仅 1 个。各类型水功能区入河排污口分布见表 11.1-3。

表 11.1-3　河南省各类型水功能区入河排污口分布

功能区类型	入河排污口个数	规模以上排污口		污水处理厂排污口	
		个数	占比/%	个数	占比/%
保护区	6	5	83.3	1	16.7
保留区	24	21	87.5	8	33.3
缓冲区	4	4	100	0	0
饮用水源区	15	12	80.0	2	13.3
工业用水区	16	15	93.8	1	16.7
农业用水区	93	85	91.4	21	22.6
渔业用水区	1	0	0	0	0
景观娱乐用水区	32	27	84.4	8	25.0
过渡区	19	16	84.2	7	36.8
排污控制区	211	184	87.2	79	37.4
合计	421	369	87.6	127	30.2

11.1.3　主要污染物入河量

11.1.3.1　计算方法

根据监测数据,按流量加权平均法计算出各排污口平均浓度 C,计算各排污口的排污量 W。

$$\overline{C} = \sum_{i=1}^{n} Q_i C_i / \sum_{i=1}^{n} Q_i$$

$$W_B = Q\overline{C} \times 86.4$$

$$W_{年} = W_B \times 365$$

式中　$\overline{C}$——各排污口平均浓度,mg/L;

　　　W_B——各排污口日排污量,kg;

　　　$W_{年}$——各排污口年排污量,kg;

　　　n——测次;

　　　Q_i——第 i 次实测流量,m^3/s;

　　　C_i——第 i 次实测浓度,mg/L。

其中,入河排污口污水量测量结果采用水量平衡等方法进行校核。对有地表或地下径流影响的入河排污口,在计算排污量时,予以合理扣除。

入河排污口排污量按各测次分别计算,取加权平均值,污染物为未检出时,取检出线的一半进行计算。

11.1.3.2　污染物入河量

全省废污水入河量为31.24亿 t/a,主要污染物化学需氧量22.07万 t/a、氨氮2.09万 t/a、总氮5.49万 t/a、总磷0.38万 t/a。

规模以上入河排污口废污水入河量为31.21亿 t/a,主要污染物化学需氧量22.04万 t/a、氨氮2.08万 t/a、总氮5.48万 t/a、总磷0.37万 t/a。废污水入河量占全省的99.9%,主要污染物入河量均占全省的99.8%。

全省污水处理厂排入河流的废污水入河量21.89亿 t/a,主要污染物化学需氧量12.80万 t/a、氨氮0.77万 t/a、总氮3.28万 t/a、总磷0.23万 t/a,分别占全省的70.1%、58.0%、37.0%、59.8%和61.7%,见图11.1-1。

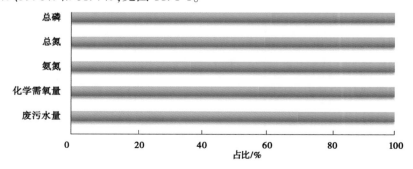

图 11.1-1　河南省污水处理厂污染物入河量占比

　　全省 18 个行政区中,郑州市的废污水入河量、各污染物入河量最大,废污水入河量 7.28 亿 t/a、化学需氧量 6.05 万 t/a、氨氮 0.45 万 t/a、总氮 1.35 万 t/a、总磷 0.11 万 t/a,分别占全省的 23.3%、27.4%、21.4%、24.6% 和 28.1%。各行政区污染物入河量见表 11.1-4、图 11.1-2。

　　全省各流域接纳污染物量最大的是淮河流域,其废污水量 17.68 亿 t/a,占全省总量的 56.6%;化学需氧量 13.03 万 t/a,占 59.0%;氨氮 1.38 万 t/a,占 66.0%。最小的是长江流域,其废污水量 2.50 亿 t/a,占全省总量的 8.0%;化学需氧量 0.80 万 t/a,占 3.6%;氨氮 0.11 万 t/a,占 5.0%,见表 11.1-5、图 11.1-3。

表 11.1-4　河南省行政分区污染物入河量统计

行政分区	废污水量/ (万 t/a)	化学需氧量/ (t/a)	氨氮/(t/a)	总氮/(t/a)	总磷/(t/a)
郑州市	72 775.21	60 502.36	4 467.70	13 484.83	1 054.52
开封市	8 556.77	11 110.04	2 227.61	3 669.45	132.39
洛阳市	28 954.17	14 299.91	182.37	4 125.93	211.71
平顶山市	6 997.31	3 863.83	202.15	301.93	18.44
安阳市	14 064.11	9 344.13	1 163.29	3 649.17	123.61
鹤壁市	3 253.46	2 394.65	116.29	1 186.64	21.72
新乡市	28 853.76	29 915.92	2 375.74	5 938.08	245.14
焦作市	11 441.93	9 692.23	448.77	2 087.33	65.97
濮阳市	5 508.81	3 009.42	83.55	949.37	90.07
许昌市	10 291.54	3 698.25	324.02	500.74	48.52
漯河市	12 094.84	11 126.88	494.79	743.11	52.04
三门峡市	6 714.08	4 220.91	932.64	2 065.51	56.51
南阳市	22 056.80	5717.84	915.36	3 252.02	287.81
商丘市	13 633.88	5 516.95	601.09	2 685.33	146.35
信阳市	18 014.18	8 065.60	1 671.74	2 046.77	304.95
周口市	26 417.55	22 401.08	3 456.79	4 626.81	468.30
驻马店市	18 597.04	13 866.87	1 053.29	3 074.78	390.82
济源市	4 193.52	2 000.40	181.86	485.26	33.10
全省	312 418.98	220 747.27	20 899.06	54 873.07	3 751.99

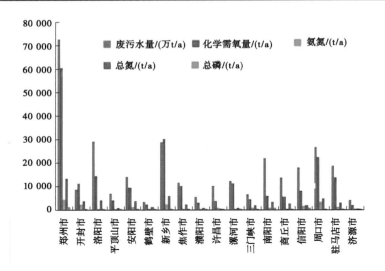

图 11.1-2　河南省行政分区污染物入河量

表 11.1-5　河南省各水资源区污染物入河量统计

流域	水资源三级区	废污水量/ （万 t/a）	化学需氧量/ （t/a）	氨氮/（t/a）	总氮/（t/a）	总磷/（t/a）
海河	漳卫河山区	4 038.71	3 254.06	295.94	1 119.25	36.92
海河	漳卫河平原	44 337.83	41 608.97	3 396.86	10 367.10	326.50
海河	徒骇马颊河	4 929.60	2 450.78	59.88	860.19	83.36
	海河小计	53 306.14	47 313.81	3 752.68	12 346.54	446.78
黄河	龙门至三门峡干流区间	4 097.65	2 488.54	499.16	1 045.45	33.12
黄河	三门峡至小浪底区间	365.82	99.61	0.81	28.39	7.47
黄河	沁丹河	2 590.16	2 597.81	82.70	307.62	18.90
黄河	伊洛河	38 805.45	23 521.54	1 189.56	6 598.81	377.60
黄河	小浪底至花园口 干流区间	6 118.67	2 786.05	216.63	735.02	61.30
黄河	金堤河和天然文岩渠	5 313.82	3 662.33	317.64	917.56	52.64
	黄河小计	57 291.56	35 155.88	2 306.48	9 632.86	551.03
淮河	王家坝以上北岸	22 527.74	17 385.16	1 667.99	3 813.13	441.05
淮河	王家坝以上南岸	10 828.99	5 307.30	1 186.18	1 446.61	178.95
淮河	王蚌区间北岸	129 536.80	102 747.38	10 347.12	21 874.31	1 663.39

续表 11.1-5

流域	水资源三级区	废污水量/ （万 t/a）	化学需氧量/ （t/a）	氨氮/（t/a）	总氮/（t/a）	总磷/（t/a）
淮河	王蚌区间南岸	4 231.32	1 230.97	219.00	302.85	54.07
淮河	蚌洪区间北岸	9 658.95	3 635.73	364.76	1 934.24	82.57
	淮河小计	176 783.80	130 306.54	13 785.06	29 371.14	2 420.04
长江	丹江口以上	2 044.58	323.59	9.33	201.48	18.43
长江	唐白河	22 992.90	7 647.44	1 045.50	3 321.06	315.70
	长江小计	25 037.48	7 971.03	1 054.84	3 522.54	334.14
	全省	312 418.98	220 747.27	20 899.06	54 873.07	3 751.99

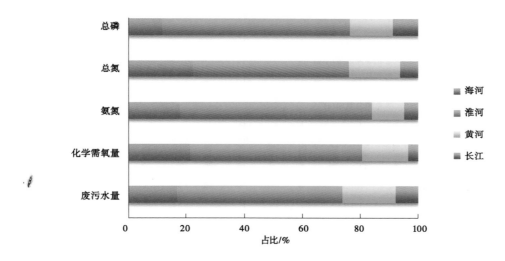

图 11.1-3　河南省各流域污染物入河量

全省直接排入水功能区的废污水量 21.46 亿 t/a、化学需氧量 15.07 万 t/a、氨氮 1.44 万 t/a、总氮 3.76 万 t/a、总磷 0.23 万 t/a,分别占全省的 68.7%、68.3%、68.9%、68.4% 和 62.1%。其中接纳污染物最多的是排污控制区,其次是农业用水区,最少的是渔业用水区,见表 11.1-6、图 11.1-4。

表 11.1-6　河南省各类型水功能区污染物入河量统计

功能区类型	废污水量/ （万 t/a）	化学需氧量/ （t/a）	氨氮/（t/a）	总氮/（t/a）	总磷/（t/a）
保护区	633.09	422.27	21.97	45.38	5.25
保留区	8 623.52	7 838.12	1 475.75	2 776.73	174.48
缓冲区	5 224.99	6 330.34	316.03	472.56	25.85

续表 11.1-6

功能区类型	废污水量/ （万 t/a）	化学需氧量/ （t/a）	氨氮/（t/a）	总氮/（t/a）	总磷/（t/a）
饮用水源区	3 331.22	1 583.98	211.23	506.67	35.85
工业用水区	2 626.44	1 572.46	130.15	583.24	14.64
农业用水区	39 729.22	34 173.79	2 546.35	6 870.27	484.45
渔业用水区	0.40	0.06	0	0	0
景观娱乐用水区	17 463.97	7 945.30	831.47	2 965.59	192.10
过渡区	7 295.33	2 647.06	208.45	739.51	26.21
排污控制区	129 723.15	88 183.29	8 666.16	22 706.05	1 371.54
合计	214 641.32	150 696.67	14 407.56	37 555.99	2 330.37

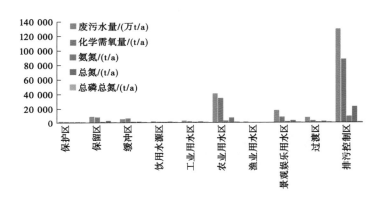

图 11.1-4　河南省各类型水功能区污染物入河量

本次评价确定的 20 条重要河流共接纳废污水 8.17 亿 t/a、化学需氧量 5.26 万 t/a、氨氮 0.44 万 t/a、总氮 1.32 万 t/a、总磷 0.09 万 t/a，分别占全省的 26.1%、23.8%、21.0%、24.1% 和 23.7%。其中收纳污染物量较大的河流是卫河、洛河和颍河。徒骇河无入河排污口直接进入，见表 11.1-7。

表 11.1-7　河南省重要河流污染物入河量统计

流域	重要河流	废污水量/ （万 t/a）	化学需氧量/ （t/a）	氨氮/（t/a）	总氮/（t/a）	总磷/（t/a）
海河	马颊河	3 489.98	1 524.84	43.30	607.04	62.60
海河	徒骇河	0	0	0	0	0
海河	卫河	10 783.10	12 713.16	1 408.54	2 682.79	101.68
淮河	包河	3 964.60	1 463.27	83.40	836.08	7.99

续表 11.1-7

流域	重要河流	废污水量/ （万 t/a）	化学需氧量/ （t/a）	氨氮/（t/a）	总氮/（t/a）	总磷/（t/a）
淮河	灌河	1 401.49	485.09	84.13	98.21	13.51
淮河	洪河	1 759.71	1 355.87	183.24	322.37	56.09
淮河	淮河	3 352.54	1 369.04	243.48	377.29	71.95
淮河	浍河	509.31	384.99	54.52	126.66	7.11
淮河	汝河	1 084.05	882.82	34.70	97.64	11.77
淮河	沙河	157.68	28.05	10.91	13.14	0.08
淮河	史河	1 930.53	374.03	51.32	85.03	26.99
淮河	涡河	102.49	96.69	2.98	6.05	0.44
淮河	颍河	8 643.75	8 476.25	607.91	961.72	51.67
黄河	黄河	3 989.01	1 933.86	437.36	666.41	38.42
黄河	洛河	18 578.26	12 906.75	687.94	3 386.53	225.57
黄河	沁河	1 114.27	1 375.74	56.11	108.38	13.05
黄河	伊河	9 537.54	5 050.49	58.10	1 095.10	64.79
长江	白河	5 497.78	940.01	69.98	763.21	41.67
长江	灌河	1 984.67	315.12	9.17	195.10	18.22
长江	唐河	3 783.27	946.90	270.29	787.11	76.99
全省		81 664.01	52 622.95	4 397.37	13 215.85	890.59

11.2　点源污染物入河量补充核算

　　本次评价收集的入河排污口监测资料为监督性监测成果,为了全面反映全省的点源入河污染量,在实测成果的基础上,结合 2016 年环境统计年报和调查评价中开发利用排水量的成果进行复核,对各行政区点源污染物入河量进行核算。

　　经过核算,全省点源污染物入河量:废污水入河量为 33.39 亿 t/a,主要污染物入河量,化学需氧量 26.14 万 t/a、氨氮 2.63 万 t/a。相比实测入河排污口入河量,废污水量入河量增加 2.15 亿 t/a,化学需氧量增加 4.06 万 t/a,氨氮增加 0.54 万 t/a,见表 11.2-1。

表 11.2-1　河南省点源污染物入河量核算后成果

流域	行政分区	废污水入河量/ （万 t/a）	化学需氧量入河量/ （t/a）	氨氮入河量/ （t/a）
海河	安阳市	13 310.01	9 484.00	1 268.53
海河	鹤壁市	4 196.79	4 452.83	420.74
海河	新乡市	24 985.34	27 215.99	2 131.97
海河	焦作市	11 492.07	8 488.88	633.06
海河	濮阳市	8 560.51	7 706.30	408.01
黄河	郑州市	8 108.96	7 926.44	575.04
黄河	洛阳市	29 038.14	13 962.29	987.22
黄河	安阳市	1 034.31	1 219.22	283.36
黄河	新乡市	3 868.42	2 699.93	243.77
黄河	焦作市	7 536.96	4 831.44	318.39
黄河	濮阳市	2 534.32	3 388.53	211.13
黄河	三门峡市	9 498.28	6 648.80	932.64
黄河	济源市	4 193.52	2 000.40	181.86
淮河	郑州市	64 666.25	52 575.92	3 892.66
淮河	开封市	8 556.77	11 110.04	2 227.61
淮河	洛阳市	495.12	334.31	0.39
淮河	平顶山市	9 781.31	11 772.65	1 673.84
淮河	许昌市	10 497.37	5 833.58	877.18
淮河	漯河市	12 094.84	11 126.88	494.79
淮河	南阳市	672.24	129.15	15.24
淮河	商丘市	13 906.56	11 453.76	1 220.15
淮河	信阳市	18 014.18	9 602.99	1 671.74
淮河	周口市	26 417.55	22 401.08	3 456.79
淮河	驻马店市	14 944.12	11 484.53	898.58
长江	南阳市	21 846.05	11 130.00	1 110.68
长江	驻马店市	3 652.92	2 382.34	154.71
海河		62 544.72	57 347.99	4 862.31
淮河		180 046.31	147 824.89	16 428.97
黄河		65 812.91	42 677.05	3 733.40
长江		25 498.97	13 512.34	1 265.39
全省		333 902.91	261 362.27	26 290.07

11.3　典型区面源污染物入河量

11.3.1　调查与核算范围

本次面源污染物入河量调查核算选取彰武水库、陆浑水库、尖岗水库、宿鸭湖水库、南湾水库流域以及南阳市(指境内长江流域)共 6 个典型区域,其中 5 个水库、1 个行政区,分布于海河、黄河、淮河、长江四流域。5 个水库中宿鸭湖水库、陆浑水库和南湾水库为大型水库,尖岗水库和彰武水库为中型水库。各典型区人口、地形地貌、降水量、农业种植、畜禽养殖等背景状况各有特点,具有较好的代表性。

11.3.2　基础资料

11.3.2.1　**资料收集**

本次典型区面源污染物入河量调查核算基础数据主要来源于政府部门发布的年鉴、报告及相关监测数据,同时进行实地调查,对数据资料进行补充完善。面源污染物入河量调查与核算基础数据来源见表 11.3-1。

表 11.3-1　河南省典型区面源污染物入河量调查与核算主要数据来源

污染类别	数据类别	数据来源	数据时间
农村生活	农村人口	《河南省统计年鉴 2017》; 各市、县 2017 年统计年鉴	2016 年
农田种植	农作物种植面积	《河南省统计年鉴 2017》; 各市、县 2017 年统计年鉴	2016 年
	化肥施用量	《河南省统计年鉴 2017》; 各市、县 2017 年统计年鉴; 当地统计部门收集	2016 年
	农药施用量	实地调查	2017 年、2018 年
分散式畜禽养殖	分散式畜禽 养殖数量	各市、县 2017 年统计年鉴; 当地统计部门收集	2016 年、2017 年
城镇地表径流	县级以上建成 区面积	相关县(市、区)政府工作报告	2016 年
	县级以上建成区 绿地覆盖率	相关县(市、区)政府工作报告	2016 年
	降雨量	当地气象部门监测数据	2016 年
水土流失	泥沙流失量	《中国河流泥沙公报 2017》; 《长江泥沙公报 2017》; 《河南省水土保持公报》(2014—2015)	2015 年、2017 年
	土壤表层氮磷含量	中国土种数据库	2014 年

11.3.2.2 现状调查

本次重点对陆浑水库、尖岗水库、宿鸭湖水库、南湾水库、彰武水库 5 个典型区进行了资料收集、入户调查及实地调查。南阳市典型区调查以资料收集、统计分析为主。

各典型区调查时主要选择水库周边、主要入库河流涉及的乡镇开展,各乡镇选取一定数量的村庄进行入户调查。调查区域共涉及 12 个县(市、区)、25 个乡镇(街道)和 57 个村庄,调查内容包含生活用水、生活垃圾处理、农田施肥、畜禽养殖等情况,见表 11.3-2。

表 11.3-2 河南省典型区面源污染现状调查区域

典型区	调研县(区)	调研乡(镇、街道)	调研村庄/个
彰武水库	龙安区、林州市	善应镇	1
陆浑水库	嵩县	纸房镇、旧县镇、大章镇、库区乡	8
	栾川县	石庙镇、赤土店镇	4
尖岗水库	新密市	白寨镇	2
	二七区	侯寨乡	3
宿鸭湖水库	驿城区	板桥镇、水屯镇	2
	遂平县	玉山镇、常庄镇、文城乡	3
	确山县	任店镇、石滚河镇	3
	汝南县	老君庙镇、张楼镇、罗店镇、古塔街道	13
	泌阳县	付庄乡	1
南湾水库	浉河区	十三里桥乡、谭家河乡、董家河镇、浉河港镇	17

11.3.3 面源污染物入河量核算方法

面源污染来自分散的污染源,本次面源调查评价主要包含 6 个典型区域的农村生活面源污染、农田面源污染、分散式畜禽养殖面源污染、城镇地表径流面源污染、水土流失面源污染。

针对面源污染物入河量核算过程中所需的产污系数、排污系数、入河系数等,依据现有相关研究,分析其确定方法,采取经验值与实地调研相结合的方式,结合典型区内不同的社会经济、水文地理特征,明确系数选取的依据,确定系数进行核算。

11.3.3.1 农村生活面源

农村生活污染来源于生活污水、生活垃圾和人体粪尿三部分,农村生活面源污染物核算主要是采用产排污系数法,通过核算污染物的产生量、排放量(流失量)和入河量,来确定典型区农村生活面源污染情况。核算过程见图 11.3-1。

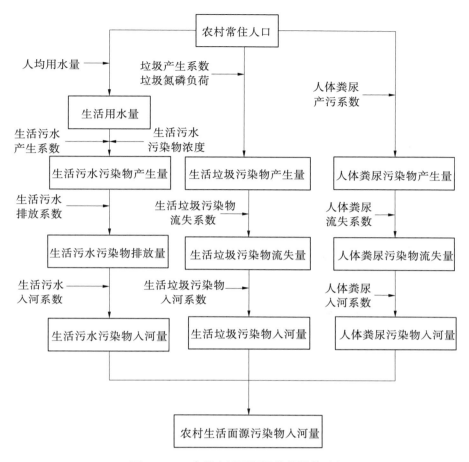

图 11.3-1　农村生活面源污染物核算过程

农村生活面源污染物入河量的具体核算方法如下。

1. 农村生活污染物产生量核算

农村生活污染产生量采用产污系数进行核算,核算公式如下:

$$W_{产生} = W_{污水产生} + W_{垃圾产生} + W_{粪尿产生}$$

$$W_{污水产生} = R_p P_w S_{污水} C_{污水} \times 0.01$$

$$W_{垃圾产生} = R_p S_{垃圾} C_{垃圾} \times 0.01 \times 365$$

$$W_{粪尿产生} = R_p S_{粪尿} \times 10$$

式中　　$W_{产生}$——农村生活污染产生量,t/a;

$W_{污水产生}$——农村生活污水污染物产生量,t/a;

$W_{垃圾产生}$——农村生活垃圾污染物产生量,t/a;

$W_{粪尿产生}$——人体粪尿污染物产生量,t/a;

R_p——农村常住人口,万人;

P_w——农村人均用水量,m³/(a·人);

$S_{污水}$——污水产生系数;

$C_{污水}$——污水污染物浓度,mg/L;

$S_{垃圾}$——人均垃圾产生系数,kg/(人·d);

$C_{垃圾}$——生活垃圾析出污染物负荷,g/kg;

$S_{粪尿}$——人体粪尿产污系数,kg/(a·人)。

2. 农村生活污染物排放量核算

生活污染物排放量是在生活污染物产生量的基础上,结合污染物排放系数核算得到,公式如下:

$$W_{排放} = W_{污水排放} + W_{垃圾排放} + W_{粪尿排放}$$
$$W_{污水排放} = W_{污水产生} E_{污水}$$
$$W_{垃圾排放} = W_{垃圾产生} E_{垃圾}$$
$$W_{粪尿排放} = W_{粪尿产生} E_{粪尿}$$

式中　$W_{污水排放}$——农村生活污水污染物排放量,t/a;

$W_{垃圾排放}$——农村生活垃圾污染物排放量,t/a;

$W_{粪尿排放}$——人体粪尿污染物排放量,t/a;

$E_{污水}$——农村生活污水污染物排放系数;

$E_{垃圾}$——农村生活垃圾污染物排放系数;

$E_{粪尿}$——人体粪尿污染物排放系数。

3. 农村生活污染物入河量核算

采用入河系数法核算农村生活污染入河量,公式如下:

$$W_{入河} = W_{污水排放} R_{污水入河} + W_{垃圾排放} R_{垃圾入河} + W_{粪尿排放} R_{粪尿入河}$$

式中　$W_{入河}$——农村生活污染物入河量,t/a;

$R_{污水入河}$——农村生活污水污染物入河系数;

$R_{垃圾入河}$——农村生活垃圾污染物入河系数;

$R_{粪尿入河}$——人体粪尿污染物入河系数。

4. 所需数据

农村生活面源污染物入河量核算所需数据主要包括典型区内各乡镇农村常住人口、农村人均生活用水量。主要依据相关统计数据并参考技术指导文件确定。

5. 系数确定

依据典型区面源污染情况调查、相关技术指导文件确定各区域农村生活污水、生活垃圾、人体粪尿各类污染物的产生系数、流失系数、入河系数。并考虑调查区域内不同村庄与河道距离远近不同,根据是否有河流流经及流经河流类型把调查区域内的乡镇分类,进行不同的系数修正。

11.3.3.2　农田面源

农田面源污染物入河量的核算思路是首先基于农田面源污染现状调查,根据获得的各类化肥和农药的施用量核算氮、磷的施用纯量,即为农田面源污染物的产生量;然后根据不同耕地类型农田面源污染物的流失系数核算地表径流和地下淋溶两种方式的流失量,合计即为总的流失量;最后根据不同污染物的入河系数核算出各类农田面源污染物的入河量。核算过程见图11.3-2。

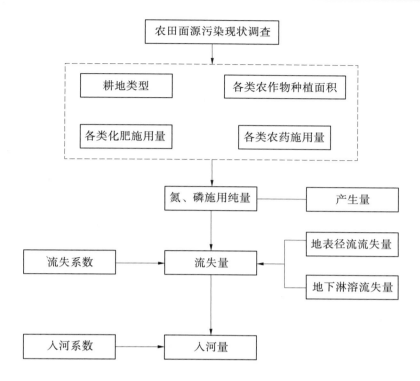

图 11.3-2　农田面源污染物入河量核算过程

农田面源污染物入河量的具体核算方法如下。

1. 农田面源污染物产生量核算

调查统计施入农田的肥料及农药施用量,核算出氮素和磷素折纯量,采用氮磷输入量估算模型进行计算,公式如下:

$$W_{产生} = W_{肥产生} + W_{药产生}$$

式中　$W_{产生}$——农田面源污染物产生量,t/a;

　　　　$W_{肥产生}$——施肥产生的农田面源污染物量,即肥料施用纯量,t/a;

　　　　$W_{药产生}$——施用农药产生的农田面源污染物量,即农药施用纯量,t/a。

2. 农田面源污染物流失(排放)量核算

采用农田面源污染物流失量估算模型计算农田面源肥料、农药污染物流失量,包括地表径流流失量和地下淋溶流失量,公式如下:

(1)地表径流流失量。

$$W_{径流流失} = W_{肥产生} E_{肥流失} + W_{药产生} E_{药流失}$$

式中　$W_{径流流失}$——农田面源污染物地表径流流失量,t/a;

　　　　$E_{肥流失}$——施肥产生的污染物的地表径流流失系数;

　　　　$E_{药流失}$——施用农药产生的污染物的地表径流流失系数。

(2)地下淋溶流失量。

$$W_{淋溶流失} = W_{肥产生} E'_{肥流失} + W_{药产生} E'_{药流失}$$

式中　$W_{淋溶流失}$——农田面源污染物地下淋溶流失量,t/a;

　　　　$E'_{肥流失}$——施肥产生的污染物的地下淋溶流失系数;

　　　　$E'_{药流失}$——施用农药产生的污染物的地下淋溶流失系数。

3. 农田面源污染物入河量核算

采用入河系数法核算农田面源肥料、农药污染物入河量,公式如下:

$$W_{入河} = (W_{径流流失} + W_{淋溶流失})R$$

式中　$W_{入河}$——农田面源污染物入河量,t/a;

　　　　R——农田面源污染物入河系数。

4. 所需数据

农田面源污染核算数据主要为核算区域内主要农作物播种面积、化肥施用量、农药施用量。依据河南省和各行政区 2017 年统计年鉴,结合实地调研情况,汇总各核算区域内的相关数据。

5. 系数确定

农田面源污染物入河量核算过程中需要确定的系数包括化肥、农药的流失系数和入河系数。根据第一次全国污染源普查——农业污染源肥料流失系数手册和第一次全国污染源普查农药流失系数手册,初步确定不同耕地类型的流失系数并结合地形进行修正。参考相关文献资料确定入河系数之后,结合地形、水系、降雨进行修正,见表 11.3-3。

表 11.3-3　各典型区农田面源污染物入河系数

典型区	入河系数	地形修正原则	水系修正原则	降水修正原则
彰武水库	林州市 0.075,其他区域 0.05	坡度在 25° 以下,修正系数为 1.0~1.2;25° 以上,修正系数为 1.2~1.5	A 类区 1.2,B 类区 1.0,C 类区 0.8	800 mm 以下不修正,800~900 mm 为 1.2,900~1 000 mm 为 1.3,1 000~1 100 mm 为 1.4
陆浑水库	嵩县 0.075,栾川县 0.1			
尖岗水库	0.05			
宿鸭湖水库	0.1			
南湾水库	0.1			
南阳市	0.075(南召县、西峡县、镇平县、内乡县、淅川县),0.1(宛城区、卧龙区、方城县、桐柏县)			

11.3.3.3　分散式畜禽养殖面源

分散式畜禽养殖面源污染物入河量采用系数法,根据分散式畜禽养殖污染的形成过程,对污染物产生量、排放量和入河量进行核算。核算过程见图 11.3-3。

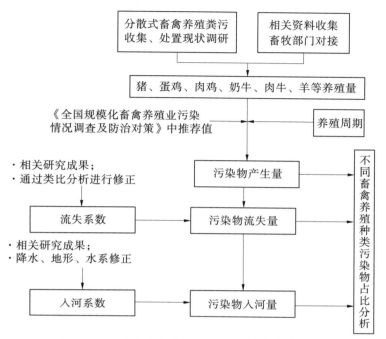

图 11.3-3　分散式畜禽养殖面源污染入河量核算过程

分散式畜禽养殖面源污染物入河量的具体核算方法如下。

1. 分散式畜禽养殖面源污染物产生量核算

采用分散式畜禽养殖面源污染物产生量核算公式计算畜禽养殖产生的粪便及粪便中污染物的含量,即产生量,公式如下:

$$W_{产生} = \sum QPSC \times 10^{-6}$$

式中　$W_{产生}$——畜禽养殖某种污染物产生量,t∕a;

　　　　Q——某种畜禽的饲养数量,头或只;

　　　　P——该种畜禽的饲养周期,d;

　　　　S——该种畜禽的产污系数,kg∕(头·d);

　　　　C——该种畜禽粪便中该种污染物平均含量,kg∕t。

2. 分散式畜禽养殖面源污染物排放量核算

采用畜禽粪便污染物输出量核算模型计算排放到周围环境中的污染物,即排放量,公式如下:

$$W_{排放} = W_{产生} E$$

式中　$W_{排放}$——分散式畜禽养殖面源污染物排放量,t∕a;

　　　　E——分散式畜禽养殖面源污染物的排放系数。

3. 分散式畜禽养殖面源污染物入河量核算

采用入河系数法核算畜禽粪便污染物入河量,公式如下:

$$W_{入河} = W_{排放} R$$

式中　$W_{入河}$——畜禽粪便污染物的入河量,t∕a;

R——分散式畜禽养殖面源污染物的入河系数。

4 所需数据

分散式畜禽养殖面源污染入河量核算需要掌握典型区内分散式畜禽养殖数量,主要包括生猪、肉牛、奶牛、蛋鸡、肉鸡、羊等。从各典型区涉及行政区的统计数据获得。

5. 系数确定

需要确定的系数包括各种畜禽各类污染物的产污系数、流失系数和入河系数。参考原国家环境保护总局自然生态司编写的《全国规模化畜禽养殖业污染情况调查及防治对策》中给出的畜禽产污系数;以原国家环保总局南京环保科所对畜禽养殖场粪便流失进行的研究结果为基础,结合现场调研情况,确定典型区内分散式畜禽养殖粪便流失率;根据典型区内水系情况确定入河系数,而后依据地形和降水量进行修正。

11.3.3.4　城镇地表径流面源

城镇地表径流面源污染物入河量核算过程见图 11.3-4。

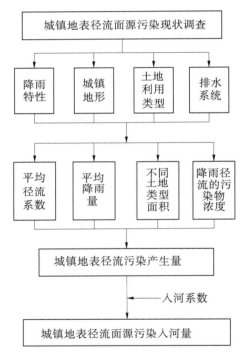

图 11.3-4　城镇地表径流面源污染物入河量核算过程

城镇地表径流面源污染物入河量的具体核算方法如下。

1. 城镇地表径流面源污染物排放量核算

采用多场径流平均浓度和年平均降雨量核算降雨产生的径流所排放污染物的总质量,即城镇地表径流面源污染物排放量,公式如下:

$$W_{排放} = C_F \psi AFC \times 0.001$$

式中　$W_{排放}$——城镇地表径流面源污染物排放量,t/a;

C_F——不产生径流的降雨校正因子,也即产生径流的降雨事件占总降雨事件的比

例,缺乏资料时取 0.9;

ψ——集水区平均径流系数,是径流量与降雨量的比值;

A——集水区面积,km^2;

F——年平均降雨量,mm;

C——多场降雨径流平均浓度,mg/L;

0.001——单位换算系数。

2. 城镇地表径流面源污染物入河量核算

采用入河系数法核算城镇地表径流面源污染物入河量,公式如下:

$$W_{人河} = W_{排放} R$$

式中　$W_{人河}$——城镇地表径流面源污染物入河量,t/a;

R——城镇地表径流面源污染物的入河系数。

3. 所需数据

城镇地表径流面源污染物入河量核算所需数据主要有各县(区)建成区面积、年降水量、降雨径流平均污染物浓度。建成区面积和年降水量从相关统计数据中获得,降雨径流平均污染物浓度参考现有相关区域研究成果。

4. 系数确定

城镇地表径流面源污染物入河量核算需要确定的系数主要有城市建成区平均径流系数和城镇地表径流面源污染物的入河系数,见表 11.3-4。

表 11.3-4　各典型区县级以上建成区平均径流系数和入河系数

典型区	县(市、区)	平均径流系数	入河系数
宿鸭湖水库流域	驻马店市	0.48	0.72
	遂平县	0.38	0.54
	确山县	0.41	0.54
彰武水库流域	林州市	0.42	0.54
陆浑水库流域	嵩县	0.37	0.6
	栾川	0.36	0.6
南阳市	南阳市区	0.43	0.72
	南召县	0.37	0.54
	西峡县	0.37	0.54
	镇平县	0.37	0.54
	内乡县	0.41	0.54
	淅川县	0.39	0.54
	社旗县	0.37	0.54
	唐河县	0.38	0.54
	新野县	0.39	0.54
	方城县	0.38	0.54
	邓州市	0.39	0.54

11.3.3.5 水土流失面源

水土流失面源污染物入河量核算过程见图 11.3-5。

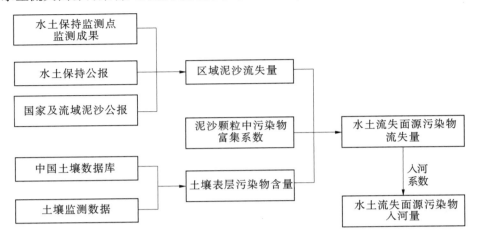

图 11.3-5 水土流失面源污染物入河量核算过程

水土流失面源污染物入河量的具体核算方法如下。

1. 水土流失类面源污染物流失量

水土流失类面源污染物流失量采用下式核算：

$$W_{流失} = W_{泥沙} C_{泥沙} e \times 10^{-6}$$

式中 $W_{流失}$——流域随泥沙运移流失的污染物量，t/a；

$W_{泥沙}$——流域内泥沙流失量，t/a；

e——污染物富集系数；

$C_{泥沙}$——土壤中污染物平均含量，mg/kg。

2. 水土流失类面源污染物入河量核算

采用入河系数法核算水土流失类面源污染物入河量，公式如下：

$$W_{入河} = W_{流失} R$$

式中 $W_{入河}$——水土流失类面源污染物入河量，t/a；

R——水土流失面源污染物的入河系数。

3. 所需数据

水土流失面源污染物入河量核算需要的数据包括典型内泥沙流失量和易流失土壤的表层氮、磷含量。泥沙流失量从相关流域的泥沙公报中获得，易流失土壤的表层氮、磷含量从中国相关数据库中获得。

4. 系数确定

水土流失面源污染物入河量核算需确定的系数包括土壤表层颗粒氮、磷的富集系数以及泥沙颗粒携带的污染物的入河系数。参考第三次全国水资源调查评价技术细则并结合相关研究推荐的富集系数，将土壤表层颗粒上氮的富集系数取为 3.0，磷的富集系数取为 2.0。参考相关研究结合土壤表层泥沙颗粒氮、磷的富集系数估算出水土流失面源污染物中,总氮的入河系数为 0.5、总磷的入河系数为 0.6。

11.3.4　面源污染物入河量成果

运用数字高程模型数据 DEM 进行河流网络提取和流域划分,并结合实际河流水系分布进行校正,获取 5 个水库的汇水区域,南阳市选用行政区域面积。典型区调查核算面积见表 11.3-5。

表 11.3-5　河南省典型区调查核算面积

序号	典型区	核算面积/km²	涉及行政区	涉及县(市、区)	面积/km²
1	彰武水库	949.33	安阳市	林州市	760.9
				殷都区	4.9
				龙安区	143.5
			鹤壁市	鹤山区	38.1
2	陆浑水库	3 500.9	洛阳市	嵩县	1 308.4
				栾川县	2 192.5
3	尖岗水库	112.4	郑州市	新密市	56.0
				新郑市	4.1
				二七区	52.3
4	宿鸭湖水库	4 426.6	驻马店市	驿城区	1 408.9
				遂平县	495.3
				确山县	1 358.5
				泌阳县	620.8
				汝南县	543.1
5	南湾水库	816.6	信阳市	浉河区	816.6
6	南阳市	23 782	南阳市	长江流域所属县区	23 782

通过核算,6 个典型区各类面源污染物产生量、入河量成果见表 11.3-6。典型区内,各污染物年入河量分别为:化学需氧量 2.43 万 t/a,氨氮 0.18 万 t/a,总氮 0.94 万 t/a,总磷 0.17 万 t/a。其中化学需氧量贡献量大的是分散式畜禽养殖和农村生活、氨氮贡献量大的是农村生活和分散式畜禽养殖、总氮贡献量大的是农田面源和分散式畜禽养殖、总磷贡献量大的是水土流失和分散式畜禽养殖,见图 11.3-6。

表11.3-6　河南省典型区面源产生量和入河量成果

单位：t/a

典型区	面源类型	面源产生量				面源入河量			
		化学需氧量	氨氮	总氮	总磷	化学需氧量	氨氮	总氮	总磷
彰武水库	农村生活	8 426.17	179.55	1 372.26	201.50	148.36	12.88	20.89	2.44
	农田面源	12 501.48	9 731.58	16 695.08	2 079.57		1.69	38.11	0.78
	分散式畜禽养殖		1 080.80	2 394.20	884.93	182.23	12.11	38.35	12.80
	水土流失	276.51		45.57	23.37			22.79	14.02
	城镇地表径流		1.40	4.90	0.35	149.31	0.76	2.65	0.19
	小计	21 204.16	10 993.33	20 512.01	3 189.72	479.90	27.44	122.79	30.23
陆浑水库	农村生活	18 805.14	435.78	3 057.67	442.68	606.57	47.66	77.19	10.10
	农田面源		3 289.35	11 406.20	2 417.10		1.86	84.92	6.47
	分散式畜禽养殖	15 708.09	1 538.45	3 735.03	773.07	297.28	25.11	78.27	9.32
	水土流失			465.27	167.50			232.63	100.50
	城镇地表径流	271.06	1.37	4.80	0.34	153.25	0.78	2.72	0.19
	小计	34 784.29	5 264.95	18 668.97	3 800.69	1 057.10	75.41	475.73	126.58
尖岗水库	农村生活	1 583.06	52.04	265.44	37.28	65.54	9.15	12.53	1.13
	农田面源		201.56	389.79	100.83		0.08	0.58	0.03
	分散式畜禽养殖								
	水土流失								
	城镇地表径流			0.02	0.01			0.01	0.01
	小计	1 583.06	253.60	655.25	138.12	65.54	9.23	13.12	1.17

续表 11.3-6

典型区	面源类型	面源产生量				面源入河量			
		化学需氧量	氨氮	总氮	总磷	化学需氧量	氨氮	总氮	总磷
南湾水库	农村生活	9 191.83	127.13	803.22	113.39	310.26	30.96	54.39	4.42
	农田面源		573.82	3 239.56	545.72		0.15	4.56	0.38
	分散式畜禽养殖								
	水土流失			385.81	100.40			192.91	60.24
	城镇地表径流								
	小计	9 191.83	700.95	4 428.60	759.50	310.26	31.11	251.86	65.04
宿鸭湖水库	农村生活	33 662.48	885.04	5 635.65	803.85	1 377.52	155.15	277.38	26.22
	农田面源		52 984.66	85 596.32	23 459.84		12.48	299.93	13.81
	分散式畜禽养殖	94 531.43	9 288.88	22 015.33	5 690.67	2 073.48	284.91	509.19	122.30
	水土流失	2 703.51		445.22	143.82	1 865.49		222.61	86.29
	城镇地表径流		54.53	66.76	7.10		38.85	46.63	5.01
	小计	130 897.42	63 213.11	113 759.28	30 105.28	5 316.49	491.39	1 355.74	253.63
南阳市	农村生活	197 146.10	4 624.80	32 028.01	4 633.07	5 832.81	459.49	741.21	96.62
	农田面源		148 794.82	402 538.60	107 286.30		62.74	3 073.59	154.29
	分散式畜禽养殖	376 955.60	37 930.16	91 645.57	22 860.76	7 940.82	605.92	2 056.02	385.24
	水土流失	5 190.00		2 511.71	959.76	3 325.38		1 255.85	575.86
	城镇地表径流		62.08	116.27	12.34		42.62	76.42	7.62
	小计	579 291.70	191 411.86	528 840.16	135 752.23	17 099.01	1 170.77	7 203.09	1 219.63
合计	农村生活	268 814.78	6 304.34	43 162.25	6 231.77	8 341.06	715.29	1 183.59	140.93
	农田面源	0	215 575.79	519 865.55	135 889.36	0	79.00	3 501.69	175.76
	分散式畜禽养殖	499 696.60	49 838.29	119 790.13	30 209.43	10 493.81	928.05	2 681.83	529.66
	水土流失	0	0	3 853.60	1 394.85	0	0	1 926.80	836.91
	城镇地表径流	8 441.08	119.38	192.73	20.13	5 493.43	83.01	128.42	13.01
	总计	776 952.46	271 837.80	686 864.27	173 745.54	24 328.30	1 805.35	9 422.33	1 696.28

注：因水土流失无相关的氨氮面源产生系数，仅计算总氮面源的产生量和入河量。

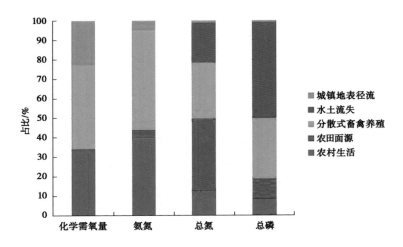

图 11.3-6　河南省典型区各类型面源污染占比

11.3.5　面源污染物入河量分析

依据典型区面源污染物入河量估算结果,计算出其各类面源污染物单位面积的产生量、入河量强度,结果见表 11.3-7。

表 11.3-7　河南省典型区面源污染物产生强度和入河强度　　单位:t/(km²·a)

典型区	面源污染产生强度				面源污染入河强度			
	COD	氨氮	总氮	总磷	COD	氨氮	总氮	总磷
彰武水库	22.34	11.58	21.61	3.36	0.51	0.03	0.13	0.03
陆浑水库	9.94	1.50	5.33	1.09	0.30	0.02	0.14	0.04
尖岗水库	14.08	2.26	5.83	1.23	0.58	0.08	0.12	0.01
宿鸭湖水库	29.57	14.28	25.70	6.80	1.20	0.11	0.31	0.06
南湾水库	11.26	0.86	5.42	0.93	0.38	0.04	0.31	0.08
南阳市	24.36	8.05	22.24	5.71	0.72	0.05	0.30	0.05

从产生强度看,宿鸭湖水库、南阳市和彰武水库较大,南湾水库和陆浑水库较小。从入河强度看,各类污染物分布规律不一,化学需氧量为宿鸭湖水库最高,达到 1.20 t/(km²·a),其次是南阳市和尖岗水库,陆浑水库最低;氨氮为宿鸭湖水库最高,达到 0.11 t/(km²·a),其次是尖岗水库,陆浑水库最低;总氮为宿鸭湖水库和南湾水库最高,达到 0.31 t/(km²·a),其次是南阳市,尖岗水库最低;总磷是南湾水库最高,达到 0.08 t/(km²·a),其次是宿鸭湖水库,尖岗水库最低。典型区各类型面源污染物产生强度和入河强度见图 11.3-7、图 11.3-8。

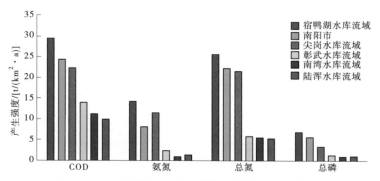

图 11.3-7　河南省典型区各类面源污染物产生强度

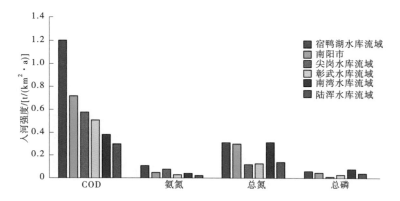

图 11.3-8　河南省典型区各类面源污染物入河强度

11.4　典型区域点源与面源污染贡献率分析

对典型区域的点源入河量和面源入河量进行统计,从结果来看,典型区域内,面源污染占了较大比例,化学需氧量、氨氮、总氮、总磷的贡献率分别为 79.5%、64.3%、73.1% 和 85.2%,见表 11.4-1。

分典型区看,尖岗水库、南湾水库和宿鸭湖水库经过大力整治,未核查到入河排污口, 3 个水库的入河污染物全部由面源贡献,点源污染贡献率为 0;彰武水库点源污染占比相对较高,其中氨氮和总氮占比达到了 78.3% 和 61.5%。

从污染物项目来看,总磷面源污染入河量贡献率最高,总体达到了 85.2%,各典型区均在 80% 以上;其他污染物贡献率分别是:化学需氧量 79.5%,总氮 73.1%,氨氮 64.3%。

南阳市属于行政区性质的典型区,可以反映行政区域的点源和面源污染物贡献情况。从结果看,典型区内以面源污染为主,化学需氧量、氨氮、总氮、总磷的贡献率分别为 75.4%、56.5%、69.4% 和 81.0%,见图 11.4-1。

表11.4-1 河南省典型区点源与面源贡献率统计

典型区	所在流域	点污染源入河量/(t/a)				面污染源入河量/(t/a)				入河污染源总量/(t/a)			
		化学需氧量	氨氮	总氮	总磷	化学需氧量	氨氮	总氮	总磷	化学需氧量	氨氮	总氮	总磷
彰武水库	海河	341.6	98.9	196.3	0.3	479.9	27.4	122.8	30.2	821.5	126.3	319.1	30.5
陆浑水库	黄河	360.5	2.9	96.6	8.8	1 057.1	75.4	475.7	126.6	1 417.6	78.3	572.3	135.4
尖岗水库	淮河					65.5	9.2	13.1	1.2	65.5	9.2	13.1	1.2
南湾水库	淮河					310.3	31.1	251.9	65.0	310.3	31.1	251.9	65.0
宿鸭湖水库	淮河					5 316.5	491.4	1 355.7	253.6	5 316.5	491.4	1 355.7	253.6
南阳市	长江	5 588.7	900.1	3 176.8	285.3	17 099.0	1 170.8	7 203.1	1 219.6	22 687.7	2 070.9	10 379.9	1 504.9
合计		6 290.8	1 001.9	3 469.7	294.4	24 328.3	1 805.4	9 422.3	1 696.3				

典型区	所在流域	点污染源贡献率/%				面污染源贡献率/%			
		化学需氧量	氨氮	总氮	总磷	化学需氧量	氨氮	总氮	总磷
彰武水库	海河	41.6	78.3	61.5	0.8	58.4	21.7	38.5	99.2
陆浑水库	黄河	25.4	3.7	16.9	6.5	74.6	96.3	83.1	93.5
尖岗水库	淮河	0	0	0	0	100.0	100.0	100.0	100.0
南湾水库	淮河	0	0	0	0	100.0	100.0	100.0	100.0
宿鸭湖水库	淮河	0	0	0	0	100.0	100.0	100.0	100.0
南阳市	长江	24.6	43.5	30.6	19.0	75.4	56.5	69.4	81.0
合计		20.5	35.7	26.9	14.8	79.5	64.3	73.1	85.2

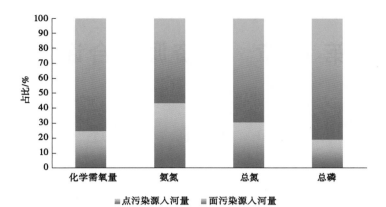

图 11.4-1　南阳市点源、面源污染物入河量占比

第 12 章　水资源综合评价

12.1　水资源数量综述

12.1.1　降水、蒸发

河南省 1956—2016 年多年平均降水量 768.5 mm,降水总量 1 272 亿 m³。

各行政区降水量介于 500~1 100 mm,最小的安阳市、濮阳市不足 600 mm,最大的信阳市达 1 000 mm 以上。

海河流域降水量 607.6 mm,黄河流域 634.9 mm,淮河流域 838.9 mm,长江流域 812.6 mm。

1980—2016 年多年平均水面蒸发量在 600~1 300 mm,总体自南向北递增。南部大别山、桐柏山区蒸发量 700~800 mm,是低值区;北部太行山区、沿黄河干流一带以及登封、汝州一带的伏牛山区蒸发量超过 1 000 mm,是高值区。

12.1.2　地表水资源量

河南省 1956—2016 年多年平均地表水资源量 289.3 亿 m³,折合径流深 174.8 mm。

各行政区径流深介于 60~420 mm,信阳市最大为 415.6 mm,开封市、商丘市分别为 63.7 mm、67.3 mm,是全省地表水资源匮乏的区域。信阳市地表水资源量最大,为 78.57 亿 m³,鹤壁市最小,为 1.772 亿 m³。

海河流域地表水资源量 13.46 亿 m³,径流深 87.8 mm;黄河流域地表水资源量 42.01 亿 m³,径流深 116.2 mm;淮河流域地表水资源量 170.6 亿 m³,径流深 197.4 mm;长江流域地表水资源量 63.22 亿 m³,径流深 229.0 mm。

12.1.3　地下水资源量

河南省 2001—2016 年多年平均地下水资源量 189.5 亿 m³,其中平原区地下水资源量 118.5 亿 m³,山丘区地下水资源量 79.62 亿 m³。按矿化度分区,淡水区($M \leq 2$ g/L)地下水资源量 185.4 亿 m³,微咸水区($M > 2$ g/L)地下水资源量 4.094 亿 m³。

各行政区中,信阳市地下水资源最多为 28.34 亿 m³,济源市最少为 2.042 亿 m³。

海河流域地下水资源量 19.25 亿 m³,黄河流域 33.95 亿 m³,淮河流域 110.4 亿 m³,长江流域 25.91 亿 m³。

12.1.4　水资源总量

河南省 1956—2016 年多年平均水资源总量 389.2 亿 m³。

各行政区中,信阳市水资源总量最大,为 85.45 亿 m³;济源市最小,为 3.233 亿 m³。信阳市产水模数最大,为 45.2 万 m³/km²;濮阳市最小,为 11.0 万 m³/km²。

海河流域水资源总量 25.88 亿 m³,黄河流域 55.06 亿 m³,淮河流域 236.3 亿 m³,长江流域 71.97 亿 m³。

12.1.5　水资源可利用量

河南省多年平均地表水资源可利用量 145.0 亿 m³,占多年平均地表水资源量的 50.1%。

海河流域多年平均地表水资源可利用量 8.99 亿 m³,占多年平均地表水资源量的 66.8%;黄河流域 22.1 亿 m³,占 57.6%;淮河流域 88.41 亿 m³,占 51.8%;长江流域 25.51 亿 m³,占 40.4%。

河南省多年平均地下水可开采量为 117.6 亿 m³,其中,平原区矿化度 $M \leqslant 2$ g/L 多年平均浅层地下水可开采量为 96.83 亿 m³,矿化度 $M > 2$ g/L 可开采量为 3.222 亿 m³,山丘区多年平均浅层地下水可开采量为 24.58 亿 m³。行政分区中,周口市最大,为 15.34 亿 m³,济源市最小,为 0.483 亿 m³。流域分区中,海河流域地下水可开采量为 15.76 亿 m³,黄河流域为 19.82 亿 m³,淮河流域为 72.4 亿 m³,长江流域为 9.6 亿 m³。

河南省多年平均水资源可利用总量为 243.92 亿 m³。其中,海河流域水资源可利用总量为 21.42 亿 m³,黄河流域为 37.39 亿 m³,淮河流域为 151.95 亿 m³,长江流域为 33.17 亿 m³。

12.2　水资源量演变情势分析

本次评价 1956—2016 年系列与第二次评价 1956—2000 年系列相比,河南省多年平均降水量、地表水资源量、地下水资源量、水资源总量以及单站水面蒸发量总体呈减少趋势。

12.2.1　降水、蒸发

多年平均降水量由 771.1 mm 减少到 768.5 mm,减少 2.6 mm,减少幅度 0.34%。行政区中 10 个减少,8 个增加,鹤壁市减少幅度最大,为 2.3%,洛阳市增加幅度最大,为 2.4%。黄河流域降水量增加 0.3%,其余三流域均减少。

水面蒸发量除极个别站小幅增加外,大部分站减少。

12.2.2　地表水资源量

多年平均地表水资源量由 304.0 亿 m³ 减少到 289.3 亿 m³,减少 14.7 亿 m³,减少幅度 4.4%。行政区中 16 个减少,2 个增加,安阳市减少幅度最大,为 21.6%,济源市增加幅度最大,为 9.0%。四大流域地表水资源量均有不同程度的减少,海河流域减少幅度最大,为 17.7%。

12.2.3　地下水资源量

多年平均地下水资源量由 196.0 亿 m³ 减少到 189.5 亿 m³,减少 6.490 亿 m³,减少幅度 3.3%。除海河流域增加 8.0% 外,其余三流域均减少。

12.2.4　水资源总量

多年平均水资源总量由 403.5 亿 m³ 减少到 389.2 亿 m³,减少 14.3 亿 m³,减少幅度 3.6%。行政区中 13 个减少,5 个增加,新乡市减少幅度最大,为 19.0%,济源市增加幅度最大,为 4.0%。四大流域水资源总量除长江流域增加 0.9% 外,其他三个流域均有不同程度的减少。

12.2.5　空间分布

从产水模数和产水系数分布来看,河南省总体上呈现南部明显大于北部,同纬度山区大于平原的规律。行政区中,南部的信阳市最大,达 45.2 万 m³/km² 和 0.41,北部的濮阳市最小,为 11.0 万 m³/km² 和 0.2。水资源三级区中,南部的武汉至湖口左岸区最大,达 59.8 万 m³/km² 和 0.47,北部的徒骇马颊河区最小,为 9.9 万 m³/km² 和 0.18。

12.3　水循环平衡分析

水循环是地球表面各种形式的水体不断相互转化,以气态、液态和固态的形式在陆地、海洋和大气间不断循环的过程。河南省水汽输送主要来源于三支水汽流,冬季盛行西北水汽流,春季和夏季多为孟加拉湾与阿拉伯海的西南水汽流,以及由西太平洋和南海进入的偏南水汽流,三者通常在汇合后,又从西向东输出。

12.3.1　地表水平衡

根据地表水资源量、用水消耗量、出入境水量、调入调出水量及其他水量平衡项,按照水资源一级区分析地表水资源量近期系列(2001—2016 年)平衡情况。公式如下:

$$\Delta V = W_{地表水} + W_{入境} - W_{出境} + W_{调入} - W_{调出} - W_{耗} - W_{退水} - W_{蓄变}$$

式中　ΔV——差值;

　　　$W_{地表水}$——地表水资源量;

　　　$W_{入境}$——入境水量;

　　　$W_{出境}$——出境水量;

　　　$W_{调入}$——调入水量;

　　　$W_{调出}$——调出水量;

　　　$W_{耗}$——地表水用水消耗量;

　　　$W_{退水}$——地下水及其他水源取用后退回河道的水量;

　　　$W_{蓄变}$——地表水体蓄水变量,增加为正,减少为负。

2001—2016 年,河南省多年平均地表水资源量为 260.2 亿 m³,入省境水量 267.0 亿

m³,跨流域调水量 17.3 亿 m³,出省境水量 454.2 亿 m³,耗水量 59.8 亿 m³,地下水及其他水源取用后的退水量 17.0 亿 m³,平衡差 29.76 亿 m³,差值占 5.45%,符合《技术细则》规定的小于±10%的要求。各流域地表水量平衡情况见表 12.3-1。

表 12.3-1　地表水量平衡关系　　　　　　　单位:亿 m³

| 流域 | 地表水资源量 | 入区水量 | | 出区水量 | | 湖库蓄变量 | 地表水消耗量 | 退水量 | 差值 | 差值占比/% |
		入境水量	调入水量	调出水量	出境水量					
海河	10.52	3.90	5.20		8.95	0.70	9.50	1.40	1.87	9.53
黄河	38.88	236.3	0.60	17.5	232.5	0.60	14.90	4.50	14.78	5.36
淮河	154.8	9.80	12.80		145.2	1.50	27.90	8.50	11.30	6.37
长江	55.97	17.04			67.5	−1.20	7.50	2.60	1.81	2.48
全省	260.2	267.0	18.6	17.5	454.2	1.60	59.80	17.00	29.76	5.45

12.3.2　地下水均衡

以水资源三级区为分析单元(含区内矿化度 $M \leqslant 2$ g/L 的计算单元和矿化度 $M > 2$ g/L 的计算单元)进行水均衡分析,计算相对均衡差。

河南省平原区相对均衡差为 3.4%,其中海河、黄河、淮河、长江四流域分别为 4.3%、6.7%、5.0%、−5.2%。从流域三级区水均衡来看,相对均衡差在−14.2%~14.8%,满足 $|\delta| \leqslant 15\%$ 的要求。

12.3.3　流域水量平衡

以水资源一级区为单元,分析产水量、供用水量、用水消耗量、非用水消耗量和出入区水量的平衡情况,检验成果的合理性。

水量平衡分析公式如下:

$$\Delta W = W_{水资源总量} + W_{入境} - W_{出境} + W_{调入} - W_{调出} + W_{深层} - W_{用耗} - W_{非耗} - W_{蓄变} + W_{地下水}$$

式中　ΔW ——水量平衡差;

　　　$W_{水资源总量}$ ——水资源总量;

　　　$W_{入境}$ ——入境水量;

　　　$W_{出境}$ ——出境水量;

　　　$W_{调入}$ ——调入水量;

　　　$W_{调出}$ ——调出水量;

　　　$W_{深层}$ ——深层承压水开采量;

　　　$W_{用耗}$ ——用水消耗量;

　　　$W_{非耗}$ ——非用水消耗量;

　　　$W_{蓄变}$ ——地表水体蓄水变量,增加为正,减少为负;

　　　$W_{地下水}$ ——浅层地下水蓄水变量,增加为正,减少为负。

2001—2016 年,河南省多年平均水量平衡差 14.93 亿 m³,相对误差 4.84%,评价成果总体合理。各水资源一级区相对误差均控制在 10% 以内,满足《技术细则》的要求,如表 12.3-2 所示。

表 12.3-2　2010—2016 年水量平衡分析　　　　　　　　单位:亿 m³

| 流域 | 水资源总量 | 出入区水量 | | 调水量 | | 深层地下水开采量 | 湖库蓄变量 | 地下水蓄变量 | 用水消耗量 | 非用水消耗量 | 水量平衡差 |
		入区	出区	调入	调出						
海河	21.88	3.60	7.82	6.48	0	1.55	0.13	−1.07	23.78	2.10	0.77
黄河	50.46	261.10	253.91	0	19.44	0.69	2.50	−0.81	31.50	3.40	2.32
淮河	178.1	8.61	104.17	14.80	0	8.39	3.50	−1.09	73.50	14.50	15.36
长江	57.78	15.86	58.65	0	4.28	0	−1.50	−0.47	14.60	1.60	−3.52
全省	308.3	289.2	424.6	21.3	23.7	10.6	4.6	−3.4	143.4	21.6	14.93

12.4　水生态环境状况

12.4.1　地表水资源质量

河南省评价 141 条河流,总河长 12 708.62 km。Ⅰ~Ⅲ类河长占总河长的 47.2%,劣Ⅴ类河长占 28.3%。河流水质汛期优于非汛期,超标项目主要为氨氮、总磷、高锰酸盐指数、氟化物等。河流的主要污染物浓度呈逐渐下降趋势,河流水质状况总体改善。海河流域、黄河流域、淮河流域和长江流域Ⅰ~Ⅲ类河长分别占评价河长的 26.4%、63.0%、36.4%、74.9%,水质污染由重至轻依次为:海河流域、淮河流域、黄河流域、长江流域。

全省参与评价的水库 36 座,年平均蓄水量 74.68 亿 m³,其中Ⅰ~Ⅲ类水质占 92.1%,劣Ⅴ类占 4.0%。评价 35 座水库的营养状态,年平均蓄水量 71.33 亿 m³,中营养 54.56 亿 m³,占 76.5%;轻度富营养 13.07 亿 m³,占 18.3%;中度富营养 3.70 亿 m³,占 5.2%。水库水质总体较好。

全省评价地表水集中式饮用水水源地 60 个,合格水源地 47 个,占评价总数的 78.3%;不合格水源地的主要超标项目为总磷、硫酸盐、五日生化需氧量。评价地表水水源地年总供水量 234 904.41 万 m³,合格供水量 225 516.24 万 m³,供水量水质合格比例为 96.0%。2019 年,地表水饮用水水源地水质有显著改善,合格水源地 54 个,占评价总数的 90.0%。

12.4.2　地下水资源质量

对 761 眼浅层地下水监测井进行水质评价,结果显示:Ⅱ~Ⅲ类 122 眼,占评价总井数 16%,超Ⅲ类标准的井数占 84%,超标项目主要为总硬度、矿化度、铁和锰。长江流域

Ⅱ～Ⅲ类水质的监测井占比达到 54.4%,淮河、黄河、海河流域监测井大部分水质为Ⅳ类,占比分别为 67.0%、52.4%、51.9%。长江流域水质状况较好,其次是黄河流域、海河流域,淮河流域水质较差。

从水质单项评价结果来看,总硬度、矿化度、氯化物、硫酸盐超Ⅲ类水质标准的监测井主要分布在河南省北部的新乡、濮阳、焦作和安阳,东部的商丘、周口和开封,河南省北部 5 市超Ⅲ类水质标准的井数占评价总井数的一半以上;铁、锰等水化学项目含量偏高的分布也有很强的地域性,主要分布在安阳、新乡、濮阳、商丘、周口和开封。上述情况存在与本底含量偏高有一定关系。

全省参与评价的地下水饮用水水源地 107 处,水质达到Ⅰ～Ⅲ类的水源地 105 处,占 98.1%;Ⅳ类的水源地 2 处,占 1.9%,主要超标项目是氨氮和锰。评价地下水饮用水水源地年供水量 57 472.14 万 m³,达标供水量 55 284.14 万 m³,供水量水质达标率为 96.2%。

12.4.3 污染物入河状况

2016 年河南省实测入河排污口 679 个,其中规模以上入河排污口 582 个,规模以下 97 个。省属海河流域入河排污口 71 个,黄河流域 97 个,淮河流域 448 个,长江流域 63 个。根据实测成果计算和复核,河南省点源污染物入河量:废污水入河量为 33.39 亿 t/a,主要污染物化学需氧量 26.14 万 t/a、氨氮 2.63 万 t/a、总氮 5.49 万 t/a、总磷 0.38 万 t/a。

对典型区域的点源污染物入河量和面源污染物入河量进行统计,典型区域内面源污染占比较大,化学需氧量、氨氮、总氮、总磷的贡献率分别为 79.5%、64.3%、73.1% 和 85.2%。

12.4.4 水生态状况

卫河、伊河、洛河、伊洛河、沁河天然径流量和实测流量均呈减少趋势,马颊河、天然文岩渠天然径流量缺乏,人类活动耗损量占比大。洪汝河、史灌河、沙颍河、浍河、涡河、沱河实测径流量呈减小趋势。黄河流域和海河流域的河流断流情况比较严重,主要集中在金堤河、马颊河和天然文岩渠。

海河流域的河流岸线开发利用率最高,左右岸利用率均为 26.0%;河流岸线利用率最小的是长江流域,为 11.3%;黄河流域和淮河流域河流岸线开发利用率相差不大,均为 13.7% 左右。

近 40 年来河南省陆域天然湿地面积在大量减少,由于开垦围垦、不合理开发利用、人工挖沟排水等人为因素导致湿地面积严重萎缩,此次调查湿地中,泥河洼湿地、河南新乡黄河湿地鸟类国家级自然保护区面积减少比例较大,分别减少了 83.0% 和 30.6%。

沁河武陟、天然文岩渠大车集断面基本生态需水目标不能满足,其满足程度分别为 82%、90%;沱河永城断面非汛期不能满足基本生态需水目标,满足程度为 81.7%。

12.5　水资源开发利用状况综合评述

12.5.1　供水量

2016 年全省供水总量为 228.2 亿 m³。地表水源供水量 105.6 亿 m³，占总供水量的 46.3%；地下水源供水量 119.8 亿 m³，占 52.5%；其他水源供水量 2.819 亿 m³，占 1.2%。行政区中南阳市最多，为 22.96 亿 m³，济源市最少，为 2.117 亿 m³。

12.5.2　用水量

2016 年河南省用水总量为 228.2 亿 m³，其中农业用水量 126.2 亿 m³，占全省用水总量的 55.3%；工业用水量 50.18 亿 m³，占全省用水总量的 22.0%；生活用水量 38.06 亿 m³，占全省总用水量的 16.7%；生态环境用水量 13.77 亿 m³，占全省用水总量的 6.0%。

12.5.3　用水消耗量

2016 年河南省用水消耗总量 129.9 亿 m³，综合耗水率 56.9%，其中农业用水消耗量 90.32 亿 m³，综合耗水率 71.6%；工业用水消耗量 12.02 亿 m³，综合耗水率 24.0%；生活用水消耗量 18.40 亿 m³，综合耗水率 48.3%；生态环境用水消耗量 9.202 亿 m³，综合耗水率 66.8%。

12.5.4　用水效率

2016 年河南省人均用水量为 239 m³，万元 GDP 用水量为 45 m³，万元工业增加值用水量为 29m³，农田灌溉亩均用水量为 166 m³，城镇综合生活用水指标为 155 L/(人·d)，农村居民生活用水指标为 65 L/(人·d)。

12.5.5　开发利用程度

2010—2016 年评价期，河南省平均地表水开发利用率为 28.0%；平原区多年平均浅层地下水开采率为 78.8%。海河流域地表水开发利用率为 45.7%，平原区浅层地下水开采率为 126.8%；黄河流域地表水开发利用率为 37.6%，平原区浅层地下水开采率为 94.6%；淮河流域地表水开发利用率为 26.8%，平原区浅层地下水开采率为 65.3%；长江流域地表水开发利用率为 19.5%，平原区浅层地下水开采率为 94.3%。

全省水资源开发利用程度总体呈现北高南低趋势，地表水开发利用率从海河流域、黄河流域、淮河流域到长江流域依次降低；浅层地下水开采率高值区也主要分布在豫北平原、豫东平原和南阳盆地区域。